高等职业教育规划教材

HUAGONG DANYUAN CAOZUO

化工单元操作

王欣　陈庆　葛彩霞　主编

化学工业出版社

·北京·

内容简介

根据现代职业教育理念，围绕高职教育培养目标，通过对接化工岗位人才需求，以化工单元操作岗位任务为主线，借助化工总控工、化工精馏安全控制技能等级证书和山东省职业院校技能大赛相关要求，把技能训练和知识的掌握贯穿于以工作任务为载体的项目教学中，注重理论、仿真、实操深度融合，真正做到了理论与实践相结合、虚实互补和体验式教学。《化工单元操作》精简理论，避免了一些繁杂的公式推导，增加了职业技能等级证书、化工生产技术赛项（高职组）所需的理论习题，同时还删减了非必要的理论知识，为实践教学环节的强化腾出课时和空间。全书共包括流体流动与流体流动机械、非均相混合物的分离、传热、蒸发、吸收、蒸馏、萃取七个项目，系统介绍了各个单元操作的基本原理、计算方法、典型设备和化工单元操作实训。

本书可作为高等职业教育化工类专业教材，还可作为化工企业工艺操作岗位的岗前培训、岗位培训、职业技能鉴定培训参考教材。

图书在版编目（CIP）数据

化工单元操作/王欣，陈庆，葛彩霞主编. —北京：化学工业出版社，2022.7（2025.2 重印）
高等职业教育规划教材
ISBN 978-7-122-41651-3

Ⅰ.①化… Ⅱ.①王… ②陈… ③葛… Ⅲ.①化工单元操作-高等职业教育-教材 Ⅳ.①TQ02

中国版本图书馆 CIP 数据核字（2022）第 099053 号

责任编辑：李 琰 宋林青　　文字编辑：葛文文
责任校对：边 涛　　装帧设计：韩 飞

出版发行：化学工业出版社（北京市东城区青年湖南街 13 号 邮政编码 100011）
印　　装：北京天宇星印刷厂
787mm×1092mm 1/16 印张 20¾ 字数 512 千字 2025 年 2 月北京第 1 版第 6 次印刷

购书咨询：010-64518888　　售后服务：010-64518899
网　　址：http://www.cip.com.cn
凡购买本书，如有缺损质量问题，本社销售中心负责调换。

定　　价：48.00 元

《化工单元操作》编写人员

主　　　编　王　欣　陈　庆　葛彩霞

副　主　编　周超超　傅国娟　吕宜春

参加编写人员（按姓氏笔画排序）

于江涛（中国石油化工股份有限公司齐鲁分公司）

王玉雪（湖南石油化工职业技术学院）

王　欣（山东化工职业学院）

王洪刚（万华化学集团股份有限公司）

王梦莹（山东化工职业学院）

王雅男（山东化工职业学院）

吕宜春（中国石油化工股份有限公司齐鲁分公司）

李玉祥（山东化工职业学院）

李　浩（宁波职业技术学院）

宋明凤（山东化工职业学院）

闵宪存（山东海化集团有限公司）

张志明（潍坊职业学院）

张歆婕（兰州石化职业技术大学）

陈　庆（中国石油化工股份有限公司齐鲁分公司）

茅芝娟（山东化工职业学院）

周超超（山东化工职业学院）

葛彩霞（山东化工职业学院）

程君霞（山东化工职业学院）

傅国娟（山东化工职业学院）

前言

化学化工行业是国民经济的重要支柱产业。随着社会的发展、科技的进步，化工从业人才需求连年攀升，对化工专业职业教育提出了新的要求。《化工单元操作》是化工类专业一门重要的基础课。按照现代职业教育“岗课赛证”理念，结合化工行业岗位要求，本书以化工单元操作岗位任务为主线，以化工企业生产过程的典型案例为引导，编写了本教材。在编写过程中，将化工总控工、化工精馏安全控制技能等级证书取证培训、职业院校技能大赛（高职组）“化工生产技术”赛项相关内容融入各个单元操作项目中，同时融入国家重大工程、大国工匠、榜样力量、绿色低碳、岗位操作规范等案例和化工行业新材料、新工艺、新技术、新设备等内容，突出学生的职业技能、职业素质、行业情怀一体化培养。

全书共包括流体流动与流体输送机械、非均相混合物的分离、传热、蒸发、吸收、蒸馏、萃取七个项目，系统介绍了各个单元操作的基本原理、计算方法、典型设备和化工单元操作实训。本书在内容设置上，紧紧围绕高等职业教育化工类专业学生的学习能力和水平，对照化工从业人员岗位能力要求，删减了部分较为繁杂的公式推导过程，突出了仿真、实操等技能训练，同时通过二维码的形式增加了教学微课、技能实操视频、动画资源等，便于学生自主学习。

本书由山东化工职业学院与兰州石化职业技术大学、宁波职业技术学院、湖南石油化工职业技术学院、潍坊职业学院以及多家企业联合编写。特别感谢周超超、傅国娟、吕宜春、王玉雪、王洪刚、王梦莹、王雅男、李玉祥、李浩、闵宪存、张歆婕、茅芝娟、宋明凤、张志明、程君霞（排名不分先后）给予的大力支持。全书由王欣、陈庆、葛彩霞主编，在编写过程中，中国石油化工股份有限公司齐鲁分公司、万华化学集团股份有限公司、山东海化集团有限公司、北京东方仿真软件技术有限公司等企业专家提供了很好的编写建议，在此一并表示衷心感谢!

本教材可用于高等职业教育化工类专业教学，还可作为化工企业工艺操作岗位的岗前培训、岗位培训、职业技能鉴定培训参考教材。由于编者水平有限，书中若有疏漏不足之处，敬请批评指正。

编　者

2022 年 3 月

目 录

项目五　吸收 …………………………………………………………………… 168

项目七　萃取

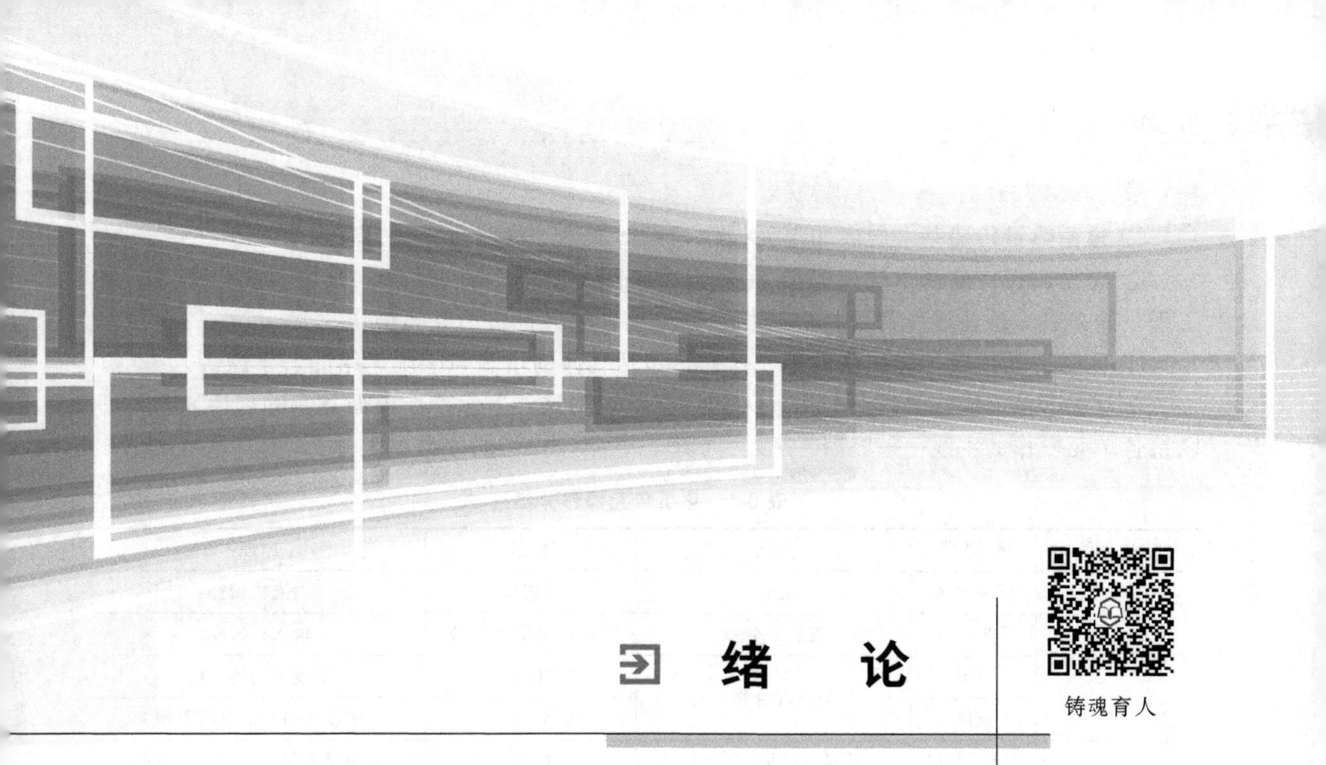

铸魂育人

绪 论

一、化工生产过程与化工单元操作

化工生产过程是指对原料进行化学加工，最终获得有价值产品的生产过程。由于原料、产品的多样性及生产过程的复杂性，形成了数以万计的化工生产工艺。纵观众多的化工生产过程，都是由化学（生物）反应及若干物理操作有机组合而成。其中化学（生物）反应及反应器是化工生产的核心，物理过程则起到为化学（生物）反应准备适宜的反应条件及将反应物分离提纯而获得最终产品的作用。

化工过程特点是操作步骤多，而且由于所用的原料与所得的产品种类繁多，不同化工生产过程的差别很大。但总体上，化工生产的过程（如图 0-1 所示）可以看成是由原料预处理过程、反应过程和反应产物后处理过程三个基本环节构成的。

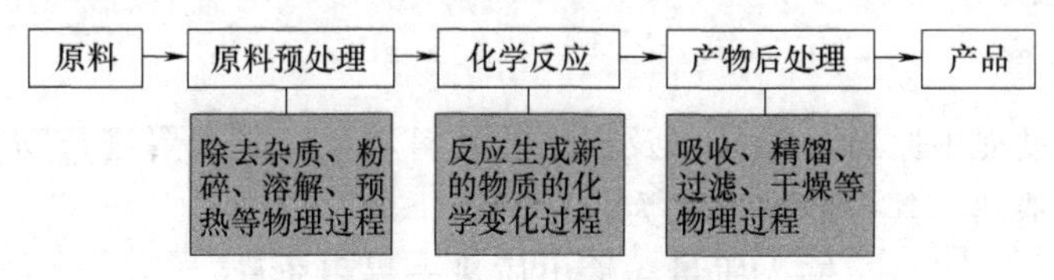

图 0-1　化工过程示意图

其中，反应过程是在各种反应器中进行的，属于化学（生物）反应过程，它是化工过程的中心环节；原料预处理和产物后处理过程均属于物理操作过程，按原理都可归纳为几个基本过程。这些基本的物理操作统称为化工单元操作，简称为单元操作。

各种单元操作依据不同的物理化学原理，采用相应的设备，达到各自的工艺目的。对于单元操作，可从不同角度加以分类。根据各单元操作所遵循的基本规律，将其划分为如下类型，即：

① 遵循动量传递基本规律的单元操作，包括流体输送、沉降、过滤、物料混合（搅

拌）等。

② 遵循热量传递基本规律的单元操作，包括加热、冷却、冷凝、蒸发等。

③ 遵循质量传递基本规律的单元操作，包括蒸馏、吸收、萃取、吸附、膜分离等。从工程目的来看，这些操作都可将混合物进行分离，故又称之为分离操作。

④ 同时遵循热质传递规律的单元操作，包括气体的增湿与减湿、结晶、干燥等。

在对化工单元操作进行研究后，人们逐渐认识到这些单元操作遵循共有的规律原则，即联系各单元操作的主线——“三传一反”原理。各单元操作的分类见表 0-1。

表 0-1 化工单元操作分类

传递过程	单元操作	目的	物态	原理
动量传递	流体输送	输送	液或气	输入机械能
	搅拌	混合或分散	气-液、液-液、固-液	输入机械能
	过滤	非均相混合物分离	气-固、液-固	尺度不同的截留
	沉降		气-固、液-固	密度差引起的沉降运动
热量传递	加热、冷却	升温、降温改变物态	液或气	利用温度差传入或移出热量
	蒸发	溶剂与不挥发溶质的分离	液体	供热以汽化溶剂
质量传递	气体吸收	均相混合物分离	气体混合物	各组分在溶剂中的溶解度不同
	液体精馏		液体混合物	各组分挥发度不同
	萃取		液体混合物	各组分在溶剂中的溶解度不同
	吸附		液或气	各组分在溶剂中的吸附能力不同
热、质同时传递	干燥	去湿	固体	供热汽化

二、基本概念

化工单元操作课程是在高等数学、物理化学等课程基础上开设的一门基础技术课。它既不同于自然科学的基础学科，又区别于具体化工生产工艺学，是各类化工专业课程的基础。

各单元操作的基本原理及设备的计算都是以物料衡算、能量衡算、平衡关系和过程速率四个基本概念为依据。

（一）物料衡算

为了弄清生产过程中原料、成品以及损失的物料数量，必须要进行物料衡算。物料衡算以质量守恒定律为基础，其一般表达式为：

$$输入质量=输出质量+累积质量$$

若当过程没有化学反应时，它也适用于物料中任一组分的衡算；当有化学反应时，它只适用于任一元素的衡算。若过程中累积的物料量为零，则

$$输入质量=输出质量$$

（二）能量衡算

机械能、热量、电能、磁能、化学能、原子能等统称为能量，各种能量间可以相互转换。化工计算中遇到的往往不是能量间的转换问题，而是总能量衡算，有时甚至可以简化为热能或热量衡算。能量衡算以热力学第一定律即能量守恒定律为基础，其一般表达式为：

$$输入热量=输出热量+损失热量$$

（三）平衡关系

一定条件下，物系所发生的变化总是向着一定的方向进行，直至达到一定的极限程度，除非影响物系的条件有变化，否则其变化的极限是不会改变的，这种变化关系称为物系平衡关系。

任何一种平衡状态的建立都是有条件的。当条件改变时，原有平衡状态被破坏并发生移动，直至在新的条件下建立新的平衡。

在生产中常用改变平衡条件的方法使平衡向有利于生产的方向移动。为了能有效地控制生产，对许多化工生产过程，应了解过程的平衡状态和平衡条件的相互关系。可以从生产过程的物系平衡关系来推断过程能否进行以及能进行到何种程度。平衡关系也为设备尺寸的计算提供了理论依据。

（四）过程速率

平衡关系只能说明过程的方向和极限，而不能确定过程进行的快慢。过程进行的速度快慢只能用过程速率来描述。任何一个物系，如果不是处于平衡状态，必然存在一个趋向平衡的过程，而过程的快慢即过程速率受诸多因素影响，工业生产中过程速率常以过程推动力与过程阻力的比值来表示：

$$\text{过程速率}=\frac{\text{过程推动力}}{\text{过程阻力}}$$

过程速率决定设备的生产能力。过程速率与过程推动力成正比，与过程阻力成反比。过程的推动力是该过程距平衡的差额，它可以是压力差、温度差或浓度差等。如流体流动时增大压差，热交换时提高温差，传质、反应时提高浓度差均可增大过程推动力，从而提高过程速率。

三、单位、单位制和单位换算

（一）单位

任何物理量都是用数字和单位联合表达的。一般选几个独立的物理量，如长度、时间等，并以使用方便为原则规定出它们的单位。这些物理量称为基本量，其单位称为基本单位。其他的物理量，如速度、流量等的单位则根据其本身的物理意义，由有关基本单位组合构成，这种单位称为导出单位。

（二）单位制

一种单位包含选定的基本单位和对应的导出单位。由于历史的原因和学科领域的不同，先后形成了不同的单位制，常用的单位制有绝对单位制、工程单位制和国际单位制（SI制），具体单位间的换算见附录一。SI 制具有一贯性和通用性优点。同一种物理量只有一个单位，如能量、热功的单位都采用焦耳，从而避免了热、功之间换算因子的引入。化工单元操作课程常采用 SI 单位制中的 5 个单位：长度单位米（m）、质量单位千克（kg）、时间单位秒（s）、温度单位开尔文（K）、物质的量单位摩尔（mol）。

（三）单位换算

我国规定各学科领域以 SI 制为基础，结合国情增加了必要的辅助单位。但要全面实施尚需一定时间，而且旧文献资料中的数据又是多种单位并存，使用时要进行换算，所以应掌握不同单位制中不同物理量的换算方法。

同一物理量，在不同单位制中其数值不同，但量是相同的。物理量由一种单位制的单位换成另一种单位制的单位时，量本身并无变化，只是在数值上要改变。在进行单位换算时要乘以两单位间的换算系数。所谓换算系数，就是彼此相等而各有不同单位的两个物理量的比值。

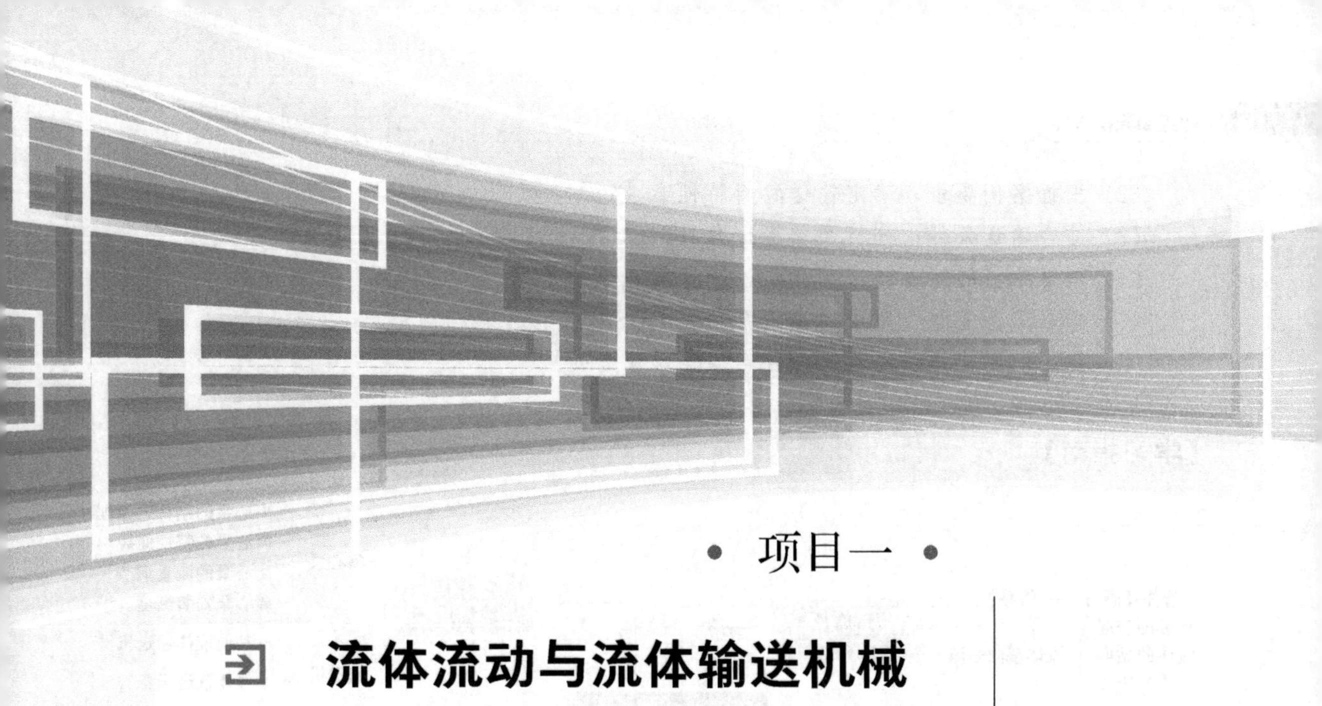

• 项目一 •

流体流动与流体输送机械

【案例导入】

酚醛树脂是一种重要的合成塑料，由苯酚和甲醛在催化剂条件下缩聚而成的，根据催化剂的不同，可分为热固性和热塑性两类，呈颗粒或粉末状，不溶于水，但溶于丙酮、酒精等有机溶剂，广泛应用于在汽车、电子、航空、航天及国防工业等高新技术领域。

现某化工公司有20000吨/年酚醛树脂生产线，为避免使用大釜生产样品，造成浪费且产生废弃树脂，在现有生产线旁建设有一个500L的小型反应釜，用于制造现有年产20000吨酚醛树脂生产线的样品，满足客户对公司产品现行评价的要求。小型反应釜年生产12批次，每批次约250kg，使用的原料为甲醛溶液和苯酚溶液，苯酚溶液常温下会有晶体析出，输送设备及管道用热水伴热，每批次酚醛树脂生产过程中甲醛的最大输送量为150m^3/h，苯酚溶液最大输送量为180m^3/h。

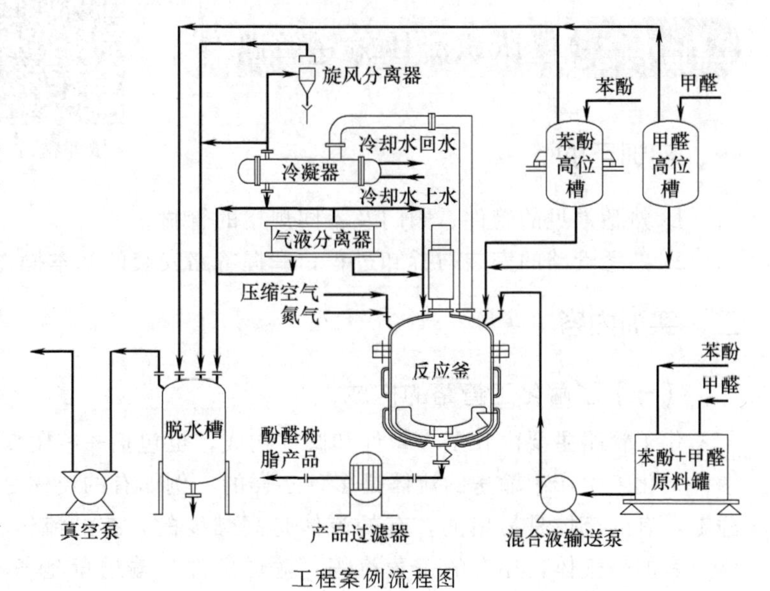

工程案例流程图

项目生产流程图如下：

【案例分析】

要完成以上的输送任务，需要解决以下问题：

(1) 根据案例中输送条件，选择合适规格的阀门、管件，确定管路连接方式；

(2) 根据案例要求，确定输送物料特性参数；

(3) 结合输送条件，分析流体输送参数；

(4) 根据物料的特性、工艺要求，选择输送泵的类型；

(5) 根据工艺流程，完成对离心泵单元 DCS 操控；

(6) 能够完成流体输送单元开停车操作及应急处置。

【学习指南】

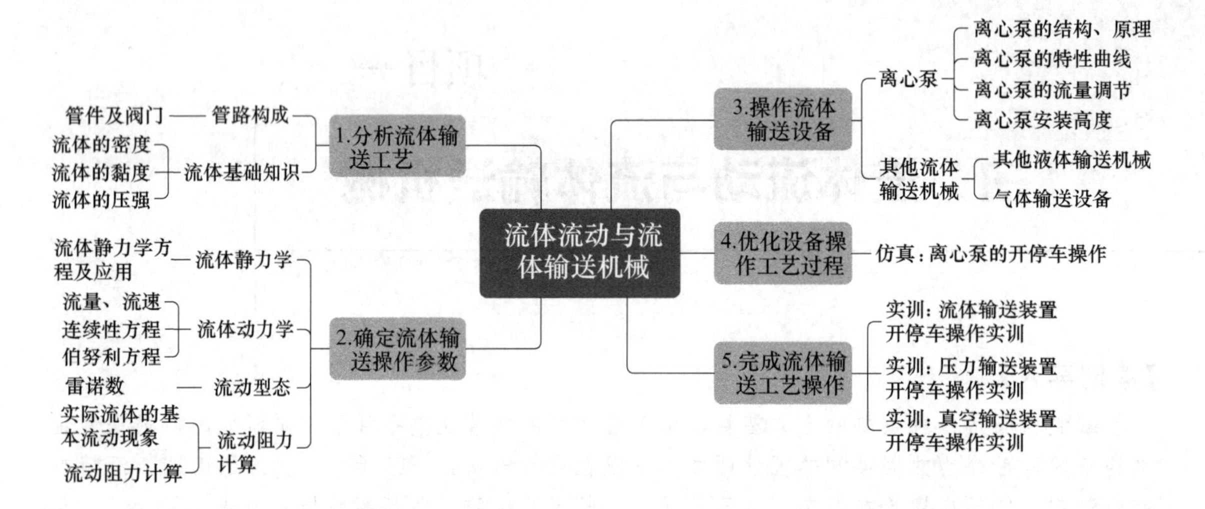

任务一 认识流体输送管路

微课精讲

动画资源

铸魂育人

一、实训目的

1. 熟悉常见的管件、阀门及不同规格的管材。

2. 熟悉管路的安装与拆卸过程，掌握管路安装的基本操作技能。

二、实训内容

（一）了解化工管路的构成

化工管路主要由管子、管件和阀件构成，也包括一些附属于管路的管架、管卡、管撑等辅件。化工生产中输送的流体是多种多样的，例如有的流体是易燃的，有的流体很容易产生静电，有的流体是易爆的，有的流体是高黏度的，有的流体是含有固体杂质的，有的是液体，有的是气体，还有的是蒸汽等。输送条件与输送量是各不相同的，例如有的是常温常压，有的是高温高压，有的是低温低压，有的流量很大而有的流量很小等。因此，化工管路也必须是各不相同的，以适应不同输送任务的要求。工程上，为了避免杂乱，方便制造与使用，实行了化工管路标准化。

化工管路的标准化是指制定化工管路主要构件，包括管子、管件、阀件（门）、法兰、垫片等的结构、尺寸、连接、压力等的标准并实施的过程。其中，压力标准与直径标准是制定其他标准的依据，也是选择管子、管件、阀件、法兰、垫片等附件的依据，已由国家标准详细规定，使用时可以参阅有关资料。

直径（口径）标准是指对管路直径所作的标准，一般称为公称直径或通称直径，用“DN＋数值”形式表示，比如DN300mm表示管子或辅件的公称直径为300mm。通常，公称直径既不是管子的内径，也不是管子的外径，而是与管子内径相接近的整数。我国的公称直径在1～4000mm之间分为51个等级，在1～1000mm之间分得较细，而在1000mm以上，每200mm分一级，见表1-1。

表1-1　管子、管件的公称直径

公称直径 DN/mm																
1	4	8	20	40	80	150	225	350	500	800	1100	1400	1800	2400	3000	3600
2	5	10	25	50	100	175	250	400	600	900	1200	1500	2000	2600	3200	3800
3	6	15	32	65	125	200	300	450	700	1000	1300	1600	2200	2800	3400	4000

1. 管子

生产中使用的管子按管材不同可分为金属管、非金属管和复合管。金属管主要有铸铁管、钢管（含合金钢管）和有色金属管等。非金属管主要有陶瓷管、水泥管、玻璃管、塑料管、橡胶管等。复合管指的是金属与非金属两种材料复合得到的管子，最常见的形式是衬里管，为了满足强度、节约成本和防腐的需要，在一些管子的内层衬以适当材料，如金属、橡胶、塑料、搪瓷等而形成。

随着化学工业的发展，各种新型耐腐蚀材料不断出现，如有机聚合物材料，非金属材料管正在越来越多地替代金属管。管子的规格通常是用“Φ外径×壁厚”来表示。Φ38mm×2.5mm表示此管子的外径是38mm，壁厚是2.5mm。但也有些管子是用内径来表示其规格的，使用时要注意。管子的长度主要有3m、4m和6m。有些可达9m、12m，但以6m最为普遍。

2. 管件

化工生产中的管类型很多，据管材类型分为5种，即水煤气钢管件、铸铁管件、塑料管件、耐酸陶瓷管件和电焊钢管管件。管件是用来连接管子、改变管路方向或直径、接出支路或封闭管路的附件总称。一种管件能起到上述作用中的一种或多种，例如弯头既是连接管路的管件，又是改变管路方向的管件。

① 改变管路的方向。如图1-1（a）～(c）所示，通常将其统称为弯头。

② 连接支管。如图1-1（d）～(h）所示，通常把它们统称为三通或四通。

③ 连接两段管子。如图1-1（i）～(k）所示，其中图1-1（i）称为外接头，俗称为管箍；图1-1（j）称为内接头，俗称为对丝；图1-1（k）称为活接头，俗称为由任。

④ 改变管路的直径。如图1-1（l）和（m）所示，通常把前者称为大小头，后者称为内外螺纹管接头，俗称为内外丝或补芯。

⑤ 堵塞管路。如图1-1（n）和（o）所示，分别称为丝堵和育板。

3. 阀件

阀件是用来开启、关闭和调节流量及控制安全的机械装置，也称阀门、截门或节门。阀门是化工安全生产的关键组件。阀门的开启与关闭，阀门的畅通与隔断，阀门的质量好与坏，阀门的严密与渗漏等均关系到安全运行，由阀门引起的火灾、爆炸、中毒事故数不胜数，国内外许多重大的事故是由阀门问题引起的。化工生产中，通过阀门可以调节流量、系统压力、流动方向，从而确保工艺条件的实现与安全生产。

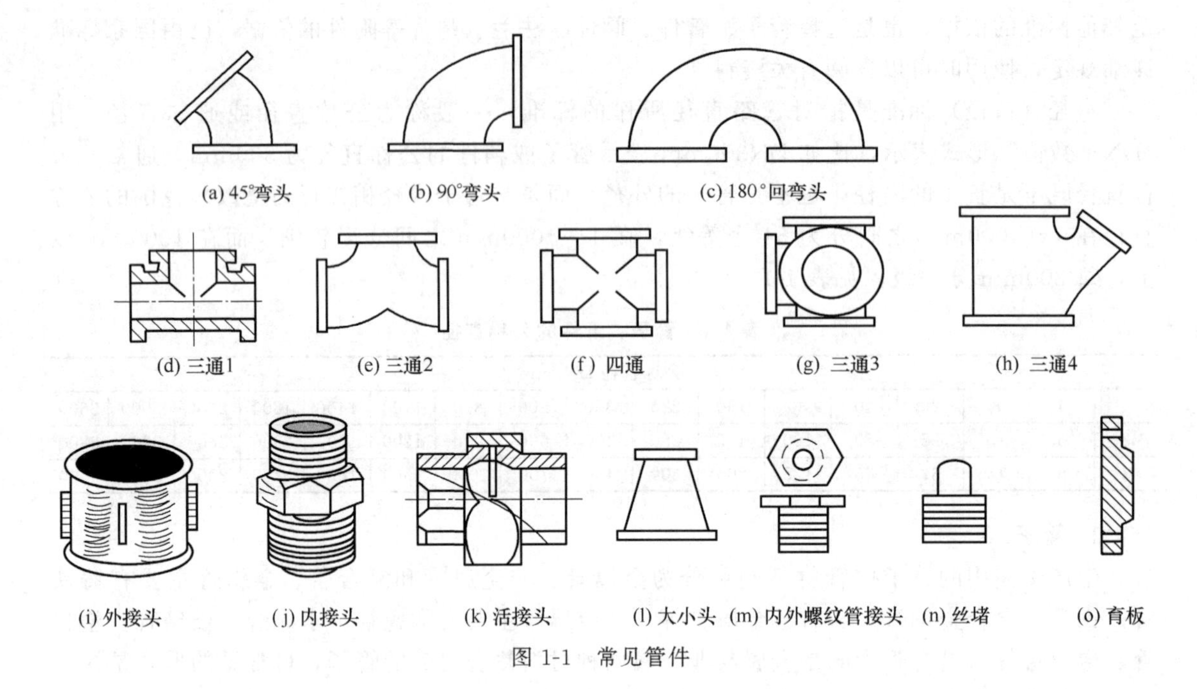

图 1-1 常见管件

(1) 阀门的类型

阀门的种类很多，按启动力的来源分他动启闭阀和自动作用阀。在选用时，应根据被输送介质的性质、操作条件及管路实际进行合理选择。

① 他动启闭阀：有手动、气动和电动等类型，若按结构分则有旋塞、闸阀、截止阀、节流阀、气动调节阀和电动调节阀等。表 1-2 介绍了几种常见的他动启闭阀。

表 1-2 他动启闭阀的种类及用途

种类	旋塞(又叫扣克)	截止阀(又叫球形阀)	节流阀	闸阀(又叫闸板阀)
结构				
用途	用于输送含有沉淀和结晶，以及黏度较大的物料。适用于直径不大于 80mm 及温度不超过 273K 的低温管路和设备上，允许工作压力在 1MPa(表压)以下	用于蒸汽、压缩空气和真空管路，也可用于各种物料管路中，但不能用于沉淀物，易于析出结晶或黏度较大、易结焦的料液管路中。此阀尺寸较小，耐压不高，在工厂中有特殊的应用	此阀启动时流通截面变化较缓慢，有较好的调节性能；不宜作隔断阀；适用于温度较低、压力较高的介质和需要调节流量和压力的管路上	用于大直径的给水管路上，也可用于压缩空气、真空管路和温度在 393K 以下的低压气体管路，但不能用于介质中含沉淀物质的管路，很少用于蒸汽管路

② 自动作用阀：当系统中某些参数发生变化时，自动作用阀能够自动启闭，主要有安全阀、减压阀、止回阀和疏水阀等。

安全阀是为了管道设备的安全保险而设置的截断装置。它能根据工作压力而自动启闭，从而将管道设备的压力控制在某一数值以下，从而保证其安全。主要用在蒸汽锅炉及高压设备上。减压阀是为了降低管道设备的压力，并维持出口压力稳定的一种机械装置，常用在高压设备上。例如，高压钢瓶出口都要接减压阀，以降低出口的压力，满足后续设备的压力要求。止回阀也称止逆阀或单向阀，是在阀的上下游压力差的作用下自动启闭的阀门。其作用是使介质按一定方向流动而不会反向流动。常用在泵的进出口管路、蒸汽锅炉的给水管路上。例如，离心泵在开启之前需要灌泵，为了保证液体能自动灌入，常在泵吸入管口装一个单向阀。疏水阀是一种自动间歇排除冷凝液，并能自动阻止蒸汽排出的机械装置。蒸汽是化工生产中最常用的热源。只有及时排除冷凝液，才能很好地发挥蒸汽的加热功能。几乎所有使用蒸汽的地方，都要使用疏水阀。

（2）阀门的维护

阀门是化工生产中最常用的装置，数量广，类型多，其工作情况直接关系到化工生产的好坏与优劣。为了使阀门正常工作，必须做好阀门的维护工作。

① 保持清洁与润滑良好，使传动部件灵活动作。

② 检查有无渗漏，如有应及时修复。

③ 安全阀要保持无挂污与无渗漏，并定期校验其灵敏度。

④ 注意观察减压阀的减压效能。若减压值波动较大，应及时检修。

⑤ 阀门全开后，必须将手轮倒转少许，以保持螺纹接触严密，不损伤。

⑥ 电动阀应保持清洁及接点的良好接触，防止水、汽和油的沾污。

⑦ 露天阀门的传动装置必须有防护罩，以免大气及雨雪的侵蚀。

⑧ 要经常测听止逆阀阀芯的跳动情况，以防止掉落。

⑨ 做好保温与防冻工作，应排净停用阀门内部积存的介质。

⑩ 及时维修损坏的阀门零件，发现异常及时处理。

（二）管路拆装实训

① 正确识别各种化工管路的构成，现场测绘并画出安装配管图。

② 管路系统及设备已定，要求在拆除后恢复原样，反复地进行拆装训练。

③ 按指定的工艺流程图及相关实训材料，安装一段流体输送管路，安装后要求试漏合格。

三、实训步骤

1. 基本要求

能够拆卸已经装备完成的化工管路，然后再完成装配，多次练习后能够做到试水的时候不漏水，完整地装配好化工管路，或是根据化工图纸能够利用现有的工具装配好化工管路。

2. 操作工具

木榔头、管子钳（450mm、300mm）、卷尺、活动扳手（12寸、10寸）、呆扳手（17mm～19mm，22mm～24mm）、两用扳手（17mm、19mm、22mm、24mm）、一字穿心批、一字螺丝批（小、中号）、螺丝十字批（小、中号）、水平尺、直角尺。

3. 基本原理

管路的连接是根据相关标准和图纸要求，将管子与管子或管子与管件、阀门等连接起来，以形成一严密整体从而达到使用目的。

管路的连接方法有多种，化工管路中最常见的有螺纹连接和法兰连接。螺纹连接主要适用于镀锌焊接钢管的连接，它是通过管子上的外螺纹和管件上的内螺纹拧在一起而实现的。管螺纹有圆锥管螺纹和圆柱管螺纹两种，管道多采用圆锥形外螺纹，管箍、阀件、管件等多采用圆柱形内螺纹。此外，管螺纹连接时，一般要用生料带等作为填料。法兰连接是通过连接法兰及紧固螺栓、螺母，压紧法兰中间的垫片而使管道连接起来的一种方法，具有强度高、密封性能好、适用范围广、拆卸安装方便的特点。通常情况下，采暖、煤气、中低压工业管道常采用非金属垫片，而在高温高压和化工管道上常使用金属垫片。

法兰连接的一般规定：

① 安装前应对法兰、螺栓、垫片进行外观、尺寸、材质等检查。

② 法兰与管子组装前应对管子端面进行检查。

③ 法兰与管子组装时应检查法兰的垂直度。

④ 法兰与法兰对接连接时，密封面应保持平行。

⑤ 为便于安装、拆卸法兰，紧固螺栓，法兰平面距支架和墙面的距离不应小于200mm。

⑥ 工作温度高于100℃的管道的螺栓应涂一层石墨粉和机油的调和物，以便日后拆卸。

⑦ 拧紧螺栓时应对称呈十字交叉进行，以保障垫片各处受力均匀；拧紧后的螺栓露出丝扣的长度不应大于螺栓直径的一半，并不应小于2mm。

⑧ 法兰连接好后，应进行试压，发现渗漏，需要更换垫片。

⑨ 当法兰连接的管道需要封堵时，则采用法兰盖；法兰盖的类型、结构、尺寸及材料应和所配用的法兰相一致。

⑩ 法兰连接不严，要及时找出原因进行处理。

4. 管路组装

① 管口螺纹的加工以及板牙的使用。

② 对照管路示意图进行管路安装，安装中要保证横平竖直，水平偏差不大于15mm、垂直偏差不大于10mm。

③ 法兰与螺纹接合时每对法兰的平行度、同心度要符合要求。螺纹接合时要做到生料带缠绕方向正确和厚度合适，螺纹与管件咬合时要对准、对正，拧紧用力要适中。

④ 阀门安装前要将内部清理干净，关闭好再进行安装，对有方向性的阀门要与介质流向吻合，安装好的阀门手轮位置要便于操作。

⑤ 流量计和压力表及过滤器的安装按具体安装要求进行。要注意流向，有刻度的位置要便于读数。

四、管路拆装注意事项

管路拆卸一般是从上到下，先仪表后阀门，拆卸过程中不得损坏管件和仪表。拆下的管子、管件、阀门和仪表要归类放好。

操作中，安装工具使用要合适、恰当。法兰安装中要做到对得正、不反口、不错口、不张口。安装和拆卸过程中注意安全防护，不出现安全事故。

法兰紧固前要将法兰密封面清理干净，其表面不得有沟纹；垫片要完好，不得有裂纹，大小要合适，不得用双层垫片，垫片的位置要放正；法兰与法兰的对接要正、要同心；紧固螺丝时按对称位置的顺序拧紧，紧好后两头螺栓应露出2～4扣；活接头的连接特别要注意垫圈的放置；螺纹连接时，要注意生料带的缠绕方向与圈数。

阀门安装前要清理干净，将阀门关闭后再进行安装；截止阀、单向阀安装时要注意方向性；转子流量计的安装要垂直，防止破坏。

管道安装完毕后应进行压力试验，一般情况下压力试验以液体为试验介质，具体试压要求和过程可查询相应的管道试压规范。

微课精讲

铸魂育人

任务二　确定流体流动参数

一般而言，流体是气体与液体的总称。流体流动是最普遍的化工单元操作之一，同时，研究流体流动问题也是研究其他化工单元操作的重要基础。

流体主要特征：具有流动性；无固定形状，随容器形状而变化；受外力作用时内部产生相对运动。

流体种类：如果流体的体积不随压力变化而变化，该流体称为不可压缩性流体；若流体体积随压力发生变化，则称为可压缩性流体。一般液体的体积随压力变化很小，可视为不可压缩性流体；而对于气体，当压力变化时，体积会有较大的变化，常视为可压缩性流体，但如果压力的变化率不大时，该气体也可当作不可压缩性流体处理。

一、流体的密度

单位体积流体的质量，称为流体的密度，表达式为：

$$\rho=\frac{m}{V} \tag{1-1}$$

式中，ρ 为流体的密度，kg/m^3；m 为流体的质量，kg；V 为流体的体积，m^3。

对一定的流体，其密度是压力和温度的函数，即 $\rho=f(p, T)$。

（1）液体密度

通常液体可视为不可压缩性流体，认为其密度仅随温度变化（极高压力除外），其变化关系可由手册中查得。

（2）气体密度

对于气体，当压力不太高、温度不太低时，可按理想气体状态方程计算

$$\rho=\frac{pM}{RT} \tag{1-2}$$

式中，p 为气体的绝对压力，kPa；M 为气体的摩尔质量，kg/kmol；T 为绝对温度，K；R 为摩尔气体常数，其值为 8.314kJ/(kmol·K)。

一般在手册中查得的气体密度都是在一定压力与温度下的，若条件不同，则需进行换算。

（3）液体混合物密度

液体混合物的密度常采用直接测量的方法，通过测量一定数量液体的体积和密度再由密度的定义式计算得到。另外，还可以用其他测量方法，比如用密度计测量，如图 1-2 所示。

图 1-2　密度计

（4）气体混合物密度

气体混合物的平均密度 ρ_m 可利用式（1-2）计算，但式中的

摩尔质量 M 应用混合气体的平均摩尔质量 M_m 代替，即

$$\rho_m=\frac{pM_m}{RT} \tag{1-3}$$

而

$$M_m=M_1y_1+M_2y_2+\cdots+M_ny_n \tag{1-4}$$

式中，M_1，M_2，…，M_n 为各纯组分的摩尔质量，kg/kmol；y_1，y_2，…，y_n 为气体混合物中各组分的摩尔分数。

【例 1-1】 求干空气在常压（$p=101.3$kPa）、20℃下的密度。

解： ① 直接由附录二查得 20℃下干空气的密度为 1.205kg/m³。

② 按式（1-3）计算。由手册查得干空气的摩尔质量 $M=28.95$kg/kmol，则：

$$\rho=\frac{pM}{RT}=\frac{101.3\times28.95}{8.314\times(273+20)}=1.204\text{kg/m}^3$$

③ 若把空气看作是由 21%氧和 79%氮组成的混合气体时，则可按式（1-3）计算。用下标 1 表示氧气，下标 2 表示氮气，则干空气的平均摩尔质量 M_m 由式（1-4）求得：

$$M_m=M_1y_1+M_2y_2=32\times0.21+28\times0.79=28.84\text{kg/kmol}$$

则

$$\rho_m=\frac{pM_m}{RT}=\frac{101.3\times28.84}{8.314\times(273+20)}=1.200\text{kg/m}^3$$

由上述计算结果可知，前两种结果相近，第三种解法中把空气当作只有氧和氮两组分组成的混合气体，忽略了空气中其他微量组分，对氮的分子量也做了圆整，使 M_m 值偏低，但误差仍很小，可以满足工程计算要求。

二、牛顿黏性定律与流体的黏度

（一）牛顿黏性定律

流体的典型特征是具有流动性，但不同流体的流动性能不同，这主要是因为流体内部质点间做相对运动时存在不同的内摩擦力。这种表明流体流动时产生内摩擦力的特性称为黏性。黏性是流动性的反面，流体的黏性越大，其流动性越小。流体的黏性是流体产生流动阻力的根源。

如图 1-3 所示，设有上、下两块面积很大且相距很近的平行平板，板间充满某种静止液体。若将下板固定，而对上板施加一个恒定的外力，上板就以恒定速度 u 沿 x 方向运动。若 u 较小，则两板间的液体就会分成无数平行的薄层而运动，黏附在上板底面下的一薄层流体以速度 u 随上板运动，其下各层液体的速度依次降低，紧贴在下板表面的一层液体，因黏附在静止的下板上，其速度为零，两平板间流速呈线性变化。对任意相邻两层流体来说，上层速度较大，下层速度较小，前者对后者起带动作用，而后者对前者起拖曳作用，流体层之间的这种相互作用，产生内摩擦，而流体的黏性正是这种内摩擦的表现。

平行平板间的流体，流速分布为直线，而流体在圆管内流动时，速度分布呈抛物线形，如图 1-4 所示。

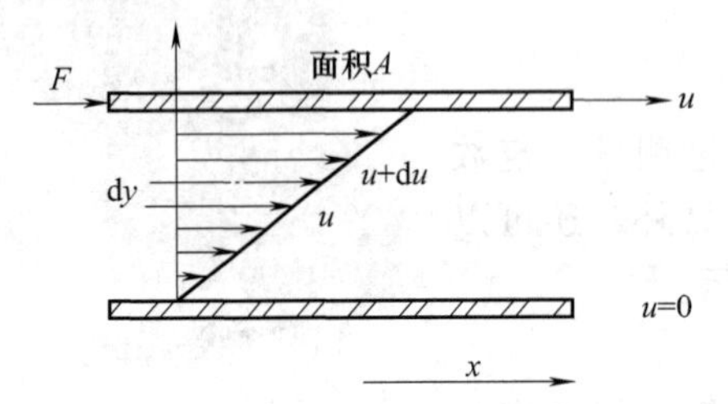

图 1-3 平板间液体速度变化

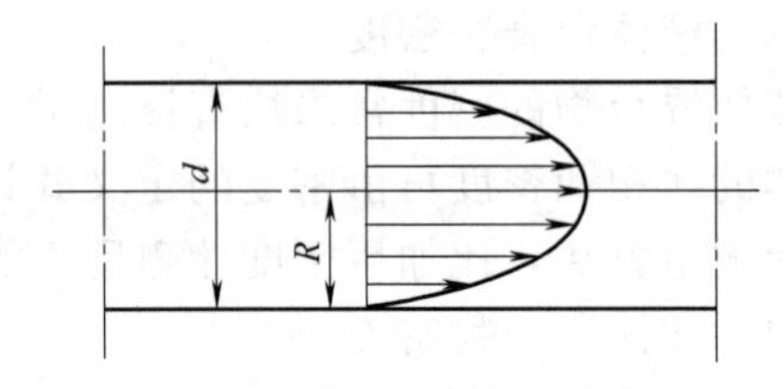

图 1-4 实际流体在管内的速度分布

实验证明，对于一定的流体，内摩擦 F 与两流体层的速度差 $\mathrm{d}u$ 成正比，与两层之间的垂直距离 $\mathrm{d}y$ 成反比，与两层间的接触面积 A 成正比，即

$$F=\mu A\frac{\mathrm{d}u}{\mathrm{d}y} \tag{1-5}$$

式中，F 为内摩擦力，N；$\frac{\mathrm{d}u}{\mathrm{d}y}$为法向速度梯度，即在与流体流动方向相垂直的 y 方向流体速度的变化率，1/s；μ 为比例系数，称为流体的黏度或动力黏度，Pa·s。

一般地，单位面积上的内摩擦力称为剪应力，以 τ 表示，单位为 Pa，则式（1-5）变为

$$\tau=\mu\frac{\mathrm{d}u}{\mathrm{d}y} \tag{1-5a}$$

式（1-5）、式（1-5a）称为**牛顿黏性定律**，表明流体层间的内摩擦力或剪应力与法向速度梯度成正比。

剪应力与速度梯度的关系符合牛顿黏性定律的流体，称为**牛顿型流体**，包括所有气体和大多数液体；不符合牛顿黏性定律的流体称为**非牛顿型流体**，如高分子溶液、胶体溶液及悬浮液等。我们讨论的均为牛顿型流体。

（二）流体的黏度

黏度 μ 的物理意义是流体流动时在与流动方向垂直的方向上产生单位速度梯度所需的剪应力。黏度是反映流体黏性大小的物理量。

黏度也是流体的物性之一，其值由实验测定。液体的黏度，随温度的升高而降低，压力对其影响可忽略不计。气体的黏度，随温度的升高而增大，一般情况下也可忽略压力的影响，但在极高或极低的压力条件下需考虑其影响。

在国际单位制下，黏度的单位为

$$[\mu]=\frac{[\tau]}{[\mathrm{d}u/\mathrm{d}y]}=\frac{\mathrm{Pa}}{\frac{\mathrm{m/s}}{\mathrm{m}}}=\mathrm{Pa\cdot s}$$

在一些工程手册中，黏度的单位常常用物理单位制下的 cP（厘泊）表示，它们的换算关系为

$$1\mathrm{cP}=10^{-3}\ \mathrm{Pa\cdot s}$$

$$[\mu]=[\tau/(\mathrm{d}u/\mathrm{d}y)]=(\mathrm{N/m^2})/[\mathrm{m/(s\cdot m)}]=\mathrm{N\cdot s/m^2}=\mathrm{Pa\cdot s}$$

$$\mathrm{P}=\mathrm{g/(cm\cdot s)}=100\mathrm{cP}=10^{-1}\mathrm{Pa\cdot s}$$

三、压力

（一）压力的定义

流体垂直作用于单位面积上的力，称为流体的静压强，简称压强，习惯上又称为压力。压强的计算公式是：$p=F/S$（注意：是小写的 p，而不是大写的 P，大写 P 一般是指做功的功率）。压强用来比较压力产生的效果，压强越大，压力的作用效果越明显。在静止流体中，作用于任意点不同方向上的压力在数值上均相同。

压力的单位是 $\mathrm{N/m^2}$，也以 Pa（帕斯卡）表示。此外，压力的大小也间接地以流体柱高度表示，如用 $\mathrm{mH_2O}$ 或 mmHg 等。

若流体的密度为 ρ，则液柱高度 h 与压力 p 的关系为：$p=\rho gh$。

注意：用液柱高度表示压力时，必须指明流体的种类，如 600mmHg、$10mH_2O$ 等。

常用的压力单位换算关系：

$1atm=1.013\times10^5Pa=760mmHg=10.33mH_2O$；$1bar=10^5Pa$

通常情况下，标准大气压用 atm 表示。但在工业生产中，习惯用“公斤力”描述（而不是斤）气体的压力，单位 atm 也可记为“kgf/cm^2”，一公斤压力就是一公斤的力作用在一平方厘米上，换算关系为 $1atm=1.033kgf/cm^2$。

（二）压力的表示方法

压力的大小常以两种不同的基准来表示：一种是绝对真空；另一种是大气压力。当基准不同时，表示方法也不同。以绝对真空为基准测得的压力称为绝对压力，是流体的真实压力；以大气压力为基准测得的压力称为表压或真空度。绝对压力与表压、真空度的关系如图 1-5 所示。

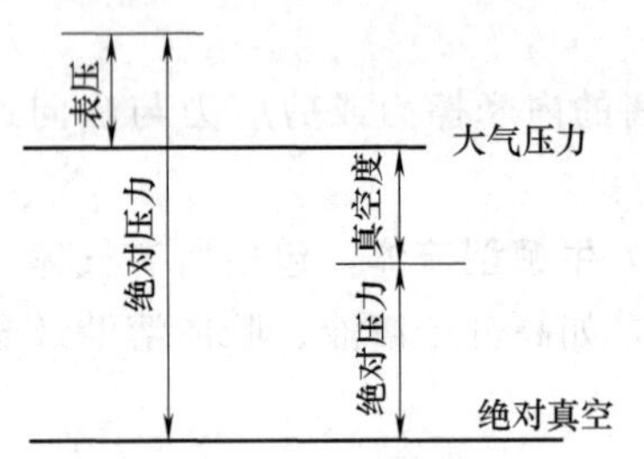

图 1-5　绝对压力与表压、真空度的关系

$$表压=绝对压力-大气压力$$

$$真空度=大气压力-绝对压力$$

一般为避免混淆，通常对表压、真空度等加以标注，如 2000Pa（表压），10mmHg（真空度）等，还应指明当地大气压力。

在测压表或真空表上得出的读数必须根据当时当地的大气压力进行校正，才能得到测点的绝压值。如在海平面处测得某密闭容器内表压为 5Pa，另一容器内的真空度为 5Pa，若将此二容器连同压力表和真空表一起移到高山顶上，测出的表压和真空度都会有变化，读者可自行分析。

【例 1-2】 某离心水泵的入、出口处分别装有真空表和压力表，现已测得真空表上的读数为 210mmHg，压力表上的读数为 150kPa。已知当地大气压力为 100kPa。试求：①泵入口处的绝对压力（kPa）；②泵出、入口间的压力差（kPa）。

解： 已知当地大气压力 $p_a=100kPa$，泵入口处的真空度为 210mmHg，由附录一查得 1mmHg=133.3Pa，故真空度为 $210\times133.3\times10^{-3}=28.0kPa$。

① 泵入口处的绝对压力为：

$$p_1(绝压)=p_a-真空度=100-28.0=72.0kPa$$

② 泵的出、入口间的压力差为：

$$\Delta p=p_2(绝压)-p_1(绝压)$$

而泵出口处的绝压为：

$$p_2(绝压)=p_2(表压)+p_a=150+100=250kPa$$

所以

$$\Delta p=250-72=178kPa$$

在进行压力值换算与压差计算时，必须注意单位的一致性。

（可以考虑一下，本例中的压差 Δp 能否用泵出口的表压值与入口的真空度之和来求取?）

四、流体流动基础

（一）流量与流速

（1）体积流量 V_S

单位时间内流经管道任意截面的流体体积，称为体积流量，以 V_S 表示，单位为 m^3/s 或 m^3/h。

（2）流速 u

流速是指单位时间内流体质点在流动方向上所流经的距离，以 u 表示，单位为 m/s。实验发现，流体质点在管道截面上各点的流速并不一致，而是形成某种分布。在工程计算中，为简便起见，常常希望用平均流速表征流体在该截面的流速。定义平均流速为流体的体积流量与管道截面积之比，即

$$u=\frac{V_S}{A} \tag{1-6}$$

实验证明流体流经管道任一截面时，流速沿径向方向各不相同：

管中心：$u=u_{max}$；

管壁处：$u=0$，呈图 1-6 所示分布。

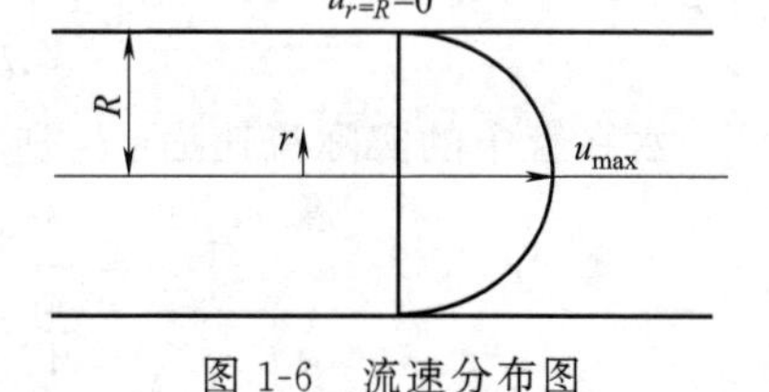

图 1-6　流速分布图

（3）质量流量 W_S

单位时间内流经管道任意截面的流体质量，称为质量流量，以 W_S 表示，单位为 kg/s 或 kg/h。

体积流量与质量流量的关系为

$$W_S=V_S\rho \tag{1-7}$$

（4）质量流速 G

单位时间内流经管道单位截面积的流体质量，称为质量流速，以 G 表示，单位为 $kg/(m^2 \cdot s)$。质量流速与流速的关系为

$$G=\frac{W_S}{A}=\frac{V_S\rho}{A}=u\rho \tag{1-8}$$

（二）管径的估算

一般化工管道为圆形，若以 d 表示管道的内径，则式（1-6）可写成

$$u=\frac{V_S}{\frac{\pi}{4}d^2} \tag{1-6a}$$

则

$$d=\sqrt{\frac{4V_S}{\pi u}} \tag{1-9}$$

式（1-9）中，流量一般由生产任务决定，选定流速 u 后可用上式估算出管径，再圆整到标准规格。适宜流速的选择应根据经济核算确定，通常可选用经验数据。生产中常用的流体流速范围列于表 1-3。通常水及低黏度液体的流速为 1～3m/s，一般常压气体流速为 10m/s，饱和蒸汽流速为 20～40m/s 等。一般情况下，密度大或黏度大的流体，流速取小一些；对于含有固体杂质的流体，流速宜取得大一些，以避免固体杂质沉积在管道中。

表 1-3 一些流体在管道中的常用流速范围

流体的类型及情况	流速范围/(m/s)	流体的类型及情况	流速范围/(m/s)
自来水(3×10^5Pa 左右)	1～1.5	高压空气	15～25
水及低黏度液体(1×10^5～1×10^6Pa)	1.5～3.0	一般气体(常压)	12～20
高黏度液体	0.5～1.0	鼓风机吸入管气体	10～15
工业供水(8×10^5Pa 以下)	1.5～3.0	鼓风机排出管气体	15～20
锅炉供水(8×10^5Pa 以上)	>3.0	离心泵吸入管液体(水一类液体)	1.5～2.0
饱和蒸汽	20～40	离心泵排出管液体(水一类液体)	2.5～3.0
过热蒸汽	30～50	自流液体(冷凝水等)	0.5
蛇管、螺旋管内的冷却水	<1.0	真空操作下的气体	<10
低压空气	12～15		

【例 1-3】 某厂要求安装一根输水量为 $30m^3/h$ 的管道，试选择一合适的管子。

解： 取水在管内的流速为 1.8m/s，由式（1-9）得

$$d=\sqrt{\frac{4V_S}{\pi u}}=\sqrt{\frac{4\times30/3600}{3.14\times1.8}}=0.077m=77mm$$

根据低压流体输送用焊接钢管规格，选用公称直径 80mm（3in）的管子，或表示为 $\Phi88.5mm\times4mm$，该管子外径为 88.5mm，壁厚为 4mm，则内径为

$$d=88.5-2\times4=80.5mm$$

水在管中的实际流速为

$$u=\frac{V_S}{\frac{\pi}{4}d^2}=\frac{30/3600}{0.785\times0.0805^2}=1.64m/s$$

在适宜流速范围内，所以该管子合适。

【例 1-4】 常温下密度为 $870kg/m^3$ 的甲苯流经 $\Phi108mm\times4mm$ 热轧无缝钢管送入甲苯贮罐。已知甲苯体积流量为 10L/s，求：甲苯在管内的质量流量（kg/s）、平均流速（m/s）、质量流速 [$kg/(m^2\cdot s)$]。

解： 甲苯的质量流量按式（1-7）得

$$W_S=V_S\rho=10\times10^{-3}\times870=8.70kg/s$$

无缝钢管的规格常用外径（mm）×壁厚（mm）表示，对 $\Phi108mm\times4mm$ 的热轧无缝钢管，其内径为

$$d=108-2\times4=100mm=0.100m$$

按式（1-6a），甲苯在管内的平均流速为

$$u=\frac{V_S}{0.785d^2}=\frac{10\times10^{-3}}{0.785\times0.100^2}=1.274m/s$$

按式（1-8），甲苯在管内的质量流速为

$$G=u\rho=1.274\times870=1108kg/(m^2\cdot s)$$

（三）定态流动与非定态流动

流体流动系统中，若各截面上的温度、压力、流速等物理量仅随位置变化，而不随时间变化，这种流动称为**定态流动**；若流体在各截面上的有关物理量既随位置变化，也随时间变化，则称为**非定态流动**。

如图 1-7 所示，图 1-7（a）装置液位恒定，因而流速不随时间变化，为定态流动；

图 1-7（b）装置流动过程中液位不断下降，流速随时间而递减，为非定态流动。

在化工厂中，连续生产的开车、停车阶段，属于非定态流动，而正常连续生产时，均属于定态流动。我们讨论定态流动问题。

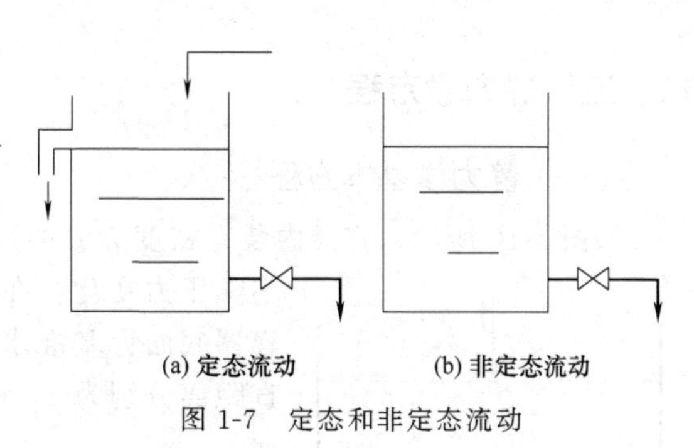

图 1-7　定态和非定态流动

五、流体流动过程的机械能

（一）动能

所谓动能，简单地说就是指物体因运动而具有的能量，数值上等于$\frac{1}{2}mu^2$。动能是能量的一种，它的国际单位制单位是焦耳（J），简称焦。

① 当流体以一定速度流动时，便具有动能。

② 质量为 m，流速为 u 的流体具有的动能为$\frac{1}{2}mu^2$，其单位为 J。

③ 1kg 的流体所具有的动能为$\frac{1}{2}u^2$，其单位为 J/kg。

（二）位能

位能是指物体在万有引力（包括重力）、弹性力等势场中，因所在的位置不同而具有的能量。由于势场的性质不同，可称为引力势能、重力势能和弹性势能。重力势能又称为位能，是流体受重力作用在不同高度所具有的能量。

① 位能是相对值，其大小随所选定的基准面的位置而变。

② 质量为 m，在 z 处的流体具有的位能为 mgz，其单位为 J。

③ 1kg 流体在 z 处的流体所具有的位能为 gz，其单位为 J/kg。

（三）静压能

在静止流体内部，任一处都有静压力。同样，在流动着的流体内部，任一处也有静压力。如果在一内部有液体流动的管壁面上开一小孔，并在小孔处装一根垂直的细玻璃管，液体便会在玻璃管内上升，上升的液柱高度即是管内该截面处液体静压力的表现，如图 1-8 所示。

对于图 1-9 所示的流动系统，由于在 1-1′截面处流体具有一定的静压力，流体要通过该截面进入系统，就需要对流体做一定的功，以克服这个静压力。换句话说，进入截面后的流体，也就具有与此功相当的能量，这种能量称为静压能或流动功。

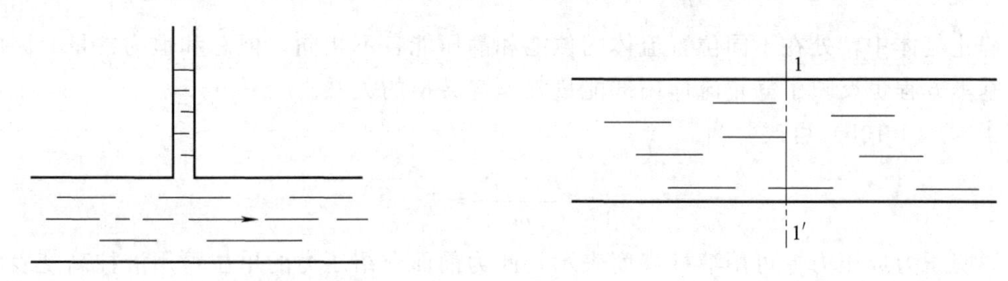

图 1-8　流动液体存在静压力的示意图　　图 1-9　流动系统

六、流体静力学方程

（一）静力学基本方程

如图 1-10 所示，容器内装有密度为 ρ 的液体，液体可认为是不可压缩性流体，其密度不随压力变化。在静止液体中取一段液柱，其截面积为 A，以容器底面为基准水平面，液柱的上、下端面与基准水平面的垂直距离分别为 z_1 和 z_2，作用在上、下两端面的压力分别为 p_1 和 p_2。

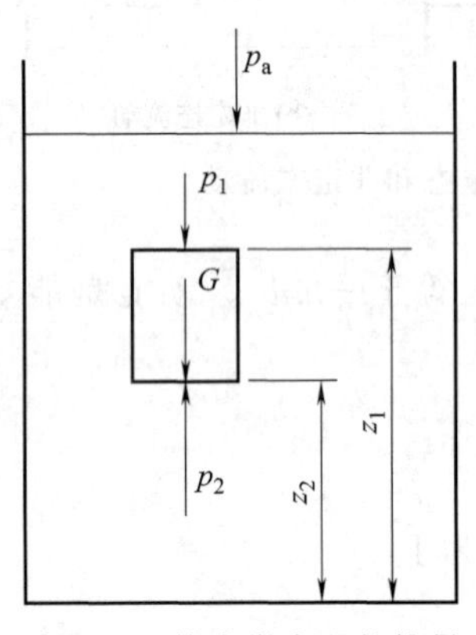

图 1-10 静力学方程的推导

重力场中在垂直方向上对液柱进行受力分析：

① 上端面所受总压力 $p_{1,总}=p_1A$，方向向下；

② 下端面所受总压力 $p_{2,总}=p_2A$，方向向上；

③ 液柱的重力 $G=\rho gA(z_1-z_2)$，方向向下。

液柱处于静止时，上述三项力的合力应为零，即

$$p_2A-p_1A-\rho gA(z_1-z_2)=0$$

整理并消去 A，得（压力形式）

$$p_2=p_1+\rho g(z_1-z_2) \tag{1-10}$$

变形得（能量形式）

$$\frac{p_1}{\rho}+z_1g=\frac{p_2}{\rho}+z_2g \tag{1-10a}$$

若将液柱的上端面取在容器内的液面上，设液面上方的压力为 p_a，液柱高度为 h，则式（1-10）可改写为

$$p_2=p_a+\rho gh \tag{1-10b}$$

式（1-10）、式（1-10a）及式（1-10b）均称为**静力学基本方程**。

静力学基本方程适用于在重力场中静止、连续的同种不可压缩性流体，如液体。而对于气体来说，密度随压力变化，但若气体的压力变化不大，密度近似地取其平均值而视为常数时，式（1-10）、式（1-10a）及式（1-10b）也适用。

讨论：

① 在静止的、连续的同种液体内，处于同一水平面上各点的压力处处相等。压力相等的面称为等压面。

② 压力具有传递性：液面上方压力变化时，液体内部各点的压力也将发生相应的变化。

③ 式（1-10a）中，zg、$\frac{p}{\rho}$分别为单位质量流体所具有的位能和静压能，此式反映出在同一静止流体中，处在不同位置流体的位能和静压能各不相同，但总和恒为常量。因此，静力学基本方程也反映了静止流体内部能量守恒与转换的关系。

④ 式（1-10b）可改写为

$$\frac{p_2-p_a}{\rho g}=h$$

说明压力或压力差可用液柱高度表示，此为前面介绍压力的单位可用液柱高度表示的依据。但需注明液体的种类。

（二）静力学基本方程的应用举例

利用静力学基本原理可以测量流体的压力、容器中液位及计算液封高度等。

（1）压力及压力差的测量

U 形管压差计的结构如图 1-11 所示。它是一根 U 形玻璃管，内装指示液。要求指示液与被测流体不互溶，不起化学反应，且其密度大于被测流体密度。常用的指示液有水银、四氯化碳、水和液体石蜡等，应根据被测流体的种类和测量范围合理选择指示液。

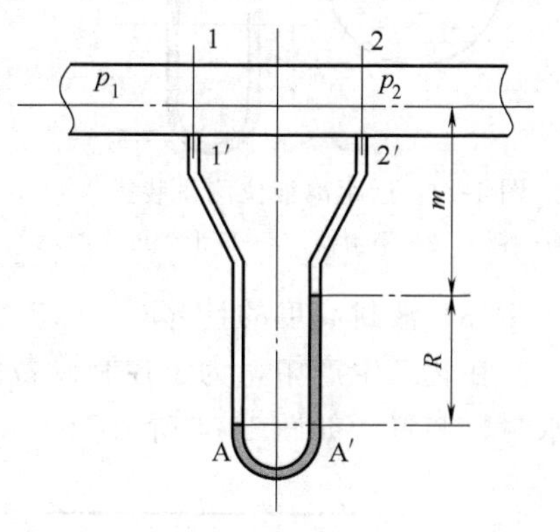

图 1-11 U 形管压差计

当用 U 形管压差计测量设备内两点的压差时，可将 U 形管两端与被测两点直接相连，利用 R 的数值就可以计算出两点间的压力差。

设指示液的密度为 ρ_0，被测流体的密度为 ρ。由图 1-11 可知，A 和 A′在同一水平面上，且处于连通的同种静止流体内，因此，A 和 A′处的压力相等，即 $p_A = p'_A$，而

$$p_A = p_1 + \rho g (m + R)$$
$$p'_A = p_2 + \rho g m + \rho_0 g R$$

所以 $p_1 + \rho g (m + R) = p_2 + \rho g m + \rho_0 g R$

$$p_1 - p_2 = (\rho_0 - \rho) g R \tag{1-11}$$

若被测流体是气体，由于气体的密度远小于指示剂的密度，即 $\rho_0 - \rho \approx \rho_0$，则式（1-11）可化简为

$$p_1 - p_2 \approx R g \rho_0 \tag{1-11a}$$

U 形管压差计也可测量流体的压力，测量时将 U 形管一端与被测点连接，另一端与大气相通，此时测得的是流体的表压或真空度。

（2）液位测量

在化工生产中，经常要了解容器内液体的贮存量，或对设备内的液位进行控制，因此，常常需要测量液位。测量液位的装置较多，但大多数遵循流体静力学基本原理。

图 1-12 所示的是利用 U 形管压差计进行近距离液位测量装置。在容器或设备的外边设一平衡室，其中所装的液体与容器中相同，液面高度维持在容器中液面允许到达的最高位置。用一装有指示剂的 U 形管压差计把容器和平衡室连通起来，压差计读数 R 即可指示出容器内的液面高度，关系为

$$h = \frac{\rho_0 - \rho}{\rho} R \tag{1-12}$$

若容器或设备的位置离操作室较远时，可采用图 1-13 所示的远距离液位测量装置。在管内通入压缩氮气，用调节阀调节其流量，测量时控制流量使在观察器中有少许气泡逸出。用 U 形管压差计测量吹气管内的压力，其读数 R 的大小，即可反映出容器内的液位高度，关系为

$$h = \frac{\rho_0}{\rho} R \tag{1-13}$$

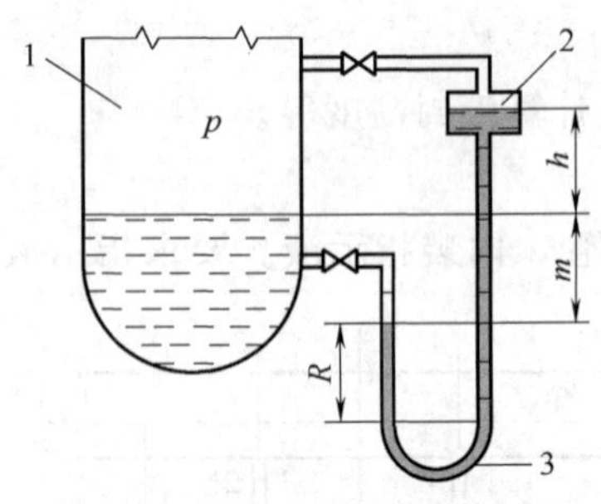

图 1-12 近距离液位测量装置

1—容器；2—平衡器；3—U 形管压差计

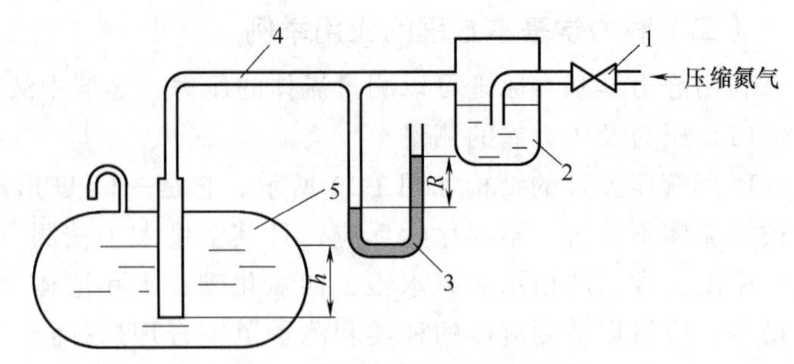

图 1-13 远距离液位测量装置

1—调节阀；2—鼓泡观察器；3—U 形管压差计；4—吹气管；5—贮槽

（3）液封高度的计算

在化工生产中，为了控制设备内气体压力不超过规定的数值，常常使用安全液封（或称水封）装置，如图 1-14 所示。

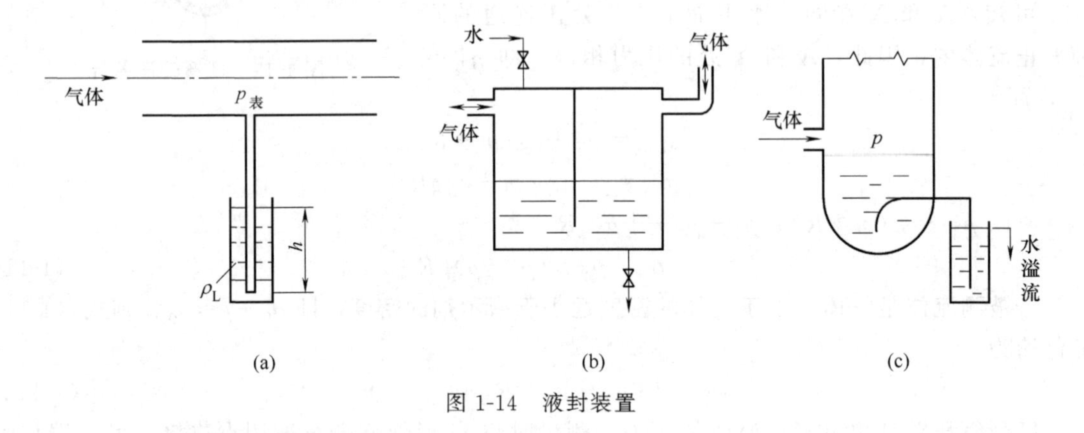

图 1-14 液封装置

液封装置的作用为：

① 当设备内压力超过规定值时，气体则从水封管排出，以确保设备操作的安全。

② 防止气柜内气体泄漏。

液封高度可根据静力学基本方程计算。若要求设备内的压力不超过 $p_{表}$，则水封管的插入深度 h 为

$$h=\frac{p_{表}}{\rho g} \tag{1-14}$$

式中，ρ 为水的密度，kg/m^3。

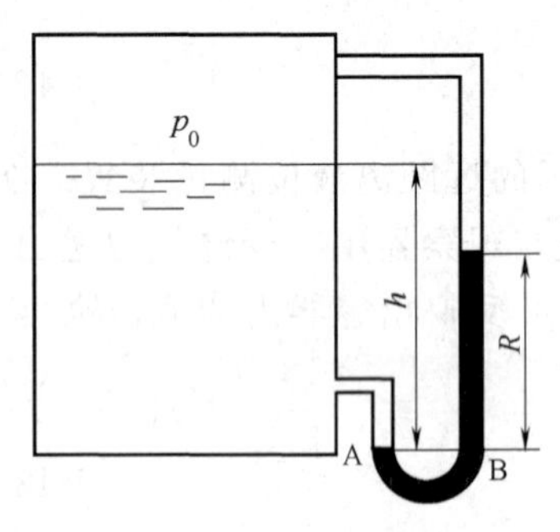

图 1-15 例 1-5 附图

【例 1-5】 如图 1-15 所示，用 U 形管压差计测量容器内密度为 $1200kg/m^3$ 的液体的液面高度，已知压差计内的指示液为水银（密度为 $13.6\times10^3 kg/m^3$），$R=0.4m$，试求容器内液面的高度为多少米。

解： 根据静力学原理等压面 $p_A=p_B$。

对 A 点有 $\quad p_A=p_0+\rho gh$

对 B 点有 $\quad p_B=p_0+\rho_i gR$

$$p_0+\rho gh=p_0+\rho_i gR$$

容器内的液位高度

$$h=\frac{\rho_{\mathrm{i}}R}{\rho}=4.53\mathrm{m}$$

任务三 分析流体输送过程

一、连续性方程

（一）质量守恒定律

质量守恒定律是俄国科学家罗蒙诺索夫于 1756 年最早发现的，其内容为在任何与周围隔绝的体系中，不论发生何种变化或过程，其总质量始终保持不变。法国化学家拉瓦锡通过大量的定量实验，发现了在化学反应中，参加反应的各物质的质量总和等于反应后生成各物质的质量总和，验证了质量守恒定律。质量守恒定律也称物质不灭定律。它是自然界普遍存在的基本定律之一。

物料衡算是以质量守恒定律为基础的计算。物料衡算是确定化工生产过程中物料比例和物料转变的定量关系的过程，是化工工艺计算中最基本、最重要的内容之一。目的是根据原料与产品之间的定量转化关系，计算原料的消耗量，各种中间产品、产品和副产品的产量，生产过程中各阶段的消耗量以及组成，进而为热量衡算、其他工艺计算及设备计算打基础。

物料衡算通式如下：

$$\sum G_{投入}=\sum G_{产品}+\sum G_{回收}+\sum G_{流失}$$

式中，$\sum G_{投入}$ 为投入系统的物料总量；$\sum G_{产品}$ 为系统产出的产品和副产品总量；$\sum G_{流失}$ 为系统中流失的物料总量；$\sum G_{回收}$ 为系统中回收的物料总量。

简单描述为：

$$\sum G_{进}=\sum G_{出}$$

式中，$\sum G_{进}$ 为进入系统的物料总量；$\sum G_{出}$ 为离开系统的物料总量。

【例 1-6】 两股物流 A 和 B 混合得到产品 C。每股物流均由两个组分（代号 1、2）组成。物流 A 的质量流量为 $G_A=6160\mathrm{kg/h}$，其中组分 1 的质量分数 $w_{A1}=80\%$；物流 B 中组分 1 的质量分数 $w_{B1}=20\%$。要求混合后产品 C 中组分 1 的质量分数 $w_{C1}=40\%$。试求：需要加入物流 B 的量 G_B（kg/h）和产品量 G_C（kg/h）。

解： ① 按题意，画出混合过程示意图，标出各物流的箭头、已知量与未知量，用闭合虚线框出衡算系统（如图 1-16 所示）。

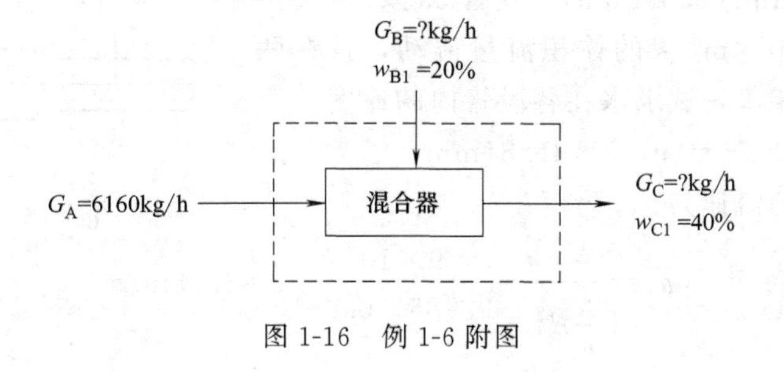

图 1-16 例 1-6 附图

② 过程为连续定常，故取 1h 为衡算基准，列出衡算式：

总物料衡算为 $G_A+G_B=G_C$，代入已知数据得

$$6160+G_B=G_C \tag{1}$$

组分1的衡算式为 $G_A w_{A1}+G_B w_{B1}=G_C w_{C1}$，代入已知数据得

$$6160\times0.80+G_B\times0.20=G_C\times0.40 \tag{2}$$

联立式（1）、式（2）解得　$G_B=12320\text{kg/h}$，$G_C=18480\text{kg/h}$

（二）定常流体系统的质量守恒连续性方程

如图1-17所示的定态流动系统，流体连续地从1-1′截面进入，从2-2′截面流出，且充满全部管道。以1-1′、2-2′截面以及管内壁为衡算范围，在管路中流体没有增加和漏失的情况下，根据物料衡算，单位时间进入截面1-1′的流体质量与单位时间流出截面2-2′的流体质量必然相等，即

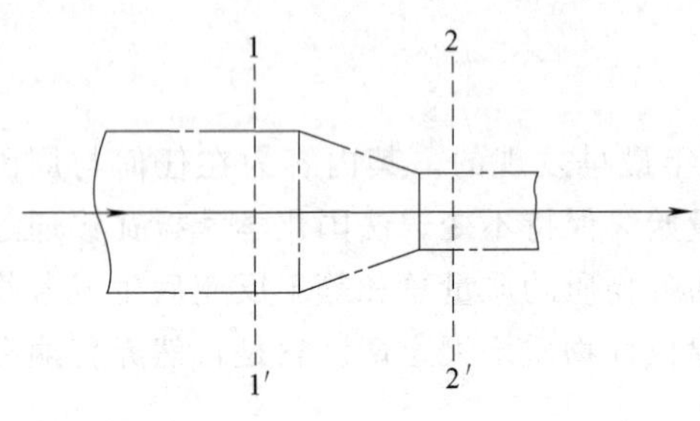

图1-17　某定态流动系统

$$m_{S1}=m_{S2} \tag{1-15}$$

或

$$\rho_1 u_1 A_1=\rho_2 u_2 A_2 \tag{1-15a}$$

推广至任意截面

$$m_S=\rho_1 u_1 A_1=\rho_2 u_2 A_2=\cdots=\rho u A=\text{常数} \tag{1-15b}$$

式（1-15）～式（1-15b）均称为**连续性方程**，表明在定态流动系统中，流体流经各截面时的质量流量恒定。

对不可压缩性流体，$\rho=$常数，连续性方程可写为

$$V_S=u_1 A_1=u_2 A_2=\cdots=uA=\text{常数} \tag{1-15c}$$

式（1-15c）表明不可压缩性流体流经各截面时的体积流量也不变，流速 u 与管截面积成反比，截面积越小，流速越大；反之，截面积越大，流速越小。

对于圆形管道，式（1-15c）可变形为

$$\frac{u_1}{u_2}=\frac{A_2}{A_1}=\left(\frac{d_2}{d_1}\right)^2 \tag{1-15d}$$

上式说明不可压缩性流体在圆形管道中，任意截面的流速与管内径的平方成反比。

连续性方程的意义反映在稳态流动系统中，流量一定时，管路各截面上平均流速变化规律。注意，连续性方程的规律与管路的安排以及管路上是否装有管件、阀门或输送机械等无关。

【例1-7】 如图1-18所示，管路由一段 $\Phi89\text{mm}\times4\text{mm}$ 的管1、一段 $\Phi108\text{mm}\times4\text{mm}$ 的管2和两段 $\Phi57\text{mm}\times3.5\text{mm}$ 的分支管3a及3b连接而成。若水以 $9\times10^{-3}\text{m}^3/\text{s}$ 的体积流量流动，且在两段分支管内的流量相等，试求水在各段管内的速度。

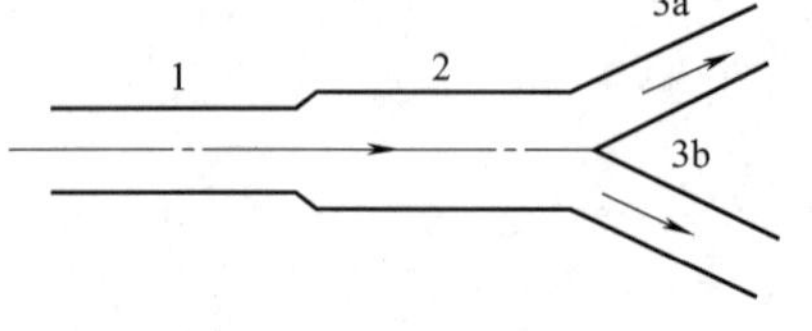

图1-18　例1-7附图

解： 管1的内径 $d_1=89-2\times4=81\text{mm}$

则水在管1中的流速为

$$u_1=\frac{V_S}{\frac{\pi}{4}d_1^2}=\frac{9\times10^{-3}}{0.785\times0.081^2}=1.75\text{m/s}$$

管2的内径 $d_2=108-2\times4=100\text{mm}$

由式（1-15d）知，水在管2中的流速为

$$u_2=u_1\left(\frac{d_1}{d_2}\right)^2=1.75\times\left(\frac{81}{100}\right)^2=1.15\text{m/s}$$

管 3a 及管 3b 的内径 $d_3=57-2\times3.5=50\text{mm}$

由于水在分支管路 3a、3b 中的流量相等，则有 $u_2A_2=2u_3A_3$

即水在管 3a 和管 3b 中的流速为

$$u_3=\frac{u_2}{2}\left(\frac{d_2}{d_3}\right)^2=\frac{1.15}{2}\times\left(\frac{100}{50}\right)^2=2.30\text{m/s}$$

二、流体动力学方程

（一）机械能守恒定律

机械能守恒定律是指在只有重力或弹力对物体做功的条件下（或者不受其他外力的作用下），物体的动能和势能（包括重力势能和弹性势能）发生相互转化，但机械能的总量保持不变。

（二）理想流体的机械能衡算——伯努利方程

理想流体是指没有黏性（即流动中没有摩擦阻力）的不可压缩性流体。这种流体实际上并不存在，是一种假想的流体，但这种假想对解决工程实际问题具有重要意义。对于理想流体（假设理想流体的流动方向为从 1→2）又无外功加入时，对图 1-19 所示的系统根据前述内容可知：

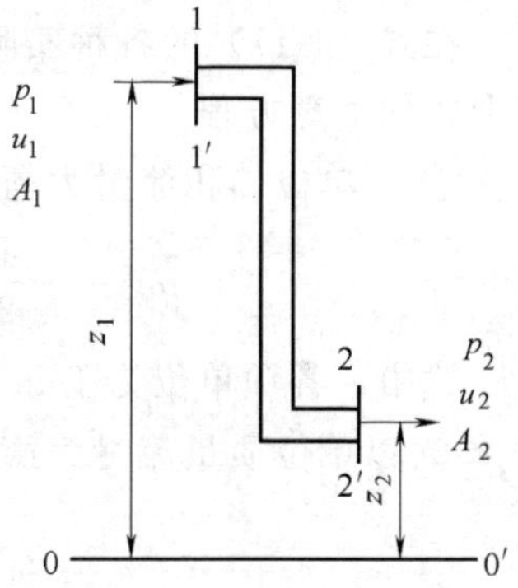

图 1-19　理想流体的管路系统

质量为 m 的流体在 1-1′截面处所具有的机械能之和为：

$$mgz_1+\frac{1}{2}mu_1^2+p_1V_1$$

质量为 m 的流体在 2-2′截面处所具有的机械能之和为：

$$mgz_2+\frac{1}{2}mu_2^2+p_2V_1$$

1kg 流体从截面 1-1′进入带入两截面间的机械能为 $z_1g+\frac{1}{2}u_1^2+\frac{p_1}{\rho}$。同理，1kg 流体从截面 2-2′流出带出两截面间的机械能为 $z_2g+\frac{1}{2}u_2^2+\frac{p_2}{\rho}$。

由机械能守恒可得：

$$gz_1+\frac{1}{2}u_1^2+\frac{p_1}{\rho}=gz_2+\frac{1}{2}u_2^2+\frac{p_2}{\rho} \tag{1-16}$$

通常式（1-16）称为**伯努利方程**。

（三）实际流体的机械能衡算

因实际流体具有黏性，在流动过程中必消耗一定的能量。根据能量守恒原则，能量不可能消失，只能从一种形式转变为另一种形式，这些消耗的机械能转变成热能，此热能不能再转变为用于流体输送的机械能，只能使流体的温度升高。从流体输送角度来看，这些能量是“损失”掉了。将 1kg 流体损失的能量用 $\sum H_f$ 表示，其单位为 J/kg。

如果在输送通道的两截面有机械功的输入，例如安装有流体输送机械，将1kg流体流经输送机械获得的机械能用W_e表示，其单位为J/kg。

因此，在图1-20所示的管路系统中，按机械能守恒，应有

机械能的输入＝机械能的输出＋机械能损

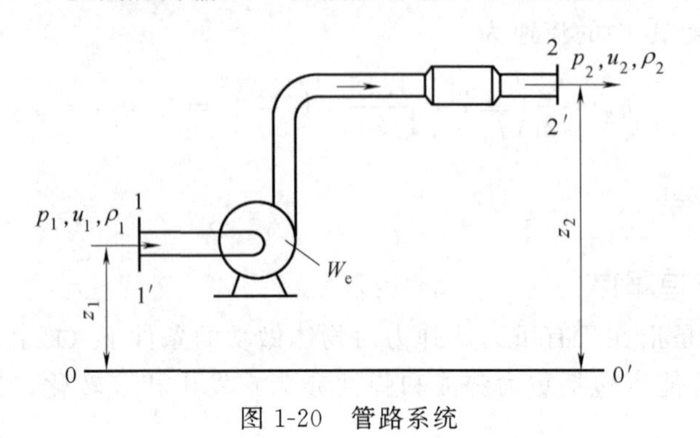

图1-20 管路系统

任意两截面间的机械能衡算式为

$$gz_1+\frac{1}{2}u_1^2+\frac{p_1}{\rho}+W_e=gz_2+\frac{1}{2}u_2^2+\frac{p_2}{\rho}+\sum h_f \tag{1-17}$$

在式(1-17)的各种实际应用中，为计算方便，常可采用不同的衡算基准，得到如下不同形式的衡算方程。

① 以单位体积流量为衡算基准将式(1-17)中各项乘以ρ，得

$$\rho gz_1+\frac{1}{2}\rho u_1^2+p_1+\rho W_e=\rho gz_2+\frac{1}{2}\rho u_2^2+p_2+\rho\sum h_f \tag{1-17a}$$

式中，各项单位为$J/m^3=Pa$，即单位体积不可压缩性流体所具有的机械能。

② 以单位质量流量为衡算基准将式(1-17)中各项除以g，得

$$z_1+\frac{u_1^2}{2g}+\frac{p_1}{\rho g}+\frac{W_e}{g}=z_2+\frac{u_2^2}{2g}+\frac{p_2}{\rho g}+\frac{\sum h_f}{g}$$

令 $H_e=\frac{W_e}{g}$，$H_f=\frac{\sum h_f}{g}$

上式变为：

$$z_1+\frac{u_1^2}{2g}+\frac{p_1}{\rho g}+H_e=z_2+\frac{u_2^2}{2g}+\frac{p_2}{\rho g}+H_f \tag{1-17b}$$

式中，各项单位为$J/N=m$，即单位质量不可压缩性流体所具有的机械能。

一般习惯上我们将式(1-16)、式(1-17)、式(1-17a)和式(1-17b)都称为伯努利方程式。

（四）伯努利方程的讨论

① 如果系统中的流体处于静止状态，则$u=0$，没有流动，自然没有能量损失，$\sum H_f=0$，当然也不需要外加功，$W_e=0$，则伯努利方程变为

$$z_1g+\frac{p_1}{\rho}=z_2g+\frac{p_2}{\rho}$$

上式即为流体静力学基本方程式。由此可见，伯努利方程除表示流体的运动规律外，还表示流体静止状态的规律，而流体的静止状态只不过是流体运动状态的一种特殊形式。

② 伯努利方程式（1-16）、式（1-17b）表明理想流体在流动过程中任意截面上总机械能、总压头为常数，即

$$zg+\frac{1}{2}u^2+\frac{p}{\rho}=\text{常数}$$

$$z+\frac{1}{2g}u^2+\frac{p}{\rho g}=\text{常数}$$

但各截面上每种形式的能量并不一定相等，它们之间可以相互转换。图 1-21 清楚地表明了理想流体在流动过程中三种能量形式的转换关系。从 1-1′截面到 2-2′截面，由于管道截面积减小，根据连续性方程，速度增加，即动压头增大，同时位压头增加，但因总压头为常数，因此 2-2′截面处静压头减小，也即 1-1′截面的静压头转变为 2-2′截面的动压头和位压头。

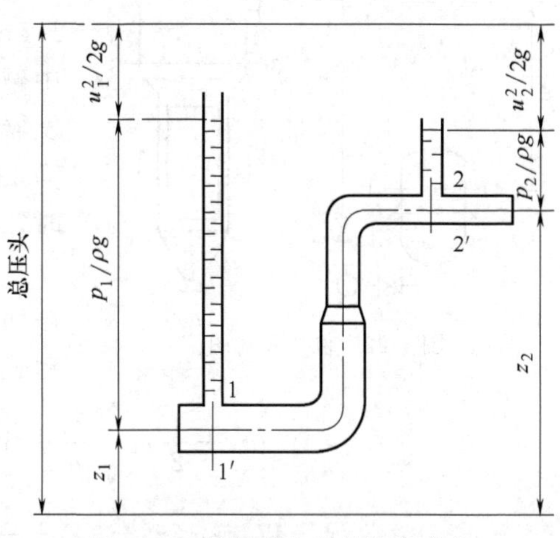

图 1-21　伯努利方程的物理意义

③ 在伯努利方程式（1-17）中，zg、$\frac{1}{2}u^2$、$\frac{p}{\rho}$分别表示单位质量流体在某截面上所具有的位能、动能和静压能，也就是说，它们是状态参数；而 W_e、$\sum h_f$ 是指单位质量流体在两截面间获得或消耗的能量，可以理解为它们是过程的函数。W_e 是输送设备对 1kg 流体所做的功，单位时间输送设备所做的有效功，称为有效功率

$$N_e=W_eW_S \tag{1-18}$$

式中，N_e 为有效功率，W；W_S 为流体的质量流量，kg/s。

实际上，输送机械本身也有能量转换效率，则流体输送机械实际消耗的功率应为

$$N=\frac{N_e}{\eta} \tag{1-19}$$

式中，N 为流体输送机械的轴功率，W；η 为流体输送机械的效率。

（五）伯努利方程的应用

伯努利方程与连续性方程是解决流体流动问题的基础，应用伯努利方程，可以解决流体输送与流量测量等实际问题。在用伯努利方程解题时，一般应先根据题意画出流动系统的示意图，标明流体的流动方向，定出上、下游截面，明确流动系统的衡算范围。解题时需注意以下几个问题。

（1）截面的选取

① 与流体的流动方向相垂直；

② 两截面间流体应是定态连续流动；

③ 截面宜选在已知量多、计算方便处。

（2）基准水平面的选取

位能基准面必须与地面平行。为计算方便，宜选两截面中位置较低的截面为基准水平面。若截面不是水平面，而是垂直于地面，则基准面应选管中心线的水平面。

(3) 物理量单位的选取

计算中要注意各物理量的单位保持一致，尤其在计算截面上的静压能时，p_1、p_2 不仅单位要一致，同时表示方法也应一致，即同为绝压或同为表压。

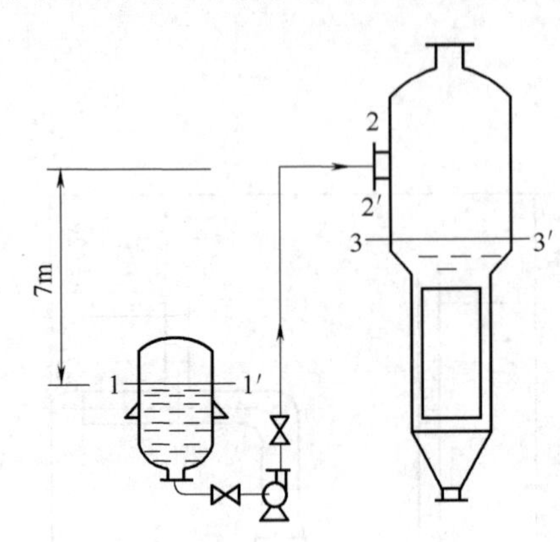

图 1-22 例 1-8 附图

【例 1-8】 如图 1-22 所示，用泵将敞口贮槽中的稀碱液送到蒸发器中进行浓缩。泵的进口管为 Φ89mm×3.5mm 的钢管，碱液在进口管的流速为 1.5m/s，泵的出口管为 Φ76mm×3mm 的钢管。贮槽中碱液的液面距蒸发器入口处的垂直距离为 7m，蒸发器内碱液蒸发压力保持在 20kPa（表压），碱液密度为 1100kg/m^3。试计算管路系统的能量损失为 40J/kg 时，蒸发所需的外加能量。

解： 如图 1-22 所示取 1-1′、2-2′截面，并以 1-1′截面为位能基准面，在 1-1′与 2-2′截面间列伯努利方程式

$$gz_1+\frac{1}{2}u_1^2+\frac{p_1}{\rho}+W_e=gz_2+\frac{1}{2}u_2^2+\frac{p_2}{\rho}+\sum h_f$$

$$W_e=g(z_2-z_1)+\frac{1}{2}(u_2^2-u_1^2)+\frac{p_2-p_1}{\rho}+\sum h_f$$

$z_1=0$，$z_2=7$m，由于 $A_1 \gg A_2$，所以 $u_1\approx 0$，$p_1=0$（表压），$p_2=20\times 10^3$Pa，$\sum h_f=40$J/kg

则
$$u_2=u_0\left(\frac{d_0}{d_2}\right)^2=1.5\times\left(\frac{82}{70}\right)^2=2.06\text{m/s}$$

$$W_e=7\times 9.81+\frac{2.06^2}{2}+\frac{20\times 10^3}{1100}+40=129\text{J/kg}$$

【例 1-9】 如图 1-23 所示，从高位槽向塔内加料。高位槽和塔内的压力均为大气压。要求料液在管内以 0.5m/s 的速度流动。设料液在管内压头损失为 1.2m（不包括出口压头损失），试求高位槽的液面应该比塔入口处高出多少米？

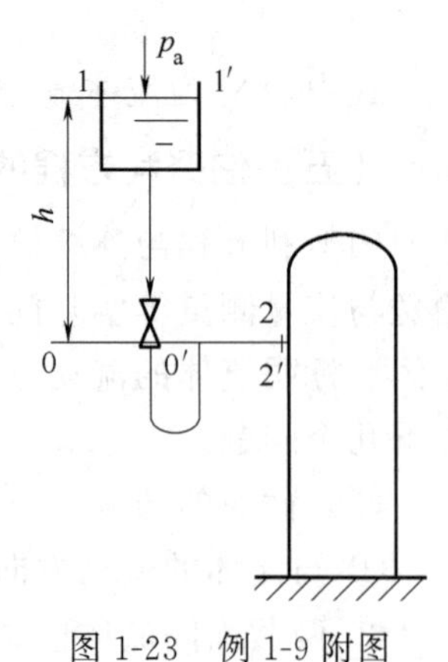

图 1-23 例 1-9 附图

解： 如图 1-23 所示取截面 1-1′及 2-2′，并以 0-0′截面为基准面

$$gz_1+\frac{1}{2}u_1^2+\frac{p_1}{\rho}+W_e=gz_2+\frac{1}{2}u_2{}^2+\frac{p_2}{\rho}+\sum h_f$$

$W_e=0$，则

$$g(z_2-z_1)+\frac{1}{2}(u_2{}^2-u_1{}^2)+\frac{p_2-p_1}{\rho}+\sum h_f=0$$

$$z_2=0,z_1=h,p_1=p_2=0(\text{表压}),A_1\gg A_2$$

$$u_1\approx 0,u_2=0.5\text{m/s},\frac{\sum h_f}{g}=1.2\text{m}$$

$$g(0-h)+0+\frac{0.5^2}{2}+9.81\times 1.2=0$$

$$h=1.2\text{m}$$

结果表明，动能项数值很小，位能主要用于克服管路阻力。

【例 1-10】 有一用水吸收混合气中氨的常压逆流吸收塔（见图 1-24），水由水池用离心泵送至塔顶经喷头喷出。泵入口管为 Φ108mm×4mm 无缝钢管，管中流量为 $40m^3/h$，出口管为 Φ89mm×3.5mm 无缝钢管。池内水深为 2m，池底至塔顶喷头入口处的垂直距离为 20m。管路的总阻力损失为 40J/kg，喷头入口处的压力为 120kPa（表压）。设泵的效率为 65%。试求泵所需的功率（kW）。

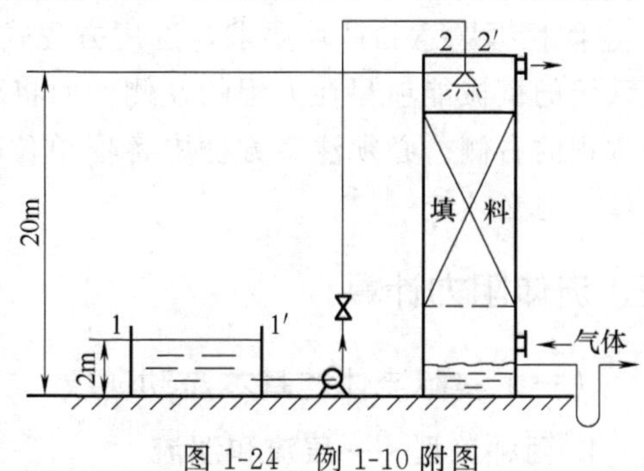

图 1-24　例 1-10 附图

解：取水池液面为 1-1′截面，喷头入口处为 2-2′截面，并取 1-1′截面为基准水平面，在 1-1′与 2-2′截面间水呈定常连续流动，列出其伯努利方程

$$gz_1+\frac{1}{2}u_1^2+\frac{p_1}{\rho}+W_e=gz_2+\frac{1}{2}u_2^2+\frac{p_2}{\rho}+\sum h_f$$

其中 $z_1=0$，$z_2=20-2=18m$，$u_1\approx 0$

泵入口管内径 $d_1=108-2\times 4=100mm$

泵出口管内径 $d_2=89-2\times 3.5=82mm$

$$u_2=\frac{V_S}{0.785d_2^2}=\frac{40/3600}{0.785\times 0.082^2}=2.11m/s$$

$$p_1=0, p_2=120kPa, \sum h_f=40J/kg$$

将上述已知量代入伯努利方程，压力均使用表压，得

$$\begin{aligned}W_e&=g(z_2-z_1)+\frac{1}{2}(u_2^2-u_1^2)+\frac{p_2-p_1}{\rho}+\sum h_f\\&=18\times 9.81+\frac{2.11^2}{2}+\frac{120\times 10^3}{1000}+40\\&=176.6+120+2.2+40=338.8J/kg\end{aligned}$$

泵的效率是单位时间内流体从泵获得的机械能与泵的输入功率之比，则泵的功率为

$$N=\frac{W_eW_S}{\eta}$$

式中　$W_S=A_2u_2\rho=0.785\times 0.082^2\times 2.11\times 1000=11.1kg/s$，$\eta=0.65$

所以
$$N=\frac{338.8\times 11.1}{0.65\times 1000}=5.79kW$$

通过上述实例，可对应用伯努利方程解题的步骤与要点进行总结。

① 根据题意，作出流动系统示意图，明确流体的流动方向，并注明必要的物理量。注意伯努利方程式应用的条件是：定常、连续，流体充满通道，且流体近似不可压缩。

② 确定衡算系统（或衡算范围），正确选取上、下游截面。注意：

a. 截面应与流体流动方向相垂直；

b. 所求未知物理量一般应处于被选的一个截面上，为便于解题，另一被选截面应当是已知条件最多的截面；

c. 两截面间的流体必须是定常、连续、流动的，并充满整个衡算系统。

③ 选取计算位能的基准水平面。这种选择有任意性，为计算方便，常选取通过一个截

面中心的水平面作为基准水平面，使该截面上的位能为零。

④ 根据题意和计算要求，选用方程式（1-17）、式（1-17a）或式（1-17b）。习惯上将进入系统的机械能项写在方程的左侧，而将离开系统的（下游截面）的机械能项和阻力损失写在方程的右侧。必须注意方程中各项单位的一致性。各截面上的压力 p 可以用绝压或表压计算，但必须统一。

三、流体阻力计算

（一）实际流体的基本流动现象

1. 两种流型——层流和湍流

图 1-25 为雷诺实验装置示意图。水箱装有溢流装置，以维持水位恒定，箱中有一水平玻璃直管，其出口处有一阀门用以调节流量。水箱上方装有带颜色的小瓶，有色液体经细管注入玻璃管内。

从实验中观察到，当水的流速从小到大时，有色液体变化如图 1-26 所示。实验表明，流体在管道中流动存在两种截然不同的流型。

层流（或**滞流**）：如图 1-26（a）所示，流体质点仅沿着与管轴平行的方向做直线运动，质点无径向脉动，质点之间互不混合。

湍流（或**紊流**）：如图 1-26（c）所示，流体质点除了沿管轴方向向前流动外，还有径向脉动，各质点的速度在大小和方向上都随时变化，质点互相碰撞和混合。

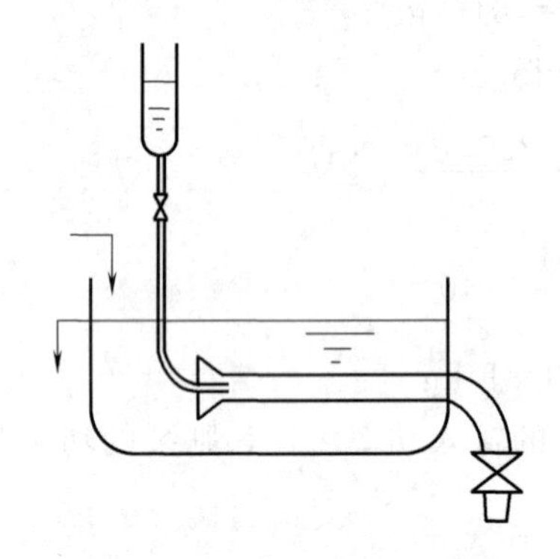

图 1-25 雷诺实验装置示意图

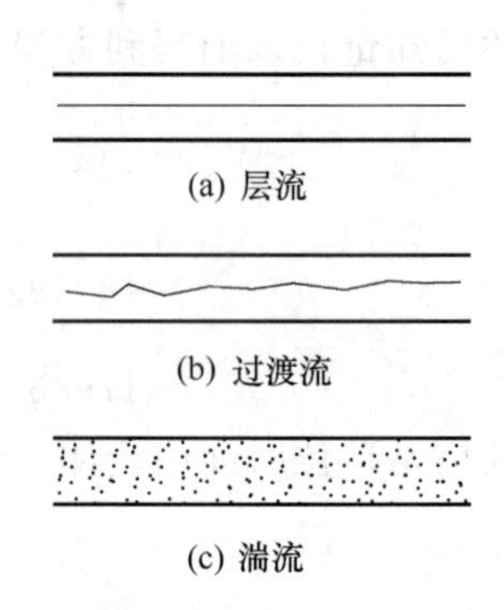

图 1-26 雷诺实验中染色线的变化情况

2. 流型判据——雷诺数

流体的流动类型可用**雷诺数 *Re*** 判断。

$$Re=\frac{du\rho}{\mu} \tag{1-20}$$

Re 是一个无量纲的数群。

大量的实验结果表明，流体在直管内流动时：

① 当 $Re \leqslant 2000$ 时，流动为层流，此区称为层流区；

② 当 $Re \geqslant 4000$ 时，一般出现湍流，此区称为湍流区；

③ 当 $2000 < Re < 4000$ 时，流动可能是层流，也可能是湍流，与外界干扰有关，该区称为不稳定的过渡区。

雷诺数反映了流体流动中惯性力与黏性力的对比关系，反映流体流动的湍动程度。其值愈大，流体的湍动愈剧烈，内摩擦力也愈大。

3. 流体在圆管内的速度分布

流体在圆管内的速度分布是指流体流动时管截面上质点的速度随半径的变化关系。无论是层流或是湍流，管壁处质点速度均为零，越靠近管中心流速越大，到管中心处速度最大。但两种流型的速度分布却不相同。

层流和湍流时的速度分布分别如图 1-27 和图 1-28 所示。

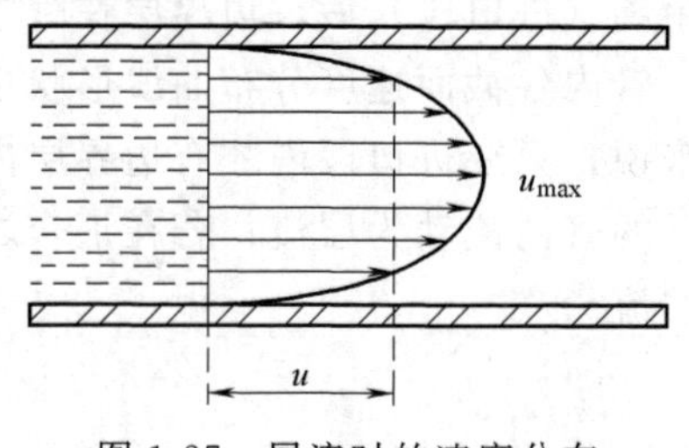

图 1-27　层流时的速度分布

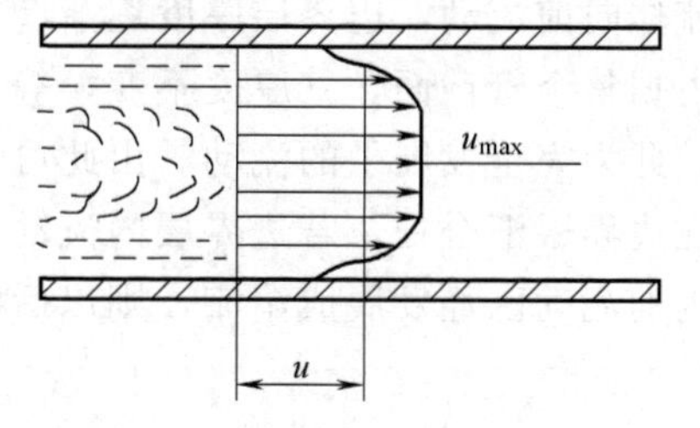

图 1-28　湍流时的速度分布

层流时的速度分布为抛物线形状，可通过推导计算得知，流体在圆管内做层流流动时的平均速度为管中心最大速度的一半，即 $u=0.5u_{max}$。

湍流时流体质点的运动状况较层流要复杂得多，截面上某一固定点的流体质点在沿管轴向前运动的同时，还有径向上的运动，使速度的大小与方向都随时变化。湍流的基本特征是出现了径向脉动速度，使得动量传递较层流大得多。

湍流时的速度分布目前尚不能利用理论推导获得，而是通过实验测定。湍流时一般流体的平均速度约为管中心最大速度的 0.82 倍，即 $u=0.82u_{max}$。

4. 流体流动边界层

(1) 边界层的形成

当一个流速均匀的流体与一个固体壁面相接触时，由于壁面对流体的阻碍，与壁面相接触的流体速度降为零。由于流体的黏性作用，紧连着这层流体的另一流体层速度也有所下降。随着流体向前流动，流速受影响的区域逐渐扩大，即在垂直于流体流动方向上产生了速度梯度。

流速降为主体流速的 99%以内的区域称为**边界层**，边界层外缘与垂直壁面间的距离称为边界层厚度。

流体在平板上流动时的边界层如图 1-29 所示。边界层的形成，把沿壁面的流动分为两个区域：边界层区和主流区。

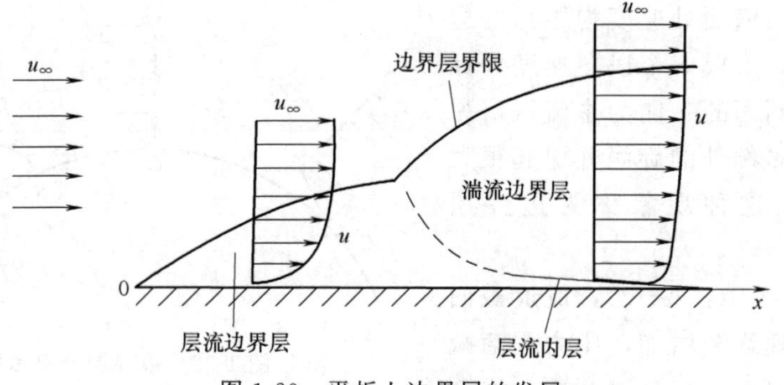

图 1-29　平板上边界层的发展

边界层区（边界层内）：沿板面法向的速度梯度很大，需考虑黏度的影响，剪应力不可忽略。

主流区（边界层外）：速度梯度很小，剪应力可以忽略，可视为理想流体。

边界层类型也分为层流边界层与湍流边界层。在平板的前段，边界层内的流型为层流，称为层流边界层。离平板前沿一段距离后，边界层内的流型转为湍流，称为湍流边界层。

流体在圆管内流动时的边界层如图 1-30 所示。流体进入圆管后在入口处形成边界层，随着流体向前流动，边界层厚度逐渐增加，直至一段距离（进口段）后，边界层在管中心汇合，占据整个管截面，其厚度不变，等于圆管的半径，管内各截面速度分布曲线形状也保持不变，此为完全发展了的流动。由此可知，对于管流来说，只在进口段内才有边界层内外之分。在边界层汇合处，若边界层内流动是层流，则以后的管内流动为层流；若在汇合之前边界层内的流动已经发展成湍流，则以后的管内流动为湍流。

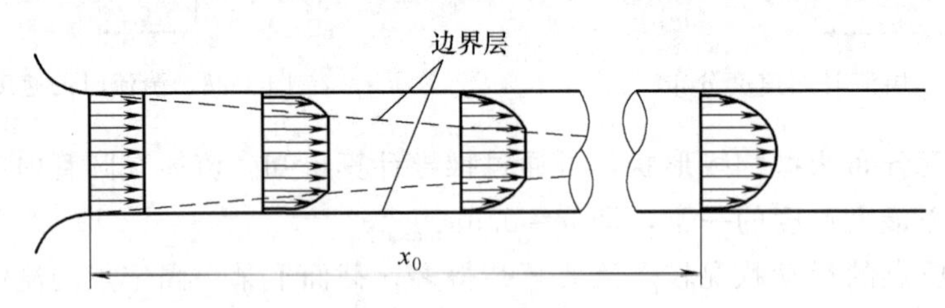

图 1-30 圆管入口段中边界层的发展

当管内流体处于湍流流动时，由于流体具有黏性和壁面的约束作用，紧靠壁面处仍有一薄层流体做层流流动，称其为**层流内层**（或层流底层），如图 1-31 所示。在层流内层与湍流主体之间还存在一过渡层，即当流体在圆管内做湍流流动时，从壁面到管中心分为层流内层、过渡层和湍流主体三个区域。层流内层的厚度与流体的湍动程度有关，流体的湍动程度越高，即 Re 越大，层流内层越薄。在湍流主体中，垂直于流动主体方向上的传递过程因速度的脉动而大大强化，而在层流内层中，径向的传递只能依靠分子运动，因此层流内层成为传递过程主要阻力。层流内层虽然很薄，但却对传热和传质过程都有较大的影响。

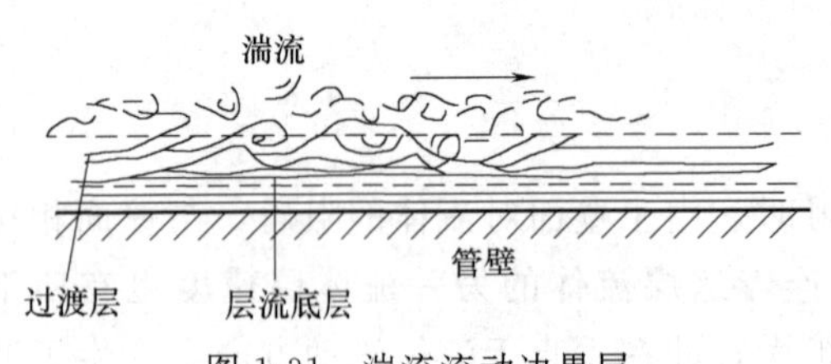

图 1-31 湍流流动边界层

（2）边界层的分离

当定常、均匀、流动的流体流过流道逐渐扩大的壁面或流道形状和尺寸突然改变时，原来紧贴壁面前进（壁面处速度为零）的边界层会离开壁面，形成一个以零速度为标志的间断面，间断面的一侧为主流区，另一侧则会生成许多额外的旋涡并引起很大的机械能损失，这种现象称为边界层分离。

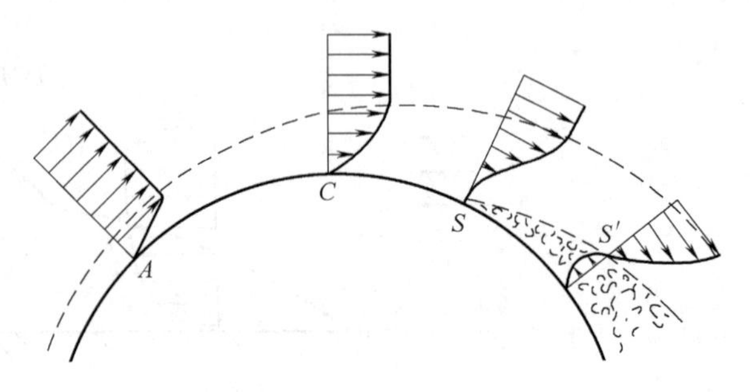

图 1-32 边界层分离示意图

在示意图 1-32 中：$A \rightarrow C$，流道截面积逐渐减小，流速逐渐增加，压力逐渐减小（顺压梯度）；$C \rightarrow S$，流道截面积逐渐增加，流速逐渐减小，压力逐渐增加（逆压梯度）；S 点，物体表面的流体质点在逆压梯度和黏性剪应力的作用下，速度降为零；SS'线以下，边界层脱离固体壁面，而后倒流回来，形成涡流，出现边界层分离。

边界层分离的必要条件：流体具有黏性，流动过程中存在逆压梯度。

边界层分离的后果：产生大量旋涡，造成较大的能量损失。

（二）阻力计算公式

流动阻力的大小与流体本身的物理性质、流动状况及壁面的形状等因素有关。

化工管路系统主要由两部分组成，一部分是直管，另一部分是管件、阀门等。相应流体流动阻力也分为两种。

直管阻力：流体流经一定直径的直管时由内摩擦产生的阻力。

局部阻力：流体流经管件、阀门等局部地方由流速大小及方向的改变而引起的阻力。

1. 直管内的流动阻力

直管阻力可以利用范宁公式进行计算。

$$h_f=\lambda\frac{l}{d}\times\frac{u^2}{2} \tag{1-21}$$

式（1-21）为流体在直管内流动阻力的通式，称为范宁（Fanning）公式。式中，l 为管长；d 为管径；u 为流体在管内的平均流速；λ 为无量纲系数，称为**摩擦系数**或**摩擦因数**，与流体流动的 Re 及管壁状况有关。

对于圆形管，层流时摩擦系数 λ 是雷诺数 Re 的函数：

$$\lambda=\frac{64}{Re} \tag{1-22}$$

湍流时摩擦系数 λ 是 Re 和相对粗糙度 $\frac{\varepsilon}{d}$ 的函数，可以通过莫狄（Moody）摩擦系数图（图 1-33）查取。

根据 Re 不同，图 1-33 可分为四个区域：

① 层流区（$Re\leqslant2000$）。λ 与 ε/d 无关，与 Re 为直线关系，即 $\lambda=\frac{64}{Re}$，此时 $H_f\propto u$，即 H_f 与 u 的一次方成正比。

② 过渡区（$2000<Re<4000$）。在此区域内层流或湍流的 $\lambda\sim Re$ 曲线均可应用，对于阻力计算，宁可估计大一些，一般将湍流时的曲线延伸，以查取 λ 值。

③ 湍流区（$Re\geqslant4000$ 以及虚线以下的区域）。此时 λ 与 Re、ε/d 都有关。当 ε/d 一定时，λ 随 Re 的增大而减小，Re 增大至某一数值后，λ 下降缓慢；当 Re 一定时，λ 随 ε/d 的增加而增大。

④ 完全湍流区（虚线以上的区域）。此区域内各曲线都趋近于水平线，即 λ 与 Re 无关，只与 ε/d 有关。对于特定管路 ε/d 一定，λ 为常数，根据直管阻力通式可知，$H_f\propto u^2$，所以此区域又称为阻力平方区。从图 1-33 中也可以看出，相对粗糙度 ε/d 越大，阻力平方区的 Re 值越低。

各种化工用管的管壁粗糙度并不相同，管壁粗糙度对摩擦系数 λ 的影响从几何意义上可分为以下两类。

① 几何光滑管。玻璃管、铜管、铝管、塑料管等。

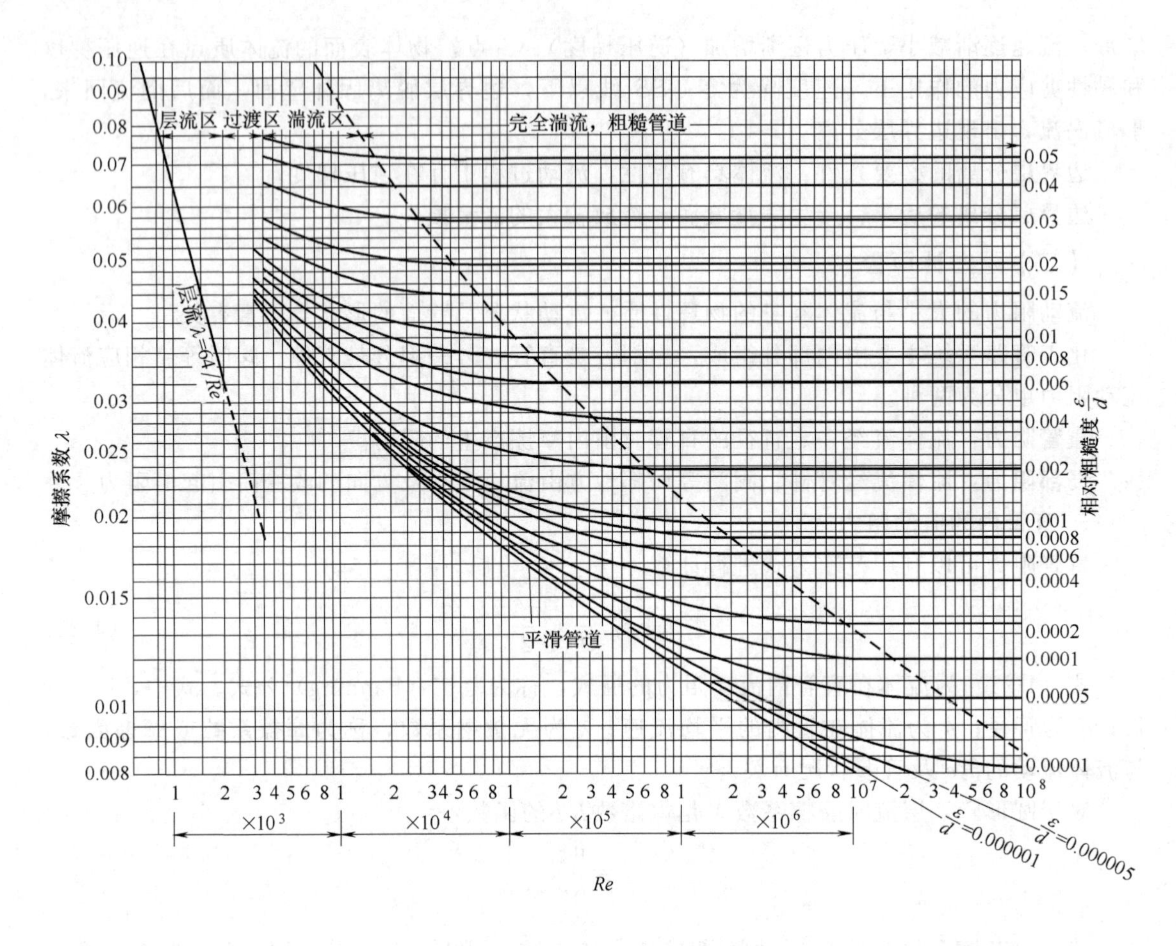

图 1-33 λ 与 Re、ε/d 的关系

② 粗糙管。钢管、铸铁管、水泥管等。

实际上，即使是同一材质制成的管子，随着使用时间长短、腐蚀、结垢等情况的不同，管壁的粗糙度也会有变化，表 1-4 列出了某些工业管道的绝对粗糙度的参考数值。

表 1-4 某些工业管道的绝对粗糙度

序号	管道类别		绝对粗糙度 ε/mm
1	金属管	无缝黄铜管、铜管及铅管	0.01～0.05
2		新的无缝钢管或镀锌铁管	0.1～0.2
3		新的铸铁管	0.25～0.42
4		具有轻度腐蚀的无缝钢管	0.2～0.3
5		具有显著腐蚀的无缝钢管	0.5 以上
6		旧的铸铁管	0.85 以上
7		钢板制管	0.33
8	非金属管	干净玻璃管	0.0015～0.01
9		橡皮软管	0.01～0.03
10		木管道	0.25～1.25
11		陶土排水管	0.45～6.0
12		接头平整的水泥管	0.33
13		石棉水泥管	0.03～0.8

对于湍流时的摩擦系数 λ，除了用 Moody 图查取外，还可以利用一些经验公式计算。这里介绍适用于光滑管的柏拉修斯（Blasius）公式：

$$\lambda=\frac{0.3164}{Re^{0.25}} \tag{1-23}$$

其适用范围为 $Re=5\times10^3\sim10^5$。

2. **非圆形管道的流动阻力**

对于非圆形管内的湍流流动，仍可用在圆形管内流动阻力的计算式，但需用非圆形管道的当量直径代替圆管直径。**当量直径**定义为

$$d_e=4\times\frac{\text{流通截面积}}{\text{润湿周边}}=4\times\frac{A}{\Pi} \tag{1-24}$$

① 对于套管环隙，当内管的外径为 d_1，外管的内径为 d_2 时，其当量直径为

$$d_e=4\frac{\frac{\pi}{4}(d_2^2-d_1^2)}{\pi d_2+\pi d_1}=d_2-d_1$$

② 对于边长分别为 a、b 的矩形管，其当量直径为

$$d_e=4\frac{ab}{2(a+b)}=\frac{2ab}{a+b}$$

③ 在层流情况下，当采用当量直径计算阻力时，还应对式（1-22）进行修正，改写为

$$\lambda=\frac{C}{Re} \tag{1-25}$$

式中，C 为无量纲常数。

常见的一些非圆形管的 C 值见表 1-5。

表 1-5　某些非圆形管的 C 值

非圆形管的截面形状	正方形	等边三角形	环形	长方形	
				长∶宽=2∶1	长∶宽=4∶1
常数 C	57	53	96	62	73

注意，当量直径只用于非圆形管道流动阻力的计算，而不能用于流通面积及流速的计算。

3. **局部阻力**

局部阻力有两种计算方法：阻力系数法和当量长度法。

（1）阻力系数法

克服局部阻力所消耗的机械能，可以表示为动能的某一倍数，即

$$h_f=\zeta\frac{u^2}{2} \tag{1-26}$$

式中，ζ 称为局部阻力系数，一般由实验测定。使用时也可从相关资料查找，常见的局部阻力系数列于表 1-6。式（1-26）中的 u 采用较小截面处的流速。

表 1-6 管件和阀件的局部阻力系数 ζ 值

<table>
<tr><td>管件和阀件</td><td colspan="12">局部阻力系数 ζ 值</td></tr>
<tr><td>标准弯头</td><td colspan="6">45°标准弯头 $\zeta=0.35$</td><td colspan="6">90°标准弯头 $\zeta=0.75$</td></tr>
<tr><td>90°方形弯头</td><td colspan="12">1.30</td></tr>
<tr><td>180°回弯头</td><td colspan="12">1.50</td></tr>
<tr><td rowspan="3">突然扩大</td><td colspan="12">$\zeta=(1-A_1/A_2)^2 \quad h_f=\zeta u_1^2/2$</td></tr>
<tr><td>A_1/A_2</td><td>0</td><td>0.1</td><td>0.2</td><td>0.3</td><td>0.4</td><td>0.5</td><td>0.6</td><td>0.7</td><td>0.8</td><td>0.9</td><td>1.0</td></tr>
<tr><td>ζ</td><td>1.00</td><td>0.81</td><td>0.64</td><td>0.49</td><td>0.36</td><td>0.25</td><td>0.16</td><td>0.09</td><td>0.04</td><td>0.01</td><td>0</td></tr>
<tr><td rowspan="3">突然缩小</td><td colspan="12">$\zeta=0.5(1-A_2/A_1) \quad h_f=\zeta u_2^2/2$</td></tr>
<tr><td>A_2/A_1</td><td>0</td><td>0.1</td><td>0.2</td><td>0.3</td><td>0.4</td><td>0.5</td><td>0.6</td><td>0.7</td><td>0.8</td><td>0.9</td><td>1.0</td></tr>
<tr><td>ζ</td><td>0.50</td><td>0.45</td><td>0.40</td><td>0.35</td><td>0.30</td><td>0.25</td><td>0.20</td><td>0.15</td><td>0.10</td><td>0.05</td><td>0</td></tr>
<tr><td rowspan="3">水泵进口</td><td colspan="2">没设底阀</td><td colspan="10">2.00～3.00</td></tr>
<tr><td rowspan="2">设底阀</td><td colspan="3">d/mm</td><td>40</td><td>50</td><td>75</td><td>100</td><td>150</td><td>200</td><td>250</td><td>300</td></tr>
<tr><td colspan="3">ζ</td><td>12.00</td><td>10.00</td><td>8.50</td><td>7.00</td><td>6.00</td><td>5.20</td><td>4.40</td><td>3.70</td></tr>
<tr><td rowspan="2">闸阀</td><td colspan="3">全开</td><td colspan="3">3/4 开</td><td colspan="3">1/2 开</td><td colspan="3">1/4 开</td></tr>
<tr><td colspan="3">0.17</td><td colspan="3">0.90</td><td colspan="3">4.50</td><td colspan="3">24.00</td></tr>
<tr><td rowspan="2">标准截止阀(球心阀)</td><td colspan="5">全开</td><td colspan="7">1/2 开</td></tr>
<tr><td colspan="5">6.40</td><td colspan="7">9.50</td></tr>
<tr><td>角阀(90°)</td><td colspan="12">5.00</td></tr>
<tr><td>单向阀</td><td colspan="5">摇板式 $\zeta=2$</td><td colspan="7">球形单向阀 $\zeta=70$</td></tr>
</table>

(2) 当量长度法

将流体流过管件或阀门的局部阻力，折合成直径相同、长度为 l_e 的直管所产生的阻力损失，l_e 称为管件或阀门的**当量长度**。于是阻力损失可表示为

$$h_f=\lambda \frac{l_e}{d}\times\frac{u^2}{2} \tag{1-27}$$

同样，管件与阀门的当量长度 l_e 也是由实验测定，有时也以管道直径的倍数 l_e/d 表示。图 1-34 列出了某些管件与阀门的当量长度共线图。表 1-7 列出了一些管件与阀门的 l_e/d 值。

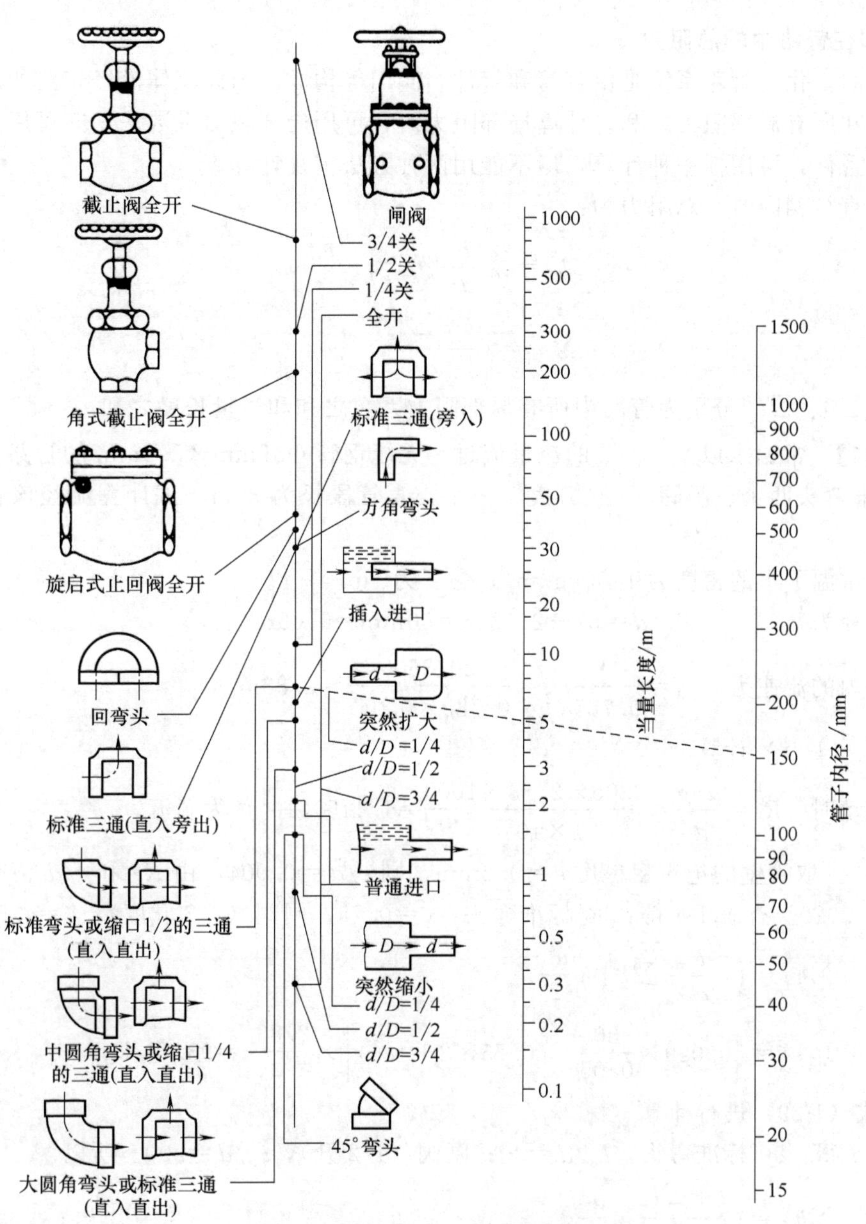

图 1-34　管件与阀门的当量长度共线图

表 1-7　一些管件与阀门以管径计的当量长度

名称	l_e/d	名称	l_e/d
45°标准弯头	15	截止阀(全开)	300
90°标准弯头	30～40	角阀(全开)	145
90°方形弯头	60	闸阀(全开)	7
180°回弯头	50～70	闸阀(3/4 开)	40
(三通)	40	闸阀(1/2 开)	200
		闸阀(1/4 开)	800
		单向阀(摇板式)	135
(三通)	60	底阀(带滤水器)	420
		吸入阀或盘式阀	70
		盘式流量计	400
(三通)	90	文氏流量计	12
		由容器入管口	20

4. **流体在管路中的总阻力**

前已说明，化工管路系统是由直管和管件、阀门等构成，因此流体流经管路的总阻力应是直管阻力和所有局部阻力之和。计算局部阻力时，可用局部阻力系数法，亦可用当量长度法。对同一管件，可用任一种计算，但不能用两种方法重复计算。

当管路直径相同时，总阻力为：

$$\sum h_f=\left(\lambda\frac{l}{d}+\sum\zeta\right)\times\frac{u^2}{2} \tag{1-28}$$

$$\sum h_f=\lambda\frac{l+\sum l_e}{d}\times\frac{u^2}{2} \tag{1-29}$$

式中，$\sum\zeta$、$\sum l_e$ 分别为管路中所有局部阻力系数之和和当量长度之和。

【例 1-11】 常温水以 $20\text{m}^3/\text{h}$ 的流量流过一无缝钢管 $\Phi57\text{mm}\times3.5\text{mm}$ 的管路。管路上装有 90°标准弯头两个、闸阀（1/2 开度）一个，直管段长为 30m。试计算流经该管路的总阻力损失。

解：取常温下水的密度为 1000kg/m^3，黏度为 1mPa·s。

管子内径为 $$d=57-2\times3.5=50\text{mm}=0.05\text{m}$$

水的管内的流速为 $$u=\frac{V_S}{0.785d^2}=\frac{20/3600}{0.785\times0.05^2}=2.83\text{m/s}$$

① 用式（1-28）计算

管内流动时，$Re=\dfrac{du\rho}{\mu}=\dfrac{0.05\times2.83\times1000}{1\times10^{-3}}=1.415\times10^5$，为湍流。

查表 1-4，取管壁的绝对粗糙度 $\varepsilon=0.2\text{mm}$，则 $\varepsilon/d=0.004$，由 Re 和 ε/d 值查莫迪图 1-33 得 $\lambda=0.029$。查表 1-6 得：90°标准弯头，$\zeta=0.75$；闸阀（1/2 开度），$\zeta=4.5$。所以

$$\begin{aligned}\sum h_f&=\left(\lambda\frac{l}{d}+\sum\zeta\right)\times\frac{u^2}{2}\\&=\left[0.029\times\frac{30}{0.05}+(0.75\times2+4.5)\right]\times\frac{2.83^2}{2}=93.7\text{J/kg}\end{aligned}$$

② 用式（1-29）进行计算

查表 1-7 得：90°标准弯头，$l_e/d=30$；闸阀（1/2 开），$l_e/d=200$。所以

$$\begin{aligned}\sum h_f&=\lambda\frac{l+\sum l_e}{d}\times\frac{u^2}{2}\\&=0.029\times\frac{30+(30\times2+200)\times0.05}{0.05}\times\frac{2.83^2}{2}=99.9\text{J/kg}\end{aligned}$$

用两种局部阻力计算方法计算的结果差别不很大，在工程计算中是允许的。

任务四 认识离心泵及拆装实训

微课精讲

行业前沿

一、实训目的

1. 了解单级离心泵的结构，熟悉各零件的名称、形状、用途及各零件之间的装配关系。

2. 通过对离心泵总体结构的认识，掌握离心泵的工作原理。

3. 掌握离心泵的拆装顺序以及在拆装过程中的注意事项和要求。

4. 培养对离心泵主要零件尺寸及外观质量的检查和测量能力。

二、实训设备和工具

1. 实训设备：单级离心泵 *n* 台（结构见图 1-35，铭牌信息见表 1-8）。

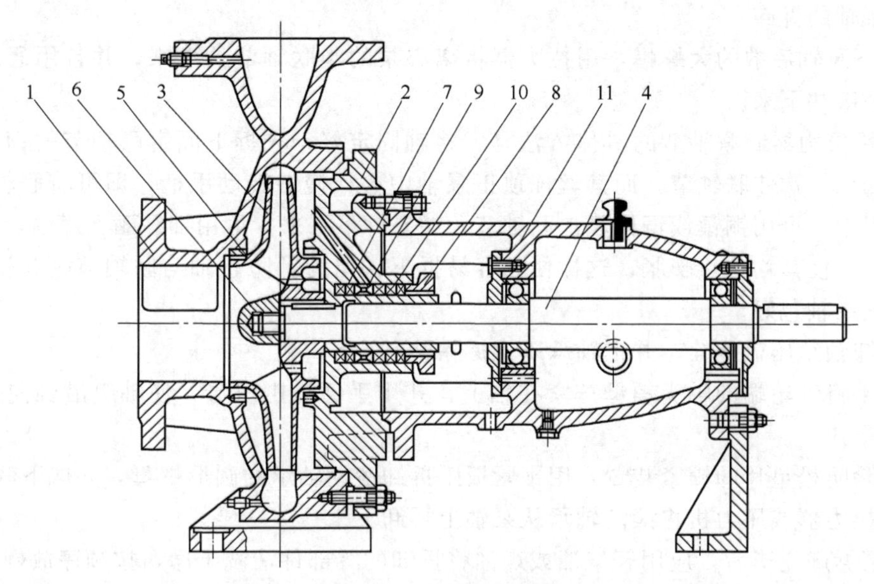

图 1-35 离心泵的结构

1—泵体；2—泵盖；3—叶轮；4—轴；5—密封环；6—叶轮螺母；
7—轴套；8—填料压盖；9—填料环；10—填料；11—悬架轴承部件

表 1-8 IS（R）型清水离心泵的铭牌信息

型号	IS(R)80-05-125	扬程	20m
流量	50m^3/h	必需汽蚀余量	3.0m
轴功率	3.63kW	转速	2900r/min
配用功率	5.5kW	效率	74%
出厂编号	QD80125008	质量	—

2. 实训工具：游标卡尺、外径千分尺、钢板尺、水平仪、活动扳手、呆扳手、铜锤、螺丝刀、专用扳手、拉力器、平板、V 型铁、百分表及磁力表座等。

三、拆装步骤

（一）拆装应注意的事项

① 对一些重要部件拆卸前应做好记号，以备复装时定位。

② 拆卸的零部件应妥善安放，以防失落。

③ 对各接合面和易于碰伤的地方，应采取必要的保护措施。

（二）拆卸顺序

（1）机座螺栓的拆卸。

（2）泵壳的拆卸

① 拆卸泵壳，首先将泵盖与泵壳的连接螺栓松开拆除，将泵盖拆下。

② 用专用扳手卡住叶轮前端的轴头螺母，沿离心泵叶轮的旋转方向拆除螺母，并用双手将叶轮从轴上拉出。

③ 拆除泵壳与泵体的连接螺栓，将泵壳沿轴向与泵体分离。泵壳在拆除过程中，应将其后端的填料压盖松开，拆出填料，以免拆下泵壳时增加滑动阻力。

（3）泵轴的拆卸

① 拆下泵轴后端的大螺帽，用拉力器将离心泵的半联轴节拉下来，并且用通芯螺丝刀或錾子将平键冲下来。

② 使用拉力器卸联轴节的具体方法是：将轴固定好，先拆下固定联轴节的锁紧帽，再用拉力器的拉钩钩住联轴节，而其丝杆顶正泵轴中心，慢慢转动手柄，即可将联轴节拉出；在钩拉过程中，可用铜锤或铜棒轻击联轴节，如果拆不下来，可用棉纱蘸上煤油，沿着联轴节四周燃烧，使其均匀热膨胀，这样便会容易拆下，但为了防止轴与联轴节一起受热膨胀，应用湿布把泵轴包好。

③ 拆卸轴承压盖螺栓，并把轴承压盖拆除。

④ 用手将叶轮端的轴头螺母拧紧在轴上，并用手锤敲击螺母，使轴组沿轴向向后端退出泵体。

⑤ 拆除防松垫片的锁紧装置，用锁紧扳手拆卸滚动轴承的圆形螺母，并取下防松垫片。

⑥ 用拉力器或压力机将滚动轴承从泵轴上拆卸下来。

离心泵拆卸完毕后，应用轻柴油或煤油将拆卸的零部件清洗干净，按顺序放好，以备检查和测量。

四、离心泵的检查

（一）叶轮的检查

叶轮有下列缺陷时，应予以记录。

① 表面出现较深的裂纹或开式叶轮的叶瓣断裂。

② 表面因腐蚀而出现较多的砂眼或穿孔。

③ 轮壁因腐蚀而显著变薄，影响了力学强度。

④ 叶轮进口处有较严重的磨损而又难以修复。

⑤ 叶轮已经变形。

（二）泵壳的检查

泵壳在工作中，往往因机械应力或热应力的作用出现裂纹。检查时可用手锤轻轻敲泵壳，如出现破哑声，则表明泵壳已有裂纹，必要时可用放大镜查找。裂纹找到后，可先在裂纹处浇煤油，擦干表面，并涂上一层白粉，然后用手锤轻敲泵壳，使裂纹内的煤油因受振动而渗出，浸湿白粉，从而显示出一条清晰的黑线，借此可判明裂纹的走向和长度。如果泵壳有缺陷，应予以记录。

（三）转子的检查

泵轴拆洗后检查外观，并对下列情况予以记录。

① 泵轴已产生裂纹。

② 表面严重磨损或腐蚀而出现较大的沟痕，以至影响轴的力学强度。

③ 键槽扭裂扩张严重。

泵轴要求笔直，不得弯曲变形，拆洗后可在平板上检查泵轴弯曲量。检查时，在平板上放置好两块V型铁，将泵轴两端置于其上，将百分表架放在平板上，装好百分表，将百分表顶针顶在泵轴中间的外圆柱面上，用手慢慢转动泵轴，观察百分表指针的变化，记录下最大值和最小值及轴面上的位置，百分表读数的最大值和最小值之差的一半即为轴的弯曲量。

上述测量实际上是测量的轴的径向跳动量，一般轴的径向跳动量，中间不超过0.05mm，两端不超过0.02mm，否则应校直。

转子的测量与泵轴的测量方法相同，一般叶轮密封环处的径向跳动不超过0.03mm，轴套不超过0.04mm，两轴颈不超过0.02mm。

（四）轴承的检查

对于滚动轴承，检查时发现松动、转动不灵活等缺陷则应予以记录。

滚动轴承其常见故障有滚子和滚道严重磨损，表面腐蚀等。一般来说轴承磨损严重，其运转时噪声较大，主要是磨损后其径向和轴向间隙变大所致。一般轴承的内径为30～50mm时，径向间隙不大于0.035～0.045mm。

滚动轴承径向间隙的测量方法为：将轴承平放于板上，磁性百分表架置于平板上，装好百分表，然后将百分表顶针顶在轴承外圆柱面上（径向），一只手固定轴承内圈，另一只手推动轴承的外圈，观察百分表指针的变化量，其最大值与最小值之差即为轴承的径向间隙。

滚动轴承轴向间隙的测量方法为：在平板上放好两高度相同的垫块，将轴承外圈放在垫板上，使内圈悬空，然后将磁性表座置于平板上，装好百分表，将百分表顶于内圈上平面，然后一只手压住外圈，另一只手托起内圈，观察百分表指针的变化量，其最大值与最小值之差即为轴承的轴向间隙。

（五）检查叶轮密封环间隙是否合适

测量叶轮密封环间隙的方法为：测量叶轮吸入口外圆和密封环内圆上下、左右两个位置的直径，分别取平均值，其差值的一半为其间隙，记录这个间隙值。

五、离心泵的安装

离心泵零部件检查后即可以进行装配。

① 整个转子除叶轮外，其余全部组装完毕，这包括轴套、滚动轴承、定位套、联轴节侧轴承端盖、小套、联轴节及螺母等的安装。

② 转子从联轴节侧穿入泵内，注意不要忘记装填料压盖，轴承端盖上紧后，必须保证：

a. 轴承端盖应压住滚动轴承外圈。

b. 轴承端盖对外圈的压紧力不要过大，轴承的轴向间隙不能消失。然后用手盘动转子，应灵活轻便。

c. 把叶轮及其键、螺母等装在轴上，装上泵盖，盘动转子，看叶轮与密封环是否出现相应摩擦现象。

d. 轴封的装配。该泵采用填料密封，打开填料压盖，依泵原旧填料的根数，然后一根一根地将旧填料压入，压入时每根接口应180°错开，最后装上压盖，但不拧紧螺丝，等到泵工作时，再慢慢拧紧螺丝，直到不漏为止。

e. 将泵放到泵座并将其固定。

六、思考题

1. 离心泵的工作原理是什么？
2. 离心泵在运转中泵壳发热是什么原因？如何处理？
3. 离心泵的密封装置一般有哪几类？如何正确更换填料密封中的盘根？
4. 离心泵防内漏是靠什么起作用的？拆装过程中应注意哪些问题？
5. 离心泵的叶轮、轴承、联轴节都是怎样实现轴向、周向定位的？

任务五 探究离心泵输送过程

微课精讲

动画资源

一、离心泵的性能参数

离心泵的性能参数是用以描述一台离心泵的一组物理量，可以用来表征离心泵性能的好坏，主要包含转速、流量、压头、有效功率、轴功率、效率。

（一）转速 n

离心泵转速是指叶轮的转速，用符号 n 表示。在我们平常的离心泵应用中有两种常见的离心泵转速：一种是 1000～3000r/min，另一种是 2900r/min（最常见）。

（二）流量 Q

以体积流量来表示的泵的输液能力。其大小主要取决于叶轮结构、尺寸、转速以及液体黏度。

（三）压头（扬程）H

离心泵对单位重量（重力）液体提供的有效机械能，也就是液体从泵实际获得的净机械能，即伯努利方程中的输入压头 H_e，其单位为 J/N，即 m（指 m 液柱）。但需要注意，扬程并不代表升举高度。扬程的大小取决于泵的结构型式、尺寸（叶轮直径、叶片的弯曲程度等）、转速及流量，也与液体的黏度有关。对于一定的离心泵，在一定转速下，H 和 Q 的关系目前尚不能从理论上做出精确计算，一般用实验方法测定，图 1-36 为离心泵扬程测定的实验装置图。

在泵的真空表和压力表所测位置的截面间列伯努利方程（真空表位置为 1-1′截面，压力表位置为 2-2′截面），按伯努利方程可得

$$H=H_e=(z_2-z_1)+\frac{1}{2g}(u_2^2-u_1^2)+\frac{p_2-p_1}{\rho g}+H_f$$

可以简化为

$$H=(z_2-z_1)+\frac{p_2-p_1}{\rho g} \tag{1-30}$$

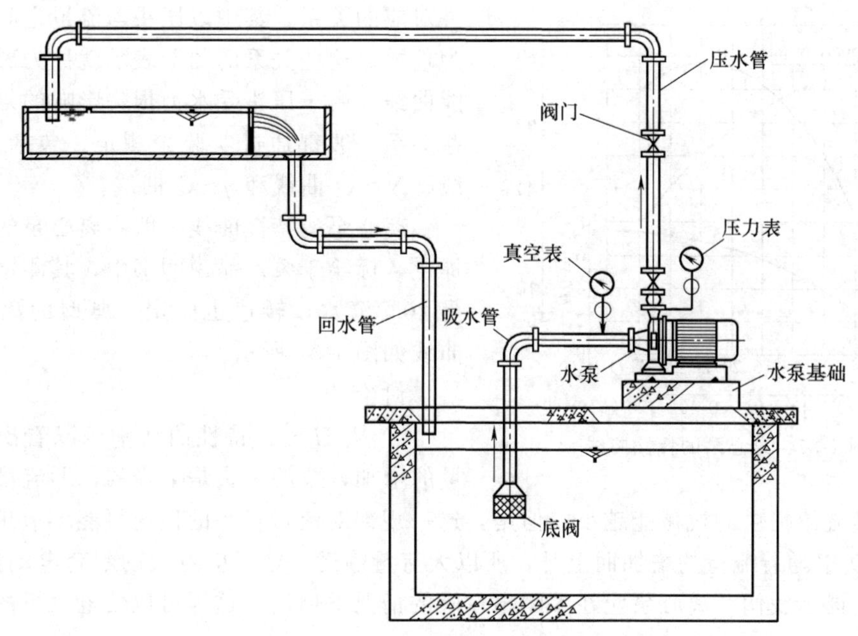

图 1-36　离心泵扬程测定装置图

（四）功率与效率

（1）有效功率 N_e

离心泵单位时间内对流体做的功（流体得到的功率）：

$$N_e = HQ\rho g$$

（2）轴功率 N

单位时间内由电动机输入离心泵的能量（离心泵得到的功率）。

（3）效率 η

由电动机传给泵的能量不可能 100%地传给液体，因此离心泵都有一个效率问题，它反映了泵对外加能量的利用程度：

$$\eta = N_e / N$$

η 值反映了离心泵运转时机械能损失的相对大小，一般大泵可达 85%左右，小泵为 50%～70%。泵轴转动所做的功不能全部为液体所获得，这是由于泵在运转时存在容积损失（由泵的内泄引起）、水力损失（由液体在泵壳和叶轮内流向、流速的不断改变和产生冲击和摩擦引起）和机械损失（由泵轴与轴承、泵轴与填料之间或机械密封的动、静环之间的摩擦损失以及液体与叶轮的盖板之间的摩擦损失引起）。η 与泵的构造、大小、制造精度及被送液体的性质、流量均有关。考虑到离心泵启动或运转时可能超过正常负荷以及原动机通过转轴传送的功率也会有损失，因此所配原动机（通常为电动机）的功率应比泵的轴功率要大些。

二、离心泵的特性曲线及其影响因素

（一）离心泵的性能曲线

对于一台特定的离心泵，在转速固定的情况下，其压头、轴功率和效率都与其流量有一

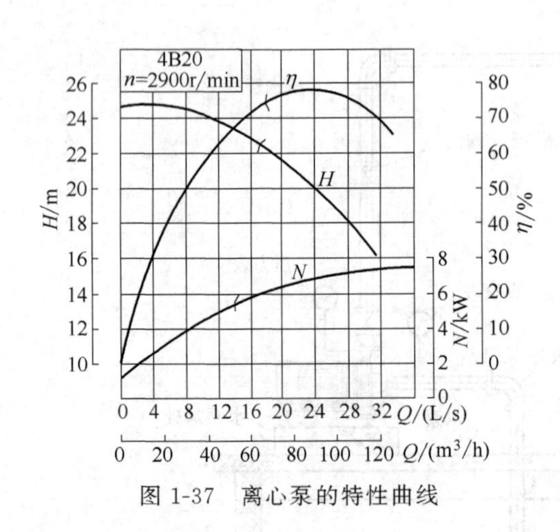

图 1-37 离心泵的特性曲线

一对应的关系，其中以压头与流量之间的关系最为重要。这些关系的图形表示就称为**离心泵的性能曲线**。由于压头受水力损失影响的复杂性，这些关系一般都通过实验来测定。包括 $H \sim Q$ 曲线、$N \sim Q$ 曲线和 $\eta \sim Q$ 曲线。

离心泵的特性曲线一般由离心泵的生产厂家提供，标绘于泵产品说明书中，其测定条件一般是20℃清水，转速也固定。典型的离心泵性能曲线如图 1-37 所示。

讨论：

① 从 $H \sim Q$ 特性曲线中可以看出，随着流量的增加，泵的压头是下降的，即流量越大，泵向单位重量流体提供的机械能越小。但是，这一规律对流量很小的情况可能不适用。

② 轴功率随着流量的增加而上升，所以大流量输送一定对应着大的配套电动机。另外，这一规律还提示我们，离心泵应在关闭出口阀的情况下启动，这样可以使电动机的启动电流最小。

③ 泵的效率先随着流量的增加而提高，达到一最大值后便下降。根据生产任务选泵时，应使泵在最高效率点附近工作，其范围内的效率一般不低于最高效率点效率的 92%。

④ 离心泵的铭牌上标有一组性能参数，它们都是与最高效率点对应的性能参数。

（二）离心泵特性的影响因素

1. 流体的性质

（1）液体的密度

离心泵的压头和流量均与液体的密度无关，有效功率和轴功率随密度的增加而增加，这是因为离心力及其所做的功与密度成正比，但效率又与密度无关。

（2）液体的黏度

黏度增加，泵的流量、压头、效率都下降，但轴功率提高。所以，当被输送流体的黏度有较大变化时，泵的特性曲线也要发生变化。

2. 转速

离心泵的转速发生变化时，其流量、压头和轴功率都要发生变化：

$$\frac{Q_2}{Q_1}=\frac{n_2}{n_1};\ \frac{H_2}{H_1}=\left(\frac{n_2}{n_1}\right)^2;\ \frac{N_2}{N_1}=\left(\frac{n_2}{n_1}\right)^3$$

上式称为比例定律。

3. 叶轮直径

前已述及，叶轮尺寸对离心泵的性能也有影响。当切割量小于 20%时：

$$\frac{Q_2}{Q_1}=\frac{D_2}{D_1};\ \frac{H_2}{H_1}=\left(\frac{D_2}{D_1}\right)^2;\ \frac{N_2}{N_1}=\left(\frac{D_2}{D_1}\right)^3$$

上式称为切割定律。

三、离心泵的工作点和流量调节

在泵的叶轮转速一定时，一台泵在具体操作条件下所提供的液体流量和压头可用 $H \sim Q$

特性曲线上的点来表示。至于这一点的具体位置，应视泵前后的管路情况而定。讨论泵的工作情况，不应脱离管路的具体情况。泵的工作特性由泵本身的特性和管路的特性共同决定。

（一）管路的特性曲线

由伯努利方程

$$z_1+\frac{u_1^2}{2g}+\frac{p_1}{\rho g}+H_e=z_2+\frac{u_2^2}{2g}+\frac{p_2}{\rho g}+H_f$$

可以导出的外加压头计算式：

$$H_e=\Delta Z+\frac{\Delta p}{\rho g}+\frac{\Delta u^2}{2g}+H_f \tag{1-31}$$

令 $A=\Delta Z+\frac{\Delta p}{\rho g}$，由管路阻力计算公式 $\sum h_f=\left(\lambda\frac{l}{d}+\sum\zeta\right)\times\frac{u^2}{2}$ 可知，$\frac{\Delta u^2}{2g}+H_f$ 可简化表示为 u^2 的函数，即可表示为 Q^2 的函数。

Q 越大，$\sum h_f$ 越大，则流动系统所需要的外加压头 H_e 越大。通过某一特定管路的流量与其所需外加压头之间的关系，称为管路的特性。将式（1-31）忽略上、下游截面的动压头差，当流动处于阻力平方区，摩擦系数与流量无关，管路特性方程可以简捷表示为：

$$H_e=A+BQ^2 \tag{1-32}$$

式（1-32）称为管路特性方程，它在 $H_e\sim Q$ 图上是 Q 的二次曲线，称为管路特性曲线，如图 1-38 所示。随着 Q 增加，H_e 增加。曲线的陡峭程度主要随管路情况而异，即由 B 值决定。

（二）离心泵的工作点

将泵的 $H\sim Q$ 曲线与管路的 $H_e\sim Q$ 曲线绘在同一坐标系中，两曲线的交点称为泵的工作点，如图 1-39 所示。

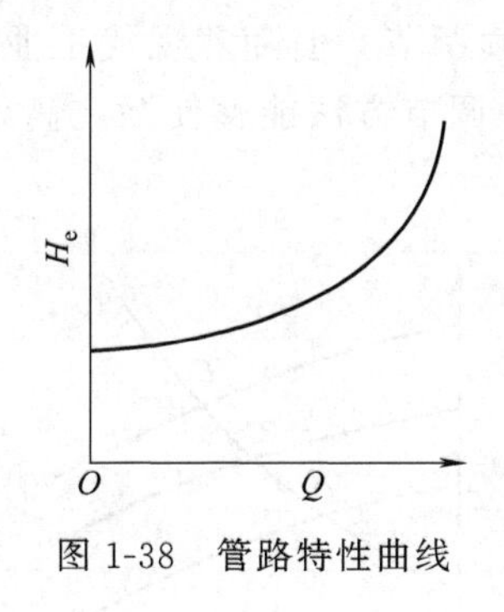

图 1-38　管路特性曲线

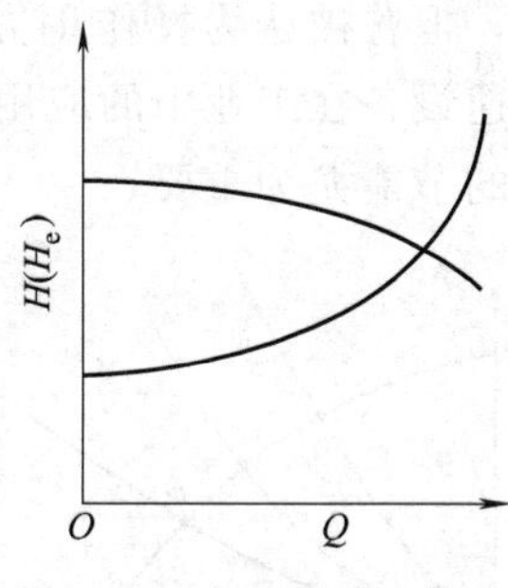

图 1-39　离心泵的工作点

说明：

① 泵的工作点由泵的特性和管路的特性共同决定，可通过联立求解泵的特性方程和管路的特性方程得到。

② 安装在管路中的泵，其输液量即为管路的流量，在该流量下泵提供的扬程也就是管路所需要的外加压头。因此，泵的工作点对应的泵压头既是泵提供的，也是管路需要的。

③ 工作点对应的各性能参数（Q，H，η，N）反映了一台泵的实际工作状态。

【例 1-12】 有一已知管路，其管路的特性方程为 $H_e=20.2+1.99\times10^4Q^2$，式中，$Q$ 的单位为 m^3/s。现选用另一台离心泵，泵的特性曲线可用 $H=27.0-15Q^2$ 表示，式中 Q

的单位为 m^3/min。求此时离心泵在管路中的工作点。

解： 泵在管路中的工作点是管路特性曲线与泵的特性曲线的交点。管路特性方程中 Q 的单位为 m^3/s，而泵的特性方程中 Q 的单位为 m^3/min，应换算为一致单位，即有：

$$H=27.0-15\times(60Q)^2=27.0-5.4\times10^4Q^2$$

管路特性方程与泵特性无关，故仍保持不变。

在泵的工作点处必有 $H=H_e$，即 $27.0-5.4\times10^4Q^2=20.2+1.99\times10^4Q^2$，可解得 $Q=9.59\times10^{-3}m^3/s$。

此流量下泵的扬程为 $H=27.0-5.4\times10^4\times(9.59\times10^{-3})^2=22m$。

（三）离心泵的流量调节

由于生产任务的变化，管路需要的流量有时是需要改变的，这实际上就是要改变泵的工作点。由于泵的工作点由管路特性和泵的特性共同决定，因此改变泵的特性和管路特性均能改变工作点，从而达到调节流量的目的。

1. 改变出口阀的开度——改变管路特性

出口阀开度与管路局部阻力当量长度有关，后者与管路的特性有关。所以改变出口阀的开度实际上是改变管路的特性。

由图 1-40 可见，关小出口阀，$\sum l_e$ 增大，管路曲线变陡，工作点由 C 变为 D，流量减小，泵所提供的压头上升；相反，开大出口阀开度，$\sum l_e$ 减小，曲线变缓，工作点由 C 变为 E，流量增大，泵所提供的压头下降。此种流量调节方法方便随意，但不经济，实际上是人为增加管路阻力来适应泵的特性，且使泵在低效率点工作。但也正是由于其方便性，在实际生产中被广泛采用。

2. 改变叶轮转速——改变泵的特性

如图 1-41 所示，$n_3<n_1<n_2$，转速增加，流量和压头均能增加。这种调节流量的方法合理、经济，但曾被认为操作不方便，并且不能实现连续调节。但随着现代工业技术的发展，无级变速设备在工业中的应用克服了上述缺点。该种调节方法能够使泵在高效区工作，这对大型泵的节能尤为重要。

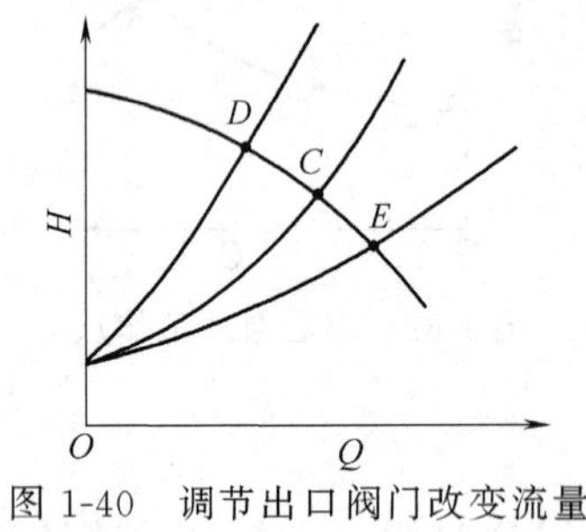

图 1-40 调节出口阀门改变流量

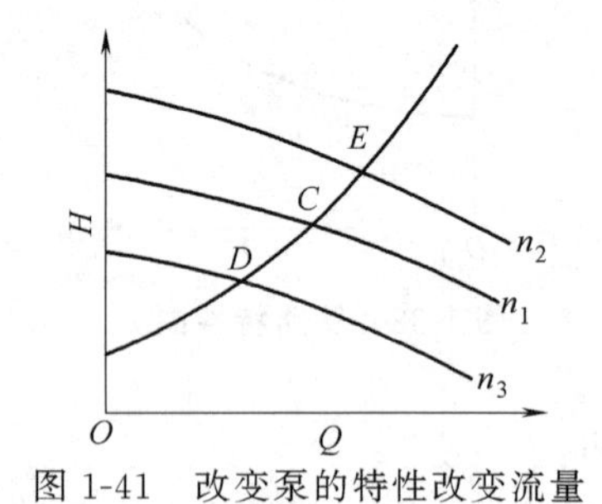

图 1-41 改变泵的特性改变流量

3. 车削叶轮外径

这种调节方法实施起来不方便，且调节范围也不大。但有时老旧设备改造还可以采用。

四、离心泵的组合操作

在实际生产中，有时单台泵无法满足生产要求，需要几台泵组合操作。组合方式有串联和并联两种。

（一）串联组合操作

两台完全相同的泵串联，每台泵的流量与压头相同，则串联组合泵的压头约为单台泵的2倍，流量与单台泵相同。单台泵及串联组合操作的特性曲线如图1-42所示，实际工作压头并未加倍，但流量却有所增加。

（二）并联组合操作

两台完全相同的泵并联，每台泵的流量和压头相同，则并联组合泵的流量约为单台泵的2倍，压头与单台泵相同。单台泵及并联组合操作的特性曲线如图1-43所示，实际工作流量并未加倍，但压头却有所增加。

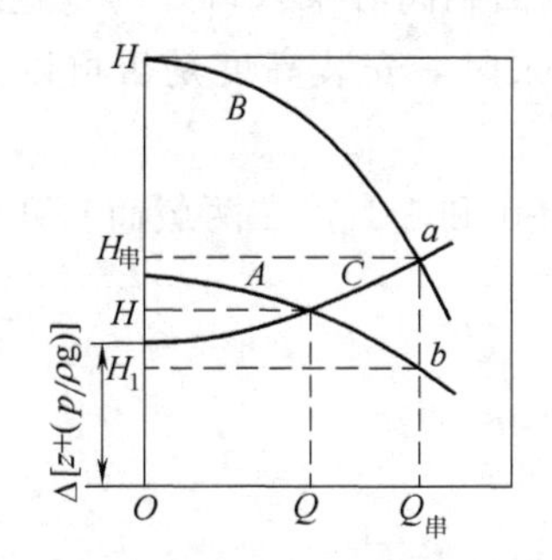

图1-42　离心泵的串联操作

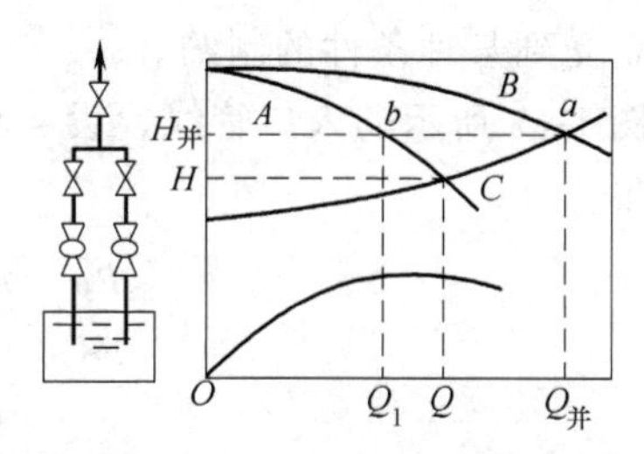

图1-43　离心泵的并联操作

（三）组合操作的选择

在很多情况下，单泵可以输送流体，只是流量达不到指定要求。此时可针对管路的特性选择合理的组合操作方式，以增大流量。如图1-44所示，对于低阻管路，宜采用并联组合操作；对于高阻管路，宜采用串联组合操作。

五、离心泵的汽蚀现象与安装高度

前面通过学习离心泵的工作原理可以得知，依靠叶轮的旋转产生离心力，使得离心泵中心处k（如图1-45所示）产生负压，此处压力最低为p_k。要使离心泵正常工作，则入口e处的压力$p_e > p_k$。e和k处的压差跟流体流动情况和离心泵内部结构有关。

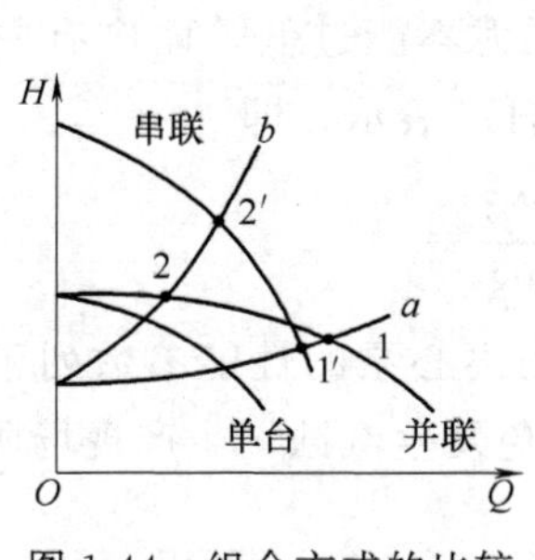

图1-44　组合方式的比较

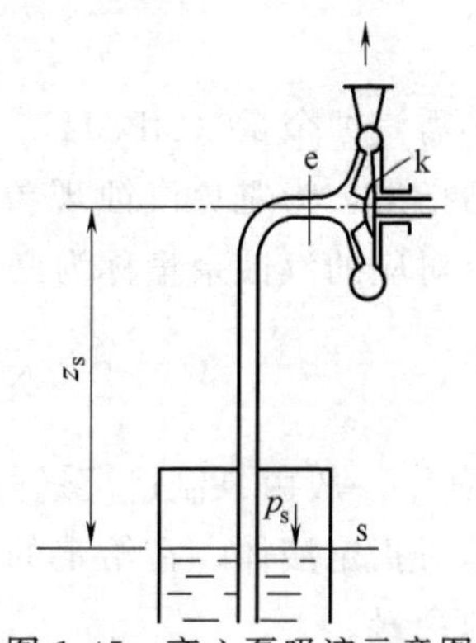

图1-45　离心泵吸液示意图

k处的压力应该有一最低限制，p_k下降至被输送流体在操作温度下的饱和蒸气压时，则在泵内：

① 被输送流体在叶轮中心处发生汽化，产生大量气泡；

② 气泡在由叶片中心向周边运动时，由于压力增加而急剧凝结，产生局部真空，周围液体以很高的流速冲向真空区域；

③ 当气泡的冷凝发生在叶片表面附近时，众多液滴犹如细小的高频水锤撞击叶片。

离心泵在上述状态下工作时：①泵体振动并发出噪声；②压头、流量大幅度下降，严重时不能输送液体；③长期操作，在水锤冲击和液体中微量溶解氧对金属化学腐蚀的双重作用下，叶片表面出现斑痕和裂缝，甚至呈海绵状逐渐脱落。

这种现象我们称之为汽蚀。下面我们讨论一下离心泵的安装高度与汽蚀之间的关系。

离心泵的安装高度是指要被输送的液体所在贮槽的液面到离心泵入口处的垂直距离，即图 1-45 中的 z_s。由此产生了这样一个问题，在安装离心泵时，安装高度是否可以无限制的高，还是受到某种条件的制约。

对图 1-45 所示的入口管线，设 s 和 e 处截面分别为 0-0′和 1-1′，在两截面间列伯努利方程，可得：

$$\frac{p_0}{\rho g}=\frac{p_1}{\rho g}+H_g+\frac{u_1^2}{2g}+H_{f(0-1)}$$

即

$$H_g=\frac{p_0-p_1}{\rho g}-\frac{u_1^2}{2g}-H_{f(0-1)}$$

在一定流速下 p_1 越小 H_g 越大，$p_1>p_k$，p_k 必须保证大于操作温度下液体的饱和蒸气压 p_v，所以操作流体的饱和蒸气压也是影响汽蚀发生的因素。临界汽蚀时，$p_k=p_v$，$p_1=p_{1,r}$（$p_{1,r}$ 是这台泵入口处允许的最低静压力），此时的安装高度为最大安装高度 $H_{g,r}$。

$$H_{g,r}=\frac{p_0-p_{1,r}}{\rho g}-\frac{u_1^2}{2g}-H_{f(0-1)} \tag{1-33}$$

由泵的生产厂家提供的允许汽蚀余量可以计算泵的允许安装高度。

（1）汽蚀余量 NPSH

泵入口处的动压头与静压头之和与以液柱高度表示的被输送液体在操作温度下的饱和蒸气压之差称为汽蚀余量，即

$$\text{NPSH}=\left(\frac{p_1}{\rho g}+\frac{u_1^2}{2g}\right)-\frac{p_v}{\rho g} \tag{1-34}$$

（2）必需汽蚀余量 $(\text{NPSH})_r$

前面已指出，为避免汽蚀现象发生，离心泵入口处压力不能过低，而应有一最低允许值，此时所对应的汽蚀余量称为必需汽蚀余量，以 $(\text{NPSH})_r$ 表示，即

$$(\text{NPSH})_r=\left(\frac{p_{1,r}}{\rho g}+\frac{u_1^2}{2g}\right)-\frac{p_v}{\rho g} \tag{1-34a}$$

$(\text{NPSH})_r$ 一般由泵制造厂通过汽蚀实验测定，并作为离心泵的性能参数列于泵产品样本中。它是对指定液体、在给定的泵转速和流量下，为避免发生汽蚀，生产现场所必须达到的最低汽蚀余量。

将式（1-34a）代入式（1-33）可得

$$H_{g,r}=\frac{p_0}{\rho g}-\frac{p_v}{\rho g}-(\text{NPSH})_r-H_{f(0-1)} \tag{1-35}$$

泵的实际安装高度必须低于此值，否则在操作时，将有发生汽蚀的危险。对于一定的离心泵，$(NPSH)_r$ 一定，若吸入管路阻力越大，液体的蒸气压越高或外界大气压越低，则泵的允许安装高度越低。由此可以理解，为什么管路调节是使用出口管路上的阀门而不使用泵入口管路上的阀门。

【例 1-13】 型号为 IS65-40-200 的离心泵，转速为 2900r/min，流量为 $25m^3/h$，扬程为 50m，必需汽蚀余量为 2.0m。此泵用来将敞口水池中 50℃的水送出。已知吸入管路的总阻力损失为 $2.0mH_2O$，当地大气压为 100kPa。求泵的允许安装高度。

解： 50℃水的饱和蒸气压为 12.31kPa，水的密度为 $998.1kg/m^3$，已知 $p_1=100kPa$，由式（1-35）可得

$$H_{g,r}=\frac{p_0}{\rho g}-\frac{p_v}{\rho g}-(NPSH)_r-H_{f(0-1)}$$

$$=\frac{100\times10^3}{998.1\times9.81}-\frac{12.31\times10^3}{998.1\times9.81}-2.0-2.0=4.96m$$

故泵的实际安装高度应低于此值，即不应超过液面 4.96m。

【例 1-14】 若例 1-13 中泵安装处的大气压为 85kPa，输送的水温增加至 80℃，问此时泵的允许安装高度为多少？

解： 80℃下水的饱和蒸气压为 47.38kPa，水的密度为 $971.8kg/m^3$，则

$$H_{g,r}=\frac{85\times10^3}{971.8\times9.81}-\frac{47.38\times10^3}{971.8\times9.81}-2.0-2.0=-0.05m$$

说明此泵应安装在水池液面以下至少 0.05m 处才能正常工作。

单从泵的操作角度看，实际安装高度取负值（即泵装在吸入设备的液面以下）是有利的，既可避免汽蚀，又能避免灌泵操作。实际安装高度要根据工业要求和现场设备布置情况来确定，但必须保证小于上面 $H_{g,r}$ 计算的值。

讨论：

① 前面的内容容易使人获得这样一种认识，即汽蚀是由安装高度太高引起的，但事实上汽蚀现象的产生可以有以下三方面的原因：a. 离心泵的安装高度太高；b. 被输送流体的温度太高，液体蒸气压过高；c. 吸入管路的阻力或压头损失太高。允许安装高度这一物理量正是综合了以上三个因素对汽蚀的贡献。由此，我们又可以有这样一个推论：一个原先操作正常的泵也可能因为操作条件的变化而产生汽蚀，如被输送物料的温度升高，或吸入管线部分堵塞。

② 有时，计算出的允许安装高度为负值，这说明该泵应该安装在液体贮槽液面以下。

③ 允许安装高度的大小与泵的流量有关。由其计算公式可以看出，流量越大，计算出的允许安装高度越小。因此用可能使用的最大流量来计算允许安装高度是最保险的。

④ 安装泵时，为保险起见，实际安装高度比允许安装高度还要低 0.5～1m（如考虑到操作中被输送流体的温度可能会升高，或由贮槽液面降低而引起的实际安装高度的升高）。

⑤ 历史上曾经有过允许吸上真空度和允许汽蚀余量并存的时期，二者都可用以计算允许安装高度，前者曾广泛用于清水泵的计算，而后者常用于油泵中。但是，目前允许吸上真空度已经不再使用了。

六、离心泵的操作

（一）启动前的准备工作

① 开车前检查泵的出入口管线阀门、压力表接头有无泄漏，冷却水是否畅通，地脚螺丝及其他连接处有无松动。（高温油泵一定要先检查冷却水阀门是否打开，否则机封会因温度过高而损坏，泵体也可能会受损。）

② 按规定向轴承箱加入润滑油，油面在油标 1/2～2/3 处。清理泵体机座地面环境卫生。

③ 盘车检查转子是否轻松灵活，泵体内是否有金属碰撞的声音（启泵前一定要盘车灵活，否则强制启动会引起机泵损坏、电机跳闸甚至烧损）。

④ 全开冷却水出入口阀门（如果有冷却水）。

⑤ 灌泵。（打开泵入口阀，打开放空阀，排出泵内空气使液体充满泵体，关闭放空阀，关闭出口阀。）

（二）离心泵的启动

① 泵入口阀全开，启动电动机，全面检查泵的运转情况。

② 检查电动机和泵的旋转方向是否一致。（电动机检修后的泵一定要检修此项，很容易忽略而发生故障。）

③ 当泵出口压力高于操作压力时，逐渐开大出口阀，控制好泵的流量压力。（出口全关启动泵是离心泵最标准的做法，主要目的是流量为零时轴功率最低，从而降低了泵的启动电流。）

④ 检查电动机电流是否在额定值，超负荷时，应停车检查（这是检查泵运行是否正常的一个重要指标）。在启动完后其实还需要检查电动机、泵是否有杂音，是否异常振动，是否有泄漏等后才能离开。

（三）离心泵的维护

① 离心泵在开泵前必须先盘车，检查盘根或机械密封处是否填压过紧或有其他异常现象。检查润滑油系统油路是否畅通，轴承箱油面在油标 1/2～2/3 处。打开冷却水保持畅通，打开入口阀检查各密封点泄漏情况，检查对轮螺丝是否紧固，对轮罩是否完好。

② 正常运转时，应随时检查轴承温度。滑动轴承正常温度一般在 65℃以下。严密注意盘根及机械密封情况，应经常检查振动情况及转子部分响声，听听是否有杂音。

③ 热油泵启动前一定要利用热油通过泵体进行预热。预热标准是：泵壳温度不得低于入口温度 60～80℃，预热升温速度不大于 50℃/h，以免温差过大损坏设备。

④ 不得采取关入口阀的办法来控制流量，避免造成叶轮和其他机件损坏（容易发生汽蚀）。

⑤ 停用泵的检修必须按规定办理工作标票，并将出入口阀门关闭，放净泵体内的存油，方准拆卸。

⑥ 重油泵严禁电盘车，因泵体内存油黏稠，凝固而盘不动车时，应先用蒸汽将存油暖化后再盘车、启动。

⑦ 离心泵严禁带负荷启动，以免电机超电流烧坏。

⑧ 如泵长期停用时，应每天盘车 180°，防止泵轴弯曲。寒冷季节停用的泵要切断冷却

水系统并放净泵体内和冷却水系统的存水。

⑨ 装油机械密封的离心泵，要注意防止抽空，避免机械密封损坏。

（四）离心泵的切换

① 启动备用泵前，按启动前的准备步骤进行，热油泵应缓慢完全预热。

② 全开备用泵入口阀，使泵体内充满介质，排尽泵体内气体后，启动电机。

③ 检查泵体振动及噪声情况，运转正常后，逐渐开大备用泵的出口阀，同时逐渐关小运转泵的出口阀。

④ 备用泵出口阀全开，运转泵出口阀全关后停车。（出口阀全关是停泵的标准，否则高压液体倒流，会损坏出口止回阀。）

⑤ 离心泵切换过程中的注意事项：

a. 换泵时应严格保持流量、压力等不变的原则。

b. 严禁抽空等事故发生。

c. 停泵后，及时开启暖泵线。

d. 需检修时，被切换泵的各管线阀门需全部关死，切断电源。排尽泵体内物料。

（五）离心泵的停车（检修）

① 逐渐关闭泵的出口阀。

② 当出口阀关闭后停电动机。

③ 泵停止运转后，泵体温度降至常温后关闭冷却水。

④ 热油泵停止运转后，将冷却水调小。打开泵出入口预热阀，使泵处于完全预热备用状态。

⑤ 关入口阀门。

微课精讲

动画资源

行业前沿

任务六　认识其他液体输送机械

一、往复泵

1. 往复泵的结构和工作原理

往复泵的结构如图 1-46 所示，主要部件包括：泵缸、活塞、活塞杆、吸入阀、排出阀。其中吸入阀和排出阀均为单向阀。

（1）工作原理

① 活塞由电动的曲柄连杆机构带动，把曲柄的旋转运动变为活塞的往复运动；或直接由蒸汽机驱动，使活塞做往复运动。

② 当活塞从左向右运动时，泵缸内形成低压，排出阀受排出管内液体的压力而关闭；吸出阀由于受池内液压的作用而打开，池内液体被吸入缸内。

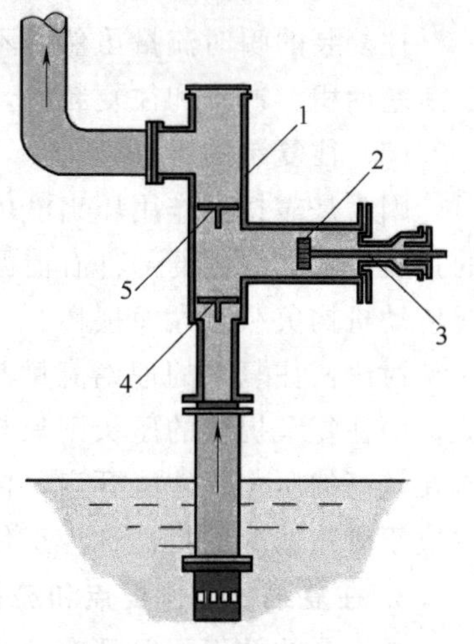

图 1-46　往复泵的结构示意图

1—泵缸；2—活塞；3—活塞杆；4—吸入阀；5—排出阀

③ 当活塞从右向左运动时，由于缸内液体压力增加，

吸入阀关闭，排出阀打开向外排液。

（2）说明

① 往复泵是依靠活塞的往复运动直接以压力能的形式向液体提供能量。

② 单动泵活塞往复运动一次，吸、排液交替进行一次，输送液体不连续；双动泵活塞两侧都装有阀室，活塞的每一次行程都在吸液和向管路排液，因而供液连续。

③ 通常，为耐高压，选择用柱塞代替活塞和连杆。

2. 往复泵的流量和压头

（1）理论平均流量 Q_T（m^3/s）

① 单动泵

$$Q_T = Asn/60$$

式中，A 为活塞截面积，m^2；s 为活塞冲程，m；n 为活塞往复频率，次/min。

② 双动泵

$$Q_T = (2A - a)sn/60$$

式中，a 为活塞杆的截面积，m^2。

（2）实际平均流量 Q

$$Q = \eta_V Q_T$$

η_V 为容积效率。主要是由于阀门开、闭滞后，阀门、活塞填料函泄漏。

（3）流量的不均匀性

往复泵的瞬时流量取决于活塞截面积与活塞瞬时运动速度之积，活塞运动瞬时速度的不断变化，使得它的流量不均匀。

实际生产中，为了提高流量的均匀性，可以采用增设空气室，利用空气的压缩和膨胀来存放和排出部分液体，从而提高流量的均匀性。采用多缸泵也是提高流量均匀性的一个办法，多缸泵的瞬时流量等于同一瞬时各缸流量之和，只要各缸曲柄相对位置适当，就可使流量较为均匀。

（4）流量的固定性

往复泵的瞬时流量虽然是不均匀的，但在一段时间内输送的液体量却是固定的，仅取决于活塞面积、冲程和往复频率，这称为流量的固定性。

（5）往复泵的压头

因为是靠挤压作用压出液体，往复泵的压头理论上可以任意高。但实际上由于构造材料的强度有限，泵内的部件有泄漏，故往复泵的压头仍有一限度。而且压头太大，也会使电机或传动机构负载过大而损坏。

讨论：往复泵的理论流量是由单位时间内活塞扫过的体积决定的，而与管路的特性无关。而往复泵提供的压头则只与管路的情况有关，与泵的情况无关，管路的阻力大，则排出阀在较高的压力下才能开启，供液压力必然增大；反之，压头减小。这种压头与泵无关，只取决于管路情况的特性称为正位移特性。

3. 往复泵的操作要点和流量调节

往复泵的效率一般都在70%以上，最高可达90%，它适用于所需压头较高的液体输送。往复泵可用以输送黏度很大的液体，但不宜直接用以输送腐蚀性的液体和有固体颗粒的悬浮液，因泵内阀门、活塞受腐蚀或被颗粒磨损、卡住，都会导致严重的泄漏。

① 由于往复泵是靠贮池液面上的大气压来吸入液体，因而安装高度有一定的限制。

② 往复泵有自吸作用，启动前不需要灌泵。

③ 一般不设出口阀，即使有出口阀，也不能在其关闭时启动。

④ 往复泵的流量调节方法如下：

a. 用旁路阀调节流量。泵的送液量不变，只是让部分被压出的液体返回贮池，使主管中的流量发生变化。显然这种调节方法很不经济，只适用于流量变化幅度较小的经常性调节。

b. 改变曲柄转速。因电动机是通过减速装置与往复泵相连的，所以改变减速装置的传动比可以很方便地改变曲柄转速，从而改变活塞自往复运动的频率，达到调节流量的目的。

二、计量泵

在工业生产中普遍使用的计量泵是往复泵的一种，它正是利用往复泵流量固定这一特点而发展起来的。它可以用电动机带动偏心轮从而实现柱塞的往复运动。偏心轮的偏心度可以调整，柱塞的冲程从而发生变化，以此来实现流量的调节。

计量泵主要应用在一些要求精确输送液体至某一设备的场合，或将几种液体按精确的比例输送。如化学反应器内一种或几种催化剂的投放，后者是靠分别调节多缸计量泵中每个活塞的行程来实现的。

三、隔膜泵

隔膜泵也是往复泵的一种，它用弹性薄膜（耐腐蚀橡胶或弹性金属片）将泵分隔成互不相通的两部分，分别是被输送液体和活柱存在的区域。这样，活柱不与输送的液体接触。活柱的往复运动通过同侧的介质传递到隔膜上，使隔膜亦做往复运动，从而实现被输送液体经球形活门吸入和排出。

隔膜泵内与被输送液体接触的唯一部件就是球形活门，这易于制成不受液体侵害的形式。因此，在工业生产中，隔膜泵主要用于输送腐蚀性液体或含有固体悬浮物的液体。

四、齿轮泵

齿轮泵的结构如图 1-47 所示。泵壳内有两个齿轮，一个用电动机带动旋转，另一个被啮合着向相反方向旋转。吸入腔内两轮的啮相互拨开，于是形成低压而吸入液体；被吸入的液体被齿嵌住，随齿轮转动而到达排出腔。排出腔内两齿相互合拢，于是形成高压而排出液体。

齿轮泵的压头较高而流量较小，可用于输送黏稠液体以至膏状物料（如输送封油），但不能用于输送含有固体颗粒的悬浮液。

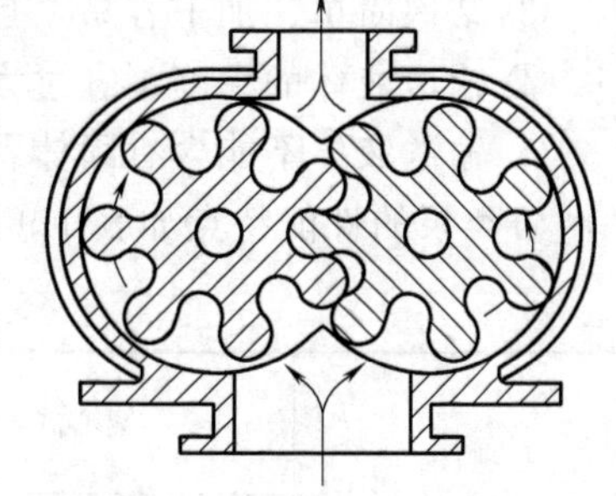

图 1-47　齿轮泵的结构示意图

五、螺杆泵

螺杆泵内有一个或一个以上的螺杆。在单螺杆泵中，螺杆在有内螺旋的壳内运动，使液体沿轴向推进，挤压到排出口。在双螺杆泵中，一个螺杆转动时带动另一个螺杆，螺纹互相啮合，液体被拦截在啮合室内沿杆轴前进，从螺杆两端被挤向中央排出。此外还有多螺杆泵，转速快，螺杆长，因而可以达到很高的排出压力。三螺杆泵排出压力可达10MPa以上。螺杆泵效率高，噪声小，适用于在高压下输送黏稠性液体，并可以输送带颗粒的悬浮液。

六、旋涡泵

旋涡泵是一种特殊类型的离心泵。它的叶轮是一个圆盘，四周铣有凹槽，成辐射状排列，如图1-48所示。叶轮在泵壳内转动，其间有引水道。泵内液体在随叶轮旋转的同时，又在引水道与各叶片之间，因而被叶片拍击多次，获得较多能量。液体中旋涡泵中获得的能量与液体在流动过程中进入叶轮的次数有关。当流量减小时，流道内液体的运动速度减小，液体流入叶轮的平均次数增多，泵的压头必然增大；流量增大时，则情况相反。因此，其$H \sim Q$曲线呈陡降形。旋涡泵的特点如下：

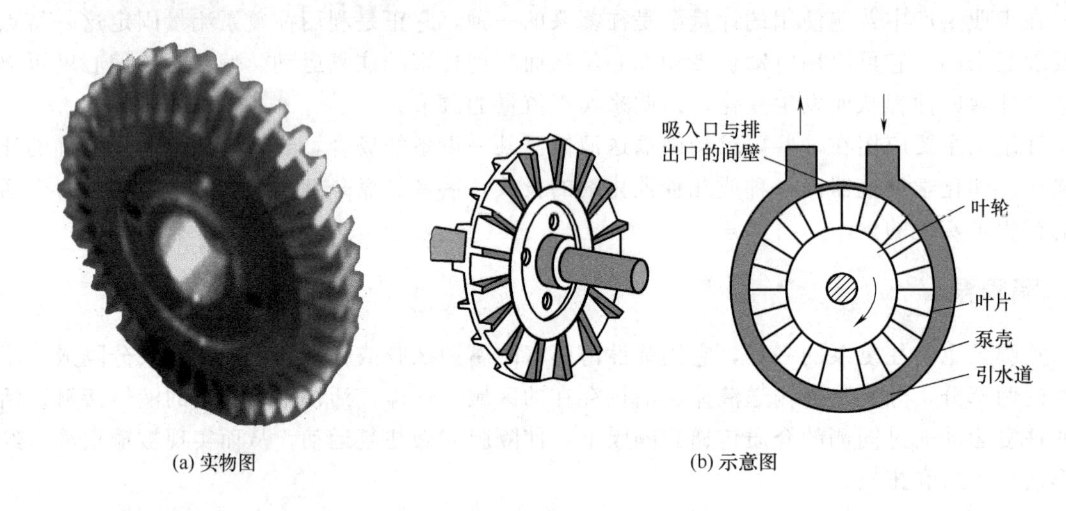

图1-48 旋涡泵叶轮实物和示意图

① 压头和功率随流量增加下降较快。因此启动时应打开出口阀，改变流量时，旁路调节比安装调节阀经济。

② 在叶轮直径和转速相同的条件下，旋涡泵的压头比离心泵高出2～4倍，适用于高压头、小流量的场合。

③ 结构简单、加工容易，且可采用各种耐腐蚀的材料制造。

④ 输送液体的黏度不宜过大，否则泵的压头和效率都将大幅度下降。

⑤ 输送液体不能含有固体颗粒。

各类泵的性能特点如表1-9所示。

表1-9 各类泵的性能特点

项目	离心式		正位移式				
			往复式			旋转式	
	离心泵	旋涡泵	往复泵	计量泵	隔膜泵	齿轮泵	螺杆泵
流量	①④⑥	①④⑦	②⑤⑧	②⑤⑦	②⑤⑧	③⑤⑦	③⑤⑦
压头	①	②	③	③	③	②	②
效率	①	②	③	③	③	④	④

续表

项目	离心式		正位移式				
			往复式			旋转式	
	离心泵	旋涡泵	往复泵	计量泵	隔膜泵	齿轮泵	螺杆泵
流量调节	①②	③	②③④	④	②③	③	③
自吸操作	②	②	①	①	①	①	①
启动	①	②	②	②	②	②	②
被输送流体	①	②	⑦	③	④⑥	⑤	④⑤
结构与造价	①②	①③	⑤⑥⑦	⑤⑥	⑤⑥	③④	③④

注：1. 流量：①均匀；②不均匀；③尚可；④随管路特性而变；⑤恒定；⑥范围广，易达大流量；⑦小流量；⑧较小流量。

2. 压头：①不易达到高压头；②压头较高；③压头高。

3. 效率：①稍低，越偏离额定值越小；②低；③高；④较高。

4. 流量调节：①出口阀；②转速；③旁路；④冲程。

5. 自吸操作：①有；②没有。

6. 启动：①关闭出口阀；②出口阀全开。

7. 被输送流体：①各种物料（高黏度除外）；②不含固体颗粒，腐蚀性也可；③精确计量；④可输送悬浮液；⑤高黏度液体；⑥腐蚀性液体；⑦不能输送腐蚀性或含固体颗粒的液体。

8. 结构与造价：①结构简单；②造价低廉；③结构紧凑；④加工要求高；⑤结构复杂；⑥造价高；⑦体积大。

任务七 认识气体输送机械

动画资源

一、概述

（一）气体输送机械在工业生产中的应用

① 气体输送。为了克服管路的阻力，需要提高气体的压力。纯粹为了输送的目的而对气体加压，压力一般都不高。但气体输送往往输送量很大，需要的动力往往相当大。

② 产生高压气体。化学工业中一些化学反应过程需要在高压下进行，如合成氨反应，乙烯的本体聚合；一些分离过程也需要在高压下进行，如气体的液化与分离。这些高压进行的过程对相关气体的输送机械出口压力提出了相当高的要求。

③ 产生真空。相当多的单元操作是在低于常压的情况下进行的，这时就需要真空泵从设备中抽出气体以产生真空。

（二）气体输送机械的一般特点

① 动力消耗大。对一定的质量流量，由于气体的密度小，其体积流量很大。因此气体输送管中的流速比液体要大得多，前者的经济流速（15～25m/s）约为后者（1～3m/s）的10倍。这样，以各自的经济流速输送同样的质量流量，经相同的管长后气体的阻力损失约为液体的100倍。因而气体输送机械的动力消耗往往很大。

② 气体输送机械体积一般都很庞大，对出口压力高的机械更是如此。

③ 由于气体的可压缩性，故在输送机械内部气体压力变化的同时，体积和温度也将随之发生变化。这些变化对气体输送机械的结构、形状有很大影响。因此，气体输送机械需要

根据出口压力来加以分类。

（三）气体输送机械的分类

气体输送机械也可以按工作原理分为离心式、旋转式、往复式以及喷射式等。按出口压力（终压）和压缩比不同分为如下几类。

① 通风机：终压（表压，下同）不大于15kPa（约1500mmH_2O），压缩比1～1.15。

② 鼓风机：终压15～300kPa，压缩比小于4。

③ 压缩机：终压在300kPa以上，压缩比大于4。

④ 真空泵：在设备内造成负压，终压为大气压，压缩比由真空度决定。

二、离心式通风机

在工业上常用的通风机有轴流式和离心式两种。出口气流沿风机轴向流动的轴流式通风机的风量大，但产生的压头小，一般只用于通风换气；离心式通风机则多用于输送气体。

（一）离心式通风机的结构特点

离心式通风机工作原理与离心泵相同，结构也大同小异。图1-49是离心式通风机的简图。

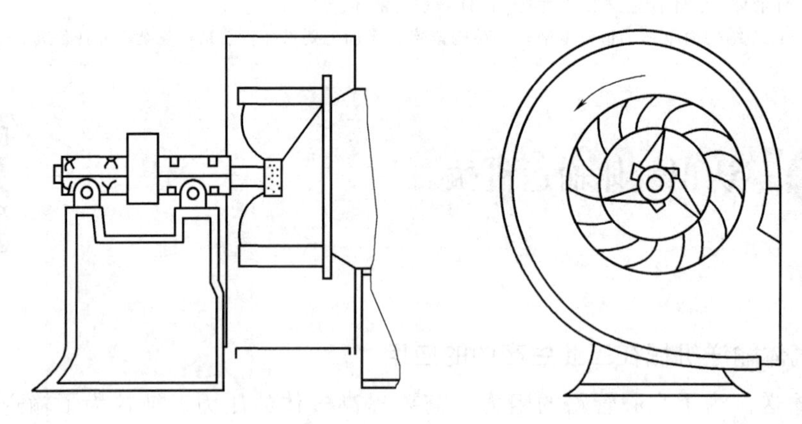

图1-49　离心式通风机简图

其结构有如下特点：

① 为适应输送风量大的要求，通风机的叶轮直径一般是比较大的。

② 叶轮上叶片的数目比较多。

③ 叶片有平直的、前弯的、后弯的。通风机的主要要求是通风量大，在不追求高效率时，用前弯叶片有利于提高压头，减小叶轮直径。

④ 机壳内逐渐扩大的通道及出口截面常不为圆形而为矩形。

（二）离心式通风机的性能参数和特性曲线

(1) 风量

风量是按入口状态计的单位时间内的排气体积，单位为m^3/s或m^3/h。

(2) 全风压p_t

全风压是单位体积气体通过风机时获得的能量，单位为J/m^3或Pa。在风机进、出口之间列伯努利方程：

$$p_t=\rho g(z_2-z_1)+(p_2-p_1)+\frac{\rho(u_2^2-u_1^2)}{2}+\sum h_f$$

式中，$(z_2-z_1)\rho g$ 可以忽略。当气体直接由大气进入风机时，$u_1=0$，再忽略入口到出口的能量损失，则上式变为：

$$p_t=(p_2-p_1)+\frac{\rho u_2^2}{2}=p_{st}+p_k$$

说明：

① 从上式可以看出，通风机的全风压由两部分组成，一部分是进出口的静压差，习惯上称为静风压 p_{st}；另一部分为进出口的动压头差，习惯上称为动风压 p_k。

② 在离心泵中，泵进出口处的动能差很小，可以忽略。但对离心通风机而言，其气体出口速度很高，动风压不仅不能忽略，且由于风机的压缩比很低，动风压在全风压中所占比例较高。

（3）轴功率和效率

$$N=\frac{Qp_t}{\eta\times1000}$$

$$\eta=\frac{Qp_t}{N\times1000}$$

风机的性能表上所列的性能参数，一般都是在1atm、20℃的条件下测定的，在此条件下空气的密度 $\rho_0=1.20\text{kg/m}^3$，相应的全风压和静风压分别记为 p_t 和 p_{st}。

（4）特性曲线

与离心泵一样，离心通风机的特性参数也可以用特性曲线表示。特性曲线由离心泵的生产厂家在1atm、20℃的条件用空气测定，主要有 $p_t\sim Q$、$p_{st}\sim Q$、$N\sim Q$ 和 $\eta\sim Q$ 四条曲线（见图1-50）。

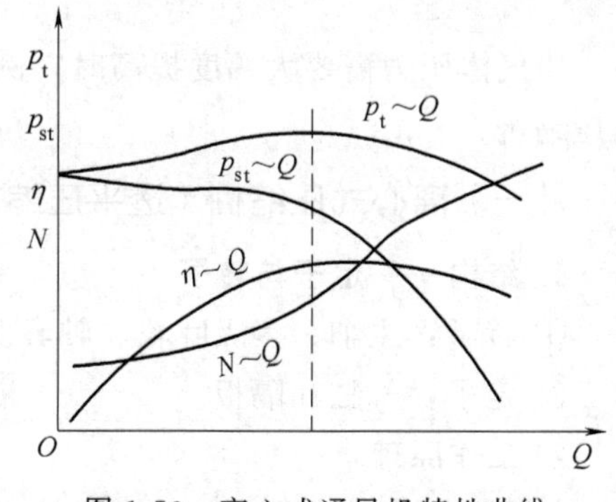

图1-50　离心式通风机特性曲线

（三）离心式通风机的选型

① 根据气体种类和风压范围，确定风机的类型。

② 确定所求的风量和全风压。风量根据生产任务来定；全风压按伯努利方程来求，但要按标准状况校正。

根据按入口状态计的风量和校正后的全风压在产品系列表中查找合适的型号。

需要注意的是：

① 当气体的压缩性可以忽略时，气体输送管路的计算与液体输送管路计算相似，所不同的是风机本身及其管路特性曲线与空气的密度有关。因此当输送的不是常温、常压空气时，管路特性曲线应事先加以换算。

② 用同样的管路输送气体，气体的温度降低，密度增大，质量流量可能有明显的增加。

三、离心式鼓风机

离心式鼓风机的结构特点：离心式鼓风机的外形与离心泵相像，内部结构也有许多相同之处。例如，离心式鼓风机的蜗壳形通道亦为圆形，但外壳直径与厚度之比较大；叶轮上叶片数目较多；转速较快；叶轮外周都装有导轮。

单级出口表压多在 30kPa 以内，多级可达 0.3MPa。

离心式鼓风机的选型方法与离心式通风机相同。

四、罗茨鼓风机

罗茨鼓风机的工作原理与齿轮泵类似。如图 1-51 所示，机壳内有两个渐开摆线形的转子，两转子的旋转方向相反，可使气体从机壳一侧吸入，从另一侧排出。转子与转子、转子与机壳之间的缝隙很小，使转子能自由运动而无过多泄漏。

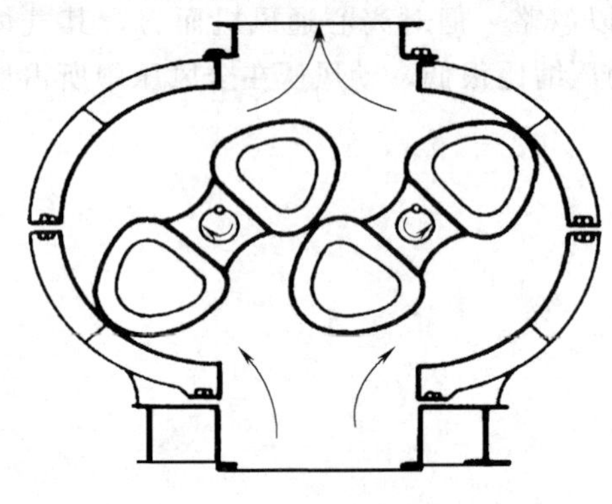

图 1-51　罗茨鼓风机

属于正位移型的罗茨风机风量与转速成正比，与出口压力无关。该风机的风量范围为 2～500m^3/min，出口表压可达 80kPa，在 40kPa 左右效率最高。

该风机出口应装稳压罐，并设安全阀。流量调节采用旁路，出口阀不可完全关闭。操作时，气体温度不能超过 85℃，否则转子会因受热膨胀而卡住。

五、压缩机

当气体压力需要大幅度提高时，例如气体在高压下进行反应、将气体加压液化等，可使用压缩机。

（一）离心式压缩机（透平压缩机）

1. 结构——定子与转子

① 转子：主轴、多级叶轮、轴套及平衡元件。

② 定子：气缸和隔板。

2. 工作原理

气体沿轴向进入各级叶轮中心处，被旋转的叶轮做功，受离心力的作用，以很高的速度离开叶轮，进入扩压器。气体在扩压器内降速、增压。经扩压器减速、增压后气体进入弯道，使流向反转 180°后进入回流器，经过回流器后又进入下一级叶轮。显然，弯道和回流器是沟通前一级叶轮和后一级叶轮的通道。如此，气体在多个叶轮中被增压数次，能以很高的压力能离开。

3. 特性曲线

离心式压缩机的 $H \sim Q$ 曲线与离心式通风机在形状上相似。在小流量时都呈现出压力随流量的增加而上升的情况。

4. 特点

与往复压缩机相比，离心式压缩机有如下优点：体积和重量都很小而流量很大；供气均匀；运转平稳；易损部件少、维护方便。因此，除非压力要求非常高，离心式压缩机已有取代往复式压缩机的趋势。而且，离心式压缩机已经发展成为非常大型的设备，流量每小时达几十万立方米，出口压力达几十兆帕。

（二）往复式压缩机

其结构与工作原理与往复泵相似，但由于压缩机的工作流体为气体，密度小，可压缩，因此在结构上要求吸气和排气更为轻便灵敏且易于启闭。当要求终压较高时，需采用多级压缩，每级压缩比不大于 8，压缩过程伴随温度升高，汽缸应设法冷却，级间也应有中间冷却器。

六、真空泵

真空泵是指利用机械、物理、化学或物理化学的方法对被抽容器进行抽气而获得真空的器件或设备。通俗来讲，真空泵是用各种方法在某一封闭空间中改善、产生和维持真空的装置。

常用真空泵包括干式螺杆真空泵、水环泵、往复泵、滑阀泵、旋片泵、罗茨泵和扩散泵等。

任务八　离心泵单元仿真实训

微课精讲

铸魂育人

一、实训任务

1. 认识离心泵装置，能正确进行离心泵开停车操作。
2. 通过模拟仿真，强化离心泵单元操作流程。

二、工艺说明

（一）工艺流程简介

离心泵是化工生产过程中输送液体的常用设备之一，其工作原理是靠离心泵内外压差不断地吸入液体，靠叶轮的高速旋转使液体获得动能，靠扩压管或导叶将动能转化为压力，从而达到输送液体的目的。

本工艺为单独培训离心泵而设计，其工艺流程（参考流程仿真界面）如图 1-52 所示。

来自某一设备约 40℃的带压液体经调节阀 LV101 进入带压罐 V101，罐液位由液位控制器 LIC101 通过调节 V101 的进料量来控制；罐内压力由 PIC101 分程控制，PV101A、PV101B 分别调节进入 V101 和出 V101 的氮气量，从而保持罐压恒定在 5.0atm（表压）。罐内液体由泵 P101A/B 抽出，泵出口流体在流量调节器 FIC101 的控制下输送到其他设备。

（二）控制方案

（1）分程控制

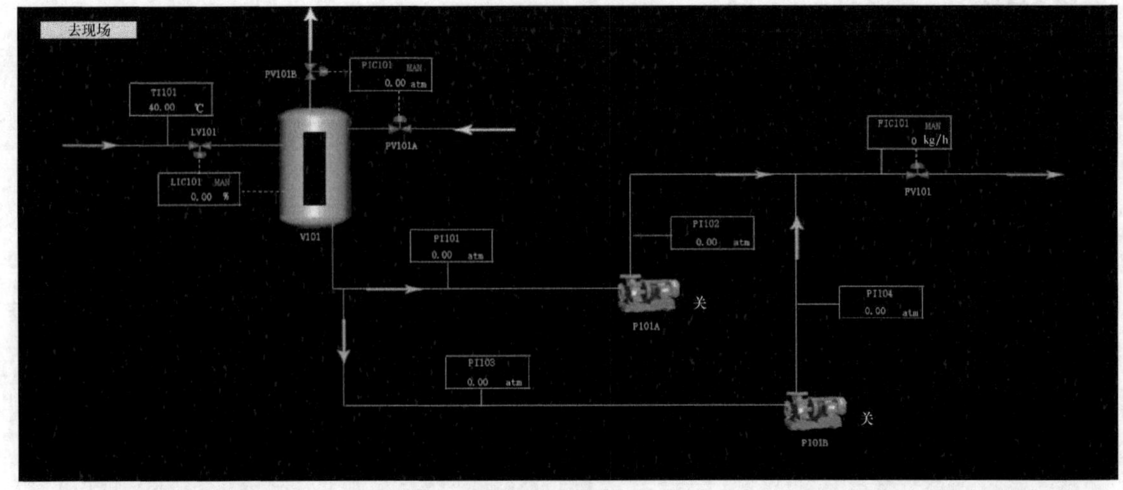

(a) 离心泵DCS图

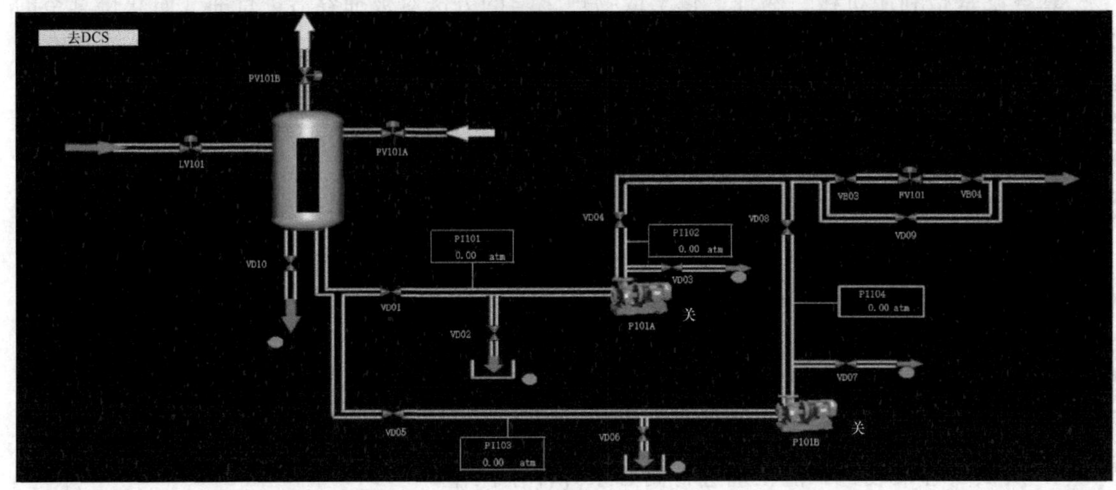

(b) 离心泵现场图

图 1-52 离心泵仿真工艺流程图

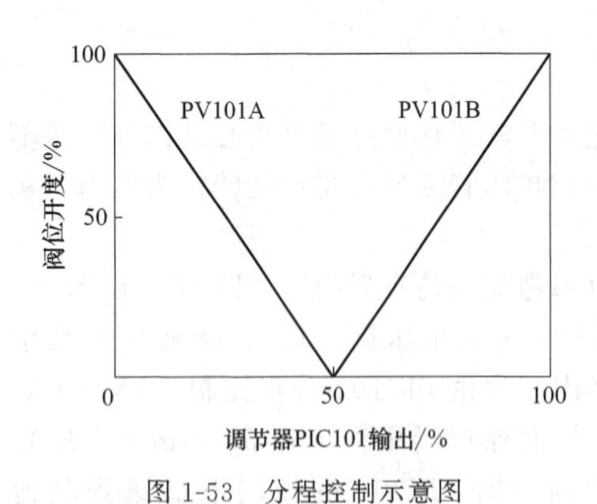

图 1-53 分程控制示意图

V101 的压力由调节器 PIC101 分程控制，调节阀 PV101 的分程动作示意图如图 1-53 所示。

（2）补充说明

本单元现场图中现场阀旁边的实心红色圆点代表高点排气和低点排液的指示标志，当完成高点排气和低点排液时实心红色圆点变为绿色。此标志在换热器单元的现场图中也有。

（3）设备一览

V101：离心泵前罐。

P101A：离心泵 A。

P101B：离心泵 B（备用泵）。

（4）仪表及报警一览表

仪表及报警一览表见表 1-10。

表 1-10　仪表及报警一览表

位号	说明	类型	正常值	量程上限	量程下限	工程单位	高报	低报	高高报	低低报
FIC101	离心泵出口流量	PID	20000.0	40000.0	0.0	kg/h				
LIC101	V101 液位控制系统	PID	50.0	100.0	0.0	%	80.0	20.0		
PIC101	V101 压力控制系统	PID	5.0	10.0	0.0	atm(G)		2.0		
PI101	泵 P101A 入口压力	AI	4.0	20.0	0.0	atm(G)				
PI102	泵 P101A 出口压力	AI	12.0	30.0	0.0	atm(G)	13.0			
PI103	泵 P101B 入口压力	AI		20.0	0.0	atm(G)				
PI104	泵 P101B 出口压力	AI		30.0	0.0	atm(G)	13.0			
TI101	进料温度	AI	50.0	100.0	0.0	℃				

三、操作规程

（一）准备工作

1. 检查

① 盘车。

② 核对吸入条件。

③ 调整机械密封装置。

2. 离心泵前罐 V101 充液、充压

（1）离心泵前罐 V101 充液

① 打开调节阀 LIC101，开度约为 30%，向离心泵前罐 V101 充液。

② 当 LIC101 达到 50%时，LIC101 设定 50%，投自动。

（2）离心泵前罐 V101 充压

① 待离心泵前罐 V101 液位＞5%后，缓慢打开分程压力调节阀 PV101A 向离心泵前罐 V101 充压。

② 当压力升高到 5.0atm 时，PIC101 设定 5.0atm，投自动。

3. 启动泵前准备工作

（1）灌泵

待离心泵前罐 V101 充压充到正常值 5.0atm 后，打开离心泵 P101A 入口阀 VD01，向离心泵充液。观察 VD01 出口标志变为绿色后，说明灌泵完毕。

（2）排气

① 打开离心泵 P101A 后放空阀 VD03 排放泵内不凝性气体。

②观察离心泵 P101A 后排空阀 VD03 的出口，当有液体溢出时，显示标志变为绿色，标志着离心泵 P101A 已无不凝性气体，关闭离心泵 P101A 后放空阀 VD03，启动离心泵的

准备工作已就绪。

4. **启动离心泵进行流体输送**

（1）启动离心泵

启动离心泵 P101A（或 P101B）。

（2）流体输送

① 待 PI102 指示比入口压力大 1.5～2.0 倍后，打开 P101A 泵出口阀（VD04）。

② 将 FIC101 调节阀的前阀、后阀打开。

③ 逐渐开大调节阀 FIC101 的开度，使 PI101、PI102 趋于正常值。

5. **调整操作参数**

微调调节阀 FV101，在测量值与给定值相对误差 5%范围内且较稳定时，FIC101 设定到正常值，投自动。

（二）正常操作规程

1. **正常工况操作参数**

① P101A 出口压力 PI102：12.0atm。

② V101 液位 LIC101：50.0%。

③ V101 罐内压力 PIC101：5.0atm。

④ 泵出口流量 FIC101：20000kg/h。

2. **负荷调整**

可任意改变泵、按键的开关状态，手操阀的开度及液位调节阀、流量调节阀、分程压力调节阀的开度，观察其现象。

P101A 泵功率正常值：15kW；FIC101 量程正常值：20t/h。

（三）停车操作规程

1. **V101 停进料**

LIC101 置手动，并手动关闭调节阀 LV101，停离心泵前罐 V101 进料。

2. **停泵**

① 待离心泵前罐 V101 液位小于 10%时，关闭离心泵 P101A（或 P101B）的出口阀 VD04（或 VD08）。

② 停离心泵 P101A。

③ 关闭离心泵 P101A 前阀 VD01。

④ FIC101 置手动并关闭调节阀 FV101 及其前、后阀（VB03、VB04）。

3. **离心泵 P101A 泄液**

打开离心泵 P101A 泄液阀 VD02，观察 P101A 泵泄液阀 VD02 的出口，当不再有液体泄出时，显示标志变为红色，关闭 P101A 泵泄液阀 VD02。

4. **离心泵前罐 V101 泄压、泄液**

① 待离心泵前罐 V101 液位小于 10%时，打开 V101 罐泄液阀 VD10。

② 待离心泵前罐 V101 液位小于 5%时，打开 PIC101 泄压阀。

③ 观察离心泵前罐 V101 泄液阀 VD10 的出口，当不再有液体泄出时，显示标志变为红色，待离心泵前罐 V101 液体排净后，关闭泄液阀 VD10。

任务九　离心泵单元操作实训

一、实训目标

1. 帮助学生理解并掌握流体静力学基本方程、物料平衡方程、伯努利方程及流体在圆形管路内流动阻力的基本理论及应用。

2. 训练学生应用所学到的化工流体力学、流体输送机械的基本理论分析和解决流体输送过程中所出现的一般问题。

3. 帮助学生了解孔板流量计、转子流量计、涡轮流量计、热电阻温度计、各种常用液位计、压差计等工艺参数测量仪表的结构和测量原理；掌握使用方法，着重训练并掌握计算机远程控制系统 DCS 在流体输送中的应用技术。

4. 了解离心泵结构、工作原理及性能参数，会测定离心泵特性曲线及确定离心泵最佳工作点；掌握正确使用、维护、保养离心泵通用技能；会判断离心泵气缚、汽蚀等异常现象并掌握排除技能；能够根据工艺条件正确选择离心泵的类型及型号。

5. 了解旋涡泵的结构、工作原理及其流量调节方法。了解空压机、真空泵的工作原理、主要性能参数及输送液体的方法。学会根据工艺要求正确操作流体输送设备完成流体输送任务。

6. 培养学生安全、规范、环保、节能的生产意识及敬业爱岗、严格遵守操作规程的职业道德和团队合作精神。

二、装置工艺流程

（一）工艺流程

工艺流程如图 1-54 所示。

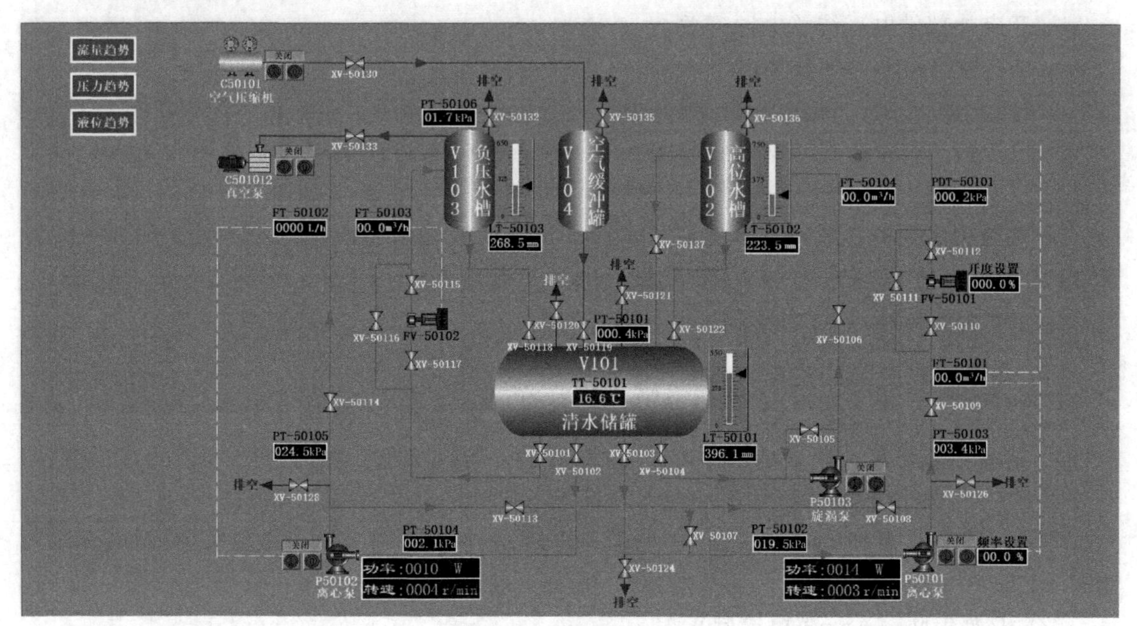

图 1-54　工艺流程

（二）工艺设备清单

工艺设备清单见表1-11。

表1-11 工艺设备清单

序号	位号	设备名称	规格尺寸
1	P50101	1#离心泵	MS100，电压380V，功率550W，配变频器
2	P50102	2#离心泵	MS100，电压380V，功率550W，配变频器
3	P50103	旋涡泵	380V，功率3kW，流量2.5m^3/h
4	C50101	空气压缩机	功率800W，容积65L，排气量0.18m^3/min，最大压力0.7MPa，电压220V
5	C50102	真空泵	旋片式真空泵，2XZ-2，功率370W
6	V101	清水储罐	304不锈钢，Φ600mm×900mm
7	V102	高位水槽	304不锈钢，Φ426mm×700mm
8	V103	负压水槽	304不锈钢，Φ426mm×600mm
9	V104	空气缓冲罐	304不锈钢，Φ377mm×500mm

三、实训操作

（一）开车前准备

① 由相关操作人员组成装置检查小组，对本装置所有设备、管道、阀门、仪表、电器、照明、分析、保温等按工艺流程图要求和专业技术要求进行检查。

② 检查所有仪表是否处于正常状态。

③ 检查所有设备是否处于正常状态。

④ 试电。

a. 检查外部供电系统，确保控制柜上所有开关均处于关闭状态。

b. 开启外部供电系统总电源开关。

c. 打开控制柜上空气开关。

d. 打开空气开关，打开仪表电源开关。查看所有仪表是否上电，指示是否正常。

e. 将各阀门顺时针旋转操作到关的状态。检查孔板流量计正压阀和负压阀是否均处于开启状态（实验中保持开启）。

⑤ 实验用水准备：关闭清水储罐排水阀，清水储罐加水至液位计2/3处关闭，关闭自来水。

（二）开车操作

（1）单泵（P50101）输送（简单控制）

打开阀门XV-50103、XV-50110、XV-50112，其他阀门确认关闭。打开阀门XV-50126，待有水流出后关闭。启动离心泵（P50101），打开泵出口阀门（XV-50109）。由电动调节阀FV-50101调节液体流量由小到大。流量稳定后，记录相关实验数据。

回路：清水储罐V101→离心泵P50101→电动调节阀FV-50101→高位水槽V102→清水储罐V101。

（2）双泵串联输送（简单控制）

打开阀门 XV-50102、XV-50107、XV-50110、XV-50112，其他阀门确认关闭。灌泵后，启动离心泵（P50102），打开阀门 XV-50113，启动离心泵（P50101），打开泵出口阀（XV-50109）。由电动调节阀 FV-50101 调节液体流量由小到大。流量稳定后，记录相关实验数据。

回路：清水储罐 V101→离心泵 P50102→离心泵 P50101→电动调节阀 FV-50101→高位槽 V102→清水储罐 V101。

（3）双泵并联输送（简单控制）

打开阀门 XV-50102、XV-50103、XV-50110、XV-50112，其他阀门确认关闭。灌泵后，启动离心泵（P50101）和离心泵（P50102），顺序打开阀门 XV-50113、XV-50108、XV-50109。由电动调节阀 FV-50101 调节液体流量由小到大。流量稳定后，记录相关实验数据。

回路：清水储罐 V101→离心泵 P50101、P50102→电动调节阀 FV-50101→高位水槽 V102→清水储罐 V101。

（4）旋涡泵输送（简单控制）

打开阀门 XV-50104、XV-50105、XV-50106，其他阀门确认关闭。启动旋涡泵（P50103）。由旁路阀门 XV-50105 调节液体流量。

回路：清水储罐 V101→旋涡泵 P50103→高位水槽 V102→清水储罐 V101。

（5）压力输送（简单控制）

关闭放空阀门 XV-50120、XV-50121，打开阀门 XV-50130、XV-50119、XV-50137，其他阀门确认关闭。启动空气压缩机，通过调节阀门 XV-50135 维持罐内压力在 0.2MPa，注水高位水槽液位为 50%。

（6）真空输送（简单控制）

打开阀门 XV-50101、XV-50117、XV-50115、XV-50133，其他阀门确认关闭。启动真空泵，设置涡轮流量计 FT-50103 流量，系统通过调节调节阀 FV-50102 开度，达到设定流量。

（7）液位串级控制（串级控制）

打开清水储罐 V101→离心泵 P50101→调节阀 FV-50101→高位水槽 V102 上的阀门，高位水槽 V102 下方回流进清水储罐 V101 的阀门打开适当开度后，在串级控制界面找到液位调节按钮，设定目标液位，系统自动调节调节阀开度，达到设定液位。

（三）停车操作

① 按操作步骤分别停止所有运转设备。

② 将高位水槽 V102、负压水槽 V103 中的液体排空至清水储罐 V101。

③ 检查各设备、阀门状态，做好记录。

④ 关闭控制柜上各仪表开关。

⑤ 切断装置总电源。

⑥ 清理现场，做好设备、电器、仪表等防护工作。

四、注意事项

① 按照要求巡查各界面、温度、压力、流量液位值并做好记录。

② 请勿将运转设备长时间闭阀运行。

③ 外部供电意外停电时请切断装置总电源，以防重新通电时运转设备突然启动而产生

危险。

④ 每次停车后请及时切断总电源，并将装置内的物料排放干净。

⑤ 经常检查设备运行情况，如发现异常现象应及时处理或通知老师处理。

⑥ 注意定期对运转设备进行保养，尤其是长时间未使用的情况下，以保证装置的正常使用。

五、维护与保养

① 在实验前后，要对装置周围环境进行认真清洁。

② 对离心泵、旋涡泵以及真空泵的开、停、正常操作进行日常维护。

③ 装置内温度、流量、界面的测量原件，温度、压力显示仪表及流量控制仪表各仪表等要定期进行校验。

④ 如长时间不使用装置，应做好防尘、防潮、防暴晒措施，并在闲置期间定期对装置进行清扫，以确保装置随时处于可运行状态。

⑤ 定期检查电器线路，更换陈旧的线截面积不够的电缆线，保证电器使用的需要。

⑥ 严格按照设备使用说明书规定的加工范围进行操作，不允许超规格、超重量、超负荷、超压力使用设备。

⑦ 定期组织学生进行系统检修演练。

六、装置异常及应急处理

（一）异常现象处理

① 泵启动时不出水：a. 若检修后发现电动机接反，则需重新接电源线；b. 若启动前泵内未充满水，则排净泵内空气；c. 若叶轮密封环间隙太大，则调整密封环；d. 入口法兰漏气，则消除漏气缺陷。

② 泵突然发生剧烈振动：a. 若地脚螺丝松动，则紧固地脚螺丝；b. 若原料水槽供水不足，则补充原料水槽内清水；c. 泵壳内气体未排净或有汽化现象，则排尽气体重新启动泵；d. 若轴承盖紧力不够，使轴瓦跳动，则调整轴承盖紧力为适度。

③ 泵运行中有异响：a. 若叶轮、轴承松动，则紧固松动部件；b. 若轴承损坏或径向紧力过大，则更新轴承调整紧力适度；c. 若电动机有故障，则检修电动机。

④ 压力表读数过低：a. 若泵内有空气或漏气严重，则排尽泵内空气或堵漏；b. 若轴封严重磨损，则更换轴封。

（二）应急预案

停电后，按照离心泵、真空泵、旋涡泵等操作说明停泵，依次打开各个阀门，将管路、储罐中的水排出设备外，对设备进行故障排查。

知识能力检测

一、选择题

1. 某设备进、出口测压仪表中的读数分别为 p_1（表压）＝1200mmHg（1mmHg＝

133.322Pa）和 p_2（真空度）＝700mmHg，当地大气压为 750mmHg，则两处的绝对压差为（　　）mmHg。

A. 500　　B. 1250　　C. 1150　　D. 1900

2. 用 Φ 外径 mm×壁厚 mm 来表示规格的是（　　）。

A. 铸铁管　　B. 钢管　　C. 铅管　　D. 水泥管

3. 密度为 $1000kg/m^3$ 的流体，在 Φ108mm×4mm 的管内流动，流速为 2m/s，流体的黏度为 1cP（1cP＝0.001Pa·s），其 Re 为（　　）。

A. 10^5　　B. 2×10^7　　C. 2×10^6　　D. 2×10^5

4. 离心泵的轴功率 N 和流量 Q 的关系为（　　）。

A. Q 增大，N 增大　　B. Q 增大，N 先增大后减小

C. Q 增大，N 减小　　D. Q 增大，N 先减小后增大

5. 离心泵铭牌上标明的扬程是（　　）。

A. 功率最大时的扬程　　B. 最大流量时的扬程

C. 泵的最大量程　　D. 效率最高时的扬程

6. 离心通风机铭牌上的标明风压 $100mmH_2O$ 意思是（　　）。

A. 输送任何条件的气体介质的全风压都达到 $100mmH_2O$

B. 输送空气时不论流量为多少，全风压都可达到 $100mmH_2O$

C. 输送任何气体介质当效率最高时，全风压为 $100mmH_2O$

D. 输送 20℃、101325Pa 的空气，在效率最高时全风压为 $100mmH_2O$

7. 压力表上的读数表示被测流体的绝对压力比大气压力高出的数值，称为（　　）。

A. 真空度　　B. 表压　　C. 相对压力　　D. 附加压力

8. 流体由 1-1′截面流入 2-2′截面的条件是（　　）。

A. $gz_1+p_1/\rho=gz_2+p_2/\rho$　　B. $gz_1+p_1/\rho>gz_2+p_2/\rho$

C. $gz_1+p_1/\rho<gz_2+p_2/\rho$　　D. 以上都不是

9. 泵将液体由低处送到高处的高度差叫作泵的（　　）。

A. 安装高度　　B. 扬程　　C. 吸上高度　　D. 升扬高度

10. 当流量、管长和管子的摩擦系数等不变时，管路阻力近似地与管径的（　　）次方成反比。

A. 2　　B. 3　　C. 4　　D. 5

11. 输送表压为 0.5MPa、流量为 $180m^3/h$ 的饱和水蒸气应选用（　　）。

A. Dg80 的黑铁管　　B. Dg80 的无缝钢管

C. Dg40 的黑铁管　　D. Dg40 的无缝钢管

12. 符合化工管路布置原则的是（　　）。

A. 各种管线成列平行，尽量走直线

B. 平行管路垂直排列时，冷的在上，热的在下

C. 并列管路上的管件和阀门应集中安装

D. 一般采用暗线安装

13. 离心泵中 Y 型泵为（　　）。

A. 单级单吸清水泵　　B. 多级清水泵

C. 耐腐蚀泵　　D. 油泵

14. 离心泵的轴功率是（　　）。

A. 在流量为零时最大　　B. 在压头最大时最大

C. 在流量为零时最小　　D. 在工作点处为最小

15. 离心泵汽蚀余量 Δh 与流量 Q 的关系为（　　）。

A. Q 增大 Δh 增大　　B. Q 增大 Δh 减小

C. Q 增大 Δh 不变　　D. Q 增大 Δh 先增大后减小

16. 离心泵的工作点是指（　　）。

A. 与泵最高效率时对应的点　　B. 由泵的特性曲线所决定的点

C. 由管路特性曲线所决定的点　　D. 泵的特性曲线与管路特性曲线的交点

17. 在测定离心泵性能时，若将压力表装在调节阀后面，则压力表读数 p_2 将（　　）。

A. 随流量增大而减小　　B. 随流量增大而增大

C. 随流量增大而基本不变　　D. 随流量增大而先增大后减小

18. 流体流动时的摩擦阻力损失 h_f 是机械能中的（　　）项。

A. 动能　　B. 位能　　C. 静压能　　D. 总机械能

19. 在完全湍流时（阻力平方区），粗糙管的摩擦系数 λ 数值（　　）。

A. 与光滑管一样　　B. 只取决于 Re

C. 取决于相对粗糙度　　D. 与粗糙度无关

20. 某塔高 30m，进行水压试验时，离塔底 10m 高处的压力表的读数为 500kPa（塔外大气压为 100kPa），那么塔顶处水的压力为（　　）。

A. 403.8kPa　　B. 698.1kPa　　C. 600kPa　　D. 无法确定

21. 单级单吸式离心清水泵，系列代号为（　　）。

A. IS　　B. D　　C. Sh　　D. S

22. 液体密度与 20℃的清水密度差别较大时，泵的特性曲线将发生变化，应加以修正的是（　　）。

A. 流量　　B. 效率　　C. 扬程　　D. 轴功率

23. 离心泵性能曲线中的扬程流量线是在（　　）的情况下测定的。

A. 效率一定　　B. 功率一定　　C. 转速一定　　D. 管路布置一定

24. 流体运动时，能量损失的根本原因是流体存在着（　　）。

A. 压力　　B. 动能　　C. 湍流　　D. 黏性

25. 一定流量的水在圆形直管内呈层流流动，若将管内径增加一倍，产生的流动阻力将为原来的（　　）。

A. 1/2　　B. 1/4　　C. 1/8　　D. 1/32

26. 下列几种叶轮中，（　　）叶轮效率最高。

A. 开式　　B. 半开式　　C. 闭式　　D. 桨式

27. 离心泵的工作原理是利用叶轮高速运转产生的（　　）。

A. 向心力　　B. 重力　　C. 离心力　　D. 拉力

28. 水在内径一定的圆管中稳定流动，若水的质量流量一定，当水温度升高时，Re 将（　　）。

A. 增大　　B. 减小　　C. 不变　　D. 不确定

29. 一水平放置的异径管，流体从小管流向大管，有一 U 形管压差计，一端 A 与小径管相连，另一端B与大径管相连，问压差计读数 R 的大小反映（ ）。

A. A、B两截面间压差值　　B. A、B两截面间流动压降损失

C. A、B两截面间动压头的变化　　D. 突然扩大或突然缩小流动损失

30. 工程上，常以（ ）流体为基准，计量流体的位能、动能和静压能，分别称为位压头、动压头和静压头。

A. 1kg　　B. 1N　　C. 1mol　　D. 1kmol

31. 液体液封高度的确定是根据（ ）。

A. 连续性方程　　B. 物料衡算式　　C. 静力学方程　　D. 牛顿黏性定律

32. 离心泵输送液体的黏度越大，则（ ）。

A. 泵的扬程越大　　B. 流量越大　　C. 效率越大　　D. 轴功率越大

33. 离心泵是根据泵的（ ）选择。

A. 扬程和流量　　B. 轴功率和流量

C. 扬程和轴功率　　D. 转速和轴功率

34. 齿轮泵的工作原理是（ ）。

A. 利用离心力的作用输送流体　　B. 依靠重力作用输送流体

C. 依靠另外一种流体的能量输送流体　　D. 利用工作室容积的变化输送流体

35. 计量泵的工作原理是（ ）。

A. 利用离心力的作用输送流体　　B. 依靠重力作用输送流体

C. 依靠另外一种流体的能量输送流体　　D. 利用工作室容积的变化输送流体

36. 泵的吸液高度是有极限的，而且与当地大气压和液体的（ ）有关。

A. 质量　　B. 密度　　C. 体积　　D. 流量

37. 气体在管径不同的管道内稳定流动时，它的（ ）不变。

A. 流量　　B. 质量流量　　C. 体积流量　　D. 质量流量和体积流量

38. 流体在变径管中做稳定流动，在管径缩小的地方其静压能将（ ）。

A. 减小　　B. 增加　　C. 不变

39. 当地大气压为745mmHg，测得一容器内的绝对压力为350mmHg，则真空度为（ ）。

A. 350mmHg　　B. 395mmHg　　C. 410mmHg

40. 测流体流量时，随流量增加孔板流量计两侧压差值将（ ）。

A. 减少　　B. 增加　　C. 不变

41. 在静止、连通的同一种连续流体内，任意一点的压力增大时，其他各点的压力则（ ）。

A. 相应增大　　B. 减小　　C. 不变　　D. 不一定

42. 流体在圆形直管内作滞流流动时，其管中心最大流速 u 与平均流速 u_c 的关系为（ ）。

A. $u_c=0.5u$　　B. $u=0.5u_c$　　C. $u=2u_c$　　D. $u=3u_c$

43. 用阻力系数法计算局部阻力时出口阻力系数为（ ）。

A. 1　　B. 0.5　　C. 0.1　　D. 0

44. 下列单位换算不正确的一项是（ ）。

A. $1atm=1.033kgf/m^2$　　B. 1atm=760mmHg

C. 1at=735.6mmHg　　D. 1at=10.33mH_2O

45. 通过计算得出管道的直径为50mm，该选用下列（　）标准管。

A. Φ60mm×3.5mm　　B. Φ75.50mm×3.75mm

C. Φ114mm×4mm　　D. Φ48mm×3.5mm

46. 经计算某泵的扬程是30m，流量10m^3/h，选择下列（　）泵最合适。

A. 扬程32m，流量12.5m^3/h　　B. 扬程35m，流量7.5m^3/h

C. 扬程24m，流量15m^3/h　　D. 扬程35m，流量15m^3/h

47. 气体的黏度随温度升高而（　）。

A. 增大　　B. 减小　　C. 不变　　D. 略有改变

48. 光滑管的摩擦因数λ（　）。

A. 仅与 Re 有关　　B. 只与 ε/D 有关

C. 与 Re 和 ε/D 有关　　D. 与 Re 和 ε/D 无关

49. 下列选项中不是流体的一项为（　）。

A. 液态水　　B. 空气　　C. CO_2气体　　D. 钢铁

50. 应用流体静力学方程式可以（　）。

A. 测定压力，测定液面　　B. 测定流量，测定液面

C. 测定流速，确定液封高度

51. 离心泵的特性曲线有（　）条。

A. 2　　B. 3　　C. 4　　D. 5

52. 流体在圆形管道中流动时，连续性方程可写为（　）。

A. $u_2/u_1=D_1/D_2$　　B. $u_2/u_1=(D_1/D_2)^2$

C. $u_2/u_1=(D_2/D_1)^2$　　D. $u_2/u_1=D_2/D_1$

53. 离心泵原来输送水时的流量为 Q，现改用输送密度为水的1.2倍的水溶液，其他物理性质可视为与水相同，管路状况不变，流量（　）。

A. 增大　　B. 减小　　C. 不变　　D. 无法确定

54. 泵壳的作用是（　）。

A. 汇集能量　　B. 汇集液体　　C. 汇集热量　　D. 将位能转化为动能

55. 离心泵的流量称为（　）。

A. 吸液能力　　B. 送液能力　　C. 漏液能力　　D. 处理液体能力

56. 稳定流动是指（　）。

A. 流动参数与时间变化有关，与位置无关

B. 流动参数与时间和位置变化均无关

C. 流动参数与时间变化无关，与位置有关

D. 流动参数与时间变化与位置变化都有关

57. 离心泵的特性曲线不包括（　）。

A. 扬程-流量线　　B. 功率-流量线　　C. 效率-流量线　　D. 扬程-功率线

58. 影响流体压力降的主要因素是（　）。

A. 温度　　B. 压力　　C. 流速　　D. 密度

59. 离心泵中，F型泵为（　）。

A. 单级单吸清水泵　　B. 多级清水泵

C. 耐腐蚀泵　　D. 油泵

60. 在压力单位“mH_2O 水柱”中，水的温度状态应指（　　）。

A. 0℃　　B. 4℃　　C. 20℃　　D. 25℃

61. 以 2m/s 的流速从内径为 50mm 的管中稳定地流入内径为 100mm 的管中，水在内径为 100mm 的管中的流速为（　　）m/s。

A. 4　　B. 2　　C. 1　　D. 0.5

62. 某气体在等径的管路中做稳定的等温流动，进口压力比出口压力大，则进口气体的平均流速（　　）出口处的平均流速。

A. 大于　　B. 等于　　C. 小于　　D. 不能确定

63. 转子流量计的设计原理是依据（　　）。

A. 流动的速度　　B. 液体对转子的浮力

C. 流动时在转子的上、下端产生了压力差

D. 流体的密度

64. 离心泵的扬程是指（　　）。

A. 液体的升扬高度

B. 1kg 液体经泵后获得的能量

C. 1N 液体经泵后获得的能量

D. 从泵出口到管路出口间的垂直高度，即压出高度

65. 离心泵效率随流量的变化情况是（　　）。

A. Q 增大，η 增大　　B. Q 增大，η 先增大后减小

C. Q 增大，η 减小　　D. Q 增大，η 先减小后增大

66. 密度为 $850kg/m^3$ 的液体以 $5m^3/h$ 的流量流过输送管，其质量流量为（　　）。

A. 170kg/h　　B. 1700kg/h　　C. 425kg/h　　D. 4250kg/h

67. 定态流动系统中，水从粗管流入细管。若细管流速是粗管的 4 倍，则粗管内径是细管的（　　）倍。

A. 2　　B. 3　　C. 4　　D. 5

68. 下列不属于离心泵的主要构件是（　　）。

A. 叶轮　　B. 泵壳　　C. 轴封装置　　D. 泵轴

69. 进行离心泵特性曲线测定实验，泵出口处的压力表读数随阀门开大而（　　）。

A. 增大　　B. 减小　　C. 先大后小　　D. 无规律变化

70. 流体阻力的外部表现是（　　）。

A. 流速降低　　B. 流量降低　　C. 压力降低　　D. 压力增大

71. 层流流动时不影响阻力大小的参数是（　　）。

A. 管径　　B. 管长　　C. 管壁粗糙度　　D. 流速

72. 影响流体压力降的主要因素是（　　）。

A. 温度　　B. 压力　　C. 流速　　D. 密度

73. 液体通过离心泵后其获得能量的最终形式是（　　）。

A. 速度　　B. 压力　　C. 内能　　D. 位能

74. 升高温度时，液体的黏度将（　　），而气体的黏度将增大。

A. 增大　　B. 不变　　C. 减小　　D. 无法判断

75. 层流内层的厚度随雷诺数的增加而（　　）。

A. 减小　　B. 不变　　C. 增加　　D. 不能确定

76. 液体的流量一定时，流道截面积减小，液体的压力将（　　）。

A. 减小　　B. 不变　　C. 增加　　D. 不能确定

77. 离心泵汽蚀余量 Δh 随流量 Q 的增大而（　　）。

A. 增大　　B. 减小　　C. 不变　　D. 先增大，后减小

78. 液体的密度随温度的升高而（　　）。

A. 增大　　B. 减小　　C. 不变　　D. 不一定

79. 某液体在内径为 D_0 的水平管路中稳定流动，其平均流速为 u_0，当它以相同的体积流量通过等长的内径为 D_2（$D_2=D_0/2$）的管子时，若流体为层流，则压降 Δp 为原来的（　　）倍。

A. 4　　B. 8　　C. 16　　D. 32

80. 水在内径一定的圆管中稳定流动，若水的质量流量保持恒定，当水温升高时，Re 值将（　　）

A. 变大　　B. 变小　　C. 不变　　D. 不确定

81. 8B29 离心泵（　　）。

A. 流量为 $29m^3/h$，效率最高时扬程为 8m

B. 效率最高时扬程为 29m，流量为 $8m^3/h$

C. 泵吸入口直径 8cm，效率最高时扬程约 29m

D. 泵吸入口直径 200mm，效率最高时扬程约 29m

82. 在稳定流动系统中，液体流速与管径的关系为（　　）。

A. 成正比　　B. 与管径平方成正比

C. 与管径平方成反比　　D. 无一定关系

83. 当离心泵输送的液体沸点低于水的沸点时，则泵的安装高度应（　　）。

A. 加大　　B. 减小　　C. 不变　　D. 无法确定

84. 水在圆形直管中做完全湍流时，当输送量、管长和管子的摩擦系数不变，仅将其管径缩小一半，则流阻变为原来的（　　）倍。

A. 16　　B. 32　　C. 不变　　D. 64

85. 有一段由大管和小管串联的管路，管内液体做连续稳定的流动，大管内径为 D，而小管内径为 $D/2$，大管内流速为 u，则小管内液体的流速为（　　）。

A. u　　B. $2u$　　C. $4u$　　D. $8u$

86. 稳定流动是指流体在流动系统中，任一截面上流体的流速、压力、密度等与流动有关的物理量（　　）。

A. 仅随位置变，不随时间变　　B. 仅随时间变，不随位置变

C. 既不随时间变，也不随位置变

87. 某设备压力表示值为 0.8MPa（当地大气压为 100kPa），则此设备内的绝对压力是（　　）。

A. 0.8MPa　　B. 0.9MPa　　C. 0.7MPa　　D. 1atm

88. 流体所具有的机械能不包括（　　）。

A. 位能　　B. 动能　　C. 静压能　　D. 内能

89. 当圆形直管内流体的 Re 值为 45600 时，其流动类型属于（　　）。

A. 层流　　B. 湍流　　C. 过渡状态　　D. 无法判断

90. 孔板流量计是（　　）式流量计。

A. 恒截面、变压差　　B. 恒压差、变截面

C. 变截面、变压差

91. 层流与湍流的本质区别是（　　）。

A. 湍流流速＞层流流速

B. 流道截面大的为湍流，截面小的为层流

C. 层流的雷诺数＜湍流的雷诺数

D. 层流无径向脉动，而湍流有径向脉动

92. 气体在水平等径直管内等温流动时，其平均流速（　　）。

A. 不变　　B. 增大　　C. 减小　　D. 不能确定

93. 当流量 Q 保持不变时，将管道内径缩小一半，则 Re 是原来的（　　）。

A. 1/2　　B. 2 倍　　C. 4 倍　　D. 8 倍

94. 压力表上显示的压力，即为被测流体的（　　）。

A. 绝对压力　　B. 表压　　C. 真空度　　D. 压强

95. 为提高 U 形管压差计的灵敏度较高，在选择指示液时，应使指示液和被测流体的密度差（$\rho_{指}-\rho$）的值（　　）。

A. 偏大　　B. 偏小　　C. 无法判断

96. 水在一条等径垂直管内向下定态连续流动时，其流速（　　）。

A. 会越流越快　　B. 会越流越慢　　C. 不变　　D. 无法判断

97. 用皮托管来测量气体流速时，其测出来的流速是指（　　）。

A. 气体的平均流速　　B. 气体的最大流速

C. 皮托管头部所处位置上气体的点速度　　D. 无法判断

98. 离心泵输送介质密度改变，随着变化的参数是（　　）。

A. 流量　　B. 扬程　　C. 轴功率

99. 确定设备相对位置高度的是（　　）。

A. 静力学方程　　B. 连续性方程　　C. 伯努利方程　　D. 阻力计算式

100. 下列说法正确的是（　　）。

A. 泵只能在工作点下工作

B. 泵的设计点即泵在指定管路上的工作点

C. 管路的扬程和流量取决于泵的扬程和流量

D. 改变离心泵工作点的常用方法是改变转速

101. 在同等条件下，泵效率有可能最高的是（　　）。

A. 离心泵　　B. 往复泵　　C. 转子泵　　D. 旋涡泵

102. 离心泵性能的标定条件是（　　）。

A. 0℃，101.3kPa 的空气　　B. 20℃，101.3kPa 的空气

C. 0℃，101.3kPa 的清水　　D. 20℃，101.3kPa 的清水

103. 每秒泵对（　　）所做的功，称为有效功率。

A. 泵轴　　B. 输送液体　　C. 泵壳　　D. 叶轮

104. 单位质量的流体所具有的（　　）称为流体的比容。

A. 黏度　　B. 体积　　C. 位能　　D. 动能

105. 在静止流体内部判断压力相等的必要条件（　　）。

A. 同一种流体内部　　B. 连通着的两种流体

C. 同一种连续流体　　D. 同一水平面上，同一种连续流体

106. 实际流体的伯努利方程不可以直接求取的项目是（　　）。

A. 动能差　　B. 静压能差　　C. 总阻力　　D. 外加功

107. 机械密封与填料密封相比，（　　）的功率消耗较大。

A. 机械密封　　B. 填料密封　　C. 差不多

108. 喷射泵是利用流体流动时的（　　）的原理来工作的。

A. 静压能转化为动能　　B. 动能转化为静压能

C. 热能转化为静压能

109. 测量液体的流量，孔板流量计取压口应放在（　　）。

A. 上部　　B. 下部　　C. 中部

110. 离心泵工作时，流量稳定，那么它的扬程与管路所需的有效压头相比应该（　　）。

A. 大于管路所需有效压头　　B. 一样

C. 小于管路所需有效压头

二、判断题

1. 1cP 等于 1×10^{-3} Pa·s。（　　）

2. 泵对流体的机械能就是升举高度。（　　）

3. 泵在理论上的最大安装高度为 10.33m。（　　）

4. 并联管路中各条支流管中能量损失不相等。（　　）

5. 伯努利方程说明了流体在流动过程中能量的转换关系。（　　）

6. 测流体流量时，随流量增加孔板流量计两侧压差值将增加，若改用转子流量计，随流量增加转子两侧压差值将不变。（　　）

7. 层流内层影响传热、传质，其厚度越大，传热、传质的阻力越大。（　　）

8. 大气压等于 760mmHg。（　　）

9. 当泵运转正常时，其扬程总是大于升扬高度。（　　）

10. 当流量为零时旋涡泵轴功率也为零。（　　）

11. 当流体处于雷诺数 Re 为 2000～4000 的范围时，流体的流动形态可能为湍流或层流，要视外界条件的影响而定，这种无固定形态的流动称为过渡流，可见过渡流是不定常流动。（　　）

12. 对于同一根直管，不管是垂直或水平安装，所测得的能量损失相同。（　　）

13. 改变离心泵出口阀的开度，可以改变泵的特性曲线。（　　）

14. 管内流体是湍流时所有的流体都是湍流。（　　）

15. 化工管路中的公称压力就等于工作压力。（　　）

16. 静止液体内部压力与其表面压力无关。（　　）

17. 雷诺数 $Re\geqslant4000$ 时，一定是层流流动。（　　）

18. 离心泵的安装高度与被输送的液体的温度无关。（　　）

19. 离心泵的泵壳既是汇集叶轮抛出液体的部件，又是流体机械能的转换装置。（　）

20. 离心泵的能量损失包括：容积损失、机械损失、水力损失。（　）

21. 离心泵的性能曲线中的 $H\sim Q$ 线是在功率一定的情况下测定的。（　）

22. 离心泵的扬程和升扬高度相同，都是将液体送到高处的距离。（　）

23. 离心泵的扬程是液体出泵和进泵的压强差换算成的液柱高度。（　）

24. 离心泵的叶片采用后弯叶片时能量利用率低。（　）

25. 离心泵铭牌上注明的性能参数是轴功率最大时的性能。（　）

26. 连续性方程与管路上是否装有管件、阀门或输送设备等无关。（　）

27. 两台相同的泵并联后，其工作点的流量是单台泵的 2 倍。（　）

28. 流体的流动形态分为层流、过渡流和湍流三种。（　）

29. 流体的黏度是表示流体流动性能的一个物理量，黏度越大的流体，同样的流速下阻力损失越大。（　）

30. 流体发生自流的条件是上游的能量大于下游的能量。（　）

31. 流体在截面为圆形的管道中流动，当流量为定值时，流速越大，管径越小，则基建费用减少，但日常操作费用增加。（　）

32. 流体在水平管内做稳定连续流动时，当流经直径小处，流速会增大，其静压强也会升高。（　）

33. 流体在一管道中呈湍流流动，摩擦系数 λ 是雷诺数 Re 的函数，当 Re 增大时，λ 减小，故管路阻力损失也必然减小。（　）

34. 流体在直管内做层流流动时，其流体阻力与流体的性质、管径、管长有关，而与管子的粗糙度无关。（　）

35. 流体黏性是流体的固有性质之一。（　）

36. 流体质点在管内彼此独立、互不干扰地向前运动的流动形态是湍流。（　）

37. 流体阻力的大小与管长成正比与管径成反比。（　）

38. 流体阻力的大小只取决于流体的黏性。（　）

39. 气体的黏度随温度的升高而增大，而液体的黏度随温度的降低而增大。（　）

40. 气体在一等径管中等温稳定流动，现进出口压力不同，使气体进出口处的密度发生变化，从而使进出口处气体的质量流速也不同。（　）

41. 若将同一转速的同一型号离心泵分别装在一条阻力很大、一条阻力很小的管路中进行性能测试时，其测出的性能曲线就不一样。（　）

42. 若某离心泵的叶轮转速足够快，且设泵的强度足够大，则理论上泵的吸上高度 H_g 可达无限大。（　）

43. 输送液体的密度越大，泵的扬程越小。（　）

44. 往复泵的流量随扬程增加而减少。（　）

45. 往复泵扬程理论上与流量无关，可以达到无限大。（　）

46. 文丘里流量计较孔板流量计的能量损失大。（　）

47. 相对密度为 1.5 的液体密度为 1500kg/m^3。（　）

48. 扬程为 20m 的离心泵，不能把水输送到 20m 的高度。（　）

49. 液体的相对密度是指某液体在一定温度下的密度与水 277K、标准大气压下纯水的密度之比。（　）

50. 液体密度与离心泵的特性参数中的轴功率 N 有关。 （ ）

51. 用孔板流量计测量液体流量时，被测介质的温度变化会影响测量精度。 （ ）

52. 用一U形管压差计测某一压力差，现换一口径比原来大的U形管压差计来测量同一压力差，指示液与前U形管相同，则所测得的读数 R 与前U形管的读数 R 相同。 （ ）

53. 由离心泵和某一管路组成的输送系统，其工作点由泵铭牌上的流量和扬程所决定。 （ ）

54. 在连通着的同一种静止流体内，处于同一水平面的各点压强相等，而与容器的形状无关。 （ ）

55. 在同材质、同直径、同长度的水平和垂直直管内，若流过的液体量相同，则在垂直管内产生的阻力大于水平管内产生的阻力。 （ ）

56. 在稳定流动过程中，流体流经各等截面处的体积流量相等。 （ ）

57. 只要流动参数随位置变化就是不稳定流动。 （ ）

58. 转子流量计的转子位置越高，流量越大。 （ ）

59. 转子流量计也称等压降、等流速流量计。 （ ）

60. 一般泵出口管比进口管径要细些。 （ ）

61. 离心泵关闭出口阀运转时间不宜过长，否则会引起不良后果。 （ ）

62. 流体密度与相对密度物理意义一样。 （ ）

63. 流体流动的雷诺数越大，流体流动的阻力系数也越大。 （ ）

64. 液体输送单元操作属于动量传递过程。 （ ）

65. 一离心泵的扬程为50m，表示该泵能将液体送到50m的高处。 （ ）

三、计算题

1. 如图1-55所示，在异径水平管段1-1′截面和2-2′截面间连一倒置的U形管压差计，压差计中为空气，读数 $R=200\text{mm}$。试求两截面间的压差。

2. 如图1-56所示，蒸汽锅炉上装置一复式U形管水银测压计，截面2和截面4间充满水。已知对某基准面而言，各点的标高为 $z_0=2.1\text{m}$，$z_2=0.9\text{m}$，$z_4=2.0\text{m}$，$z_6=0.7\text{m}$，$z_7=2.5\text{m}$。试求锅炉内水面上的蒸气压。

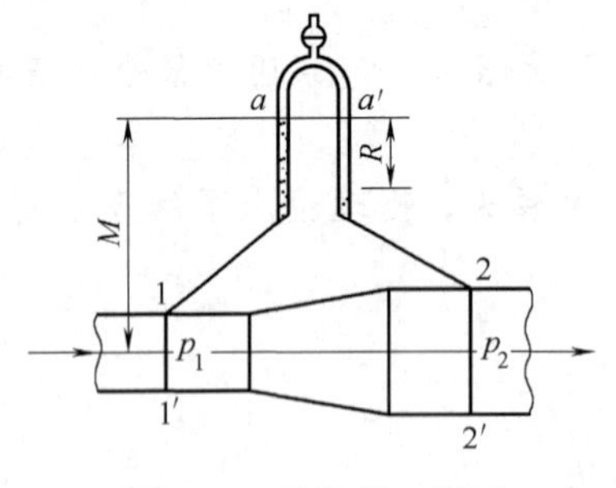

图1-55 计算题1附图

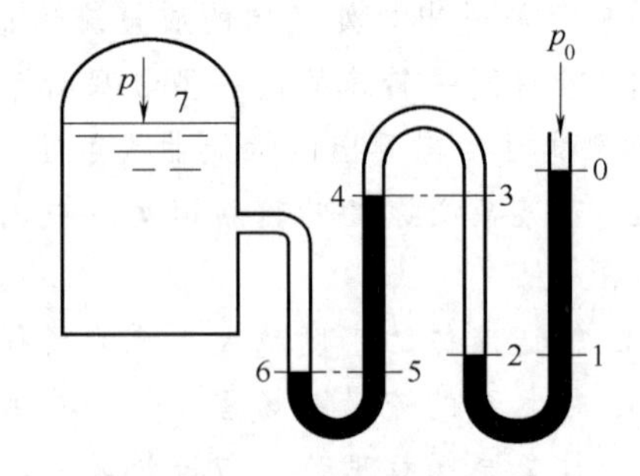

图1-56 计算题2附图

3. 如图1-57所示，有一输水系统，高位槽水面高于地面8m，输水管为普通无缝钢管 $\Phi108\text{mm}\times4.0\text{mm}$，埋于地面以下1m处，出口管管口高出地面2m。已知水流动时的阻力损失可用下式计算：$\sum h_{\mathrm{f}}=45\dfrac{u^2}{2}$，式中 u 为管内流速。试求：（1）输水管中水的流量；

（2）欲使水量增加10%，应将高位槽液面增高多少？（设在两种情况下高位槽液面均恒定。）

4. 如图1-58所示水槽，液面恒定，底部引出管为Φ108mm×4mm无缝钢管，当阀门A全闭时，近阀门处的玻璃管中水位高h为1m，当阀门调至一定开度时，h降为400mm，此时水在该系统中的阻力损失（由水槽至玻璃管接口处）为300mm水柱，试求管中水的流量。

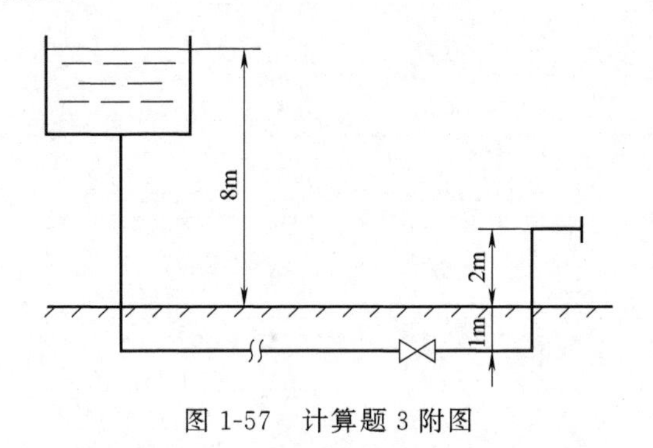

图1-57　计算题3附图

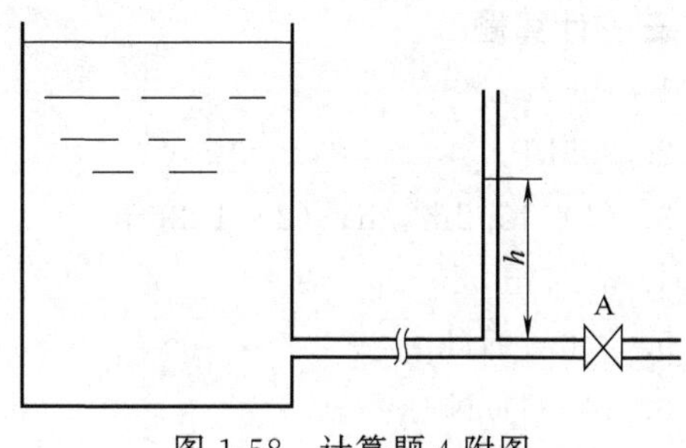

图1-58　计算题4附图

5. 293K的水在Φ38mm×1.5mm的水平钢管内流过，水的流速为2.5m/s，求水通过100m管长的阻力损失（钢管管壁面的绝对粗糙度ε取0.1mm）。

6. 管路用一台泵将液体从低位槽送往高位槽。输送流量要求为$2.5\times10^{-3}m^3/s$。高位槽上方气体的压力为0.2MPa（表压），两槽液面的高度差为6m，液体密度为$1100kg/m^3$。管道为Φ40mm×3mm，总长（包括局部阻力）为75m，摩擦因数λ为0.024。求泵给液体提供的能量。

7. 某离心泵用15℃的水进行性能实验，水的体积流量为$540m^3/h$，泵出口压力表的读数为350kPa，泵入口真空表的读数为30kPa。若压力表与真空表测压截面间的垂直距离为350mm，吸入管与压出管的内径分别为350mm和310mm，试求泵的扬程（15℃时，水的密度为$999.1kg/m^3$）。

8. 用型号为IS65-50-125的离心泵将敞口水槽中的水送出，吸入管路的压头损失为4m，汽蚀余量为2m，当地环境大气的绝对压力为98kPa。

试求：（1）水温为20℃时泵的安装高度。

（2）水温为80℃时泵的安装高度。

参考答案

一、选择题

1～5　DBDAD	6～10　DBBDD	11～15　DADCA	16～20　DBCCA
21～25　ADCDD	26～30　CCAAB	31～35　CDADD	36～40　BBABB
41～45　ACADA	46～50　AAADA	51～55　BBCBB	56～60　CDCCB
61～65　DCCCB	66～70　DADBC	71～75　CCBCA	76～80　AABDA
81～85　DCBBC	86～90　ABDBA	91～95　DABBB	96～100　CCCCA
101～105　CDBBD	106～110　CBABA		

二、判断题

1～5 √×××√　6～10 √√×√×　11～15 ×√×××

16～20 ×××√√　21～25 ×××××　26～30 √××√√

31～35 √××√√　36～40 ×√×√×　41～45 ××××√

46～50 ×√√√√　51～55 √√×√×　56～60 √×√√√

61～65 √√×√×

三、计算题

1. 1962Pa
2. 305kPa
3. (1) 45.2m^3/h；(2) 1.26m
4. 68.7m^3/h
5. 276.79J/kg
6. 44.94J/N
7. 39.20m
8. (1) 1.62m；(2) －0.69m

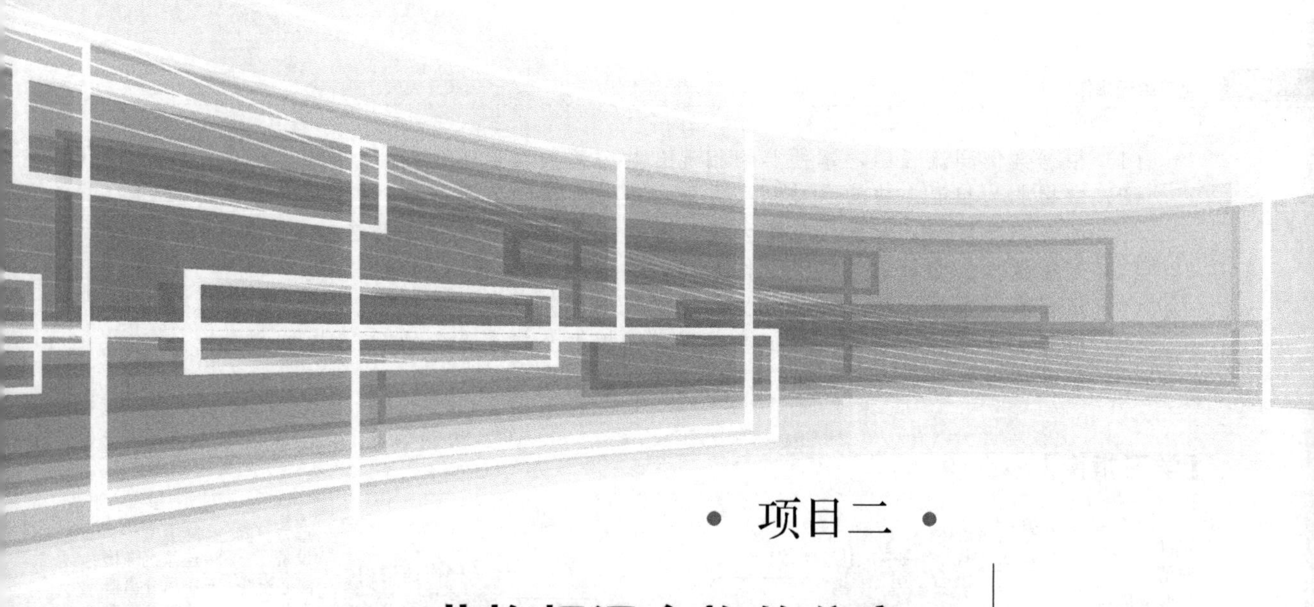

• 项目二 •

非均相混合物的分离

【案例导入】

某化工厂采用隔膜法电解饱和食盐水的工艺生产主要生产烧碱（NaOH），在生产过程中，会产生大量的废水，废水处理量为 $50m^3/h$，废水中固体含量为 15%wt（其中硫酸钡占 80%，碳酸钙颗粒占 20%），pH 为 5.5-6.5，要求处理后的废水中液相悬浮物≤100mg/L，满足回用或排放标准。现该厂新建了一套废水处理系统，通过“旋液分离→压滤脱水→化学处理”三级处理，其中，旋液分离设备为水力旋流器，直径 250mm，PP 材质，压力 0.3MPa，底流浓度 30%，分离效率 85%，压滤脱水设备为板框压滤机，过滤面积 $500m^2$/台，压榨压力 1.5MPa，滤布材质为涤纶，自动卸料；实现了废水中固相资源化利用与液相水达标排放。

项目生产流程图如下：

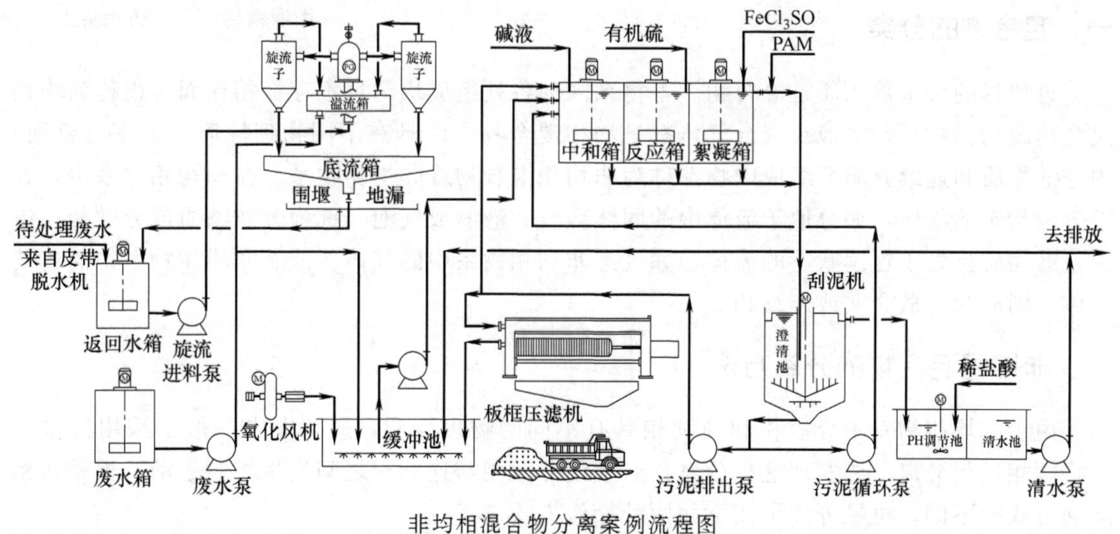

非均相混合物分离案例流程图

【案例分析】

要完成以上的吸收任务，需解决以下关键问题：

（1）根据案例和流程图，掌握非均相混合物分离的理论基础知识；
（2）掌握非均相混合物的各种分离方法（过滤、离心、沉降等），理解其分离原理；
（3）结合工艺案例，对比区分重力沉降和离心沉降，能根据工艺选择合适的分离方法；
（4）掌握板框压滤机的结构及工作原理；
（5）根据案例条件，结合工艺流程，核算板框压滤机的过滤面积；
（6）根据工艺流程，结合实际工况，完成对板框及旋流设备的DCS操控；
（7）能够完成板框压滤机的单元开停车操作及故障处置。

【学习指南】

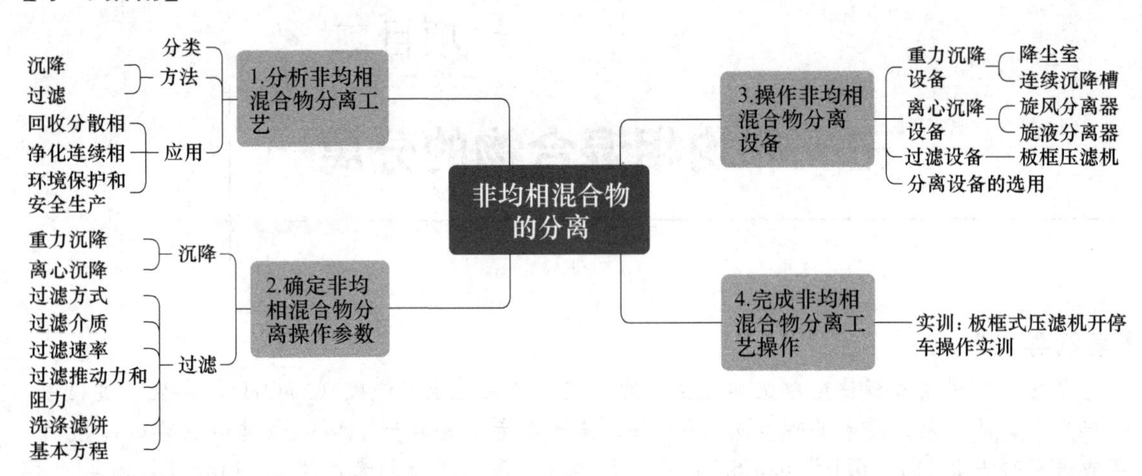

任务一 认识非均相混合物系统

微课精讲

铸魂育人

一、混合物的分类

自然界的大多数物质是混合物。若物系内部各处组成均匀且不存在相界面，则称为均相混合物或均相物系，溶液及混合气体都是均相混合物。由具有不同物理性质（如密度差别）的分散物质和连续介质所组成的物系称为非均相混合物或非均相物系。在非均相物系中，处于分散状态的物质，如分散于流体中的固体颗粒、液滴或气泡，称为分散物质或分散相；包围分散物质且处于连续状态的流体，如气态非均相物系中的气体、液态非均相物系中的连续液体，则成为分散介质或连续相。

二、非均相混合物的分离方法

由于非均相物系中分散相和连续相具有不同的物理性质，故工业上一般都采用机械方法将两相进行分离。要实现这种分离，必须使分散相与连续相之间发生相对运动。根据两相运动方式的不同，机械分离可按下面两种操作方式进行。

① 利用分散相与连续相的密度差异，在外力作用下，使之发生相对运动而分离的过程称为沉降。根据作用力的不同，沉降可分为重力沉降和离心沉降。

② 以多孔物质为介质，在外力的作用下，使悬浮液中液体通过介质的孔道，固体颗粒

被截留在介质上，而实现固液分离的过程称为过滤。实现过滤操作的外力可以是重力 、压力差或惯性离心力。因此过滤操作又可分为重力过滤、加压过滤、真空过滤和离心过滤。

三、非均相混合物分离在工业生产中的应用

非均相混合物的分离在工业生产中主要应用于以下几点。

（1）回收有用的分散相

如收集粉碎机、沸腾干燥器、喷雾干燥器等设备出口气流中夹带的物料；收集蒸发设备出口气流中带出的药液雾滴；回收结晶器中晶浆中夹带的颗粒；回收催化反应器中气体夹带的催化剂，以循环应用等。

（2）净化连续相

除去药液中无用的混悬颗粒以便得到澄清药液；将结晶产品与母液分开；除去空气中的尘粒以便得到洁净空气；除去催化反应原料气中的杂质，以保证催化剂的活性等。

（3）环境保护和安全生产

近年来，工业污染对环境的危害越来越明显，利用机械分离的方法处理工厂排出的废气、废液，使其浓度符合规定的排放标准，以保护环境；去除容易构成危险隐患的漂浮粉尘以保证安全生产。

动画资源

铸魂育人

任务二　认识沉降分离过程

在外力作用下，使密度不同的两相发生相对运动而实现分离的操作称为沉降。沉降包括重力沉降和离心沉降。

一、重力沉降

重力沉降是利用分散物质本身的重力，使其在分散介质中沉降而分离的操作。实现重力沉降的先决条件是分散相和连续相之间存在密度差。例如，悬浮液中的固体颗粒在重力作用下慢慢降落后从分散介质中分离出来。重力沉降适用于分离较大的固体颗粒。

（一）球形颗粒的自由沉降

将表面光滑的刚性球形颗粒置于静止的流体介质中，如果颗粒的密度大于流体的密度，则颗粒将在流体中降落。此时，颗粒受到三个力的作用，即重力 F_g、浮力 F_b 和阻力 F_d，如图 2-1 所示。重力向下，浮力向上，阻力与颗粒运动的方向相反（即向上）。对于一定的流体和颗粒，重力与浮力是恒定的，而阻力却随颗粒的降落速度而变。

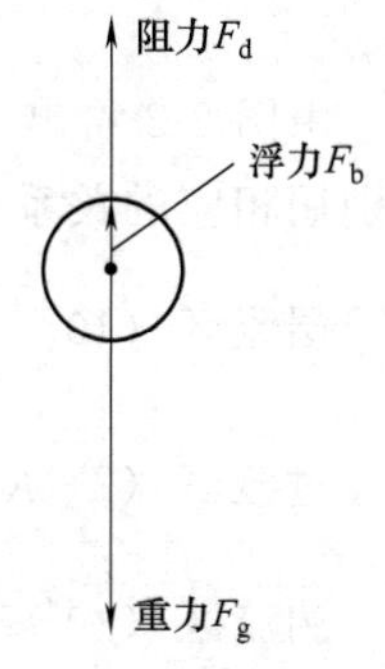

图 2-1　受力示意图

令颗粒的密度为 ρ_s，直径为 d，流体的密度为 ρ，则

$$F_g=\frac{\pi}{6}d^3\rho_s g$$

$$F_b=\frac{\pi}{6}d^3\rho g$$

$$F_d=\xi A\frac{\rho u^2}{2}$$

式中，ξ 为阻力系数，量纲为 1；A 为颗粒在垂直于其运动方向的平面上的投影面积，$A=\frac{\pi}{4}d^2$，m^2；u 为颗粒相对于流体的降落速度，m/s。

根据牛顿第二运动定律可知，上面三个力的合力应等于颗粒的质量与加速度 a 的乘积，即

$$F_g-F_b-F_d=ma \tag{2-1}$$

或

$$\frac{\pi}{6}d^3(\rho_s-\rho)g-\xi\frac{\pi}{4}d^2\left(\frac{\rho u^2}{2}\right)=\frac{\pi}{6}d^3\rho_s\frac{du}{d\theta} \tag{2-1a}$$

式中，m 为颗粒的质量，kg；a 为加速度，m/s^2；θ 为时间，s。

颗粒开始沉降的瞬间，速度 u 为零，因此阻力 F_d 也为零，故加速度 a 具有最大值。颗粒开始沉降后，阻力随运动速度 u 的增加而相应加大，直至 u 达到某一数值 u_t 后，阻力、浮力与重力达到平衡，即合力为零。质量 m 不可能为零，故只有加速度 a 为零。此时，颗粒便开始做匀速沉降运动。

由上面分析可见，静止流体中颗粒的沉降过程可分为两个阶段，起初为加速阶段而后为匀速阶段。小颗粒具有相当大的比表面积，使得颗粒与流体间的接触表面很大，故阻力在很短时间内便与颗粒所受的净重力（重力减浮力）接近平衡。因而，经历加速阶段的时间很短，在整个沉降过程中往往可以忽略。

匀速阶段中颗粒相对于流体的运动速度 u_t 称为沉降速度。由于这个速度是加速阶段终了时颗粒相对于流体的速度，故又称为“终端速度”。由式（2-1a）可以得到沉降速度 u_t 的关系式：

$$u_t=\sqrt{\frac{4gd(\rho_s-\rho)}{3\zeta\rho}} \tag{2-2}$$

式中，u_t 为颗粒的自由沉降速度，m/s；d 为颗粒直径，m；ρ_s，ρ 分别为颗粒和流体的密度，kg/m^3；g 为重力加速度，m/s^2。

（二）阻力系数 ζ

用式（2-2）计算沉降速度时，首先需要确定阻力系数 ζ 值。通过量纲分析可知，ζ 是颗粒与流体相对运动时雷诺数 Re_t 的函数，由实验测得的综合结果示于图 2-2 中。图中雷诺数 Re_t 的定义为

$$Re_t=\frac{du_t\rho}{\mu} \tag{2-3}$$

由图 2-2 看出，球形颗粒的曲线（$\phi_s=1$）按 Re_t 值大致分为三个区，各区内的曲线可分别用相应的关系式表达。

层流区（$10^{-4}<Re_t\leqslant 2$）
$$\zeta=\frac{24}{Re_t} \tag{2-4}$$

过渡区（$2<Re_t<10^3$）
$$\zeta=\frac{18.5}{Re_t^{0.6}} \tag{2-5}$$

湍流区（$10^3\leqslant Re_t<2\times10^5$）
$$\zeta=0.44 \tag{2-6}$$

将式（2-4）、式（2-5）及式（2-6）分别代入式（2-2），便可得到颗粒在各区相应的沉降速度公式，即

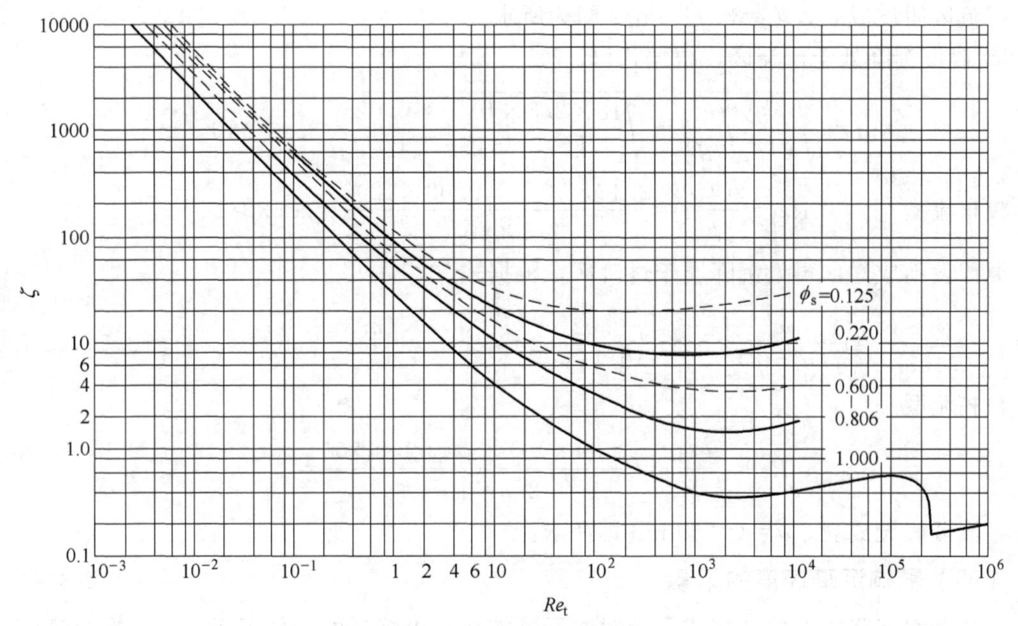

图 2-2　$\zeta \sim Re_t$ 关系图

层流区
$$u_t = \frac{d^2(\rho_s - \rho)g}{18\mu} \tag{2-7}$$

过渡区
$$u_t = 0.153\left[\frac{gd^{1.6}(\rho_s - \rho)}{\rho^{0.4}\mu^{0.6}}\right]^{\frac{1}{1.4}} \tag{2-8}$$

湍流区
$$u_t = 1.74\sqrt{\frac{d(\rho_s - \rho)g}{\rho}} \tag{2-9}$$

式（2-7）、式（2-8）及式（2-9）分别称为斯托克斯公式、艾伦公式及牛顿公式。

（三）沉降速度的计算

计算 u_t 时，首先要判断流体形态，即需要计算 Re_t 值，然后才能选用相应的计算公式。但是，u_t 为待求，Re_t 值也就为未知。因此，u_t 的计算需要用试差法。即先假设沉降属于某一流型（譬如层流区），则可直接选用与该流型相应的沉降速度公式计算 u_t，然后按 u_t 检验 Re_t 值是否在原设的流型范围内。如果与原设一致，则求得的 u_t 有效。否则，按算出的 Re_t 值另选流型，并改用相应的公式求 u_t，直到按求得 u_t 算出的 Re_t 值恰与所选用公式的 Re_t 值范围相符为止。

【例 2-1】 某烧碱厂拟采用重力沉降净化粗盐水。粗盐水密度为 1200kg/m^3，黏度为 2.3mPa·s，其中固体颗粒可视为球形，密度取 2640kg/m^3。求：①直径为 0.1 mm 颗粒的沉降速度；②沉降速度为 0.02m/s 的颗粒直径。

解： ① 在沉降区域未知的情况下，先假设沉降处于层流区，应用斯托克斯公式

$$u_t = \frac{d^2(\rho_s - \rho)g}{18\mu} = \frac{(10^{-4})^2 \times (2640 - 1200) \times 9.81}{18 \times 2.3 \times 10^{-3}} = 3.41 \times 10^{-3}\text{m/s}$$

校核流型
$$Re_t = \frac{du_t\rho}{\mu} = \frac{10^{-4} \times 3.41 \times 10^{-3} \times 1200}{2.3 \times 10^{-3}} = 0.178 < 2$$

层流区假设成立，$u_t=3.41$mm/s 即为所求。

② 假设沉降处于层流区，根据式（2-7）：

$$d=\sqrt{\frac{18\mu u_t}{g(\rho_s-\rho)}}=\sqrt{\frac{18\times 2.3\times 10^{-3}\times 0.02}{9.81\times(2640-1200)}}=2.42\times 10^{-4}\text{m}$$

校核流型 $$Re_t=\frac{du_t\rho}{\mu}=\frac{2.42\times 10^{-4}\times 0.02\times 1200}{2.3\times 10^{-3}}=2.53>2$$

原假设不成立。再设沉降属于过渡区，根据式（2-8）：

$$d=\left[\left(\frac{u_t}{0.153}\right)^{1.4}\frac{\rho^{0.4}\mu^{0.6}}{g(\rho_s-\rho)}\right]^{\frac{1}{1.6}}=\left[\left(\frac{0.02}{0.153}\right)^{1.4}\frac{1200^{0.4}\times(2.3\times 10^{-3})^{0.6}}{9.81\times(2640-1200)}\right]^{\frac{1}{1.6}}=2.59\times 10^{-4}\text{m}$$

校核流型

$$Re_t=\frac{du_t\rho}{\mu}=\frac{2.59\times 10^{-4}\times 0.02\times 1200}{2.3\times 10^{-3}}=2.70$$

过渡区假设成立，$d=0.259$mm 即所求。

（四）影响沉降速度的因素

上述重力沉降速度的计算式是针对球形颗粒在自由沉降的条件下得到的，在处理复杂多样的实际问题时，需要综合考虑影响沉降速度的几个因素。

（1） 颗粒形状

上述计算 ζ 与 u_t 的公式都是根据光滑球形颗粒的沉降实验结果得出的。实际上，悬浮的颗粒大都不是球形，也不一定光滑，形状很复杂。在沉降过程中，颗粒在流体中运动时所受的阻力与颗粒形状密切相关。实验证明，颗粒的形状偏离球形愈大，阻力系数也愈大。本项目的计算中把颗粒一律按球形考虑，非球形颗粒沉降速度的计算方法从略。

（2） 器壁效应

当颗粒靠近器壁沉降时，由于器壁的影响，颗粒的沉降速度较自由沉降时小，这种现象称为器壁效应。

（3） 干扰沉降

当悬浮液中颗粒的浓度比较大时，颗粒之间相距很近，则颗粒沉降时相互干扰，这种沉降称为干扰沉降。干扰沉降的速度比自由沉降的小，计算比较复杂，这里从略。

二、离心沉降

依靠惯性离心力的作用而实现的沉降过程称为离心沉降。两相密度差较小、颗粒粒度较细的非均相物系，在重力场中的沉降效率很低甚至完全不能分离，若改用离心沉降则可大大地提高沉降速度，设备尺寸也可缩小很多。

通常，气固非均相物系的离心沉降是在旋风分离器中进行，液固悬浮物系一般可在旋液分离器或沉降离心机中进行。

（一）离心分离因数

重力沉降的沉降速度小，分离效率低。如果用离心力代替重力，就可以提高颗粒的沉降速度和分离效率。

一个质量为 m 的颗粒在重力场中所受的惯性力，即重力（N）为

$$F_g=mg$$

而它在离心力场中所受的惯性力，即离心力（N）为

$$F_{c}=m\frac{u^{2}}{R}=m\omega^{2}R$$

式中，R 为旋转半径，m；u 为切向速度，m/s；ω 为旋转角速度，1/s；$\frac{u^{2}}{R}$为离心加速度，m/s^{2}。

离心力场与重力场有所不同，重力场强度即重力加速度 g，基本上可视为常数，其方向指向地心。而离心力场的强度即离心加速度 u^{2}/R，是随位置及转速而改变的，其方向是沿旋转半径从中心指向外周的。

我们把离心力与重力或离心加速度与重力加速度的比值，称为分离因数，用 K_{c} 表示，即

$$K_{c}=\frac{F_{c}}{F_{g}}=\frac{u^{2}}{gR} \tag{2-10}$$

分离因数 K_{c} 的物理意义是离心力与重力的比值，这个比值可以控制得很大，如当 $u=10m/s$，$R=0.1m$ 时，则离心力比重力大 100 倍以上。因此，同样大小的颗粒，在离心力场中所受的离心力比其在重力场中所受的重力大得多，所以，离心沉降的效果要比重力沉降的效果好得多。

（二）离心沉降速度

当流体带着颗粒旋转时，如果颗粒的密度大于流体的密度，则惯性离心力便会将颗粒沿切线方向甩出，亦即使颗粒在径向与流体发生相对运动而飞离中心。与此同时，周围的流体对颗粒有一个指向中心的作用力，此作用力与颗粒在重力场中所受介质的浮力是相当的。此外，由于颗粒在径向上与流体有相对运动，所以也会受到阻力。因此，颗粒在径向上也受到三个力作用，即离心力 F_{c}、向心力 F_{b}（相对于重力场中的浮力）和阻力 F_{d}。如果颗粒呈球形，其密度为 ρ_{s}，直径为 d，流体的密度为 ρ，颗粒与中心轴的距离为 R，切向速度为 u，则颗粒在径向上受到的三个作用力分别为

离心力　$$F_{c}=\frac{\pi}{6}d^{3}\rho_{s}\frac{u^{2}}{R}$$

向心力　$$F_{b}=\frac{\pi}{6}d^{3}\rho\frac{u^{2}}{R}$$

阻力　$$F_{d}=\zeta\frac{\pi}{4}d^{2}\frac{\rho u_{r}^{2}}{2}$$

上式中的 u_{r} 代表颗粒与流体在径向上的相对速度。因颗粒向外运动，故阻力沿半径指向中心。当此三力达平衡时，颗粒在径向上相对于流体的速度 u_{r} 便是它在此位置上的离心沉降速度。即

$$\frac{\pi}{6}d^{3}\rho_{s}\frac{u^{2}}{R}-\frac{\pi}{6}d^{3}\rho\frac{u^{2}}{R}-\zeta\frac{\pi}{4}d^{2}\rho\frac{\rho u_{r}^{2}}{2}=0$$

解得离心沉降速度为

$$u_{r}=\sqrt{\frac{4d(\rho_{s}-\rho)}{3\zeta\rho}\times\frac{u^{2}}{R}} \tag{2-11}$$

将上式与式（2-2）比较，可见离心沉降速度 u_{r}，与重力沉降速度 u_{t}，具有相似的关系式，只是将式（2-2）中的重力加速度 g 改为离心加速度$\frac{u^{2}}{R}$，且沉降方向不是向下，而是向

外，即背离旋转中心。

将离心沉降速度与重力沉降速度作比较，可以看出，离心沉降速度与重力沉降速度比值的平方，正等于离心加速度与重力加过度之比，即分离因数 K_c 所表示的数值。K_c 越大，其离心分离效率越高。K_c 的数值一般为几百到几万，高速离心机的 K_c 甚至可达数十万，因此，同一颗粒在离心沉降设备的分离效果远比在重力沉降设备中的好。由此可见 K_c 是离心分离设备的一个重要性能参数。

动画资源

行业前沿

任务三 认识过滤分离过程

重力沉降操作所需的时间长，而且只能对悬浮液进行初步分离。而过滤操作可以使固体颗粒和液体分离得较为完全，是分离悬浮液最普遍和最有效的单元操作之一。在某些场合下，过滤是沉降的后继操作。过滤也属于机械分离操作，与蒸发、干燥等非机械操作相比，其能量消耗比较低。

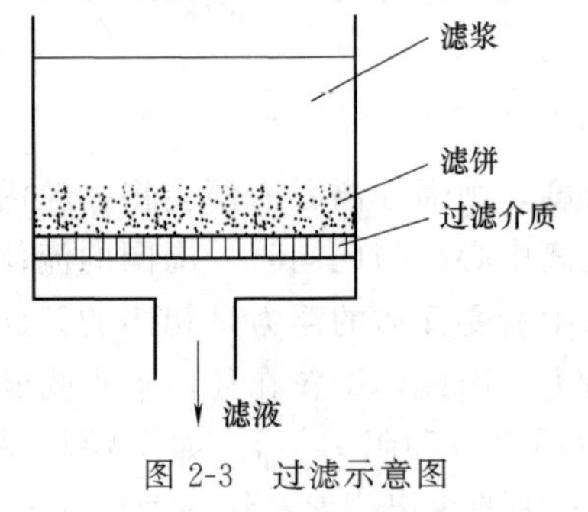

图 2-3 过滤示意图

一、过滤基本概念

过滤是以某种多孔物质为介质，在外力作用下，使悬浮液中的液体通过介质的孔道，而固体颗粒被截留在介质上，从而实现固、液分离的操作。如图 2-3 所示，过滤操作采用的多孔物质称为过滤介质，所处理的悬浮液称为滤浆或料浆，通过多孔通道的液体称为滤液，被截留的固体物质称为滤饼或滤渣。

（一）过滤方式

按照固体颗粒被截留的情况，过滤可以分为饼层过滤（又称表面过滤）和深层过滤。饼层过滤时，悬浮液置于过滤介质的一侧，固体物沉积于介质表面而形成滤饼层。但由于过滤介质中微细孔道的直径可能大于悬浮液中部分颗粒的直径，因而，过滤之初会有一些细小颗粒穿过介质而使滤液浑浊，但是颗粒会在孔道中迅速地发生“架桥”现象（见图 2-4），使小于孔道直径的细小颗粒也能被拦截，故当滤饼开始形成，滤液即变清，此后过滤才能有效地进行。可见，在饼层过滤中，真正发挥拦截颗粒作用的主要是滤饼层而不是过滤介质。饼层过滤适用于处理固体含量较高（固相体积分数大于 1%）的悬浮液。

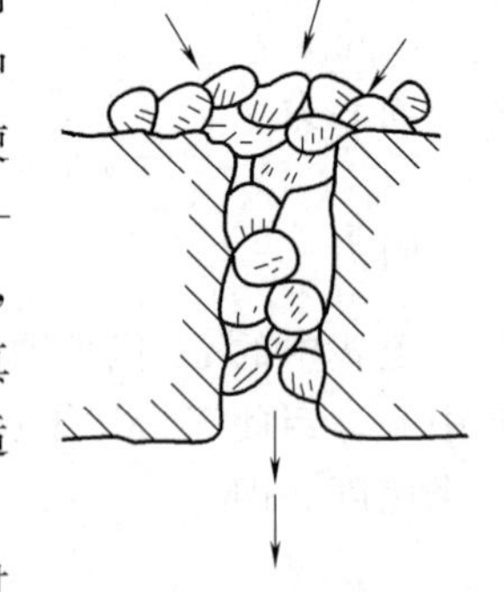
图 2-4 “架桥”现象

在深层过滤中，固体颗粒并不形成滤饼，而是沉积在较厚的过滤介质床层内部（见图 2-5）。由于悬浮液中的颗粒尺寸小于床层孔道直径，当颗粒随流体在床层内的曲折孔道中流过时，便附在过滤介质上。这种过滤适用于生产能力大而悬浮液中颗粒小、含量甚微（固相体积分数小于 1%）的悬浮液。

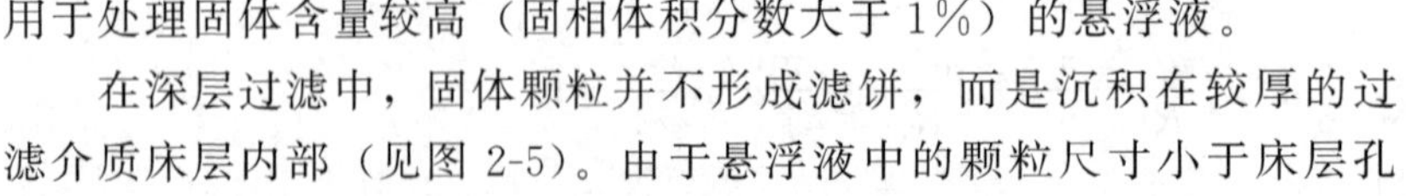

（二）过滤介质

过滤介质是滤饼的支承物，它应具有足够的力学强度和尽可能小的流动阻力，同时，还

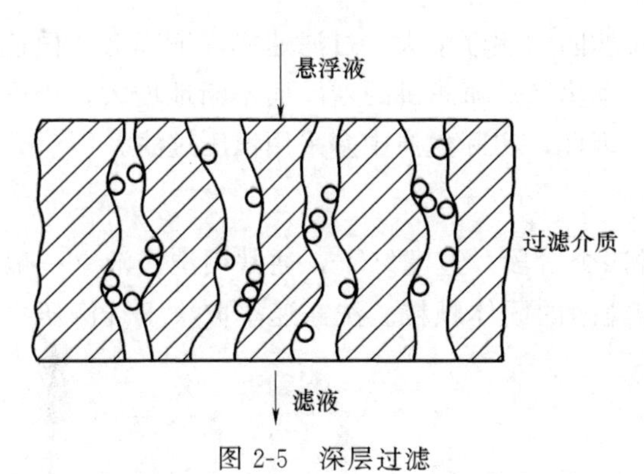

图 2-5　深层过滤

应具有相应的耐腐蚀性和耐热性。

工业上常用的过滤介质主要有下面三类。

（1）织物介质（又称滤布）

包括由棉、毛、丝、麻等天然纤维及合成纤维制成的织物，以及由玻璃丝、金属丝等织成的网。这类介质能截留颗粒的最小直径为 5～65μm。织物介质在工业上应用最为广泛。

（2）堆积介质

此类介质由各种固体颗粒（细砂、木炭、石棉、硅藻土）或非编织纤维等堆积而成，多用于深层过滤中。

（3）多孔固体介质

这类介质是具有很多微细孔道的固体材料，如多孔陶瓷、多孔塑料及多孔金属制成的管或板，能截拦 1～3μm 的微细颗粒。

在实际操作中，由于滤饼中的毛细孔道往往比过滤介质中毛细孔道还要小，因此，滤饼便成为更有效的过滤介质。

滤饼分为可压缩和不可压缩两种。滤饼由刚性颗粒组成，当滤饼上的压力增大时，固体颗粒的形状和颗粒间的空隙都不发生明显变化，这类滤饼称为不可压缩滤饼。相反，如果滤饼是由某些类似氢氧化物的胶体物质构成，则当滤饼两侧的压力差增大时，颗粒的形状和颗粒间的空隙便有明显的改变，这种滤饼称为可压缩滤饼。

（三）过滤速度

过滤速度是指单位时间内，通过单位过滤面积的滤液体积。

$$U=\frac{dV}{A\,d\tau}=\frac{\text{过滤推动力}}{\text{过滤阻力}}$$

式中，U 为过滤速度，$m^3/(m^2 \cdot s)$ 或 m/s；V 为过滤体积，m^3；A 为过滤面积，m^2；τ 为过滤时间，s。

实验证明，过滤速度的大小与推动力成正比，而与阻力成反比。

（四）过滤推动力和阻力

过滤推动力可以是重力、压力差或惯性离心力，其推动力的来源有四种：

① 利用悬浮液本身的重力（液柱压力），一般不超过 50kPa，称为重力过滤。

② 在悬浮液上面加压，一般可达 500kPa，称为加压过滤。

③ 在过滤介质下面抽真空，通常不超过 80kPa 真空度，称为真空过滤。

④ 利用惯性离心力进行过滤，称为离心过滤。

过滤阻力为过滤介质阻力与滤饼阻力之和。过滤刚开始时，只有过滤介质阻力，随着过滤的进行，滤饼厚度不断增加，过滤阻力逐渐加大。所以在一般情况下，过滤阻力主要决定于滤饼阻力。滤饼越厚，颗粒越细，则阻力越大。

（五）恒压过滤与恒速过滤

工业上应用最多的是滤饼与过滤介质两侧的压力差 Δp。在过滤操作中，根据操作压力与过滤速率变化与否，将过滤分为恒压过滤与恒速过滤。恒压过滤是将过滤推动力维持在某一不变的压力下，随着过滤的进行，滤饼不断增厚，过滤阻力逐渐增大，过滤速率逐渐降低。恒速过滤是在过滤中保持过滤速率不变，这就必须使推动力 Δp 随滤饼的增厚而不断地增大，否则就不能维持恒速。因为恒压过滤的操作比较方便，因此，实际生产中多采用恒压过滤。

（六）滤饼的洗涤

整个过滤过程包括过滤、洗涤、干燥及卸饼四个阶段。过滤终了，通常用洗涤液（一般为清水）进行滤饼的洗涤，以回收滤液或得到较纯净的固体颗粒。洗涤速率取决于洗涤压力差、洗涤液通过的面积及滤饼厚度。

二、过滤方程式

（一）过滤基本方程式

过滤基本方程式的实质是反映过滤过程中所得滤液量 V 与所需过滤时间 τ 之间的变化关系。

前已述及，过滤速度为单位时间内通过单位过滤面积的滤液体积。它正比于过滤推动力，而反比于过滤阻力，即

$$U=\frac{dV}{A\,d\tau}=\frac{过滤推动力}{过滤阻力}$$

为便于研究，过滤过程中总是把滤饼和过滤介质结合起来考虑。若滤饼两侧的压力差为 Δp_1，过滤介质两侧的压力差为 Δp_2，则滤饼与介质两侧的压力差 $\Delta p=\Delta p_1+\Delta p_2$，即为过滤的总推动力。

对不可压缩滤饼，过滤基本方程式可表示为

$$U=\frac{dV}{A\,d\tau}=\frac{A\Delta p}{\mu r v(V+V_e)} \tag{2-12}$$

式（2-12）即为不可压缩滤饼的过滤基本方程式的微分式。式中，Δp 为过滤介质与滤饼两侧的压力差，Pa；V 为滤液体积，m^3；V_e 为过滤介质的当量滤液体积，m^3；A 为过滤面积，m；μ 为滤液的黏度，Pa·s；r 为滤饼的比阻，m^{-2}；v 为单位体积滤液所对应的滤饼体积，m^3/m^3。

由式（2-12）可见，滤液通过滤饼层速率的大小取决于两个因素：一是过滤推动力 Δp，促使滤液流动的因素；二是过滤阻力 $\mu r v(V+V_e)/A$，包括滤饼阻力与过滤介质阻力，是阻碍滤液流动的因素。过滤阻力又取决于两个方面：一是滤液量及其性质，即滤液的黏度 μ 和滤液的体积 V；二是滤饼的性质及过滤介质的结构等，即 r、v、V_e。显然，滤饼厚度越大，流通截面积越小，结构越紧密，对滤液的阻力也越大。

滤饼的比阻 r 由滤饼的特性决定，其值与构成滤饼的固体颗粒的形状、大小及饼层的空隙率有关，其值由实验测定。r 的物理意义为单位过滤面积上单位体积滤饼的阻力，故 r 值的大小可反映滤液通过滤饼层的难易程度。

不可压缩滤饼的比阻 r 不随其两侧压差的变化而变化，可压缩滤饼的比阻 r 则随压差的增大而增加，可用下列经验公式表示；

$$r=r'\Delta p^s \tag{2-13}$$

式中，r'为单位压差下滤饼的比阻，m^{-2}；Δp 为过滤压差，Pa；s 为滤饼的压缩性指数，无量纲，$s=0\sim1$；对不可压缩滤饼，$s=0$。

将式（2-13）代入式（2-12）中可得

$$\frac{dV}{d\tau}=\frac{A^2\Delta p}{\mu r'\Delta p^s v(V+V_e)}=\frac{A^2\Delta p^{1-s}}{\mu r' v(V+V_e)} \tag{2-14}$$

过滤基本方程式（2-14）对可压缩滤饼和不可压缩滤饼均适用。用于不可压缩滤饼时，$s=0$，$r'=r$，则式（2-14）和式（2-12）便完全一致了。

（二）恒压过滤方程式

用式（2-14）计算生产中过滤问题时还需根据具体条件进行积分，过滤操作可以在恒压、恒速，先恒速后恒压等不同条件下进行，其中恒压过滤是最常见的过滤方式。

在恒压过滤操作中，Δp 为常数，对一定的悬浮液，若滤饼不可压缩，则 μ、r、v 也是常数，所以，令

$$k=\frac{\Delta p}{\mu r v} \tag{2-15}$$

将式（2-15）代入式（2-12）得

$$\frac{dV}{d\tau}=\frac{kA^2}{V+V_e}$$

上式中的 k、A、V_e 均为常数，故其积分形式为

$$\int (V+V_e)d(V+V_e)=kA^2\int d\tau$$

与过滤介质相对的当量滤液体积为 V_e（虚拟），假定获得体积为 V_e 的滤液所需的过滤时间为 τ_e（虚拟），则积分的边界条件为

过滤时间	滤液体积
$0\rightarrow\tau_e$	$0\rightarrow V_e$
$\tau_e\rightarrow\tau+\tau_e$	$V_e\rightarrow V+V_e$

于是
$$\int_0^{V_e}(V+V_e)d(V+V_e)=kA^2\int_0^{\tau_e}d\tau$$

及
$$\int_{V_e}^{V+V_e}(V+V_e)d(V+V_e)=kA^2\int_{\tau_e}^{\tau+\tau_e}d\tau$$

对以上两式进行积分，并令 $K=2k$，可得

$$V_e^2=KA^2\tau_e \tag{2-16}$$

及
$$V^2+2V_eV=KA^2\tau \tag{2-17}$$

将以上二式相加得

$$(V+V_e)^2=KA^2(\tau+\tau_e) \tag{2-18}$$

令
$$q=\frac{V}{A}\ 及\ q_e=\frac{V_e}{A}$$

则式（2-16）、式（2-17）、式（2-18）可分别写成如下形式：

$$q_e^2=K\tau_e \tag{2-16a}$$

$$q^2+2qq_e=K\tau \tag{2-17a}$$

$$(q+q_e)^2=K(\tau+\tau_e) \tag{2-18a}$$

式（2-18）及式（2-18a）称为恒压过滤方程式。

【例 2-2】 某悬浮液在过滤面积为 $1m^2$ 的压滤机上进行恒压过滤，得到 $1m^2$ 滤液时用了 2.25min，得到 $3m^3$ 滤液时用了 14.5min，试计算欲得 $10m^3$ 滤液所需的过滤时间。

解： 由式（2-17a）及实验数据可得下列两式

$$1^2+2\times1\times q_e=K\times2.25$$

$$3^2+2\times3\times q_e=K\times14.5$$

上列两式联合求解得

$$K=0.77\text{m}^2/\text{min}, \ q_e=0.37\text{m}^3/\text{m}^2$$

将所求得的过滤常数和欲达到的滤液体积代入式（2-17a），则

$$10^2+2\times10\times0.37=0.77\tau$$

所以 $$\tau=139\text{min}$$

任务四 认识及选用分离设备

一、重力沉降设备

（一）降尘室

降尘室是应用最早的重力沉降设备，常用于含尘气体的预分离。最常见的降尘室结构如图 2-6（a）所示。

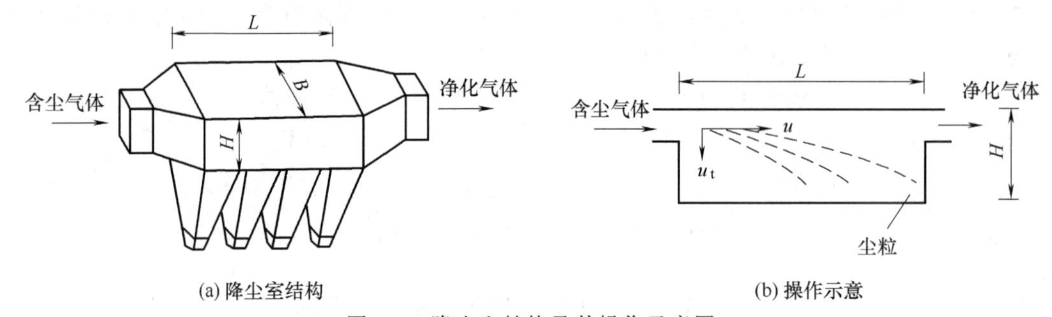

图 2-6 降尘室结构及其操作示意图

含尘气体进入降尘室后，因流道截面积扩大而速度减慢，只要颗粒能够在气体通过降尘室的时间内降至室底，便可从气流中分离出来。颗粒在降尘室内的运动情况示于图 2-6（b）中。令 L 为降尘室的长度（m），H 为降尘室的高度（m），B 为降尘室的宽度（m），u 为气体在降尘室的水平通过速度（m/s），u_t 为沉降速度（m/s），V_s 为降尘室的生产能力（即含尘气通过降尘室的体积流量，m^3/s），则位于降尘室最高点的颗粒沉降至室底需要的时间为

$$\theta_0=\frac{H}{u_t}$$

气体通过降尘室的时间为

$$\theta=\frac{L}{u}$$

为满足除尘要求，气体在降尘室内的停留时间至少需等于颗粒的沉降时间，即

$$\theta\geqslant\theta_0 \quad 或 \quad \frac{L}{u}\geqslant\frac{H}{u_t} \tag{2-19}$$

气体在降尘室内的水平通过速度为

$$u=\frac{V_s}{HB}$$

将此式代入式（2-19）并整理，得单层降尘室的生产能力为

$$V_s \leqslant BLu_t \tag{2-20}$$

可见，当 u_t 一定时，理论上降尘室的生产能力只与降尘室宽度 B 和长度 L 有关，而与高度 H 无关，即只与降尘室的底面积有关。因此，降尘室应设计成扁平形，或在室内均匀设置多层水平隔板，构成多层降尘室，如图 2-7 所示。隔板间距一般为 40～100mm。

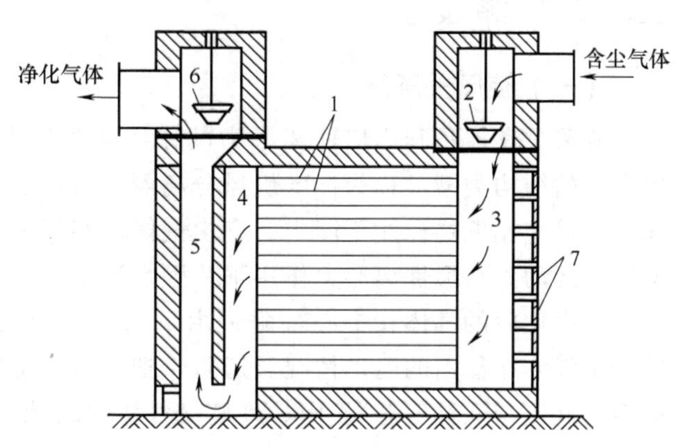

图 2-7　多层除尘室

1—隔板；2，6—调节闸阀；3—气体分配道；4—气体集聚道；5—气道；7—清灰口

若降尘室设置 n 层水平隔板，则多层降尘室的生产能力变为

$$V_s \leqslant (n+1)BLu_t$$

降尘室结构简单，流动阻力小，但体积庞大，分离效率低，通常只适用于分离粒度大于 50μm 的较粗颗粒，故可作为预除尘使用。多层降尘室虽可以分离较细颗粒且节省占地面积，但清灰比较麻烦。

需要指出，沉降速度 u_t 应根据需要完全分离下来的最小颗粒尺寸计算。此外，气体在降尘室内的速度不应过高，一般应保证气体流动的雷诺数处于层流区，以免干扰颗粒的沉降或把已沉降下来的颗粒重新扬起。

（二）连续沉降槽

连续沉降槽是利用重力沉降分离悬浮液的设备。在用于低浓度悬浮液分离时称为澄清器；用于中等浓度悬浮液的浓缩时，常称为浓缩器或增稠器。图 2-8 是一种较典型的结构。

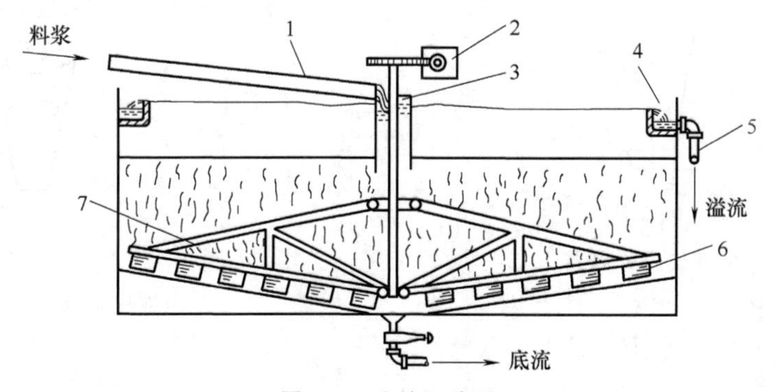

图 2-8　连续沉降槽

1—进料槽道；2—转动机构；3—料井；4—溢流槽；5—溢流管；6—叶片；7—转耙

它是一个具有锥形底的圆槽，悬浮液由进料管进入中心筒，从筒底部流入槽内。清液由四周溢流而出，颗粒沉积在底部成为稠泥浆。稠泥浆由缓慢旋转的转耙流至锥底，用泥浆泵间断排出，称为底流。沉降槽适用于大流量、低浓度悬浮液的预分离。溢流中含有一定量的细微颗粒，底流泥浆中可含有 50%左右的液体。

对于颗粒很小的混合液，常加入聚凝剂或絮凝剂，使小颗粒相互结合为大颗粒，从而获

得较快的沉降速度。聚凝是通过加入电解质改变颗粒表面的电性，使颗粒相互吸附。例如，加入 Fe^{3+} 和 Al^{3+} 有利于带负电荷颗粒的聚凝，而磷酸盐有利于带正电荷颗粒的聚凝。絮凝是加入高分子聚合物或高聚电解质，促使颗粒相互团聚成絮状的过程。常见的聚凝剂和絮凝剂有 $AlCl_3$、$FeCl_3$ 等无机电解质，土豆淀粉等天然聚合物和聚丙烯酰胺、聚乙胺等。

二、离心沉降设备

（一）旋风分离器

旋风分离器是利用惯性离心力的作用从气流中分离出尘粒的设备。图 2-9 所示是具有代表性的结构类型，称为标准旋风分离器。该设备主体的上部为圆筒形，下部为圆锥形。各部件的尺寸比例均标注于图中。含尘气体由圆筒上部的进气管切向进入，受器壁的约束向下做螺旋运动。在惯性离心力作用下，颗粒被抛向器壁而与气流分离，再沿壁面落至锥底的排灰口。净化后的气体在中心轴附近由下而上做螺旋运动，最后由顶部排气管排出。图 2-10 描绘了气体在器内的运动情况。通常，把下行的螺旋形气流称为外旋流，上行的螺旋形气流称为内旋流（又称气芯）。内、外旋流气体的旋转方向相同。外旋流的上部是主要除尘区。

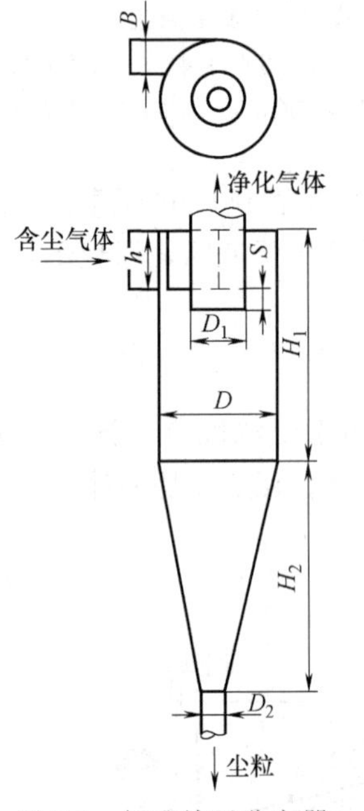

图 2-9　标准旋风分离器

$h=D/2$，$B=D/4$，$D_1=D/2$，$H_1=2D$，$H_2=2D$，$S=D/8$，$D_2=D/4$

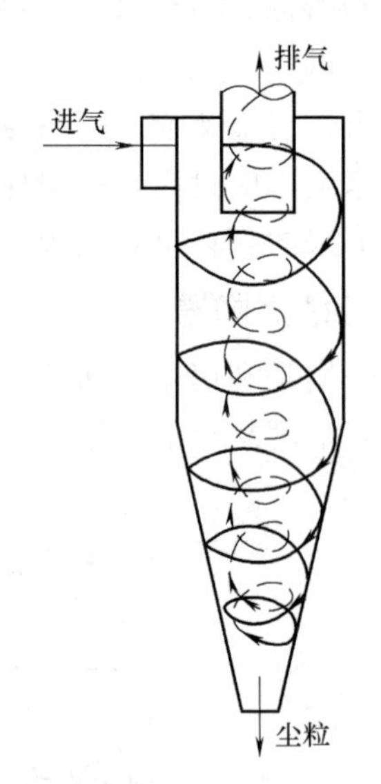

图 2-10　气体在旋风分离器中运动情况

旋风分离器内的静压力在器壁附近最高，稍低于气体进口处的压力，往中心逐渐降低，在气芯处可降至气体出口压力以下。旋风分离器内的低压气芯由排气管入口一直延伸到底部出灰口。因此，如果出灰口或集尘室密封不良，便易漏入气体，把已收集在锥形底部的粉尘重新卷起，严重降低分离效果。

旋风分离器一般用来除去气流中直径在 5μm 以上的尘粒，对于直径在 5μm 以下的颗粒，一般旋风分离器的捕集效率不高，需用袋滤器或湿法捕集。但当处理颗粒含量高于 $200g/m^3$ 的气体，由于颗粒聚结作用，也能除去 3μm 以下的颗粒。此外，旋风分离器还可以从气流中分离出雾沫。对于直径在 200μm 以上的粗大颗粒，最好先用重力沉降法除去，以减少颗粒对分离器器壁的磨损。

旋风分离器因其结构简单、造价低廉、没有活动部件，可用多种材料制造，操作条件范围宽广，分离效率较高，所以至今仍是化工、采矿、冶金、机械、轻工等工业部门里最常用的一种除尘分离设备。但旋风分离器不适用于处理黏性粉尘、含湿量高的粉尘及腐蚀性粉尘，且气量的波动对除尘效果及设备阻力影响也比较大。

（二）旋液分离器

旋液分离器又称水力旋流器，是利用离心沉降原理从悬浮液中分离固体颗粒的设备。它的结构与操作原理和旋风分离器相类似。设备主体也是由圆筒和圆锥两部分组成，如图 2-11 所示。悬浮液经入口管沿切向进入圆筒，向下做螺旋形运动，固体颗粒受惯性离心力作用被甩向器壁，随下旋流降至锥底的出口，由底部排出，此处的增浓液称为底流；清液或含有微细颗粒的液体则成为上升的内旋流，从顶部的中心管排出，此液称为溢流。内层旋流中心有一个处于负压的气柱，气柱中的气体是由料浆中释放出来的，或者是由溢流管口暴露于大气中时吸入器内的空气。

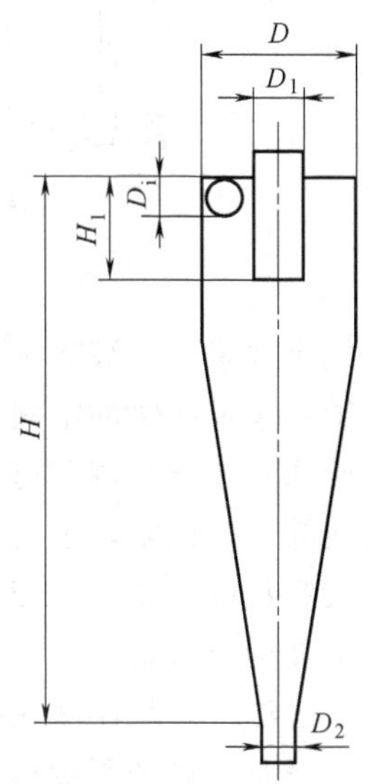

图 2-11 旋液分离器

$D_i=D/4$，$D_1=D/3$，$H=(5\sim7)D$，$H_1=(0.3\sim0.5)D$

旋液分离器的结构特点是直径小而圆锥部分长。因为固、液间的密度差比固、气间的密度差小，在一定的切线进口速度下，小直径的圆筒有利于增大惯性离心力，以提高沉降速度。同时，锥形部分加长可增大液流的行程，从而延长了悬浮液在器内的停留时间。

旋液分离器不仅可用于悬浮液的增浓，在分级方面更有显著特点，而且还可用于不互溶液体的分离，气、液分离以及传热、传质和雾化等操作中，因而广泛应用于多种工业领域中。

三、过滤设备

板框压滤机是间歇过滤机中应用最广泛的一种，它由多块带凹凸纹路的滤板和滤框交替排列组装于机架而构成，如图 2-12 所示。

图 2-13 为板框压滤机滤板和滤框的构造。板和框的角端均开有圆孔，装合、压紧后即

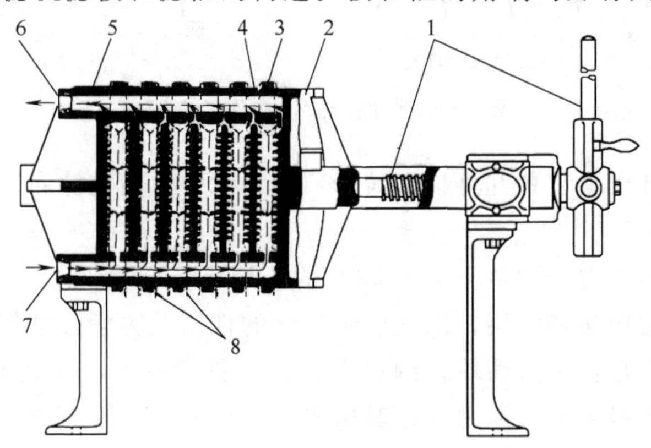

图 2-12 板框压滤机

1—压紧装置；2—可动头；3—滤框；4—滤板；5—固定头；6—滤液出口；7—滤浆进口；8—滤布

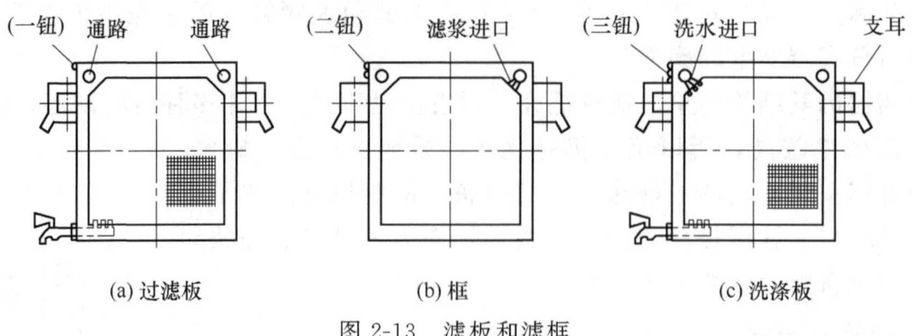

(a) 过滤板　　(b) 框　　(c) 洗涤板

图 2-13　滤板和滤框

构成供滤浆、滤液或洗涤液流动的通道。框的两侧覆以四角开孔的滤布，空框与滤布围成了容纳滤浆及滤饼的空间。滤板又分为洗涤板与过滤板两种。洗涤板左上角的圆孔内还开有与板面两侧相通的侧孔道，洗水可由此进入框内。为了便于区别，常在板、框外侧铸有小钮或其他标志。通常，过滤板为一钮，洗涤板为三钮，而框则为二钮（如图 2-13 所示）。装合时即按钮数以 1-2-3-2-1-2 的顺序排列板与框。所需滤板和滤框的数目，由生产能力和悬浮液的浓度情况所定。

过滤时，悬浮液在指定的压力下经滤浆通道由滤框角端的暗孔进入框内，滤液分别穿过两侧滤布，再经邻板板面流至滤液出口排走，固体则被截留于框内，如图 2-14（a）所示，待滤饼充满滤框后，即停止过滤。若滤饼需要洗涤，可将洗水压入洗水通道，经洗涤板角端的暗孔进入板面与滤布之间。此时，应关闭洗涤板下部的滤液出口，洗水便在压力差推动下穿过一层滤布及整个厚度的滤饼，然后再横穿另一层滤布，最后由过滤板下部的滤液出口排出，如图 2-14（b）所示。这种操作方式称为横穿洗涤法，其作用在于提高洗涤效果。

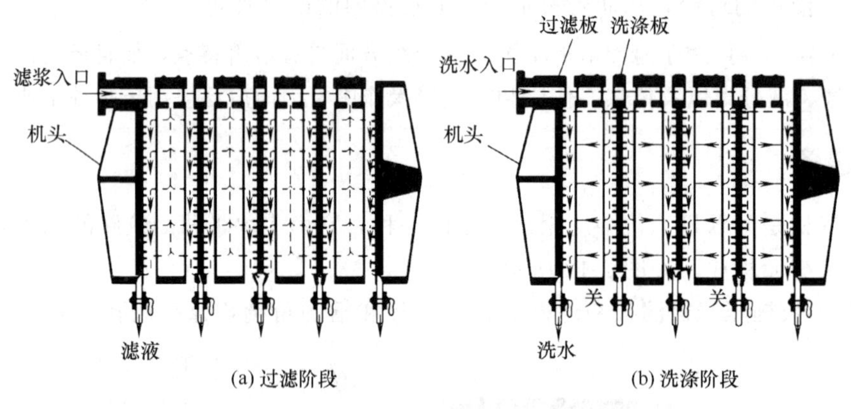

(a) 过滤阶段　　(b) 洗涤阶段

图 2-14　板框压滤机操作示意图

洗涤结束后，旋开压紧装置并将板框拉开，卸出滤饼，清洗滤布，重新装合，进入下一个操作循环。

板框压滤机的操作压力一般为 300～800kPa（表压）。滤板和滤框可用铸铁、铸钢或耐腐蚀材料制成，并可使用塑料涂层，以适应悬浮液的性质及力学强度等方面的要求。

板框压滤机的优点是：构造简单，制造方便，附属设备少，占地面积小而过滤面积大，操作压力高，对各种物料的适应能力强。其缺点是：装卸板框的劳动强度大，生产效率低，滤饼洗涤慢，且不均匀；由于经常拆卸，滤布磨损严重。近年来出现了各种自动操作的板框压滤机，这一缺点得到了一定的改进。

四、分离设备的选用

分离设备的选择主要取决于分离要求、分离物系的特点及经济性。其中，分离目的、固相浓度、粒度分布、颗粒形态特征、固液两相密度差及液相黏度等，是选择分离方法及设备需要考虑的因素。

（一）气-固分离

气-固分离需要处理的固体颗粒直径通常有一个分布，一般可采用如下分离过程。

① 利用重力除去 50μm 以上的粗大颗粒。重力沉降设备投资及操作费用低，颗粒浓度越大，除尘效率越高。常用于含尘气体的预分离以降低颗粒浓度，有利于后续分离过程。

② 利用旋风分离器可除去 5μm 以上的颗粒。旋风分离器结构简单、操作容易、价格低廉，设计适当时，除尘效率可达 90%以上，但对 5μm 以下颗粒的分离效率仍较低，适用于中等捕集要求、非黏性非纤维状固体的除尘操作。

③ 5μm 以下颗粒的分离可选用电除尘器、袋式过滤器或湿式除尘器。

（二）液-固分离

液-固分离的目的主要是获得固体颗粒产品和澄清液体。

（1）以获得固体产品为目的的分离方法和设备选用

① 增稠。固相浓度小于 1%（体积分数）时，可采用连续沉降槽、旋液分离器、沉降离心机浓缩。

② 过滤。若粒径大于 50μm，可采用过滤离心机，分离效果好，滤饼含液量低；小于 50μm 宜采用压差过滤设备。

③ 固相浓度为 1%～10%（体积分数），可采用板框压滤机；5%以上可采用真空过滤机；10%以上可采用过滤离心机。

（2）以获得澄清液体为目的的分离方法和设备选用

利用连续沉降槽、过滤机、过滤离心机或沉降离心机分离不同大小的颗粒，还可加入絮凝剂或助滤剂。如螺旋沉降离心机可除去 10μm 以上的颗粒；预涂层的板式压滤机可除去 5μm 以上的颗粒；管式分离机可除去 1μm 左右的颗粒。澄清要求非常高时，可在最后采用深层过滤。

本部分中提到的各类数据，仅是一种参考值，由于分离的影响因素极其复杂，通常要根据工程经验或通过中间试验，来判断一个新系统的适用设备与适宜的分离操作条件。

任务五　板框压滤机仿真实训

动画资源

铸魂育人

一、实训目标

1. 了解板框过滤机基本原理。

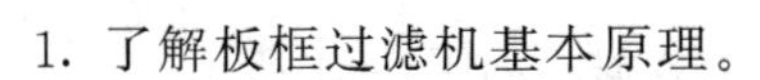

2. 了解板框压滤机的操作步骤及注意事项。

二、基本原理

板框压滤机用于固体和液体的分离。与其他固-液分离设备相比，压滤机过滤后的泥饼有更高的固含率和优良的分离效果。固-液分离的基本原理是：混合液流经过滤介质（滤布），固体停留在滤布上，并逐渐在滤布上堆积形成过滤泥饼。而滤液部分则渗透过滤布，成为不含固体的清液。随着过滤过程的进行，滤饼过滤开始，泥饼厚度逐渐增加，过滤阻力加大。过滤时间越长，分离效率越高。

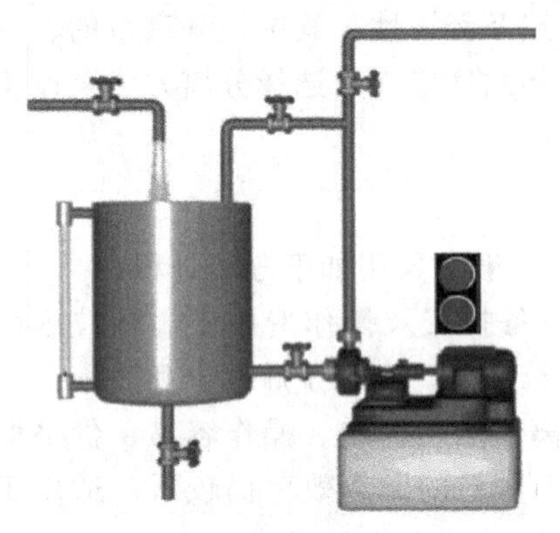
图 2-15　加自来水

三、实训步骤

（1）加自来水

首先，打开自来水阀，往配料桶供水，如图 2-15 所示。

（2）循环搅拌

启动离心泵，打开回流阀，将悬浮液搅拌均匀，如图 2-16 所示。

（3）输送悬浮液

当悬浮液搅拌均匀后，打开高位槽的排气阀，再打开采出阀，向高位槽输送悬浮液，如图 2-17 所示。

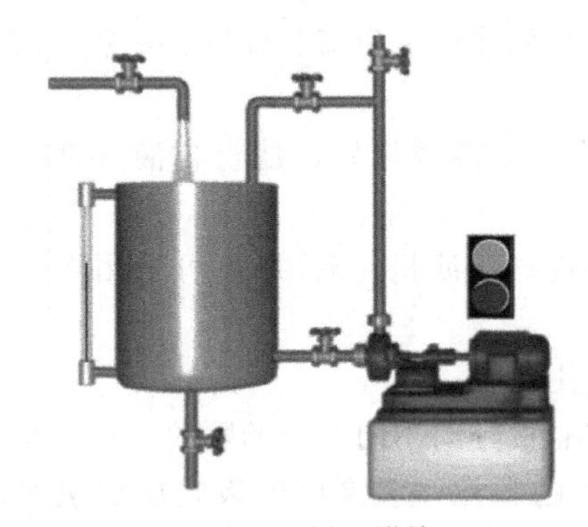
图 2-16　循环搅拌

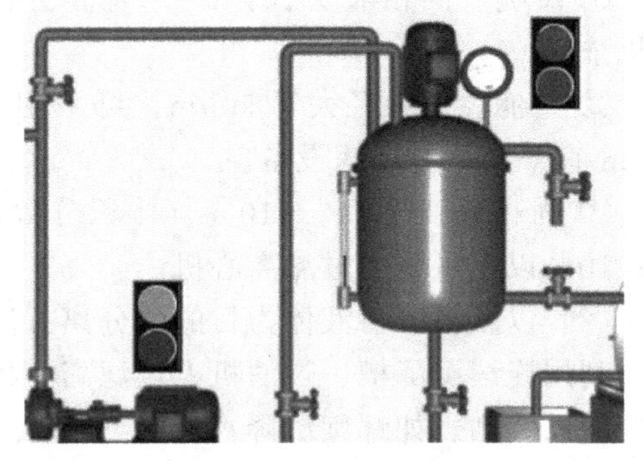
图 2-17　输送悬浮液

（4）加压

启动风机，打开加压阀，给高位槽加压。点击压力表可显示高位槽压力，当压力在 0.1～0.3MPa 时，将加压阀与排气阀开度保持一致，使高位槽压力稳定，打开搅拌电机开关，如图 2-18 所示。

（5）压板框

点击板框过滤机右边的旋柄，压紧板框，如图 2-19 所示。

（6）过滤和数据记录及处理

打开过滤阀，即可开始过滤，点击计量桶，可观察液位，本实验自动记录默认打开，点击自动记录按钮即可记录数据，如图 2-20 所示。

点击左侧菜单的数据处理按钮，可查看自动记录的原始数据，如图 2-21 所示。

点击显示计算结果画面，再点击自动计算按钮，即可得到计算结果，如图 2-22 所示。

点击显示数据曲线画面，再点击开始绘制按钮，即可得到数据曲线，如图 2-23 所示。

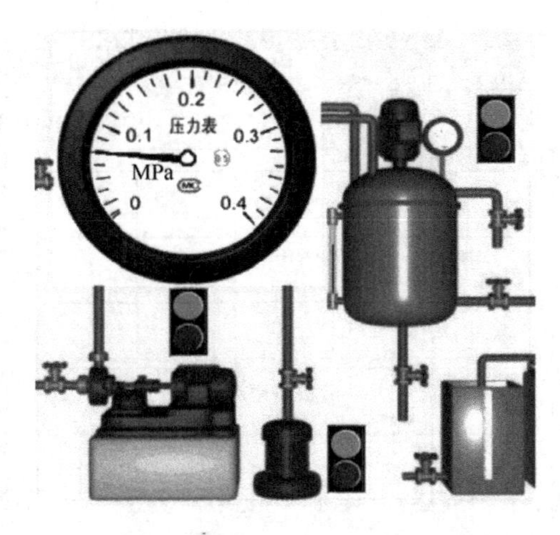

图 2-18　加压

图 2-19　压板框

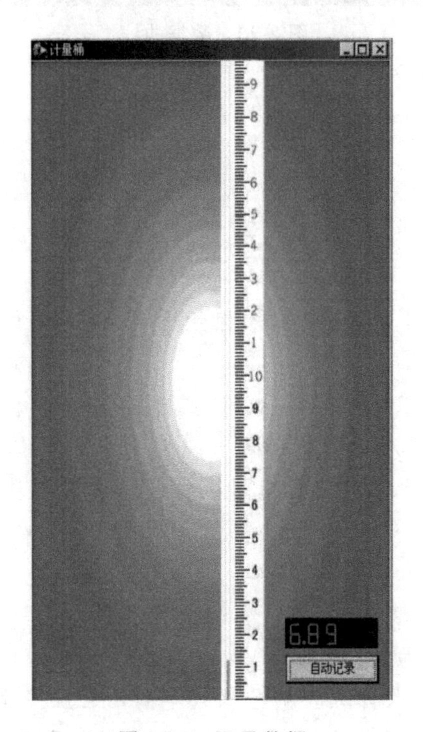

图 2-20　记录数据

过滤时间(s)	滤液量(L)	压强(MPa)	固体质量分率
30.2	20.0245	0.1414	0.023
45.0	26.8885	0.1414	0.023
52.5	30.0198	0.1414	0.023
65.4	35.0023	0.1414	0.023
78.5	39.8489	0.1414	0.023
96.1	45.3865	0.1414	0.023
107.3	48.7949	0.1414	0.023
120.9	52.7239	0.1414	0.023
129.1	54.9956	0.1414	0.023
139.4	57.7570	0.1414	0.023

图 2-21　自动记录的原始数据

点击显示实验参数画面，可查看本实验各设备的参数。

四、注意事项

① 配料时启动泵，打开回流阀，循环搅拌，使悬浮液均匀。

② 往高位槽供料时必须打开排气阀，同时打开搅拌电机。

③ 高位槽通入压缩空气作为滤浆时加压之用，高位槽的压力可由放气旁路上的阀门加以调节。

④ 开始过滤前必须将板框压紧。

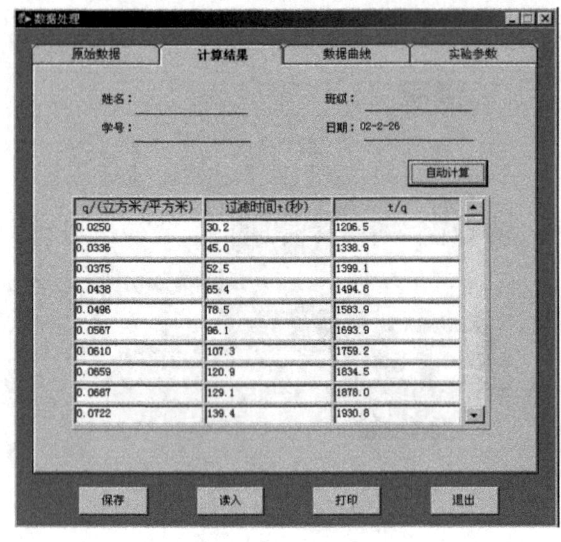

图 2-22　计算结果

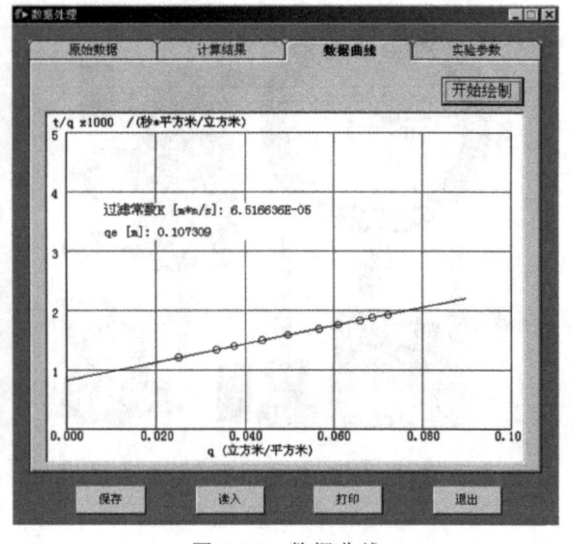

图 2-23　数据曲线

知识能力检测

一、选择题

1. 板框压滤机洗涤速率为恒压过滤最终速率的1/4，这一规律只有在（　　）时才成立。

A. 过滤时的压差与洗涤时的压差相同

B. 滤液的黏度与洗涤液的黏度相同

C. 过滤压差与洗涤压差相同且滤液的黏度与洗涤液的黏度相同

D. 过滤压差与洗涤压差相同，滤液的黏度与洗涤液的黏度相同，且过滤面积与洗涤面积相同

2. 尘粒在电除尘器中的运动是（　　）。

A. 匀速直线运动　　B. 自由落体运动　　C. 变速运动　　D. 静止的

3. 对标准旋风分离器，下列说法正确的是（　　）。

A. 尺寸大，则处理量大，但压降也大　　B. 尺寸大，则分离效率高，且压降小

C. 尺寸小，则处理量小，分离效率高　　D. 尺寸小，则分离效率差，且压降大

4. 多层降尘室是根据（　　）原理而设计的。

A. 含尘气体处理量与降尘室的层数无关

B. 含尘气体处理量与降尘室的高度无关

C. 含尘气体处理量与降尘室的直径无关

D. 含尘气体处理量与降尘室的大小无关

5. 固体颗粒直径增加，其沉降速度（　　）。

A. 减小　　B. 不变　　C. 增加　　D. 不能确定

6. 过滤操作中滤液流动遇到的阻力是（　　）。

A. 过滤介质阻力　　B. 滤饼阻力

C. 过滤介质和滤饼阻力之和　D. 无法确定

7. 过滤常数 K 与（　　）无关。

A. 滤液黏度　B. 过滤面积

C. 滤浆浓度　D. 滤饼的压缩性

8. 过滤速率与（　　）成反比。

A. 操作压差和滤液黏度　B. 滤液黏度和滤渣厚度

C. 滤渣厚度和颗粒直径　D. 颗粒直径和操作压差

9. 恒压过滤，过滤常数 K 值增大则过滤速度（　　）。

A. 加快　B. 减慢　C. 不变　D. 不能确定

10. 降尘室的高度减小，生产能力将（　　）。

A. 增大　B. 不变　C. 减小　D. 以上答案都不对

11. 自由沉降的意思是（　　）。

A. 颗粒在沉降过程中受到的流体阻力可忽略不计

B. 颗粒开始的降落速度为零，没有附加一个初始速度

C. 颗粒在降落的方向上只受重力作用，没有离心力等的作用

D. 颗粒间不发生碰撞或接触的情况下的沉降过程

12. 颗粒在空气中的自由沉降速度（　　）颗粒在水中自由沉降速度。

A. 大于　B. 等于　C. 小于　D. 无法判断

13. 可引起过滤速率减小的原因是（　　）。

A. 滤饼厚度减小　B. 液体黏度减小

C. 压力差减小　D. 过滤面积增大

14. 离心分离的基本原理是固体颗粒产生的离心力（　　）液体产生的离心力。

A. 小于　B. 等于　C. 大于　D. 两者无关

15. 球形固体颗粒在重力沉降槽内自由沉降，当操作处于层流沉降区时，升高悬浮液的温度，粒子的沉降速度将（　　）。

A. 增大　B. 不变　C. 减小　D. 无法判断

16. 推导过滤基本方程时，一个基本的假设是（　　）。

A. 滤液在介质中呈湍流流动　B. 滤液在介质中呈层流流动

C. 滤液在滤渣中呈湍流流动　D. 滤液在滤渣中呈层流流动

17. 微粒在降尘室内能除去的条件为：停留时间（　　）它的沉降时间。

A. 不等于　B. 大于或等于　C. 小于　D. 大于或小于

18. 下列分离过程不属于非均相物系分离过程的是（　　）。

A. 沉降　B. 结晶　C. 过滤　D. 离心分离

19. 下列因素不影响旋转真空过滤机的生产能力的是（　　）。

A. 过滤面积　B. 转速　C. 过滤时间　D. 浸没角

20. 下列说法正确的是（　　）。

A. 滤浆黏性越大过滤速度越快　B. 滤浆黏性越小过滤速度越快

C. 滤浆中悬浮颗粒越大过滤速度越快　D. 滤浆中悬浮颗粒越小过滤速度越快

21. 以下表达式中正确的是（　　）。

A. 过滤速率与过滤面积平方 A^2 成正比

B. 过滤速率与过滤面积 A 成正比

C. 过滤速率与所得滤液体积 V 成正比

D. 过滤速率与虚拟滤液体积 V_e 成反比

22. 与降尘室的生产能力无关的是（　　）。

A. 降尘室的长　　B. 降尘室的宽　　C. 降尘室的高　　D. 颗粒的沉降速度

23. 在讨论旋风分离器分离性能时，临界直径这一术语是指（　　）。

A. 效率最高时旋风分离器的直径

B. 旋风分离器允许的最小直径

C. 旋风分离器能够全部分离出来的最小颗粒的直径

D. 能保持层流流型时的最大颗粒直径

24. 在外力作用下，使密度不同的两相发生相对运动而实现分离的操作是（　　）。

A. 蒸馏　　B. 沉降　　C. 萃取　　D. 过滤

25. 在重力场中，微小颗粒的沉降速度与（　　）无关。

A. 粒子的几何形状　　B. 粒子的尺寸大小

C. 流体与粒子的密度　　D. 流体的速度

26. 当其他条件不变时，提高回转真空过滤机的转速，则过滤机的生产能力（　　）。

A. 提高　　B. 降低　　C. 不变　　D. 不一定

27. 如果气体处理量较大，可以采取两个以上尺寸较小的旋风分离器（　　）使用。

A. 串联　　B. 并联　　C. 先串联后并联　　D. 先并联后串联

28. 下列不影响过滤速率的因素是（　　）。

A. 悬浮液体的性质　　B. 悬浮液的高度

C. 滤饼性质　　D. 过滤介质

29. 下列措施中不一定能有效地提高过滤速率的是（　　）。

A. 加热滤浆　　B. 在过滤介质上游加压

C. 在过滤介质下游抽真空　　D. 及时卸渣

30. 下列物系中，可以用旋风分离器加以分离的是（　　）。

A. 悬浮液　　B. 含尘气体　　C. 酒精水溶液　　D. 乳浊液

31. 现有一需分离的气-固混合物，其固体颗粒平均尺寸在 10μm 左右，适宜的气-固相分离器是（　　）。

A. 旋风分离器　　B. 重力沉降器

C. 板框过滤机　　D. 真空抽滤机

32. 以下属于连续式过滤机的是（　　）。

A. 箱式叶滤机　　B. 真空叶滤机

C. 回转真空过滤机　　D. 板框压滤机

33. 用降尘室除去烟气中的尘粒，因某种原因使进入降尘室的烟气温度上升，若气体流量不变，含尘情况不变，降尘室出口气体的含尘量将（　　）。

A. 变大　　B. 不变　　C. 变小　　D. 不能确定

34. 用于分离气-固非均相混合物的离心设备是（　　）。

A. 降尘室　　B. 旋风分离器

C. 过滤式离心机　　D. 转鼓真空过滤机

35. 有一高温含尘气流，尘粒的平均直径在2～3μm，现要达到较好的除尘效果，可采用（ ）。

A. 降尘室 B. 旋风分离器 C. 湿法除尘 D. 袋滤器

36. 欲提高降尘室的生产能力，主要的措施是（ ）。

A. 提高降尘室的高度 B. 延长沉降时间

C. 增大沉降面积 D. 都可以

37. 在①旋风分离器、②降尘室、③袋滤器、④静电除尘器等除尘设备中，能除去气体中颗粒的直径符合由大到小顺序的是（ ）。

A. ①②③④ B. ④③①②

C. ②①③④ D. ②①④③

38. 在一个过滤周期中，为了达到最大生产能力（ ）。

A. 过滤时间应大于辅助时间 B. 过滤时间应小于辅助时间

C. 过滤时间应等于辅助时间 D. 过滤加洗涤所需时间等于1/2周期

二、判断题

1. 板框压滤机的整个操作过程分为过滤、洗涤、卸渣和重装四个阶段。根据经验，当板框压滤机的过滤时间等于其他辅助操作时间总和时，其生产能力最大。（ ）

2. 板框压滤机是一种连续性的过滤设备。（ ）

3. 沉降分离的原理是依据分散物质与分散介质之间的黏度差来分离的。（ ）

4. 沉降分离要满足的基本条件是停留时间不小于沉降时间，且停留时间越大越好。（ ）

5. 分离过程可以分为机械分离和传质分离过程两大类。（ ）

6. 过滤、沉降属于传质分离过程。（ ）

7. 过滤操作是分离悬浮液的有效方法之一。（ ）

8. 过滤速率与过滤面积成正比。（ ）

9. 将降尘室用隔板分层后，若能100%除去的最小颗粒直径要求不变，则生产能力将变大；沉降速度不变，沉降时间变小。（ ）

10. 降尘室的生产能力不仅与降尘室的宽度和长度有关，而且与降尘室的高度有关。（ ）

11. 降尘室的生产能力与降尘室的底面积、高度及沉降速度有关。（ ）

12. 降尘室的生产能力只与沉降面积和颗粒沉降速度有关，而与高度无关。（ ）

13. 颗粒的自由沉降是指颗粒间不发生碰撞或接触等相互影响的情况下的沉降过程。（ ）

14. 离心分离因数越大其分离能力越强。（ ）

15. 要使固体颗粒在沉降器内从流体中分离出来，颗粒沉降所需要的时间必须大于颗粒在器内的停留时间。（ ）

16. 在除去某粒径的颗粒时，若降尘室的高度增加一倍，则其生产能力不变。（ ）

17. 在斯托克斯区域内粒径为16μm及8μm的两种颗粒在同一旋风分离器中沉降，则两种颗粒的离心沉降速度之比为2。（ ）

18. 在一般过滤操作中，实际上起到主要介质作用的是滤饼层而不是过滤介质本身。（ ）

19. 在重力场中，固体颗粒的沉降速度与颗粒几何形状无关。 ( )

20. 直径越大的旋风分离器，其分离效率越差。 ( )

21. 板框压滤机的滤板和滤框，可根据生产要求进行任意排列。 ( )

22. 采用在过滤介质上游加压的方法可以有效地提高过滤速率。 ( )

23. 沉降器具有澄清液体和增稠悬浮液的双重功能。 ( )

24. 过滤操作适用于分离含固体物质的非均相物系。 ( )

25. 将滤浆冷却可提高过滤速率。 ( )

26. 利用电力来分离非均相物系可以彻底将非均相物系分离干净。 ( )

27. 滤浆与洗涤水是同一条管路进入压滤机的。 ( )

28. 气-固分离时，选择分离设备，依颗粒从大到小分别采用沉降室、旋风分离器、袋滤器。 ( )

29. 为提高离心机的分离效率，通常采用小直径、高转速的转鼓。 ( )

30. 旋风除尘器能够使全部粉尘得到分离。 ( )

31. 欲提高降尘室的生产能力，主要的措施是提高降尘室的高度。 ( )

32. 在过滤操作中，过滤介质必须将所有颗粒都截留下来。 ( )

33. 重力沉降设备比离心沉降设备分离效果更好，而且设备体积也较小。 ( )

34. 助滤剂只能单独使用。 ( )

35. 转鼓真空过滤机在生产过程中，滤饼厚度达不到要求，主要是由于真空度过低。 ( )

36. 转筒真空过滤机是一种间歇性的过滤设备。 ( )

三、解答题

1. 如何提高离心设备的分离能力？

2. 沉降分离设备所必须满足的基本条件是什么？对于一定的处理能力，影响分离效率的物性因素有哪些？

3. 影响恒压过滤的因素有哪些？过滤常数 K 的增大是否有利于加快过滤速度？

4. 简述计算沉降速度用试差法的原因并说明计算步骤。

四、计算题

1. 求直径为 60μm 的石英颗粒（密度 $2600\mathrm{kg/m^3}$）在 20℃水中和 20℃空气中的沉降速度。

2. 密度为 $2650\mathrm{kg/m^3}$ 的球形石英颗粒在 20℃的空气中自由沉降，计算服从斯托克斯公式的最大颗粒直径及服从牛顿公式的最小颗粒直径。

3. 过滤面积为 $0.093\mathrm{m^2}$ 的小型板框压滤机，恒压过滤含有碳酸钙颗粒的水悬浮液。过滤时间为 50s 时，共获得 $2.27\times10^{-3}\mathrm{m^3}$ 滤液；过滤时间为 100s 时，共获得 $3.35\times10^{-3}\mathrm{m^3}$ 滤液。求过滤时间为 200s 时，共获得多少滤液？

参考答案

一、选择题

1～5 DCCBC 6～10 CBBAB 11～15 DACDA 16～20 BBBBC

21～25　ACCBD　　26～30　ABBBB　　31～35　ACABD　　36～38　CCD

二、判断题

1～5　×××××　　6～10　×√×√×　　11～15　×√√√×

16～20　√×√×√　　21～25　××√√×　　26～30　××√√×

31～36　××××××

三、解答题

略

四、计算题

1. 在水中，$u_t=2.23\times10^{-3}$m/s；在空气中，$u_t=0.199$m/s

2. $d_{max}=57.4\mu m$；$d_{min}=1513\mu m$

3. $V=4.88\times10^{-3}\ m^3$

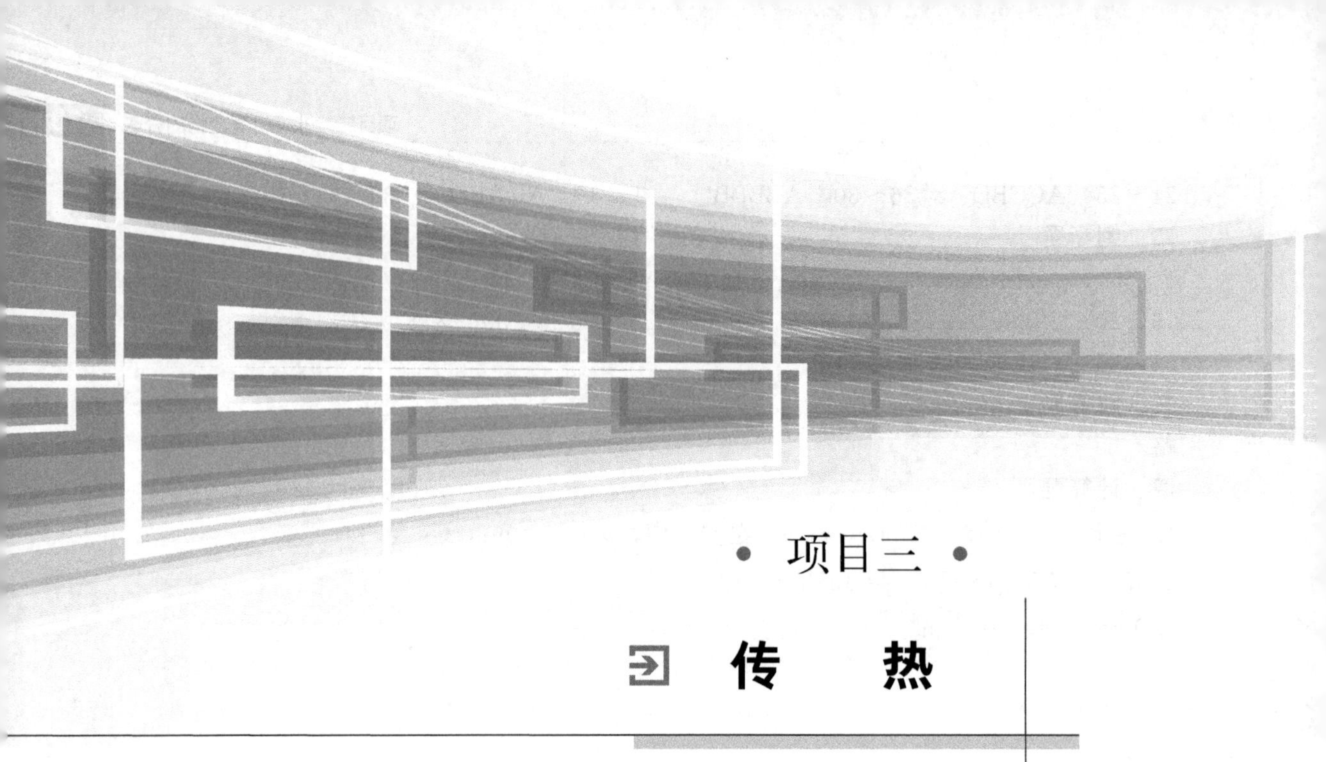

• 项目三 •

传　热

【案例导入】

乙烯是无色可燃气体，是石油化工基础原料，用于合成纤维、橡胶、塑料，以及植物成熟催熟剂，其产量是衡量一个国家石油化工发展水平的核心指标。某石化厂通过裂解石脑油生产乙烯，为有效利用热量，对生产过程产生的大部分热量进行了回收利用，包括高温裂解气的急冷，汽油分馏塔塔釜急冷油的冷却换热，原油的预热等，其中，在高温裂解气冷却中，使用管壳式换热器（固定管板式），将流量为50000kg/h的高温裂解气从800℃冷却至200℃，回收热量用于蒸汽生成。管壳式换热器热负荷为75000kW，传热面积789m^2，壳程压降15kPa，管程压降10kPa，裂解气侧操作压力为5bar，其他侧为常压。

项目生产流程图如下：

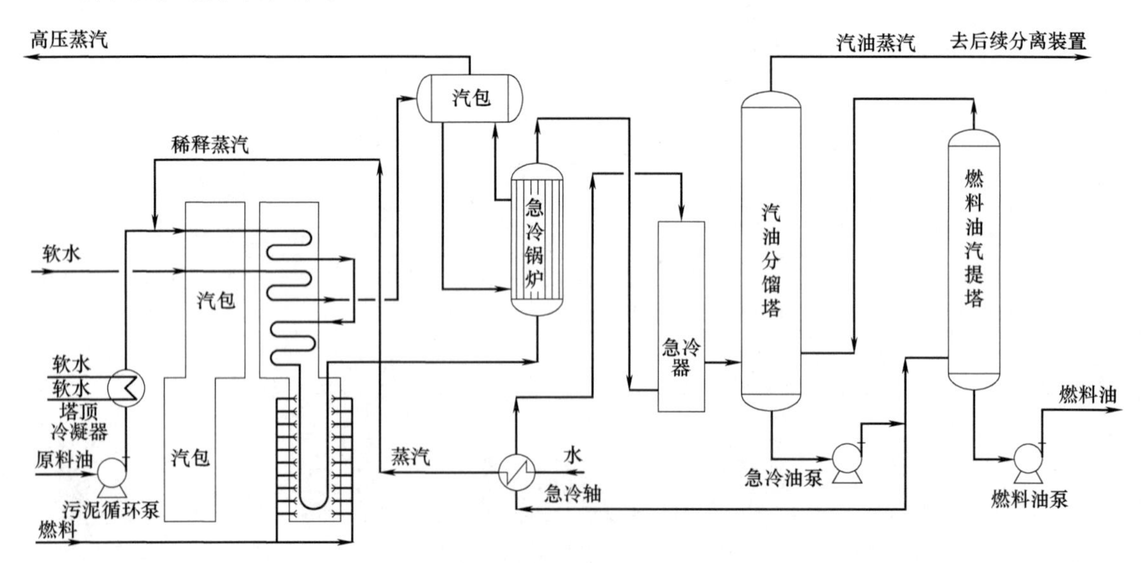

管式裂解炉工艺流程图

【案例分析】

要完成以上的换热任务，需解决以下关键问题：

(1) 结合流程图，正确认识换热过程，理解传热原理；

(2) 根据案例条件，能通过热量平衡计算生产的蒸汽量；

(3) 熟悉各种类型的换热器结构，适用条件和选用标准；

(4) 根据案例条件，结合工艺流程图，核算管壳式换热器的换热面积；

(5) 根据案例内容，结合操作规程，能进行换热器的日常维修；

(6) 掌握工艺流程，完成传热单元 DCS 操控；

(7) 能够完成传热单元开停车操作及故障处置。

【学习指南】

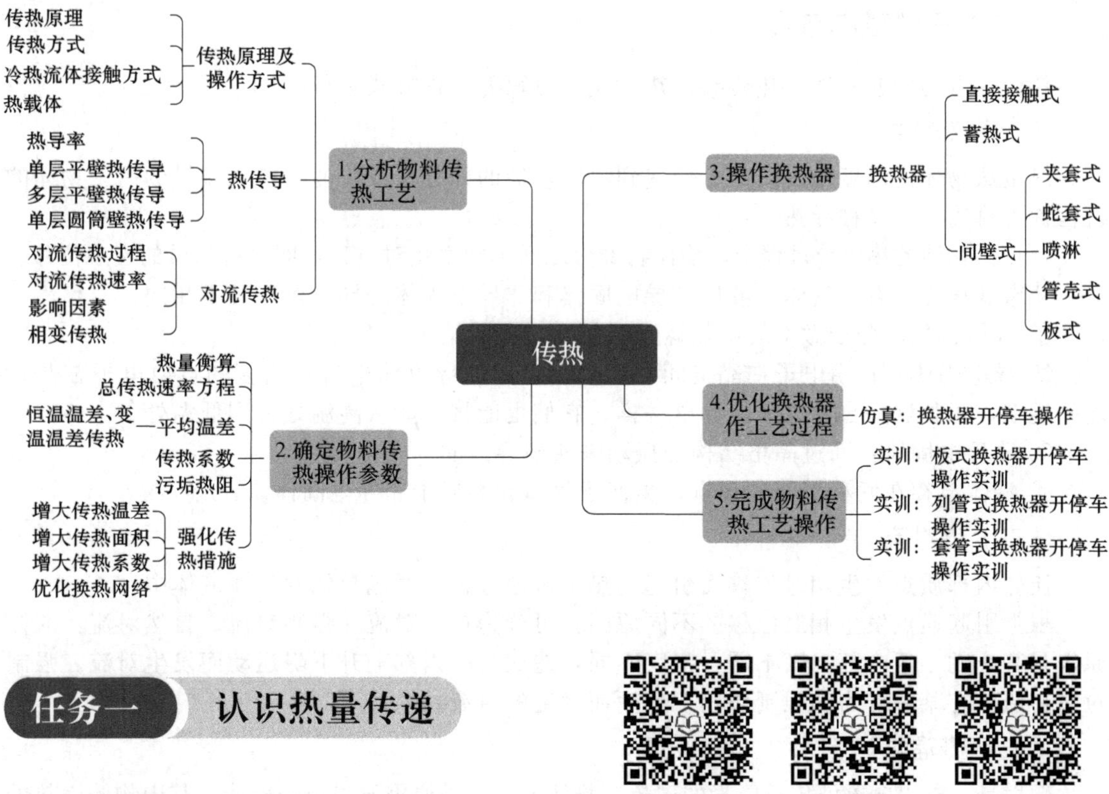

任务一　认识热量传递

微课精讲　动画资源　行业前沿

一、热力学第一定律

热力学第一定律也可称为能量守恒原理。其基本内容为：在一个热力学系统内，能量可转换，即可从一种形式转变成另一种形式，但不能自行产生，也不能毁灭。一般公式化为：一个系统内能的改变等于供给系统的热量减去系统对外环境所做的功。对于单元操作主要涉及的流体而言（系统不做功且没有化学变化的情况下），可以简单理解为：冷热两系统在传热过程中，冷系统吸收的热量等于热系统放出的热量。

二、传热在化工生产中的应用

由热力学第二定律可知，凡是有温差的地方就有热量传递。传热不仅是自然界普遍存在的现象，而且在科学技术、工业生产以及日常生活中都有很重要的地位，与化学工业的关系尤为密切。

化工生产中的化学反应通常是在一定的温度下进行的，为此反应物需加热到适当的温度；而反应后的产物常需冷却以移去热量。在其他单元操作中，如蒸馏、吸收、干燥等，物料都有一定的温度要求，需要输入或输出热量。此外，高温或低温下操作的设备和管道都要求保温，以便减少它们和外界的传热。近十多年来，随能源价格的不断上升和对环保要求的提高，热量的合理利用和废热的回收越来越得到人们的重视。

化工对传热过程有两方面的要求：

① 强化传热过程：在传热设备中加热或冷却物料，希望以高传热速率来进行热量传递，使物料达到指定温度或回收热量，同时使传热设备紧凑，节省设备费用。

② 削弱传热过程：对设备或管道进行保温，以减少热损失。

一般来说，传热设备在化工厂设备投资中可占到40%左右，传热是化工中重要的单元操作之一，了解和掌握传热的基本规律，在化学工程中具有很重要的意义。

三、传热的三种基本方式

任何热量的传递只能以热传导、热对流、热辐射三种方式进行。

（一）热传导

热量从物体内温度较高的部分传递到温度较低的部分，或传递到与之接触的另一物体的过程称为热传导，又称导热。

特点：在纯的热传导过程中，物体各部分之间不发生相对位移，即没有物质的宏观位移。

从微观角度来看，气体、液体、导电固体和非导电固体的导热机理各不相同。

① 气体：气体分子做不规则热运动时相互碰撞的结果。

② 导电固体：自由电子在晶格间的运动。良好的导电体中有相当多的自由电子在晶格之间运动，正如这些自由电子能导电一样，它们也能将热能从高温处传到低温处。

③ 非导电固体：通过晶格结构的振动来实现导热的。

④ 液体：存在两种不同的观点，类似于气体和类似于非导电固体。

（二）热对流

流体内部质点发生相对位移而引起的热量传递过程，对流只能发生在流体中。

根据引起质点发生相对位移的不同原因，可分为自然对流和强制对流。自然对流：流体原来是静止的，但内部温度不同、密度不同，造成流体内部上升下降运动而发生对流。强制对流：流体在某种外力的强制作用下运动而发生的对流。

（三）热辐射

辐射是一种以电磁波传播能量的现象。物体会因各种原因发射出辐射能，其中物体因热的原因发出辐射能的过程称为热辐射。物体放热时，热能变为辐射能，以电磁波的形式在空间传播，当遇到另一物体，则部分或全部被吸收，重新又转变为热能。热辐射不仅是能量的转移，而且伴有能量形式的转变。此外，辐射能可以在真空中传播，不需要任何物质作媒介。

四、传热过程中冷、热流体的接触方式

化工生产中常见的情况是冷、热流体进行热交换。根据冷、热流体的接触情况，工业上的传热过程可分为三大类：直接接触式、蓄热式、间壁式。

（一）直接接触式传热

在这类传热中，冷、热流体在传热设备中通过直接混合的方式进行热量交换，又称为混

合式传热。

优点：方便和有效，而且设备结构较简单，常用于热气体的水冷或热水的空气冷却。

缺点：在工艺上必须允许两种流体能够相互混合。

（二）蓄热式传热

这种传热方式是冷、热两种流体交替通过同一蓄热室时，通过填料将从热流体来的热量传递给冷流体，达到换热的目的，如图 3-1 所示。

优点：结构较简单，可耐高温，常用于气体的余热或冷量的利用。

缺点：由于填料需要蓄热，所以设备的体积较大，且两种流体交替时难免会有一定程度的混合。

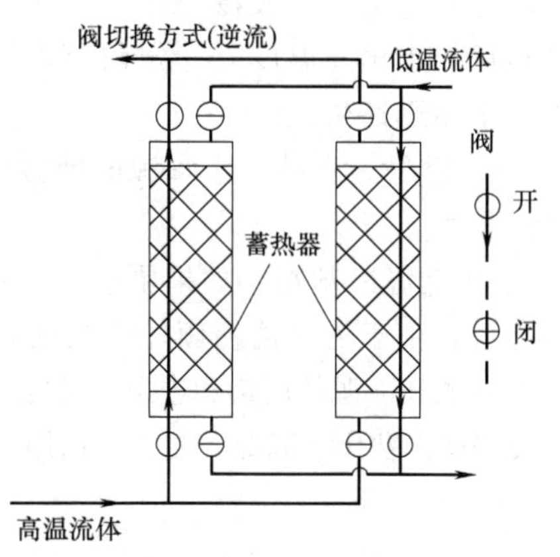

图 3-1 蓄热式传热流程

（三）间壁式传热

在多数情况下，化工工艺上不允许冷、热流体直接接触，故直接接触式传热和蓄热式传热在工业上并不多见，工业上应用最多的是间壁式传热过程。间壁式换热器的特点是在冷、热两种流体之间用一金属壁（或石墨等导热性能好的非金属壁）隔开，以便使两种流体在不相混合的情况下进行热量传递。这类换热器中以套管式换热器和列管式换热器为典型设备。不同类型换热器将在任务四中详细说明。

五、热载体及其选择

为了将冷流体加热或将热流体冷却，必须用另一种流体供给或取走热量，此流体称为热载体。起加热作用的热载体称为加热剂也称为热源，而起冷却作用的热载体称为冷却剂也称为冷源。

在化工生产中，不可避免地要使用外来工业热源和冷源，其能源消耗在成本中占相当大的比例。

对热源和冷源的一般要求如下：

① 温度必须满足工艺要求。

② 易于输送、使用和调节。

③ 腐蚀性小，稳定性好，不易结垢，价廉易得。

（1）常用的工业热源

① 电热。其特点是加热的温度范围很广，便于控制和调节，但使用成本很高，一般只在特殊要求的场合使用。

② 饱和水蒸气。这是最常用的工业热源，它的对流传热系数高，可用调节压力（如通过减压阀）的方法来调节温度。由于高压蒸汽直接作为热源并不经济，故饱和蒸汽温度一般不超过 180℃（相应的表压为 0.9MPa）。

③ 热水。可使用低压蒸汽通入冷水中制取，如果使用量大，也可直接使用锅炉热水。

④ 烟道气。常用于需要高温加热的场合，但其传热系数低，温度也不易控制。

⑤ 其他高温热载体。当需要将流体加热到较高温度时，也可使用矿物油、联苯混合物、熔盐等。

这些工业热源及其适用温度范围见表 3-1。

表 3-1 工业热源及其适用温度范围

加热剂	热水	饱和水蒸气	矿物油	联苯混合物	熔盐	烟道气
适用温度/℃	40～100	100～180	180～250	255～380	142～530	500～1000

(2) 常用的工业冷源

① 冷却用水。如河水、井水、城市水厂给水等，水温随地区和季节而变。深井水的水温较低而稳定，一般在 15～20℃左右。水的冷却效果好，也最为常用。随水的硬度不同对换热后的水出口温度有一定限制，一般不宜超过 60℃，在不易清洗的场合不宜超过 50℃，以免水垢迅速生成。

② 空气。在缺乏水资源的地方可采用空气冷却，其主要缺点是传热系数低、需要的传热面积大。

③ 低温冷却剂。如果要求将物料冷到环境温度以下可使用低温盐水、液氨、液氮等作为冷源，由于需要消耗额外的机械能量，故成本较高。

热源和冷源的用量和进出口温度，对传热过程的温差和传热系数有很大影响，从而影响设备投资和操作费用。因此，要正确选用适宜温度的热源和冷源，并确定其适宜用量和出口温度。

任务二 分析热量传递过程

微课精讲

动画资源

行业前沿

一、基本概念

(一) 传热速率和热流密度

传热速率 Q：又称热流量，单位时间内通过传热面传递的热量。整个换热器的传热速率称为热负荷，它表征了换热器的生产能力，单位为 J/s 或 W。

热流密度 q：又称热通量，单位时间内通过单位传热面传递的热量，单位为 $J/(s \cdot m^2)$ 或 W/m^2。

$$q=\frac{Q}{A} \tag{3-1}$$

式中，A 为总传热面积，m^2。

(二) 稳态传热与非稳态传热

稳态传热：传热系统中传热速率、热通量及温度等有关物理量分布规律不随时间而变，仅为位置的函数。连续生产过程的传热多为稳态传热。

非稳态传热：传热系统中传热速率、热通量及温度有关物理量分布规律不仅要随位置而变，也是时间的函数。

二、热传导

(一) 单层平壁的热传导

热传导是物体内部分子微观运动的一种传热方式，虽然其微观机理非常复杂，但热传导的宏观规律可用傅里叶定律来描述。由于只有固体中有纯热传导，我们简化讨论的对象仅为各向同性、质地均匀固体物质的热传导。由傅里叶定律：

$$Q=-\lambda A\frac{\mathrm{d}t}{\mathrm{d}n} \tag{3-2}$$

式中，Q 为单位时间内传导的热量；λ 为热导率（又称导热系数），W/(m·℃) 或 W/(m·K)；A 为导热面积；$\frac{\mathrm{d}t}{\mathrm{d}n}$为温度梯度。可以推导出通过单层平壁的稳定热传导（如图 3-2）的计算公式为

$$Q=\frac{\lambda}{\delta}A(t_1-t_2)=\frac{t_1-t_2}{\frac{\delta}{\lambda A}} \tag{3-3}$$

$$Q=\frac{t_1-t_2}{\frac{\delta}{\lambda A}}=\frac{\Delta t}{R}=\frac{\text{传热推动力}}{\text{热阻}} \tag{3-4}$$

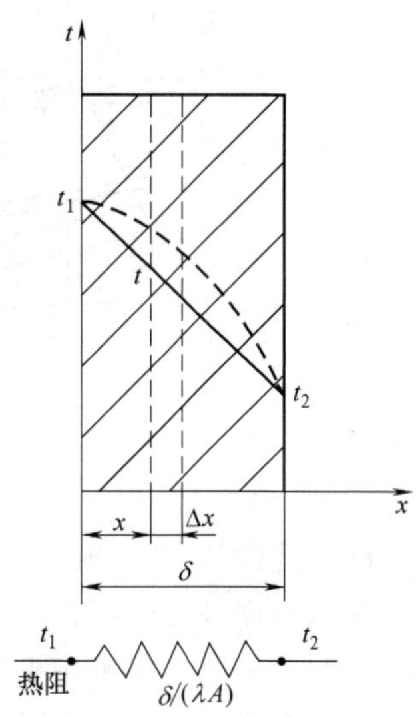

图 3-2 单层平壁热传导

式中，Q 为传热速率，即单位时间通过平壁的热量，W 或 J/s；A 为平壁的面积，m^2；δ 为平壁的厚度，m；λ 为平壁的热导率，W/(m·℃) 或 W/(m·K)；t_1，t_2 分别为平壁两侧的温度，℃。

传热速率 Q 正比于传热推动力 Δt，反比于热阻 R。距离越大，传热面积和热导率越小，热阻越大，在相同的推动力下，传热速率 Q 越小。

热导率 λ 的定义由傅里叶定律给出（我们不做过多说明），λ 越大，传热性能越好。从强化传热来看，选用 λ 大的材料；相反，要削弱传热，选用 λ 小的材料。

与 μ 相似，λ 是分子微观运动的宏观表现，与分子运动和分子间相互作用力有关，数值大小取决于物质的结构及组成、温度和压力等因素。各种物质的热导率可用实验测定，常见物质可查手册。下面分别介绍固体、液体和气体的热导率。

（1）固体

纯金属温度升高，λ 减小，纯金属的 λ 比合金大。

非金属温度升高，λ 增大，同样温度下，ρ 越大，λ 越大。

固体绝缘材料，λ 很小，因为其结构呈纤维状或多孔，其孔隙率很大，孔隙中含有大量空气。

在一定温度范围内（温度变化不太大），大多数均质固体 λ 与 t 呈线性关系，可用下式表示：

$$\lambda=\lambda_0(1+at) \tag{3-5}$$

式中，λ 为温度 t 时的热导率，W/(m·℃) 或 W/(m·K)；λ_0 为 0℃时的热导率，W/(m·℃) 或 W/(m·K)；a 为温度系数，对大多数金属材料为负值（$a<0$），对大多数非金属材料为正值（$a>0$）。

（2）液体

液体分为金属液体和非金属液体两类，金属液体热导率较高，非金属较低。而在非金属液体中，水的热导率最大，如图 3-3 所示。除水和甘油等少量液体物质外，绝大多数液体随温度升高，λ 减小（略微）。一般来说，纯液体的 λ 大于溶液的 λ。

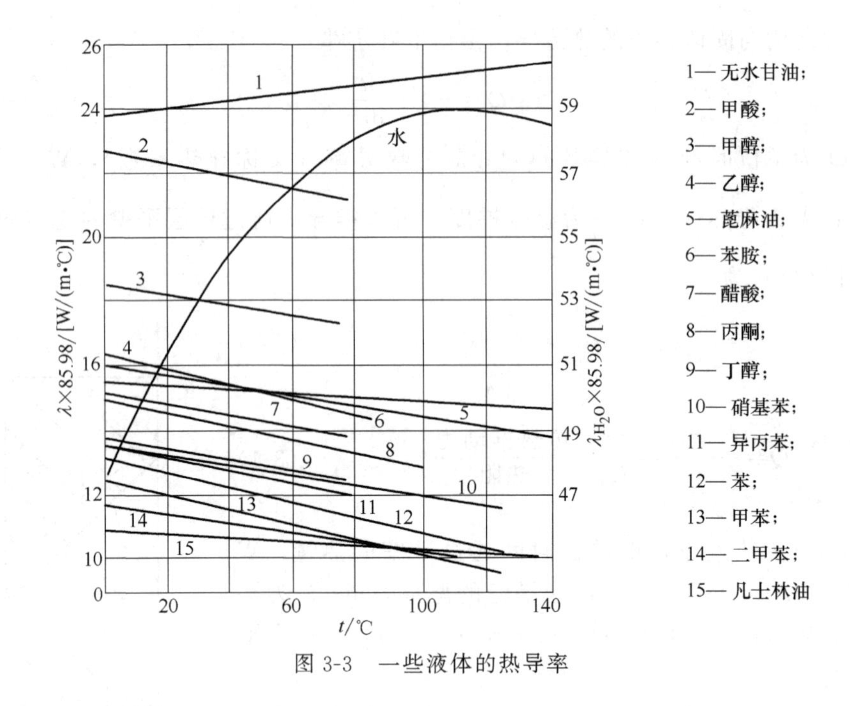

图 3-3 一些液体的热导率

（3）气体

气体温度升高，λ 增大，如图 3-4 所示。在通常压力范围内，p 对 λ 的影响一般不考虑。气体不利于传热，但可用来保温或隔热。

一般来说，λ 的大小顺序为：金属固体＞非金属固体＞液体＞气体。λ 的大概范围为：金属固体，$10^1 \sim 10^2$ W/(m·K)；建筑材料，$10^{-1} \sim 10^0$ W/(m·K)；绝缘材料，$10^{-2} \sim 10^{-1}$ W/(m·K)；液体，10^{-1} W/(m·K)；气体，$10^{-2} \sim 10^{-1}$ W/(m·K)。

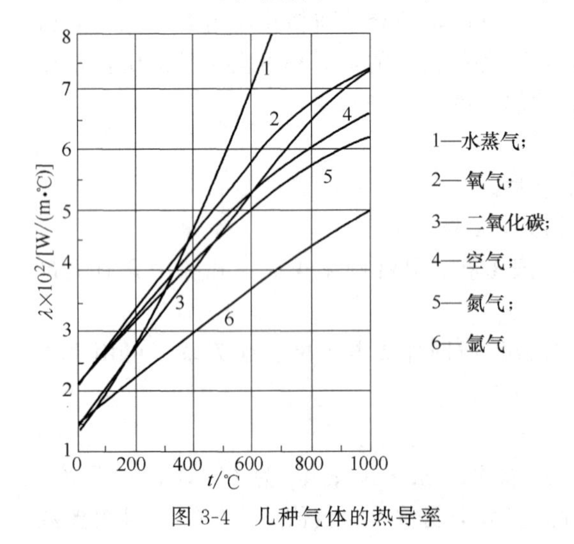

图 3-4 几种气体的热导率

【例 3-1】 某平壁厚 0.40m，内、外表面温度为 1500℃ 和 300℃，壁材料的热导率 $\lambda = 0.815 + 0.00076t$ [W/(m·℃)]，试求通过每平方米壁面的传热速率。

解： 已知 $t_1 = 1500$℃，$t_2 = 300$℃

壁的平均温度

$$t = \frac{t_1 + t_2}{2} = \frac{1500 + 300}{2} = 900℃$$

壁的平均热导率为

$$\lambda = 0.815 + 0.00076 \times 900 = 1.50 \text{W/(m·℃)}$$

故

$$q = \frac{Q}{A} = \frac{t_1 - t_2}{\frac{\delta}{\lambda}} = \frac{1500 - 300}{\frac{0.40}{1.50}} = 4500 \text{W/m}^2$$

上述计算中取 λ 为常数，故 $\frac{dt}{dx}$ = 常数，平壁内温度呈线性分布，如图 3-2 中直线所示。若考虑 λ 随温度的变化，则温度分布呈曲线，图 3-2 中虚线表示 λ 随温度上升而增大时的情况。工程计算中，是一般可取 λ 的平均值并视为常量。

（二）多层平壁的热传导

以图3-5为例，多层平壁的稳定热传导中，如果各层接触良好，接触面两侧温度相同。

$$Q=\frac{t_1-t_2}{\frac{b_1}{\lambda_1 A}}=\frac{t_2-t_3}{\frac{b_2}{\lambda_2 A}}=\frac{t_3-t_4}{\frac{b_3}{\lambda_3 A}} \tag{3-6}$$

$$Q=\frac{\sum \Delta t_1}{\sum \frac{b_i}{\lambda_i A}}=\frac{t_1-t_4}{\sum\limits_{i=1}^{3} \frac{b_i}{\lambda_i A}}=\frac{t_1-t_4}{\sum\limits_{i=1}^{3} R_i}=\frac{\text{总推动力}}{\text{总热阻}} \tag{3-7}$$

推广至 n 层：

$$Q=\frac{t_1-t_{n+1}}{\sum\limits_{i=1}^{n} \frac{b_i}{\lambda_i A}}=\frac{t_1-t_{n+1}}{\sum\limits_{i=1}^{n} R_i} \tag{3-8}$$

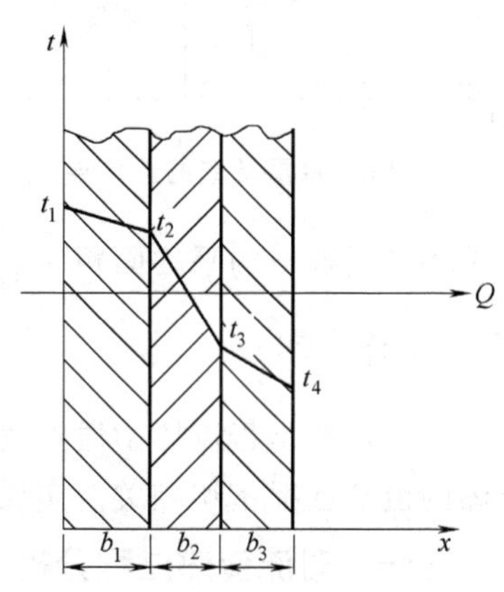

图3-5　多层平壁的热传导

【例3-2】 一台锅炉的炉墙由三种砖围成，最内层为耐火砖，中间层为保温砖，最外层为建筑砖。耐火砖：$b_1=115\text{mm}$，$\lambda_1=1.160\text{W}/(\text{m}\cdot℃)$；保温砖：$b_2=125\text{mm}$，$\lambda_2=0.116\text{W}/(\text{m}\cdot℃)$；建筑砖：$b_3=70\text{mm}$，$\lambda_3=0.350\text{W}/(\text{m}\cdot℃)$。现测得炉内壁和外壁表面温度分别为495℃和60℃。试计算：(1) 通过炉墙单位面积的导热热损失；(2) 各层间接触面的温度。

解：(1) 由式（3-7）变形计算单位面积的导热热损失

$$q=\frac{Q}{A}=\frac{t_1-t_4}{\frac{b_1}{\lambda_1}+\frac{b_2}{\lambda_2}+\frac{b_3}{\lambda_3}}=\frac{495-60}{\frac{0.115}{1.160}+\frac{0.125}{0.116}+\frac{0.07}{0.350}}=316\text{W}/\text{m}^2$$

(2) 由式（3-6）可得：

$$t_1-t_2=q\frac{b_1}{\lambda_1}=\frac{0.115}{1.160}\times 316=31.3℃$$

$$t_2-t_3=q\frac{b_2}{\lambda_2}=\frac{0.125}{0.116}\times 316=340.6℃$$

所以

$$t_2=t_1-31.3℃=463.7℃$$

$$t_3=t_2-340.6℃=123.1℃$$

由计算结果可见，发生在保温砖层上的温度降最大，这是因为三层砖中其热导率最小且厚度最大，即热阻值最大。

（三）圆筒壁的热传导

通过平壁的热传导，各处的传热速率 Q 和热通量 q 均相等；而在圆筒壁的热传导中，圆筒的内外表面积不同，各层圆筒的传热面积不相同，所以在各层圆筒的不同半径 r 处传热速率 Q 相等，但各处热通量 q 却不等，如图3-6所示。通过傅里叶公式可以推导通过圆筒壁的稳定传热速率。与通过平壁的稳定热传导公式相似，通过圆筒壁的稳定传热速率也可以表达为：

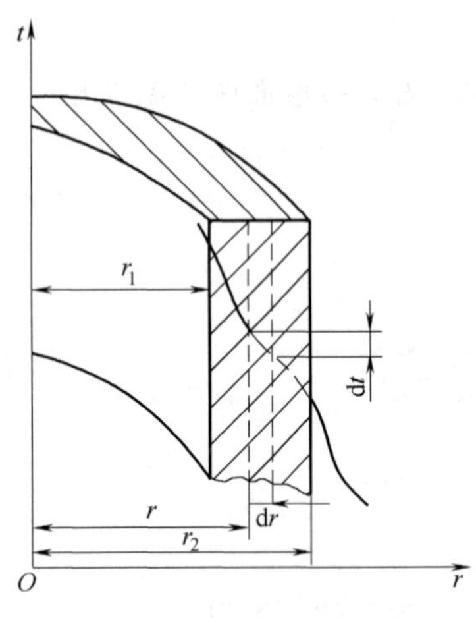

图 3-6 单层圆壁的热传导

$$Q=\frac{\Delta t}{R}=\frac{传热推动力}{热阻} \tag{3-9}$$

只是式中的 R 应该表示为 $R=\frac{\delta}{\lambda A_m}$，其中 $\delta=r_2-r_1$，$A_m=2\pi l r_m$，$r_m=\frac{r_2-r_1}{\ln\frac{r_2}{r_1}}$，$r_m$ 为对数平均半径。

通过多层圆筒壁的稳定热传导与通过多层平壁稳定热传导类似，$Q=\frac{t_1-t_{n+1}}{\sum_{i=1}^{n}R_i}$，多层圆筒壁传热的总推动力也为总温度差，总热阻也为各层热阻之和，但是计算时与多层平壁不同的是其各层热阻所用的传热面积不相等，所以应采用各层各自的平均面积 $A_{m,i}$。

三、对流传热

对流传热是指流体中质点发生相对位移而引起的热交换。对流传热仅发生在流体中，与流体的流动状况密切相关。实质上对流传热是流体的对流与热传导共同作用的结果。

（一）对流传热过程分析

流体在平壁上流过时，流体和壁面间将进行换热，引起壁面法向方向上温度分布的变化，形成一定的温度梯度，如图 3-7 所示。近壁处，流体温度发生显著变化的区域，称为热边界层或温度边界层。由于对流是依靠流体内部质点发生位移来进行热量传递，因此对流传热的快慢与流体流动的状况有关。流体流动形态有层流和湍流。层流流动时，由于流体质点只在流动方向上做一维运动，在传热方向上无质点运动，此时主要依靠热传导方式来进行热量传递，但由于流体内部存在温差还会有少量的自然对流，此时传热速率小，应尽量避免此种情况。

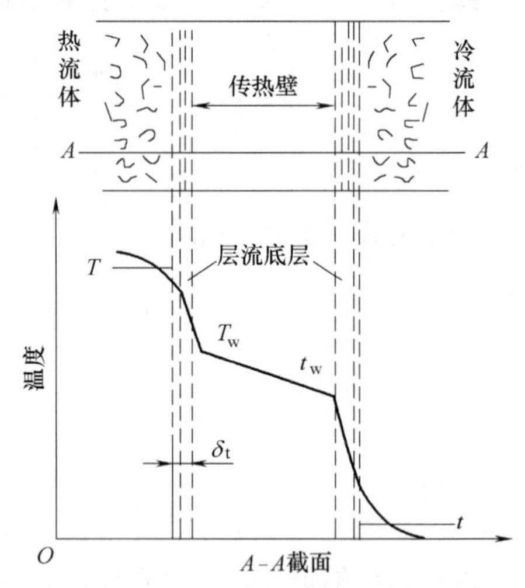

图 3-7 对流传热的温度分布

流体在换热器内的流动大多数情况下为湍流，下面我们来分析流体做湍流流动时的传热情况。流体做湍流流动时，靠近壁面处流体流动分别为层流底层、过渡层（缓冲层）、湍流核心。

层流底层：流体质点只沿流动方向上做一维运动，在传热方向上无质点的混合，温度变化大，传热主要以热传导的方式进行。导热为主，热阻大，温差大。

湍流核心：在远离壁面的湍流中心，流体质点充分混合，温度趋于一致（热阻小），传热主要以对流方式进行。质点相互混合交换热量，温差小。

过渡层：温度分布不像湍流主体那么均匀，也不像层流底层变化明显，传热以热传导和对流两种方式共同进行。质点混合，分子运动共同作用，温度变化平缓。

根据热传导的分析，温差大热阻就大。所以，流体做湍流流动时，热阻主要集中在层流底层中。如果要加强传热，必须采取措施来减小层流底层的厚度。

（二）对流传热速率方程

对流传热大多是指流体与固体壁面之间的传热，其传热速率与流体性质及边界层的状况密切相关。如图 3-7 所示，在靠近壁面处引起温度变化形成温度边界层。温度差主要集中在层流底层中。假设流体与固体壁面之间的传热热阻全集中在厚度为 δ_t 有效膜中，在有效膜之外无热阻存在，在有效膜内传热主要以热传导的方式进行。该膜既不是热边界层，也非流动边界层，而是集中了全部传热温差并以导热方式传热的虚拟膜。由此假定，此时的温度分布情况如图 3-7 所示。

建立膜模型：

$$\delta_t=\delta_e+\delta \tag{3-10}$$

式中，δ_t 为总有效膜厚度；δ_e 为湍流区虚拟膜厚度；δ 为层流底层膜厚度。

在虚拟膜内使用傅里叶定律表示传热速率：

冷流体被加热：

$$Q=\frac{\lambda}{\delta_t}A(t_w-t) \tag{3-11}$$

热流体被冷却：

$$Q'=\frac{\lambda'}{\delta'_t}A(T_w-T) \tag{3-12}$$

设 $\alpha=\frac{\lambda}{\delta_t}$，对流传热速率方程可用牛顿冷却定律来描述：

冷流体被加热：

$$Q=\alpha A(t_w-t) \tag{3-13}$$

热流体被冷却：

$$Q'=\alpha' A(T-T_w) \tag{3-14}$$

式中，Q'、Q 分别为热、冷流体对流传热速率，W；α'、α 分别为热、冷流体对流传热系数，$W/(m^2\cdot℃)$；T_w、t_w 分别为热、冷流体侧壁温，℃；T、t 分别为热、冷流体（平均）温度，℃；A 为对流传热面积，m^2。

牛顿冷却定律并非从理论上推导的结果，只是一种推论，是一个实验定律。假设 $Q\propto\Delta t$，则

$$Q=\alpha A(t_w-t)=\frac{t_w-t}{\frac{1}{\alpha A}}=\frac{\Delta t}{R}=\frac{推动力}{热阻} \tag{3-15}$$

Δt 和 A 一定时，α 增大，Q 增大。

对流传热是一个非常复杂的物理过程，实际上由于有效膜厚度难以测定，牛顿冷却定律只是给出了计算传热速率的简单数学表达式，并未简化问题本身，只是把诸多影响过程的因素都归结到了 α 当中（复杂问题简单化表示）。

（三）影响对流传热的因素

对流传热是流体在具有一定形状及尺寸的设备中流动时发生的热流体到壁面或壁面到冷

流体的热量传递过程，因此它必然与下列因素有关。

(1) 引起流动的原因

引起流体流动的原因有两种。一是流体内部存在温差引起密度差形成的浮升力，造成流体内部质点的上升和下降运动，称为自然对流，一般 u 较小，α 也较小；二是在外力作用下引起的流动运动，称为强制对流，一般 u 较大，故 α 较大。通常情况下，$\alpha_{强}>\alpha_{自}$。

(2) 流体的物性

当流体种类确定后，根据温度、压力（气体）可查得对应的物性。对 α 影响较大的物性有：密度 ρ、黏度 μ、热导率 λ、比热容 c_p。当 λ 增大，α 增大；当 ρ 增大，Re 增大，α 增大；当 c_p 增大，单位体积流体的热容量增大，则 α 较大；当 μ 增加，Re 减小，α 减小。

(3) 流动形态

层流：流体主要依靠热传导的方式传热。由于流体的热导率比金属的热导率小得多，所以热阻大。湍流：质点充分混合且层流底层变薄，α 较大。Re 增大，δ 减小，α 增大，但 Re 增大，动力消耗大。$\alpha_{湍}>\alpha_{层}$。

(4) 传热面的形状、大小和位置

不同的壁面形状、尺寸会影响流型，进而影响对流传热系数。比如：①形状，管、板、管束等；②大小，管径和管长等；③位置，管子的排列方式（如管束有正四方形和三角形排列，管或板是垂直放置还是水平放置）。通常，对于一种类型的传热面，常用一个或几个特征尺寸来表示传热面的形状特征。

(5) 流体的相态变化

流体的相态变化一般包含蒸汽冷凝和液体沸腾两种。发生相变时，由于汽化或冷凝的潜热r（J/kg）远大于温度变化的显热 c_p，一般情况下，有相变化时对流传热系数较大，即 $\alpha_{相变}>\alpha_{无相变}$，所以在化工生产中相变传热比较常见。

由于对流传热本身是一个非常复杂的物理问题，通过牛顿冷却定律，可将复杂问题转到计算对流传热系数上面。但影响对流传热系数的因素非常多，目前还不能从理论上推导对流传热系数的计算式，只能通过实验得到其经验关联式。经验关联式非常多，我们这里不做过多描述。

（四）相变传热

1. 蒸汽冷凝

当蒸汽与低于其饱和温度的冷壁接触时，将凝结为液体，释放出汽化热。

(1) 冷凝方式

膜状冷凝：冷凝液能润湿壁面，形成一层完整的液膜布满液面并连续向下流动。

滴状冷凝：冷凝液不能很好地润湿壁面，仅在其上凝结成小液滴，此后长大或合并成较大的液滴而脱落。

冷凝液润湿壁面的能力取决于其表面张力和对壁面的附着力大小。若附着力大于表面张力则会形成膜状冷凝，反之，则形成滴状冷凝。通常滴状冷凝时蒸汽不必通过液膜传热，可直接在传热面上冷凝，其对流传热系数比膜状冷凝的对流传热系数大 5～10 倍。但滴状冷凝难于控制，工业上大多是膜状冷凝。

(2) 冷凝传热的影响因素和强化措施

从前面的讲述中可知，对于纯的饱和蒸汽冷凝时，热阻主要集中在冷凝液膜内，液膜的厚度及其流动状况是影响冷凝传热的关键。所以，影响液膜状况的所有因素都将影响冷凝传热。

① 流体物性的影响。冷凝液密度 ρ 增大，黏度 μ 减小，则液膜厚度 δ 减小，从而使 α 增大；冷凝液热导率 λ 增大，α 增大。

冷凝潜热 r 增大，同样的热负荷 Q 下冷凝液量小，则液膜厚度 δ 减小，使 α 增大。

在所有的物质中以水蒸气的冷凝传热系数最大，一般为 $10^4\,\mathrm{W/(m^2\cdot K)}$ 左右，而某些有机物蒸气的冷凝传热系数可低至 $10^3\,\mathrm{W/(m^2\cdot K)}$ 以下。

② 温度差影响。当液膜做层流流动时，$\Delta t=t_s-t_w$，Δt 增大，则蒸汽冷凝速率加大，液膜增厚即 δ 增加，α 减小。

③ 不凝性气体的影响。上面的讨论都是对纯蒸汽而言的，在实际的工业冷凝器中，蒸汽中常含有微量的不凝性气体，如空气。当蒸汽冷凝时，不凝性气体会在液膜表面浓集形成气膜。这样冷凝蒸汽到达液膜表面冷凝前，必须先以扩散的方式通过这层气膜。这相当于额外附加了一层热阻，而且由于气体的热导率 λ 小，蒸汽冷凝的对流传热系数大大下降。实验可证明，当蒸汽中含空气量达 1%时，α 下降 60%左右。因此，在冷凝器的设计中，在高处安装气体排放口；操作时，定期排放不凝性气体，减少不凝性气体对 α 的影响。

④ 蒸汽流速与流向的影响。前面介绍的公式只适用于蒸汽静止或流速不大的情况。蒸汽的流速对 α 有较大的影响，蒸汽流速 $u<10\mathrm{m/s}$ 时，可不考虑其对 α 的影响。当蒸汽流速 $u>10\mathrm{m/s}$ 时，还要考虑蒸汽与液膜之间的摩擦作用力。

蒸汽与液膜流向相同时，会加速液膜流动，使液膜变薄，δ 减小，α 增大；蒸汽与液膜流向相反时，会阻碍液膜流动，使液膜变厚，δ 增大，α 减小；但 u 增大时，会吹散液膜，α 增加。一般冷凝器设计时，蒸汽入口在其上部，此时蒸汽与液膜流向相同，有利于增大 α。

⑤ 蒸汽过热的影响。当蒸汽温度高于操作压力下的饱和温度时称为过热蒸汽。若过热蒸汽与比其饱和温度高的壁面接触（$t_w>t_s$），壁面无冷凝现象，此时为无相变的对流传热过程；若过热蒸汽与比其饱和温度低的壁面接触（$t_w<t_s$）时，由冷却和冷凝两种串联的传热过程组成。整个过程是过热蒸汽首先在气相下冷却到饱和温度，然后在液膜表面继续冷凝，冷凝的推动力仍为 $\Delta t=t_s-t_w$。

一般过热蒸汽的冷凝过程可按饱和蒸汽冷凝来处理，所以前面的公式仍适用。但此时应把显热和潜热都考虑进来，$r'=c_p(t_v-t_s)+r$，c_p 为过热蒸汽的比热容，t_v 为温度。工业中过热蒸汽显热增加较小，可近似用饱和蒸汽计算。

⑥ 冷凝面的高度及布置方式的影响。对于纯蒸汽冷凝，恒压下 t_s 为一定值。即在气相主体内无温差也无热阻，α 的大小主要取决于液膜的厚度及冷凝液的物性。所以，在流体一定的情况下，一切能使液膜变薄的措施都将强化冷凝传热过程。

减小液膜厚度最直接的方法是从冷凝壁面的高度和布置方式入手。如在垂直壁面上开纵向沟槽，以减薄壁面上的液膜厚度。还可在壁面上安装金属丝或翅片，使冷凝液在表面张力的作用下，流向金属丝或翅片附近集中，从而使壁面上的液膜减薄，使冷凝传热系数得到提高。

2. 液体沸腾

对液体加热时，液体内部伴有液相变为气相产生气泡的过程称为沸腾。

（1）分类

按设备的尺寸和形状可分为以下两种：

① 大容器沸腾。加热壁面浸入液体，液体被加热而引起的无强制对流的沸腾现象。

② 管内沸腾。在一定压差下流体在流动过程中受热沸腾（强制对流），此时液体流速对沸腾过程有影响，而且加热面上气泡不能自由上浮，被迫随流体一起流动，出现了复杂的气液两相的流动结构。

（2）沸腾传热过程

工业上用的再沸器、蒸发器、蒸汽锅炉等都是通过沸腾传热来产生蒸汽。管内沸腾的传热机理比大容器沸腾更为复杂。这里仅讨论大容器的沸腾传热过程。

① 气泡的生成和过热度。由于表面张力的作用，要求气泡内的蒸气压力大于液体的压力。而气泡生成和长大都需要从周围液体中吸收热量，要求压力较低的液相温度高于气相的温度，故液体必须过热，即液体的温度必须高于气泡内压力所对应的饱和温度。在液相中紧贴加热面的液体具有最大的过热度。液体的过热是新相——小气泡生成的必要条件。

② 粗糙表面的汽化核心。开始形成气泡时，气泡内的压力必须无穷大。这种情况显然是不存在的，因此纯净的液体在绝对光滑的加热面上不可能产生气泡。气泡只能在粗糙加热面的若干点上产生，这种点称为汽化核心。无汽化核心则气泡不会产生。过热度增大，汽化核心数增多。汽化核心是一个复杂的问题，它与表面粗糙程度、氧化情况、材料的性质及其不均匀性质等多种因素有关。

③ 沸腾曲线。如图 3-8 所示，以常压水在大容器内沸腾为例，说明 Δt 对 α 的影响。

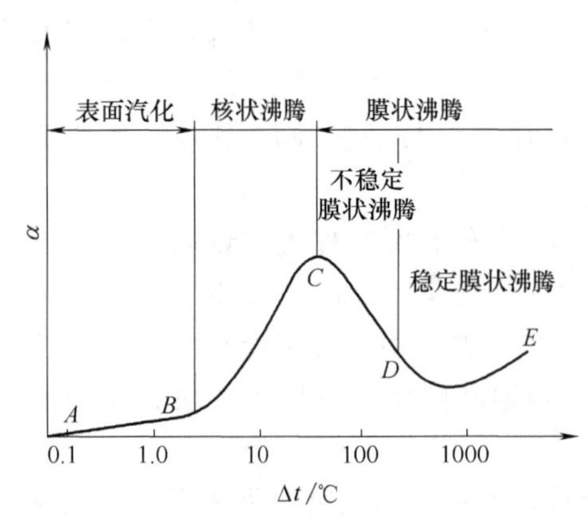

图 3-8　常压下水沸腾时 α 与 Δt 的关系

a. AB 段，$\Delta t = t_w - t_s$，Δt 很小时，仅在加热面有少量汽化核心形成气泡，长大速度慢，所以加热面与液体之间主要以自然对流为主。

$\Delta t<5$℃时，汽化仅发生在液体表面，严格说还不是沸腾，而是表面汽化。此阶段，α 较小，且随 Δt 增大的缓慢。

b. BC 段，5℃$<\Delta t<$25℃时，汽化核心数增大，汽泡长大速度增快，对液体扰动增强，对流传热系数增加，由汽化核心产生的气泡对传热起主导作用，此时为核状沸腾。

c. CD 段，$\Delta t>$25℃进一步增大到一定数值，加热面上的汽化核心大大增加，以至气泡产生的速度大于脱离壁面的速度，气泡相连形成气膜，将加热面与液体隔开，由于气体的热导率 λ 较小，使 α 减小，此阶段称为不稳定膜状沸腾。

d. DE 段，$\Delta t>$250℃时，气膜稳定，由于加热面 t_w 高，热辐射影响增大，对流传热系数增大，此时为稳定膜状沸腾。

工业上一般维持沸腾装置在核状沸腾下工作，其优点是：此阶段下 α 大，t_w 小。从核状沸腾到膜状沸腾的转折点 C 称为临界点（此后传热恶化），其对应临界值为 Δt_c、α_c、q_c。对于常压水在大容器内沸腾时，$\Delta t_c=25$℃、$q_c=1.25\times10^6\,\mathrm{W/m^2}$。

（3）沸腾传热的影响因素和强化措施

① 流体物性。流体的 μ、λ、σ、ρ 等都会影响沸腾传热，通常若 λ 增大或 ρ 增大，则 α 增大；若 μ 增大或 σ 增大，则 α 减小。

一般来说，有机物的 μ 大，在同样的 p 和 Δt 下 α 比水的小；对于表面张力 σ 小，润湿能力大的液体，有利于气泡形成和脱离壁面，α 会增大，对沸腾传热有利。故在液体中加入少量添加剂，改变其表面张力，可提高沸腾传热系数。

② 温差 Δt。从沸腾曲线可知，温差 Δt 是影响和控制沸腾传热过程的重要因素，应尽量控制在核状沸腾阶段进行操作。

③ 操作压力。提高操作压力 p，相当于提高液体的饱和温度 t_s，使液体的 μ 减小，则 σ 减小，有利于气泡形成和脱离壁面，强化了沸腾传热，在相同温差下，α 增大。

④ 加热面的状况。加热面越粗糙，提供的汽化核心越多，越有利于传热。新的、洁净的和粗糙的加热面，α 大；当壁面被油脂污染后，α 下降。此外，加热面的布置情况，对沸腾传热也有明显的影响。例如在水平管束外沸腾时，其上升气泡会覆盖上方管的一部分加热面，导致平均 α 下降。

对于沸腾传热，由于过程的复杂性，虽然提出的经验式很多，但不够完善，至今还未总结出普遍适用的公式。有相变时的 α 比无相变时的 α 大得多，热阻主要集中在无相变一侧流体上，此时有相变一侧流体的 α 只需近似计算。

任务三 确定传热设备参数

微课精讲

动画资源

铸魂育人

一、热量衡算

如图 3-9 所示的换热过程，冷、热流体的进、出口温度分别为 t_1、t_2 和 T_1、T_2，热、冷流体的质量流量分别为 W_h、W_c。设换热器绝热良好，热损失可以忽略，则两流体流经换热器时，单位时间内热流体放热等于冷流体吸热。

（1）无相变

$$Q=W_h c_{p1}(T_1-T_2)=W_c c_{p2}(t_2-t_1) \tag{3-16}$$

（2）有相变

若热流体有相变化，如饱和蒸汽冷凝，而冷流体无相变化，则：

$$Q=W_h[r+c_{p1}(T_s-T_2)]=W_c c_{p2}(t_2-t_1) \tag{3-17}$$

式中，Q 为流体放出或吸收的热量，J/s；r 为流体的冷凝潜热，kJ/kg；T_s 为饱和蒸汽温度，℃。

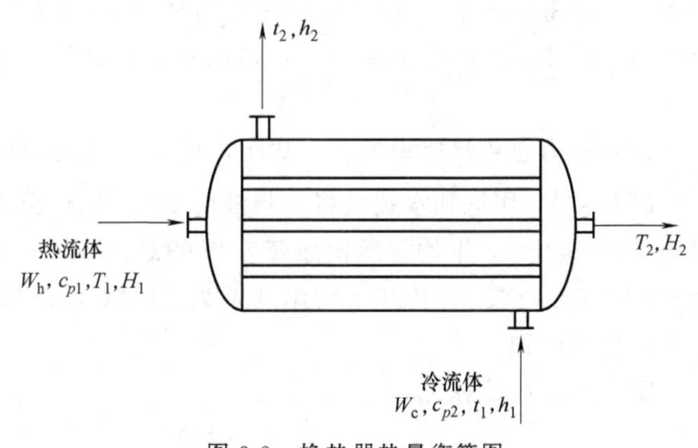

图 3-9 换热器热量衡算图

热负荷是由生产工艺条件决定的，是对换热器换热能力的要求；而传热速率是换热器本身在一定操作条件下的换热能力，是换热器本身的特性，二者是不相同的。

对于一个能满足工艺要求的换热器，其传热速率值必须等于或略大于热负荷值。而在实际设计换热器时，通常将传热速率和热负荷数值认为相等，通过热负荷可确定换热器应具有的传热速率，再依据传热速率来计算换热器所需的传热面积。因此，传热过程计算的基础是传热速率方程和热量衡算式。

二、传热速率方程

（一）间壁式传热过程

图 3-10 为套管换热器热量传递示意图，由两根不同直径的管子套在一起组成套管，热、冷流体分别通过内管和环隙，热量自热流体传给冷流体，热流体的温度从 T_1 降至 T_2，冷流体的温度从 t_1 上升至 t_2。这种热量传递过程包括三个步骤：

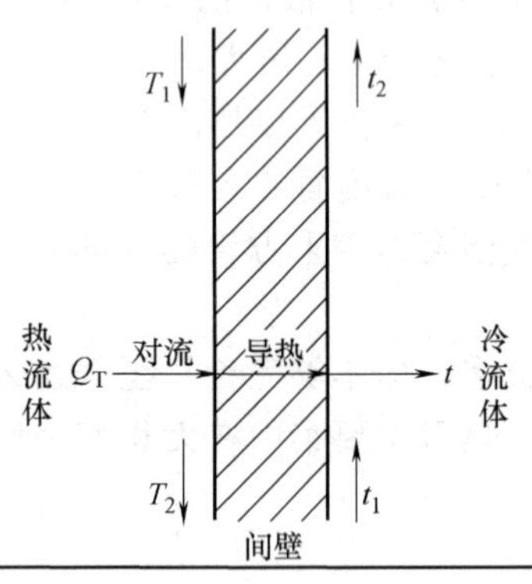

图 3-10 套管换热器热量传递

① 热流体以对流传热方式把热量 Q_1 传递给管壁内侧；

② 热量 Q_2 从管壁内侧以热传导方式传递给管壁的外侧；

③ 管壁外侧以对流传热方式把热量 Q_3 传递给冷流体。

（二）传热速率计算

流体在换热器中沿管长方向的温度分布如图 3-10 所示，现截取一段微元来进行研究，如图 3-11，其传热面积为 dA，微元壁内、外流体温度分别为 T、t（平均温度），则单位时间通过 dA 冷、热流体交换的热量 dQ 应正比于壁面两侧流体的温差，即：

$$dQ=K\,dA(T-t) \tag{3-18}$$

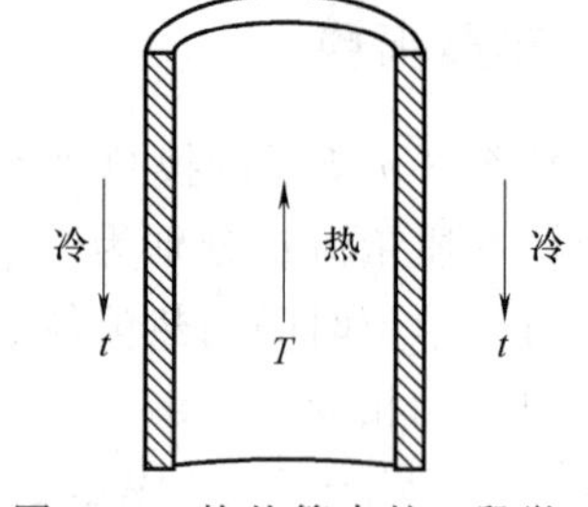

图 3-11 换热管中的一段微元

若想求出整个换热器的 Q，需要对 $dQ=K\,dA(T-t)$ 积分，因为 K 和（$T-t$）均具有局部性，因此积分有困难。为此，可以将该式中 K 取整个换热器的平均值，（$T-t$）也取为整个换热器上的平均值 Δt_m，则积分结果如下：

$$Q=KA\Delta t_m \tag{3-19}$$

此式即为总传热速率方程。式中，K 为平均总传热系数；Δt_m 为平均温度差。

【例 3-3】 用饱和水蒸气将原料液由 100℃加热至 120℃。原料液的流量为 $100m^3/h$，密度为 $1080kg/m^3$，平均等压比热容为 2.93kJ/(kg·℃)。已知按管外表面积计算的传热系数为 680W/(m^2·℃)，传热平均温度差为 23.3℃，饱和蒸汽的比汽化焓为 2168kJ/kg，试求所需的传热面积。

解：热负荷计算

$$Q=W_c c_{p2}(t_2-t_1)=\frac{100\times1080}{3600}\times2.93\times10^3\times(120-100)=1.76\times10^6\,W$$

根据传热速率方程可得管外表面积为

$$A=\frac{Q}{K\Delta t_m}=\frac{1.76\times10^6}{680\times23.3}=111m^2$$

三、平均温差

前已述及，在沿管长方向的不同部分，冷、热流体温度差不同，本部分讨论如何计算其平均值 Δt_m，就冷、热流体的相互流动方向而言，可以有不同的流动形式，传热平均温差

Δt_m 的计算方法因流动形式而异。按照参与热交换的冷热流体在沿换热器传热面流动时，各点温度变化情况，可分为恒温差传热和变温差传热。

1. 恒温差传热

恒温差传热是指两侧流体均发生相变，且温度不变，则冷、热流体温差处处相等，不随换热器位置而变的情况。如间壁的一侧液体在保持恒定的沸腾温度 t 下蒸发，而间壁的另一侧，饱和蒸汽在温度 T 下冷凝的过程，此时传热面两侧的温度差保持不变，称为恒温差传热。

$$\Delta t = T - t \tag{3-20}$$

2. 变温差传热

变温差传热是指传热温度随换热器位置而变的情况。间壁传热过程中一侧或两侧的流体，沿着传热壁面在不同位置点温度不同，因此传热温度差也必随换热器位置而变化，该过程可分为单侧变温和双侧变温两种情况。

（1）单侧变温

如用蒸汽加热一冷流体，蒸汽冷凝放出潜热，冷凝温度 T 不变，而冷流体的温度从 t_1 上升到 t_2。或者热流体温度从 T_1 下降到 T_2，放出显热去加热另一较低温度 t 下沸腾的液体，后者温度始终保持在沸点 t。

（2）双侧变温

此时平均温度差 Δt_m 与换热器内冷、热流体流动方向有关，下面先来介绍工业上常见的几种流动形式，如图 3-12 所示。

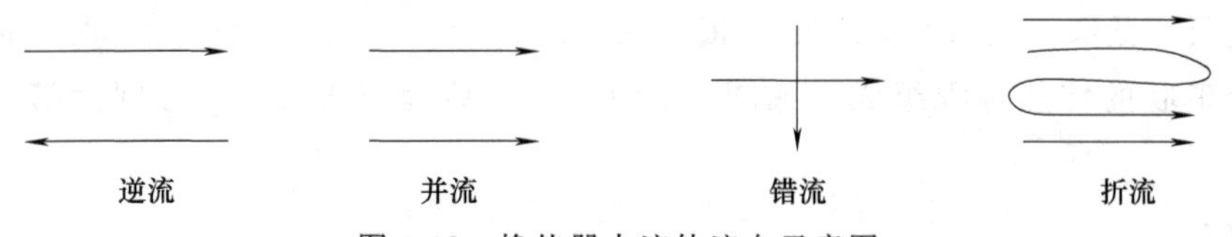

图 3-12　换热器中流体流向示意图

① 逆流和并流。在逆流时取换热器中一微元段为研究对象，其传热面积为 dA，在 dA 内热流体因放出热量温度下降 dT，冷流体因吸收热量温度升高 dt，传热量为 dQ。

通过积分求解可得：

$$\Delta t_m = \frac{\Delta t_1 - \Delta t_2}{\ln \dfrac{\Delta t_1}{\Delta t_2}} \tag{3-21}$$

式（3-21）称为对数平均温差。

讨论：

a. 上式虽然是从逆流推导来的，但也适用于并流。

b. 习惯上将较大温差记为 Δt_1，较小温差记为 Δt_2；

c. 当 $\Delta t_1/\Delta t_2 < 2$，则可用算术平均值代替，$\Delta t_m = \dfrac{\Delta t_1 + \Delta t_2}{2}$（误差<4%，工程计算可接受）。

d. 当 $\Delta t_1 = \Delta t_2$，$\Delta t_m = \Delta t_1 = \Delta t_2$。

② 错流和折流。在大多数的列管换热器中，两流体并非简单的逆流或并流，因为传热的好坏，除考虑温度差的大小外，还要考虑到影响传热系数的多种因素以及换热器的结构是

否紧凑合理等。所以实际上两流体的流向，是比较复杂的多程流动，或是相互垂直的交叉流动。

错流是指两种流体的流向垂直交叉。折流是指一流体只沿一个方向流动，另一流体反复来回折流，或者两流体都反复折回。复杂流是指几种流动形式的组合。

对于这些情况，通常采用 Underwood 和 Bowan 提出的图算法（也可采用理论求解 Δt_m 的计算式，但形式太复杂）。

a. 先按逆流计算对数平均温差 Δt_m。

b. 求平均温差校正系数 φ。

$$\varphi=f(P,R) \tag{3-22}$$

$$P=\frac{t_2-t_1}{T_1-t_1}=\frac{冷流体温升}{两流体最初温差} \tag{3-23}$$

$$R=\frac{T_1-T_2}{t_2-t_1}=\frac{热流体温降}{冷流体温升} \tag{3-24}$$

c. 求平均传热温差 $\Delta t_m=\varphi\Delta t_{m逆}$。

平均温差校正系数 $\varphi<1$，这是由于在列管换热器内增设了折流挡板及采用多管程，换热的冷、热流体在换热器内呈折流或错流，实际平均传热温差恒低于纯逆流时的平均传热温差。

四、传热系数

前已述及，截取一段微元研究时，$dQ=K\,dA(T-t)$ ［式（3-18）］，两流体的热交换过程由三个串联的传热过程组成（如图 3-10 所示），则有（A_1、A_2 分别为管外和管内表面积）：

管外对流：

$$dQ_1=\alpha_1 dA_1(T-T_w) \tag{3-25}$$

管壁热传导：

$$dQ_2=\frac{\lambda}{b}dA_m(T_w-t_w) \tag{3-26}$$

管内对流：

$$dQ_3=\alpha_2 dA_2(t_w-t) \tag{3-27}$$

对于稳定传热：

$$dQ=dQ_1=dQ_2=dQ_3 \tag{3-28}$$

所以

$$dQ=\frac{T-T_w}{\dfrac{1}{\alpha_1 dA_1}}=\frac{T_w-t_w}{\dfrac{b}{\lambda dA_m}}=\frac{t_w-t}{\dfrac{1}{\alpha_2 dA_2}}=\frac{T-t}{\dfrac{1}{\alpha_1 dA_1}+\dfrac{b}{\lambda dA_m}+\dfrac{1}{\alpha_2 dA_2}} \tag{3-29}$$

与 $dQ=K\,dA(T-t)$，即 $dQ=\dfrac{T-t}{\dfrac{1}{K\,dA}}$对比，得：

$$\frac{1}{K\,dA}=\frac{1}{\alpha_1 dA_1}+\frac{b}{\lambda dA_m}+\frac{1}{\alpha_2 dA_2} \tag{3-30}$$

若以管外表面积为基准时 $dA=dA_1$，上式也可表示为

$$\frac{1}{K_1}=\frac{1}{\alpha_1}+\frac{bd_1}{\lambda d_m}+\frac{d_1}{\alpha_2 d_2} \tag{3-31}$$

式中，K_1 为总传热系数（以管外表面计），$W/(m^2 \cdot K)$。

五、污垢热阻

换热器使用一段时间后，传热速率 Q 会下降，这往往是传热表面有污垢积存的缘故，污垢的存在增加了传热热阻。虽然此层污垢不厚，由于其热导率小，热阻大，在计算 K 值时不可忽略。表 3-2 列出了常见流体的污垢热阻。

通常根据经验直接估计污垢热阻值，将其考虑在 K 中，即

$$\frac{1}{K}=\frac{1}{\alpha_1}+R_1+\frac{b}{\lambda}\times\frac{d_1}{d_m}+R_2\frac{d_1}{d_2}+\frac{1}{\alpha_2}\times\frac{d_1}{d_2} \tag{3-32}$$

式中，R_1、R_2 分别为传热面两侧的污垢热阻，$m^2 \cdot K/W$。

为消除污垢热阻的影响，应定期清洗换热器。

表 3-2 常见流体的污垢热阻

流体		污垢热阻 R /($m^2 \cdot K/kW$)	流体		污垢热阻 R /($m^2 \cdot K/kW$)
水(1m/s, $t>50℃$)	蒸馏水	0.09	气体	溶剂蒸气	0.14
	海水	0.09	水蒸气	优质(不含油)	0.052
	清净的河水	0.21		劣质(不含油)	0.09
	未处理的凉水塔用水	0.58		往复机排出	0.176
	已处理的凉水塔用水	0.26	液体	处理过的盐水	0.264
	已处理的锅炉用水	0.26		有机物	0.176
	硬水、井水	0.58		燃料油	1.056
气体	空气	0.26～0.53		焦油	1.76

讨论：

① 当传热面为平面时，$A=A_1=A_2=A_m$，则

$$\frac{1}{K}=\frac{1}{\alpha_1}+R_1+\frac{b}{\lambda}+R_2+\frac{1}{\alpha_2} \tag{3-33}$$

当使用金属薄壁管时，管壁热阻可忽略；若为清洁流体，污垢热阻也可忽略。此时：

$$\frac{1}{K}\approx\frac{1}{\alpha_1}+\frac{1}{\alpha_2} \tag{3-34}$$

② 当传热面为圆筒壁时，两侧的传热面积不等，如以外表面为基准（在换热器系列化标准中常如此规定），即取 $A=A_1$，则：

$$\frac{1}{K_1}=\frac{1}{\alpha_1}+R_1+\frac{b}{\lambda}\times\frac{d_1}{d_m}+R_2\frac{d_1}{d_2}+\frac{1}{\alpha_2}\times\frac{d_1}{d_2} \tag{3-35}$$

式中，K_1 为以换热管的外表面为基准的总传热系数；d_m 为换热管的对数平均直径，$d_m=(d_1-d_2)/\ln\frac{d_1}{d_2}$，m。

对于薄层圆筒壁 $\frac{d_1}{d_2}<2$，近似用平壁计算（误差<4%，工程计算可接受）。

③ K 值的物理意义：由公式（3-32）可知

$$K=\frac{1}{\frac{1}{\alpha_1}+R_1+\frac{b}{\lambda}\times\frac{d_1}{d_m}+R_2\frac{d_1}{d_2}+\frac{1}{\alpha_2}\times\frac{d_1}{d_2}} \tag{3-36}$$

$1/K$ 可表示总的传热阻力。K 值大小由对流传热速率、管壁热阻和污垢热阻共同决定。

六、传热计算示例与分析

【例 3-4】 某厂要求将流量为 1.25kg/s 的苯由 80℃冷却至 30℃，冷却水走管外与苯逆流换热，进口水温 20℃，出口不超过 50℃。已知苯侧和水侧的对流传热系数分别为 $850\text{W}/(\text{m}^2\cdot℃)$ 和 $1700\text{W}/(\text{m}^2\cdot℃)$，污垢热阻和管壁热阻可略，试求换热器的传热面积。已知苯的平均比热容为 $1.9\text{kJ}/(\text{kg}\cdot℃)$，水的平均比热容为 $4.18\text{kJ}/(\text{kg}\cdot℃)$。

解： $Q=W_h c_{p1}(T_1-T_2)=1.25\times1.9\times10^3\times(80-30)=1.19\times10^5\text{W}$

根据题意 $\frac{1}{K}=\frac{1}{\alpha_1}+\frac{1}{\alpha_2}=\frac{1}{1700}+\frac{1}{850}=1.77\times10^{-3}$，故 $K=565\text{W}/(\text{m}^2\cdot℃)$

对逆流换热：

$$\Delta t_m=\frac{\Delta t_1-\Delta t_2}{\ln\frac{\Delta t}{\Delta t_2}}=\frac{(80-50)-(30-20)}{\ln\frac{80-50}{30-20}}=18.2℃$$

$$A=\frac{Q}{K\Delta t_m}=\frac{1.19\times10^5}{565\times18.2}=11.6\text{m}^2$$

此题已知 W_h、T_1、T_2、t_1、t_2 和 K（通过关系式算出），可解出 Q、A 和 W，是较典型的设计型计算题，要求熟练掌握。

【例 3-5】 某厂使用初温为 25℃的冷却水将流量为 1.4kg/s 的气体从 50℃逆流冷却至 35℃，换热器的面积为 20㎡，经测定传热系数约为 $230\text{W}/(\text{m}^2\cdot℃)$。已知气体平均比热容为 $1.0\text{kJ}/(\text{kg}\cdot℃)$，试求冷却水用量及出口温度。

解： $Q=W_h c_{p1}(T_1-T_2)=1.4\times1.0\times10^3\times(50-35)=2.1\times10^4\text{W}$

取冷却水的平均比热容为 $4.18\text{kJ}/(\text{kg}\cdot℃)$，则

$$W_c=\frac{Q}{c_{p2}(t_2-t_1)}=\frac{2.1\times10^4}{4.18\times10^3\times(t_2-25)} \tag{1}$$

根据传热速率方程 $Q=KA\Delta t_m$ 和流体两端温度的关系：

$$2.1\times10^4=230\times20\times\frac{(50-t_2)-(35-25)}{\ln\frac{50-t_2}{35-25}} \tag{2}$$

试差求解式（2）得 $t_2=48.4℃$

将 t_2 代入式（1）得 $W_c=0.215\text{kg/s}$

由于冷流体的流量和出口温度均未知，此题必须通过试差才能求解，以节约试差时间。此外，冷流体的平均比热容是温度的函数，理论上也需要在解出 t_2 以后才能确定，但 c_{p2} 的数值随温度的变化并不大，取其估计值，对于工程计算是允许的。

七、传热过程的强化措施

由传热速率方程 $Q=KA\Delta t_m$ 可知，为了提高传热效率，可采取增大 Δt_m、A 和 K 的

方法。

（一）增大传热平均温度差 Δt_m

① 两侧变温情况下，尽量采用逆流流动。

② 提高加热剂 T_1 的温度（如用蒸汽加热，可提高蒸汽的压力来达到提高其饱和温度的目的）；降低冷却剂 t_1 的温度。利用增大 Δt_m 来强化传热是有限的。

（二）增大传热面积 A

根据换热器的特点可知，增大传热面积不能单靠加大设备的尺寸来实现，必须改进设备的结构，使单位体积的设备提供较大的传热面积。当间壁两侧对流传热系数相差很大时，增大 α 小的一侧的传热面积，会大大提高传热速率。例如，用螺纹管或翅片管代替光滑管可显著提高传热效果。此外，使流体沿流动截面均匀分布，减少"死区"，可使传热面得到充分利用。

（三）增大总传热系数 K

提高传热系数，是强化传热过程的最有效的途径。从传热系数计算公式：

$$K=\frac{1}{\frac{1}{\alpha_1}+R_1+\frac{b}{\lambda}\times\frac{d_1}{d_m}+R_2\frac{d_1}{d_2}+\frac{1}{\alpha_2}\times\frac{d_1}{d_2}}$$

可知，减小分母中任何一项，均可使 K 增大。但要有效地增大 K 值，应设法减小其中对 K 值影响最大、最有控制作用的那些热阻项。而一般金属壁热阻、一侧为沸腾或冷凝时的热阻均不会成为控制因素，因此，应着重考虑无相变流体一侧的热阻和污垢热阻。

① 加大流速，增大湍动程度，减小层流内层厚度，可有效地提高无相变流体的对流传热系数。例如，列管式换热器中增加管程数、壳体中增加折流挡板等。但随着流速提高，阻力增大很快，故提高流速受到一定的限制。

② 增大对流体的扰动。通过设计特殊的传热壁面，使流体在流动中不断改变方向，提高湍动程度。如管内装扭曲的麻花铁片、螺旋圈等添加物；采用各种凹凸不平的波纹状或粗糙的换热面，均可提高传热系数，但这样也往往伴有压降增加。近年来，发展了一种壳程用折流杆代替折流板的列管式换热器，即在管子四周加装一些直杆，既起固定管束的作用，又加强了壳程流体的湍动。此外，利用传热进口段的层流内层较薄、局部传热系数较高的特点，采用短管换热器，也有利于提高管内传热系数。

③ 防止污垢和及时清除污垢，以减小污垢热阻。例如，增大流速可减轻垢层的形成和增厚；易结垢流体要走便于清洗的一侧；采用可拆卸结构的换热器等。

（四）优化换热网络

在实际生产中，企业会有许多工艺要求不同的换热设备构成换热网络。通过合理安排换热介质的流动次序，充分利用高温介质加热低温介质，并通过控制系统保持换热网络物流的供给性质（例如输入温度和流率），在一个给定的范围之内，避免受化工过程中其他因素的影响，对节能降耗具有重要的作用。现阶段，主要借助于激光测速、全速摄影和红外摄像等高科技仪器，利用数值模拟软件，研究换热器的流场分布和温度场分布，了解强化传热的机理，更好地优化换热网络。

总之，强化传热的途径是多方面的。对于实际的传热过程，要具体问题具体分析，并对设备的结构与制造费用，动力消耗、检修操作等予以全面的考虑，采取经济合理的强化措施。

任务四 认识及选用换热器设备

微课精讲

动画资源

行业前沿

一、换热器的定义

换热器是用来使热量从热流体传递到冷流体，以满足规定的工艺要求的装置，是对流传热及热传导的一种工业应用。具体来说，在一个大的密闭容器内装上水或其他介质，而在容器内有管道穿过，让热水从管道内流过，由于冷、热流体间存在温度差，高温物体的热量总是向低温物体传递，从而形成热交换，故换热器又称热交换器。

二、换热器的分类与结构

换热器按用途分类可以分为：冷却器、冷凝器、加热器、再沸器、蒸汽发生器、废热（或余热）锅炉。

按换热方式可以分为：直接接触式换热器（又叫混合式换热器）、蓄热式换热器和间壁式换热器。下面主要介绍按换热方式分类的换热器。

（一）直接接触式换热器

直接接触式交换器是依靠冷、热流体直接接触而进行传热的，这种传热方式避免了传热间壁及其两侧的污垢热阻，只要流体间的接触情况良好，就有较大的传热速率。故凡允许流体相互混合的场合，都可以采用混合式热交换器，例如气体的洗涤与冷却、循环水的冷却、汽-水之间的混合加热、蒸汽的冷凝等。它的应用遍及化工和冶金企业、动力工程、空气调节工程以及其他许多生产部门。常用的混合式换热器有：冷却塔、气体洗涤塔、喷射式换热器和混合式冷凝器。

（二）蓄热式换热器

蓄热式换热器是用于进行蓄热式换热的设备。内装固体填充物，用以储存热量，一般用耐火砖等砌成火格子（有时用金属波形带等）。换热分两个阶段进行：第一阶段，热气体通过火格子，将热量传给火格子而储存起来；第二阶段，冷气体通过火格子，接受火格子所储存的热量而被加热。通常情况下，这两个阶段交替进行，即用两个蓄热器交替使用，当热气体进入一个蓄热器时，冷气体进入另一个蓄热器。蓄热式换热器常用于冶金工业，如炼钢平炉的蓄热室；也用于化学工业，如煤气炉中的空气预热器或燃烧室，人造石油厂中的蓄热式裂化炉。

（三）间壁式换热器

此类换热器中，冷、热两流体间用一金属隔开，以便两种流体不相混合而进行热量传递。在化工生产中冷、热流体经常不能直接接触，故而间壁式换热器是最常用的一种换热器。下面主要介绍一下间壁式换热器的分类。

1. 夹套式换热器

夹套式换热器由容器外壁安装夹套制成，如图 3-13 所示。这种换热器结构简单，但其加热面易受容器壁面限制，传热系数也不高。为补充传热面的不足，也可在釜内部安装蛇管；为提高传热系数且使釜内液体受热均匀，可在釜内安装搅拌器。当夹套中通入冷却水或无相变的加热剂时，亦可在夹套中设置螺旋隔板或其他增加湍动的措施，以提高夹套一侧的传热系数。目前，夹套式换热器广泛用于反应过程的加热和冷却。

2. 蛇管式换热器

蛇管式换热器又分为沉浸式蛇管换热器和喷淋式蛇管换热器，沉浸式蛇管换热器如图 3-14 所示。蛇管式换热器是将金属管弯绕成各种与容器相适应的形状，并沉浸在容器内的液体中。优点是结构简单，能承受高压，可用耐腐蚀材料制造。缺点是容器内液体湍动程度低，管外流体传热系数小。

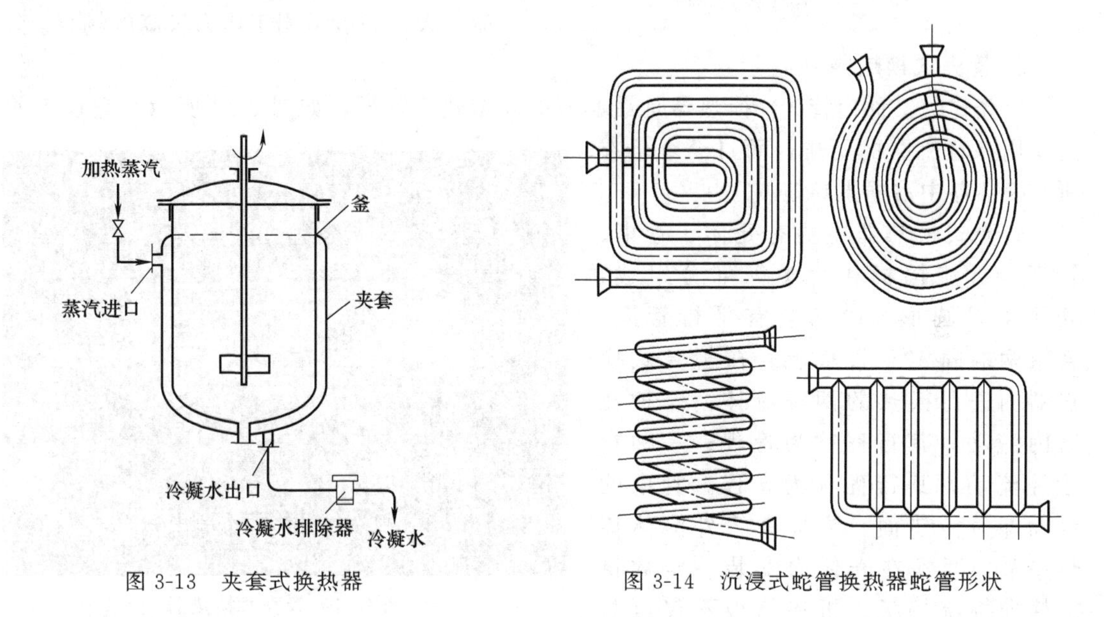

图 3-13 夹套式换热器

图 3-14 沉浸式蛇管换热器蛇管形状

3. 喷淋式换热器

如图 3-15 所示，这种换热器是将换热管成排地固定在钢架上，使热流体在管内流动，与从上方喷淋而下的冷却水逆流换热。优点是结构简单，管外便于清洗，水消耗量也不大，特别适用于高压流体的冷却。缺点是要在露天放置，占地面积大而且水容易溅到周围环境，使用起来不方便。

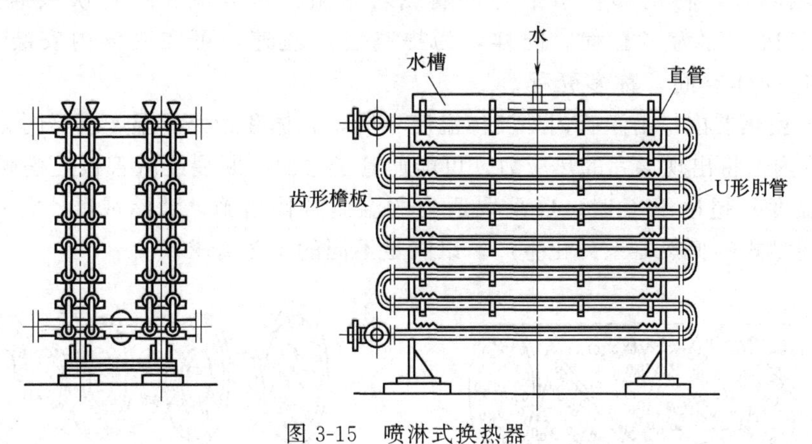

图 3-15 喷淋式换热器

4. 套管式换热器

如图 3-16 所示，这种换热器是由直径不同的直管制成的同心套管，并用 U 形弯头连接

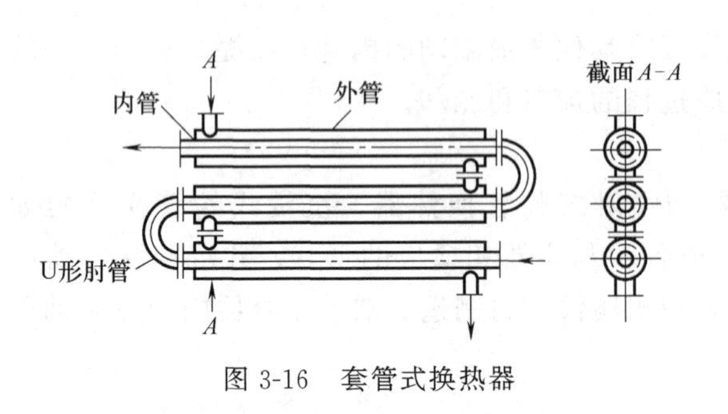

图 3-16 套管式换热器

而成。一种流体在内管内流动，而另一种流体在内外管间的环隙中流动，两种流体通过内管的管壁传热，即传热面为内管壁的表面积。由于管内管外流体流速较大，冷、热流体可以纯逆流，故其传热系数大，传热效果好。缺点是单位传热面的金属耗量很大，不够紧凑，介质流量较小，热负荷不大，一般适用于压力较高的场合。

5. 管壳式换热器

管壳式（又称列管式）换热器是最典型的间壁式换热器，如图 3-17 所示，它在工业上的应用有着悠久的历史，而且至今仍在所有换热器中占据主导地位。

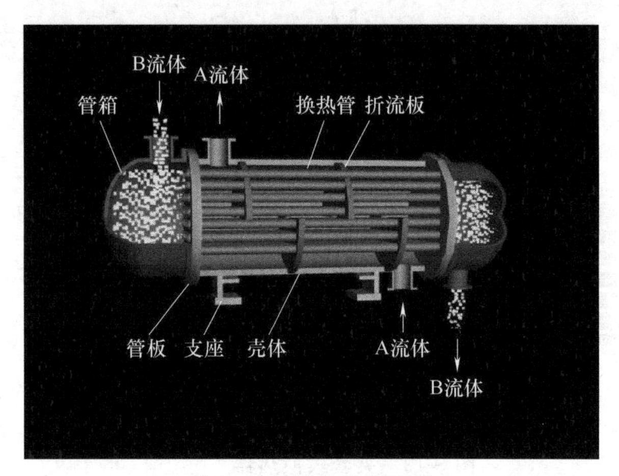

图 3-17 管壳式换热器

管壳式换热器主要有壳体、管束、管板、折流挡板和封头等部分组成，壳体多呈圆形，内部装有平行管束，管束两端固定于管板上。在管壳式换热器内进行换热的两种流体，一种在管内流动，其行程称为管程；一种在管外流动，其行程称为壳程。管束的壁面即为传热面。为提高管外流体传热系数，通常在壳体内安装一定数量的横向折流挡板。折流挡板不仅可防止流体短路，增加流体速度，还迫使流体按规定路径多次错流通过管束，使湍动程度大为增加。常用的挡板有圆缺形和圆盘形两种，如图 3-18 和图 3-19 所示，前者应用更为广泛。流体在管内每通过管束一次称为一个管程，每通过壳体一次称为一个壳程。为提高管内流体的速度，可在两端封头内设置适当隔板，将全部管子平均分隔成若干组。这样流体可每次只通过部分管子而往返管束多次，称为多管程。同样，为提高管外流速，可在壳体内安装纵向挡板使流体多次通过壳体空间，称多壳程。

在管壳式换热器内，由于管内外流体温度不同，壳体和管束的温度也不同。如两者温差很大，换热器内部将出现很大的热应力，可能使管子弯曲、断裂或从管板上松脱。因此，当管束和壳体温度差超过 50℃时，应采取适当的温差补偿措施，消除或减小热应力。目前，已有几种不同型式的换热器系列化生产，以满足不同的工艺需求。

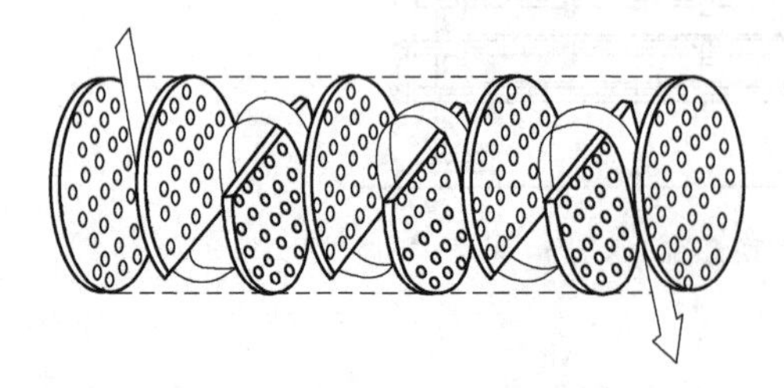
图 3-18 圆缺形折流挡板

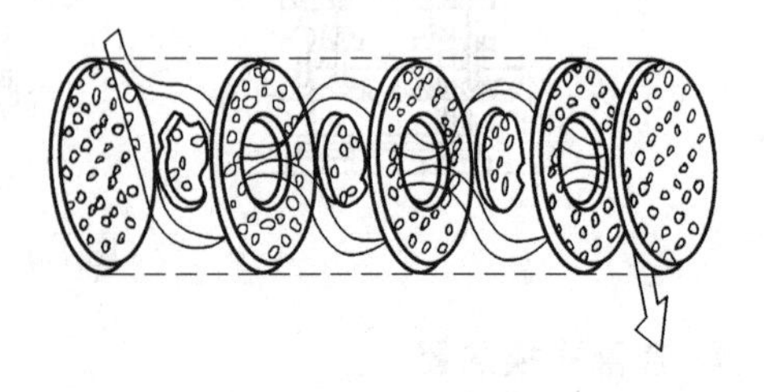
图 3-19 圆盘形折流挡板

（1）固定管板式换热器

当冷、热流体温差不大时，可采用固定管板式换热器。它结构简单成本低，但清洗困难，不适用于易结垢的流体和温差较大的流体。如果温差很大，可采用带有补偿圈的固定管板式换热器。图 3-20 为带有补偿圈的固定管板式换热器。

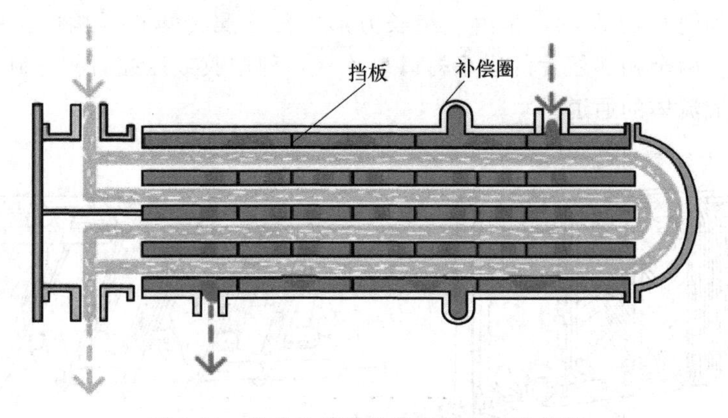

图 3-20　带有补偿圈的固定管板式换热器

（2）浮头式换热器

图 3-21 所示为浮头式换热器，它两端的管板一端可沿轴向自由浮动，从而消除热应力。而且整个管束可从壳体中抽出，便于清洗和检修。但是结构复杂，造价较高。浮头式换热器在工业上应用较多。

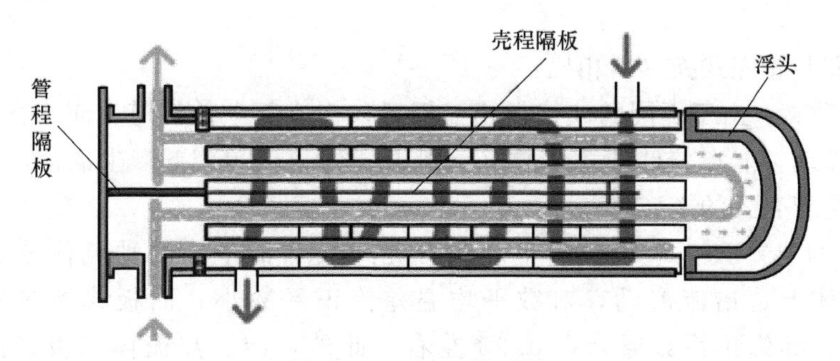

图 3-21　浮头式换热器

（3）U 形管换热器

图 3-22 为 U 形管换热器，U 形管换热器的每根换热管都弯成 U 形，进出口分别安装在

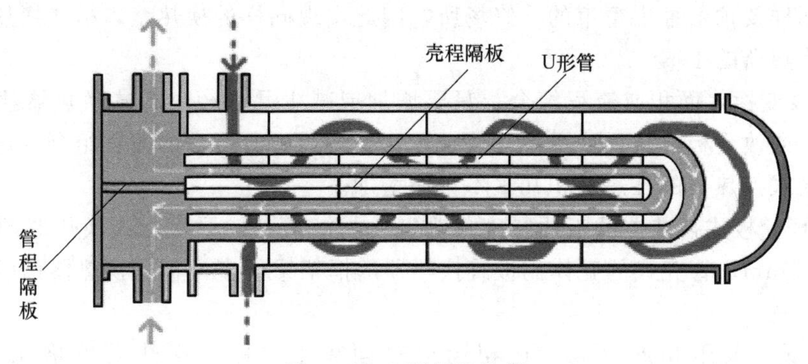

图 3-22　U 形管换热器

同一管板的两侧，封头以隔板分成两室。每根管可自由伸缩，与外壳无关，从而消除热应力。其结构比浮头式换热器简单，但管程不易清洗，使用有很大的局限性，只适用于洁净流体。

6. **板式换热器**

板式换热器如图 3-23 所示，是由一组长方形的薄金属传热板片构成，用框架将板片夹紧组装于支架上。两个相邻板片的边缘衬以垫片（各种橡胶或压缩石棉等制成）压紧，板片四角有圆孔，形成流体的通道。

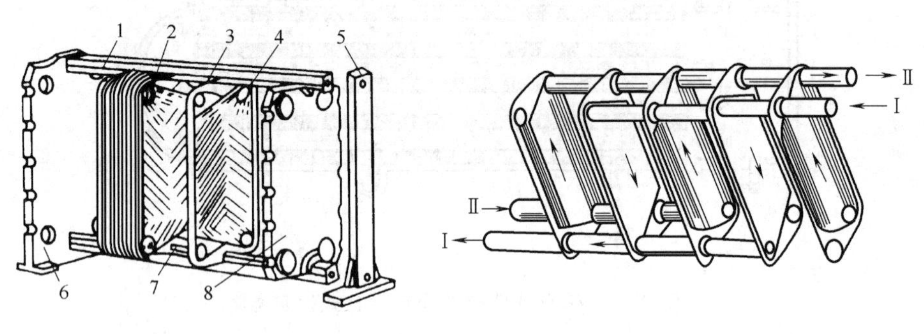

(a) 板式换热器结构分解示意　　(b) 板式换热器流程示意

图 3-23　板式换热器

1—上导杆；2—垫片；3—传热板片；4—角孔；5—前支柱；6—固定端板；7—下导杆；8—活动端板

板式换热器与管壳式换热器相比：

① 传热系数高。由于不同的波纹板相互倒置，构成复杂的流道，流体在波纹板间流道内呈旋转三维流动，能在较低的雷诺数（一般 $Re=50\sim200$）下产生湍流，所以传热系数高，一般认为是管壳式的 3～5 倍。

② 对数平均温差大，末端温差小。在管壳式换热器中，两种流体分别在管程和壳程内流动，总体上是错流流动，对数平均温差修正系数小，而板式换热器多是并流或逆流流动方式，其修正系数通常在 0.95 左右，此外，冷、热流体在板式换热器内的流动平行于换热面，无旁流，使得板式换热器的末端温差小，对水换热可低于 1℃，而管壳式换热器一般为 5℃。

③ 占地面积小。板式换热器结构紧凑，单位体积内的换热面积为管壳式的 2～5 倍，也不像管壳式那样要预留抽出管束的检修场所，因此实现同样的换热量，板式换热器占地面积约为管壳式换热器的 1/5～1/8。

④ 容易改变换热面积或流程组合。只要增加或减少几块板，板式换热器就能增加或减少换热面积；或改变板片排列或更换几块板片，也可达到所要求的流程组合，适应新的换热工况，而管壳式换热器的传热面积几乎不可能增加。

⑤ 重量轻。板式换热器的板片厚度仅为 0.4～0.8mm，而管壳式换热器的换热管的厚度为 2.0～2.5mm，管壳式的壳体比板式换热器的框架重得多，板式换热器一般只有管壳式重量的 1/5 左右。

⑥ 价格低。采用相同材料，在相同换热面积下，板式换热器价格比管壳式约低 40%～60%。

⑦ 制作方便。板式换热器的传热板是采用冲压加工，标准化程度高，并可大批生产，管壳式换热器一般采用手工制作。

⑧ 容易清洗。板式换热器只要松动压紧螺栓，即可松开板束，卸下板片进行机械清洗，这对需要经常清洗设备的换热过程十分方便。

⑨ 热损失小。板式换热器只有传热板的外壳板暴露在大气中，因此散热损失可以忽略不计，也不需要保温措施。而管壳式换热器热损失大，需要隔热层。

⑩ 易堵塞。由于板式换热器板片间通道很窄，一般只有 2～5mm，当换热介质含有较大颗粒或纤维物质时，容易堵塞板间通道。

三、换热器的型号识别

换热器的型号，如图 3-24 所示。

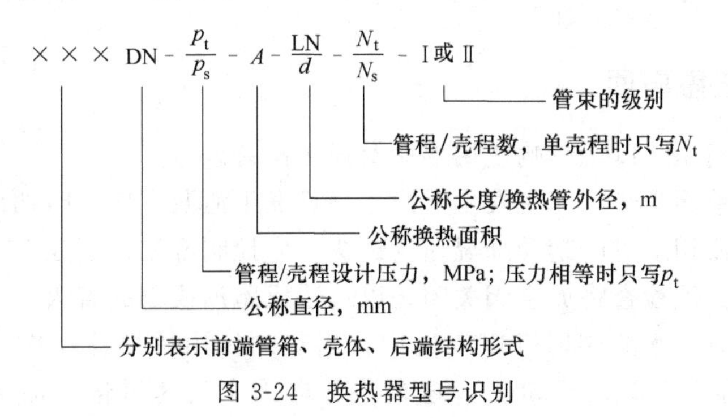

图 3-24　换热器型号识别

四、换热器的操作流程

（一）投用前

检查换热器静电接地是否良好；检查地脚螺栓及各连接法兰螺栓是否松动；检查出入口阀门是否完好，手轮是否齐全好用；检查换热器壳体表面有无变形、碰伤裂纹、锈蚀麻坑等缺陷；检查温度、压力表等仪表是否好用。

（二）投用中

① 全开冷流体的出口阀，检查法兰、头盖是否有泄漏，确认无泄漏后再慢慢打开冷流体的入口阀至全开（冷流为循环水时则先控制水流量在正常生产时用水量的 50%～80%）。

② 缓慢关副线阀，注意观察出入口端压力差的变化情况，同时联系内操作观察流量变化或上、下游设备液位变化情况，如压力差超过 0.1MPa 或流量液位波动大，先检查确认是否存在憋压情况，确认压力差不再继续升高及流量液位正常后，再缓慢减小副线阀至全关（水冷器投用时不需要进行此步操作）。

③ 冷流体投用后，现场检查相关管线、阀门、头盖，确认无泄漏后，联系内操作对相关流量、温度、压力等参数检查确认。

④ 确认冷流体投用无异常后，全开热流体的出口阀，检查法兰、头盖是否有泄漏，确认无泄漏后再慢慢打开热流体的入口阀至全开。注意：先引冷物料，后引热物料，可以有效避免设备急剧变形造成泄漏。

⑤ 逐步关小副线阀，联系内操作检查冷流体温度变化，控制冷流体温度上升速度不超

过规定值，联系内操作观察流量变化或上、下游设备液位变化情况，外操作现场检查确认无异常后，按工艺控制要求逐步关小副线阀至全关。

（三）停用

① 先开热流体的副线阀，后关闭热流体进、出口阀。

② 先开冷流体的副线阀，后关闭冷流体进、出口阀。

③ 若正常停用，随工艺管线一起进行蒸汽吹扫。

（四）吹扫

① 管壳程的扫线流程改通后方能给汽吹扫，以防止超压损坏设备。

② 蒸汽吹扫时，应考虑到换热器所能承受的单向受热能力，吹扫单程时，另一程放空阀必须打开。

③ 吹扫干净后，停汽，放净水。

五、换热器操作注意事项

① 严禁超温、超压，以免影响使用寿命及损坏设备。

② 严禁换热器单面受热，以免发生泄漏，一旦发生泄漏，应及时切出。

③ 换热器投用或切出时严禁升降温速度过快，应控制升温速度在 50℃/h 以下。

④ 投用设备前必须检查将放空阀关闭，以免造成跑油或引起着火。

⑤ 冷却器投用时，水的阀门开度要适中，当热油投用后根据操作要求调节好上水量，并控制循环水回水温度不得大于 50℃，避免冷却器因水流速过慢，加速冷却器内部腐蚀，导致冷却器穿孔。

⑥ 水冷却器经常检查冷却水是否带油，发现带油应及时切除。

⑦ 换热器发生泄漏时，应将换热器切除。

⑧ 经常检查压力、温度变化情况以及换热器是否有泄漏情况。

⑨ 应经常检查大头盖、管箱、放空阀等法兰连接处有无泄漏，发现问题及时进行处理、汇报，确认无异常后方可进行下一步操作。

任务五 换热器单元仿真实训

微课精讲

动画资源

行业前沿

一、实训任务

1. 认识传热装置流程及仪表。

2. 掌握传热装置运行操作技能。

3. 通过模拟仿真实践，增强对化工工艺的系统性认识，提高学生职业道德。

二、工艺流程概述

（一）工艺说明

本单元设计采用列管式换热器。如图 3-25 所示，来自外界的 92℃ 冷物流（沸点 198.25℃）由泵 P101A/B 送至换热器 E101 的壳程被流经管程的热物流加热至 145℃，并有 20%被汽化。冷物流流量由流量控制器 FIC101 控制，正常流量为 12000kg/h。来自另一设备的 225℃热物流经泵 P102A/B 送至换热器 E101 与流经壳程的冷物流进行热交换，热物流出口温度由 TIC101 控制（177℃）。

为保证热物流的流量稳定，TIC101 采用分程控制，TV101A 和 TV101B 分别调节流经 E101 和副线的流量，TIC101 输出 0%～100%分别对应 TV101A 开度 0%～100%，TV101B 开度 100%～0%。

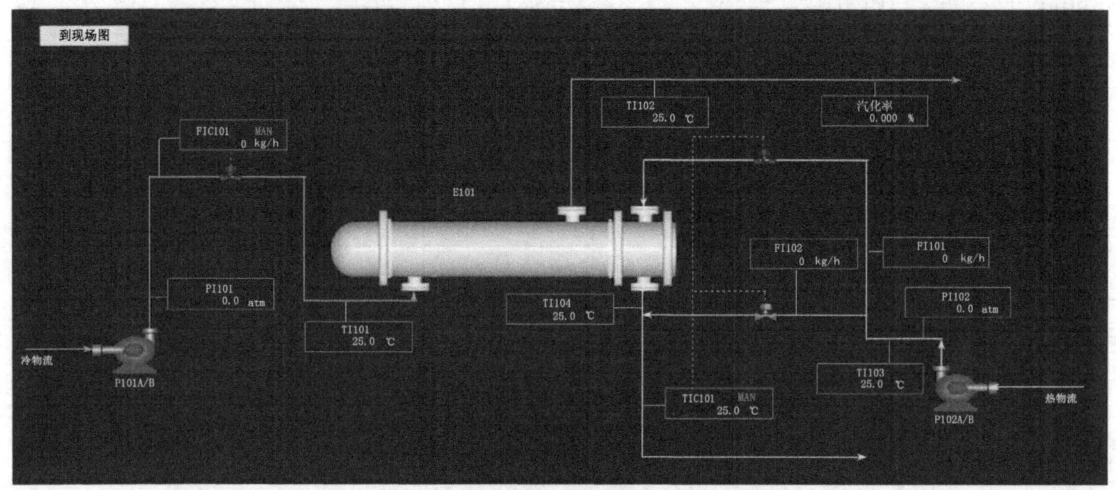

(a) 列管换热器DCS图

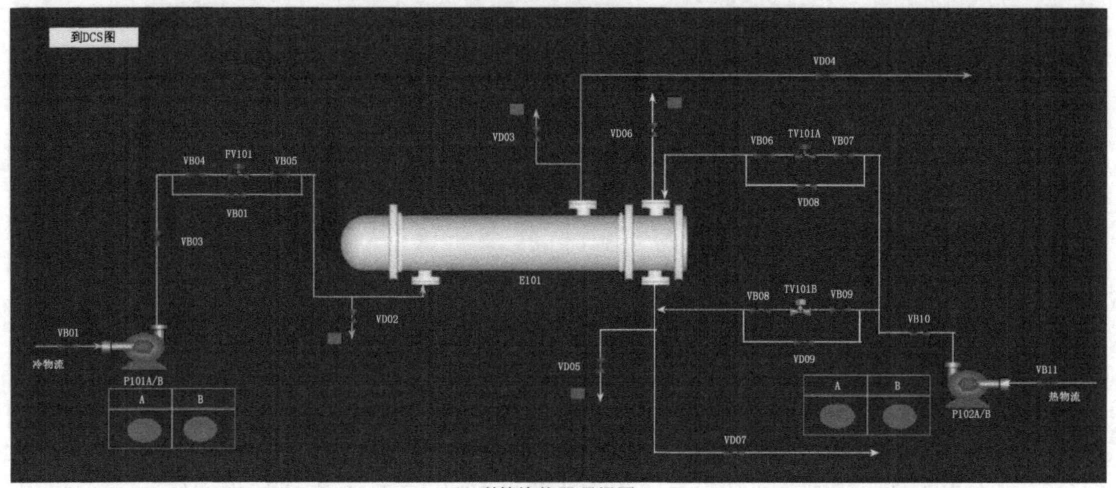

(b) 列管换热器现场图

图 3-25 列管式换热器工艺流程图

（二）设备一览

P101A/B：冷物流进料泵。

P102A/B：热物流进料泵。

E101：列管式换热器。

（三）仪表及报警一览表

仪表及报警一览表见表 3-3。

表 3-3 仪表及报警一览表

位号	说明	类型	正常值	量程上限	量程下限	工程单位	高报值	低报值	高高报值	低低报值
FIC101	冷物流入口流量控制	PID	12000	20000	0	kg/h	17000	3000	19000	1000
TIC101	热物流入口温度控制	PID	177	300	0	℃	255	45	285	15
PI101	冷物流入口压力显示	AI	9.0	27000	0	atm	10	3	15	1
TI101	冷物流入口温度显示	AI	92	200	0	℃	170	30	190	10
PI102	热物流入口压力显示	AI	10.0	50	0	atm	12	3	15	1
TI102	冷物流出口温度显示	AI	145.0	300	0	℃	17	3	19	1
TI103	热物流入口温度显示	AI	225	400	0	℃				
TI104	热物流出口温度显示	AI	129	300	0	℃				
FI101	流经换热器流量	AI	10000	20000	0	kg/h				
FI102	未流经换热器流量	AI	10000	20000	0	kg/h				

三、操作规程

（一）冷态开车操作规程

本操作规程仅供参考，详细操作以评分系统为准。装置的开工状态为换热器处于常温常压下，各调节阀处于手动关闭状态，各手操阀处于关闭状态，可以直接进冷物流。

（1）启动冷物流进料泵 P101A

① 开换热器壳程排气阀 VD03。

② 开冷物流进料泵 P101A 的前阀 VB01。

③ 启动冷物流进料泵 P101A。

④ 当冷物流入口压力指示表 PI101 指示达 9.0atm 以上，打开冷物流进料泵 P101A 的出口阀 VB03。

（2）冷物流 E101 进料

① 打开 FIC101 的前后阀 VB04、VB05，手动逐渐开大调节阀 FV101（FIC101）。

② 观察壳程排气阀 VD03 的出口，当有液体溢出时（VD03 旁边标志变绿），标志着壳程已无不凝性气体，关闭壳程排气阀 VD03，壳程排气完毕。

③ 打开冷物流出口阀（VD04），将其开度设为 50%，手动调节 FV101，使 FIC101 达到 12000kg/h，且较稳定，FIC101 设定为 12000kg/h，投自动。

（3）启动热物流进料泵 P102A

① 开管程排气阀 VD06。

② 开热物流进料泵 P102A 的前阀 VB11。

③ 启动热物流进料泵 P102A。

④ 当热物流入口压力表 PI102 指示大于 10atm 时，全开热物流进料泵 P102 的出口阀 VB10。

（4）热物流进料

① 全开 TV101A 的前后阀 VB06、VB07，TV101B 的前后阀 VB08、VB09。

② 打开调节阀 TV101A（默认即开）给 E101 管程注液，观察 E101 管程排气阀 VD06 的出口，当有液体溢出时（VD06 旁边标志变绿），标志着管程已无不凝性气体，此时关管程排气阀 VD06，E101 管程排气完毕。

③ 打开 E101 热物流出口阀（VD07），将其开度置为 50%，手动调节管程温度控制阀 TIC101，使其出口温度在（177±2)℃，且较稳定，TIC101 设定在 177℃，投自动。

（二）正常操作规程

（1）正常工况操作参数

① 冷物流流量为 12000kg/h，出口温度为 145℃，汽化率 20%。

② 热物流流量为 10000kg/h，出口温度为 177℃。

（2）备用泵的切换

① P101A 与 P101B 之间可任意切换。

② P102A 与 P102B 之间可任意切换。

（三）停车操作规程

（1）停热物流进料泵 P102A

① 关闭热物流进料泵 P102 的出口阀 VB10。

② 停热物流进料泵 P102A。

③ 待 PI102 指示小于 0.1atm 时，关闭热物流进料泵 P102 入口阀 VB11。

（2）停热物流进料

① TIC101 置手动。

② 关闭 TV101A 的前后阀 VB06、VB07。

③ 关闭 TV101B 的前后阀 VB08、VB09。

④ 关闭 E101 热物流出口阀 VD07。

（3）停冷物流进料泵 P101A

① 关闭冷物料进料泵 P101 的出口阀 VB03。

② 停冷物料进料泵 P101A。

③ 待 PI101 指示小于 0.1atm 时，关闭冷物料进料泵 P101 入口阀 VB01。

（4）停冷物流进料

① FIC101 置手动。

② 关闭 FIC101 的前后阀 VB04、VB05。

③ 关闭 E101 冷物流出口阀 VD04。

（5）E101 管程泄液

打开管程泄液阀 VD05，观察管程泄液阀 VD05 的出口，当不再有液体泄出时，关闭泄液阀 VD05。

（6）E101 壳程泄液

打开壳程泄液阀 VD02，观察壳程泄液阀 VD02 的出口，当不再有液体泄出时，关闭泄液阀 VD02。

任务六 换热器单元操作实训

微课精讲

动画资源

铸魂育人

一、实训目标

1. 了解换热器换热的原理，认识各种传热设备的结构和特点，了解传热的工作流程。
2. 认识传热装置流程及各传感检测的位置、作用，各显示仪表的作用等。
3. 掌握传热设备的基本操作、调节方法，了解影响传热的主要影响因素。
4. 掌握传热系数 K 的计算方法及意义。
5. 学会做好开车前的准备工作。
6. 正常开车，按要求操作调节到指定数值。
7. 能正确使用设备、仪表，及时进行设备、仪器、仪表的维护与保养。
8. 能掌握现代信息技术管理能力，应用计算机对现场数据进行采集、监控。
9. 正确填写生产记录，及时分析各种数据。
10. 正常停车。
11. 了解并掌握工业现场生产安全知识。

二、装置工艺流程图

装置工艺流程图见图 3-26。

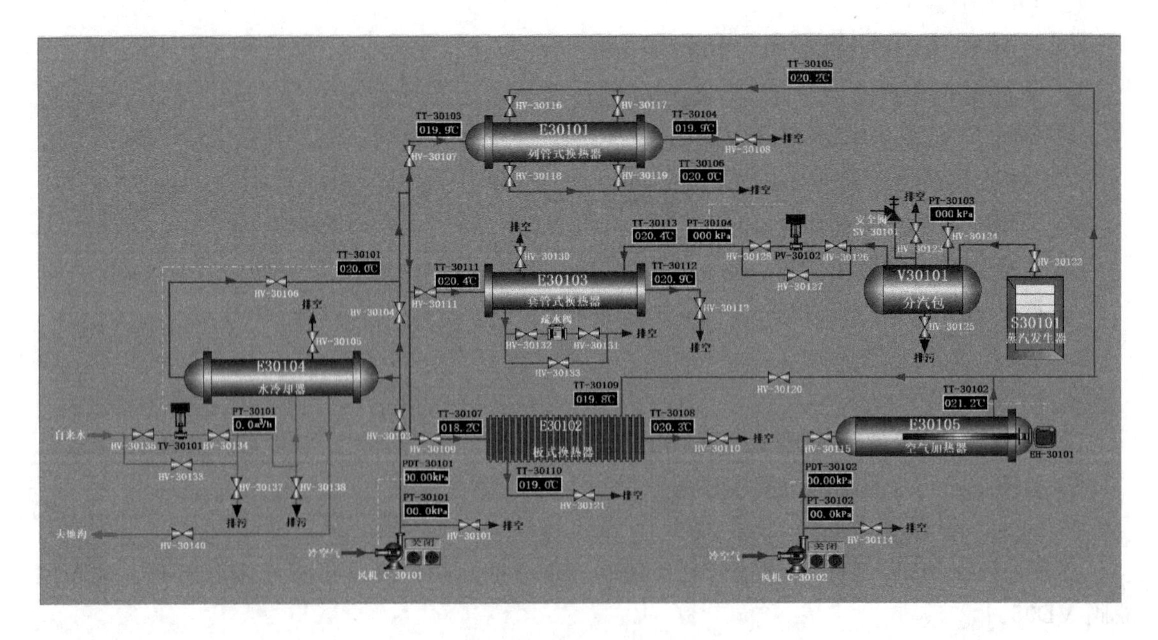

图 3-26 装置工艺流程图

三、实训操作规程

（一）开车规程

1. 板式换热器

板式换热器实验中冷流体为冷空气，热流体为热空气，冷、热流体进行逆流换热。

首先在现场找到冷、热流体管路，打开冷流体管线上阀门 HV-30103、HV-30104、HV-30109、HV-30110，随后打开热空气管线上阀门 HV-30115、HV-30120、HV-30121，在电脑组态界面设定冷、热流体的流量大小，设定空气加热器的加热温度（自动）或者设定加热功率（手动，一般设定加热功率为 15%～20%）。

2. 列管式换热器

列管式换热器实验中冷流体为冷空气，热流体为热空气，冷、热流体可进行并流、逆流换热。

首先在现场找到冷、热流体管路，打开冷流体管线上阀门 HV-30103、HV-30104、HV-30107、HV-30108，随后打开热空气管线上阀门 HV-30115、HV-30116、HV-30119（顺流）[HV-30115、HV-30117、HV-30118（逆流）]，在电脑组态界面设定冷、热流体的流量大小，设定空气加热器的加热温度（自动）或者设定加热功率（手动，一般设定加热功率为 15%～20%）。

3. 套管式换热器

套管换热器实验中冷流体为冷空气，热流体为水蒸气，冷、热流体进行逆流换热。水蒸气来自蒸汽发生器。

首先启动蒸汽发生器，在现场找到冷、热流体管路，打开冷流体管线上阀门 HV-30103、HV-30104、HV-30111、HV-30112，随后打开水蒸气管线上阀门 HV-30126、HV-30128、HV-30131、HV-30133，在组态界面启动风机，设定冷空气流量。待蒸汽准备好后打开阀门 HV-30122，蒸汽经过减压阀、分汽包、调节阀组进入套管换热器。在组态界面设置水蒸气压力，系统自动调节阀门开度，控制水蒸气流量。冷、热流体开始进行换热。

（二）停车操作

① 关闭蒸汽发生器及出口阀门 HV-30122。

② 关闭空气加热器开关，风机保持打开 10min 后再关闭，将换热器内余热带走。

③ 完成上述操作后，慢慢打开疏水阀的旁路阀，排空套管换热器中残余的水蒸气冷凝水，最后打开分汽包的放空阀。

④ 进行现场清理，保持各设备、管路的洁净。

⑤ 做好操作记录。

⑥ 切断控制台、仪表盘电源。

四、装置异常及应急处理

以列管换热器为例，常见异常及应急处理办法如下。

① 出口压力波动大。若是换热器管壁穿孔，可堵管或补焊；若是管与管板的连接处出现泄漏，可视情况采取消漏措施。

② 换热效率低。若是管壁结垢或油污吸附，可清理管子；若是管壁蚀漏，可查漏补焊

或堵管；若是管口胀管处或焊接处松动或漏蚀，可胀管补焊、堵管或更换；若是壳体内不凝气或冷凝液增多，可排放不凝气或者冷凝液。

③ 发生振动。若为管路振动，可加固管路；若是壳程介质流速太快引起，可调节进气量；若管束与折流板结构不合理，可改进设计；若机座刚度较小，则可适当加固。

④ 封头（浮头）与壳体连接处泄漏。若是密封垫片老化、断裂，可更换密封垫片；若是紧固螺栓松动，可对称交叉均匀紧固螺栓。

⑤ 管板与壳体连接处产生裂纹。若是焊接质量不好，可清洗补焊；若外壳倾斜，可连接管线拉力或推动力，重新调整找正；若是腐蚀严重，外壳壁厚减薄，可鉴定后修补。

⑥ 管束和胀口渗透。若是管子被折流板磨破，可堵死或换管；若是壳体和管束温差过大，可补胀或焊接；若是管口腐蚀或胀接质量差，可换新管或补胀。

五、实训注意事项

① 实验过程中经常检查蒸汽发生器水箱水位。

② 除阀门外不要触碰整个装置上的任何管道，谨防烫伤！

③ 进行实验时一定要确认好阀门，才能进行实验。保持实验管路畅通，其余管路阀门关闭。

④ 蒸汽发生器用水建议用去离子水，使用完毕应定期排污。

六、维护与保养

设备的维护与保养是保持设备处于完好状态的重要手段，是积极的预防工作，也是设备正常运行的客观要求。设备在使用过程中，由于物质运动、化学反应以及人为因素等，难免会造成损耗。如松动、摩擦、腐蚀等，如不及时处理，将会使设备寿命缩短，甚至造成严重的事故，因此必须做好设备的日常维护与保养。

（一）列管换热器的日常维护和监测

列管换热器的日常维护和监测应观察和调整好以下工艺指标：

① 温度。温度是换热器运行中的主要控制指标，可用在线仪表测定、显示介质的进出口温度，依此分析、判断介质流量大小及换热效果的好坏，以及是否存在泄漏。由工作介质进出口温度的变化决定是否对换热器进行检查和清洗。

② 压力。通过对换热器的压力及进出口压差进行测定，可以判断列管的结垢、堵塞程度及泄漏等情况。若列管结垢严重，则阻力将增大，若堵塞则会引起节流及泄漏。对于有高压流体的换热器，如果列管泄漏，高压流体会向低压流体泄漏，造成低压侧压力很快上升，甚至超压，并损坏低压设备或设备的低压部分，所以必须解体检修或堵管。

③ 泄漏。换热器的泄漏分为内漏和外漏。外漏的检查比较容易，轻微的外漏可以用肥皂水或发泡剂来检验，对于有气味的酸、碱等液体可凭视觉和嗅觉等直接发现，有保温的设备则会引起保温层的剥落；内漏可以从介质的温度、压力、流量的异常，设备的声音及振动等其他异常现象发现。

④ 振动。换热器内的流体流速一般较高，流体的脉动及横向流动都会诱导换热管振动，或者整个设备振动，特别是在隔板处，管子的振动频率较高，容易把管子切断，造成断管泄漏，遇到这种情况必须停机解体检查、检修。

⑤ 保温（保冷）。经常检查保温层是否完好，通常用眼直接观察就可发现保温层的剥

落、变质及霉烂等损坏情况，需及时进行修补处理。

（二）列管换热器的保养

① 在实验前后，要对装置周围环境进行认真清洁，同时保持设备清洁。

② 装置内温度、流量、界面的测量原件以及温度、压力显示仪表和流量控制仪表等要定期进行校验，保证其齐全、灵敏、准确。

③ 发现法兰口和阀门有泄漏时，应抓紧处理。

④ 如长时间不使用装置，应做好防尘、防潮、防暴晒措施，并在闲置期间定期对装置进行清扫，以确保装置随时处于可运行状态。

⑤ 开停换热器时，不应将蒸汽阀门和被加热介质阀门开得太猛，否则容易造成外壳与列管伸缩不一致，产生热应力，使局部焊缝开裂或管子胀口松弛。

⑥ 尽量减少换热器的开停次数，停止时应将内部水和液体放净，防止冻裂和腐蚀。

⑦ 定期测量换热器的壁厚，应两年一次。

知识能力检测

一、选择题

1. 在房间中利用火炉进行取暖时，其传热方式为（　　）。

A. 热传导和热对流

B. 热传导和热辐射

C. 热传导、热对流和热辐射，但热对流和热辐射是主要的

D. 热对流和热辐射

2. 下列不属于热传递的基本方式的是（　　）。

A. 热传导　　B. 介电加热　　C. 热对流　　D. 热辐射

3. 化工过程两流体间宏观上发生热量传递的条件是（　　）。

A. 保温　　B. 传热方式不同　　C. 存在温度差　　D. 传热方式相同

4. 热辐射和热传导、热对流方式传递热量的根本区别是（　　）。

A. 有无传递介质　　B. 物体是否运动

C. 物体内分子是否运动　　D. 全部正确

5. 对流传热时流体处于湍动状态，在层流内层中，热量传递的主要方式（　　）。

A. 热传导　　B. 热对流

C. 热辐射　　D. 热传导和热对流同时

6. 金属的纯度对热导率的影响很大，一般合金的热导率比纯金属的热导率（　　）。

A. 大　　B. 小　　C. 相等　　D. 不同金属不一样

7. 空气、水、金属固体的热导率（导热系数）分别为 λ_1、λ_2、λ_3，其大小顺序正确的是（　　）。

A. $\lambda_1>\lambda_2>\lambda_3$　　B. $\lambda_1<\lambda_2<\lambda_3$

C. $\lambda_2>\lambda_3>\lambda_1$　　D. $\lambda_2<\lambda_3<\lambda_1$

8. 为减少圆形管导热损失，采用包覆三种保温材料 A、B、C 的方法，若 $\delta_A=\delta_B=\delta_C$

(厚度)，热导率 $\lambda_A>\lambda_B>\lambda_C$，则包覆的顺序从内到外依次为（　　）。

A. A、B、C　　B. A、C、B　　C. C、B、A　　D. B、A、C

9. 有一换热设备，准备在其外面包以两层保温材料，要达到良好的保温效果，应将热导率较小的保温材料包在（　　）。

A. 外层　　B. 内层　　C. 外层或内层

10. 气体的热导率数值随温度的变化趋势为（　　）。

A. T 升高，λ 增大　　B. T 升高，λ 减小

C. T 升高，λ 可能增大或减小　　D. T 变化，λ 不变

11. 棉花保温性能好，主要是因为（　　）。

A. 棉纤维素热导率小

B. 棉花中含有相当数量的油脂

C. 棉花中含有大量空气，而空气的运动又受到极为严重的阻碍

D. 棉花白色，因而黑度小

12. 下列过程的对流传热系数最大的是（　　）。

A. 蒸汽的滴状冷凝　　B. 空气的强制对流

C. 蒸汽的膜状冷凝　　D. 水的强制对流

13. 影响液体对流传热系数的因素不包括（　　）。

A. 流动形态　　B. 液体的物理性质

C. 操作压力　　D. 传热面尺寸

14. 在蒸汽冷凝传热中，不凝性气体的存在对 α 的影响是（　　）。

A. 会使 α 大大降低　　B. 会使 α 大大升高

C. 对 α 无影响　　D. 无法判断

15. 设水在一圆直管内呈湍流流动，在稳定段处，其对流传热系数为 α_1；若将水的质量流量加倍，而保持其他条件不变，此时的对流传热系数 α_2 与 α_1 的关系为（　　）。

A. $\alpha_2=\alpha_1$　　B. $\alpha_2=2\alpha_1$

C. $\alpha_2=2^{0.8}\alpha_1$　　D. $\alpha_2=2^{0.4}\alpha_1$

16. 工业生产中，沸腾传热应设法保持在（　　）。

A. 自然对流区　　B. 核状沸腾区　　C. 膜状沸腾区　　D. 过渡区

17. 对①水、气体，②水、沸腾水蒸气，③水、水，④水、轻油四组换热介质，通常在列管式换热器中 K 值从大到小正确的排列顺序应是（　　）。

A. ②>④>③>①　　B. ③>④>②>①

C. ③>②>①>④　　D. ②>③>④>①

18. 有一冷藏室需用一块厚度为 100mm 的软木板作隔热层。现有两块面积、厚度和材质相同的软木板，但一块含水较多，另一块干燥，从隔热效果来看，宜选用（　　）。

A. 含水较多的那块　　B. 干燥的那块

C. 两块效果相同　　D. 不能判断

19. 化工厂常见的间壁式换热器是（　　）。

A. 固定管板式换热器　　B. 板式换热器

C. 釜式换热器　　D. 蛇管式换热器

20. 下列不属于列管式换热器的是（　　）。

A. U形管式　　B. 浮头式　　C. 螺旋板式　　D. 固定管板式

21. 对管束和壳体温差不大，壳程物料较干净的场合可选（　　）换热器。

A. 浮头式　　B. 固定管板式　　C. U形管式　　D. 套管式

22. 在管壳式换热器中，不洁净和易结垢的流体宜走管内，因为（　　）。

A. 清洗比较方便　　B. 流速较快

C. 流通面积小　　D. 易于传热

23. 在列管式换热器中，用水冷凝乙醇蒸气，乙醇蒸气宜安排走（　　）。

A. 管程　　B. 壳程　　C. 管程、壳程均可　　D. 无法确定

24. 用于处理管程不易结垢的高压介质，并且管程与壳程温差大的场合时，需选用（　　）换热器。

A. 固定管板式　　B. U形管式　　C. 浮头式　　D. 套管式

25. 在管壳式换热器中安装折流挡板是为了加大壳程流体的（　　），使湍动程度加剧，以提高壳程对流传热系数。

A. 黏度　　B. 密度　　C. 速度　　D. 高度

26. 下列不是列管换热器的主要构成部件的是（　　）。

A. 外壳　　B. 蛇管　　C. 管束　　D. 封头

27. 可在内部设置搅拌器的是（　　）换热器。

A. 套管　　B. 釜式　　C. 夹套式　　D. 热管

28. 以下不能提高传热速率的途径是（　　）。

A. 延长传热时间　　B. 增大传热面积

C. 增加传热温差　　D. 提高传热系数 K

29. 当换热器中冷热流体的进出口温度一定时，下列说法错误的是（　　）。

A. 逆流时的 Δt_m 一定大于并流、错流或折流时的 Δt_m

B. 采用逆流操作时可以节约热流体（或冷流体）的用量

C. 采用逆流操作可以减少所需的传热面积

D. 温度差校正系数 $\varphi\Delta t$ 的大小反映了流体流向接近逆流的程度

30. 换热器，管间用饱和水蒸气加热，管内为空气（空气在管内做湍流流动），使空气温度由20℃升至80℃，现需空气流量增加为原来的2倍，若要保持空气进出口温度不变，则此时的传热温差约为原来的（　　）。

A. 1.149倍　　B. 1.74倍　　C. 2倍　　D. 不变

31. 某并流操作的间壁式换热器中，热流体的进、出口温度为90℃和50℃，冷流体的进、出口温度为20℃和40℃，此时传热平均温度差 Δt_m 为（　　）。

A. 30.8℃　　B. 39.2℃　　C. 40℃

32. 某换热器中冷、热流体的进、出口温度分别为 $T_1=400K$、$T_2=300K$、$t_1=200K$、$t_2=230K$，逆流时，Δt_m 为（　　）K。

A. 170　　B. 100　　C. 200　　D. 132

33. 对间壁两侧流体一侧恒温、另一侧变温的传热过程，逆流和并流时 Δt_m 的大小为（　　）。

A. $\Delta t_{m逆} > \Delta t_{m并}$　　B. $\Delta t_{m逆} < \Delta t_{m并}$

C. $\Delta t_{m逆} = \Delta t_{m并}$　　D. 不确定

34. 要求热流体从300℃降到200℃，冷流体从50℃升高到260℃，宜采用（　　）换热。

A. 逆流　　B. 并流

C. 并流或逆流　　D. 以上都不正确

35. 在同一换热器中，当冷、热流体的进、出口温度一定时，平均温度差最大的流向安排是（　　）。

A. 折流　　B. 错流　　C. 并流　　D. 逆流

36. 若固体壁为金属材料，当壁厚很薄时，器壁两侧流体的对流传热系数相差悬殊，当要求提高传热系数以加快传热速率时，必须设法提高（　　）的系数才能见效。

A. 最小　　B. 最大　　C. 两侧　　D. 无法判断

37. 下列不能提高对流传热系数的是（　　）。

A. 利用多管程结构　　B. 增大管径

C. 在壳程内装折流挡板　　D. 冷凝时在管壁上开一些纵向沟槽

38. 将1500kg/h、80℃的硝基苯通过换热器冷却到40℃，冷却水初温为30℃，出口温度不超过35℃，硝基苯比热容为1.38kJ/(kg·K)，则换热器的热负荷为（　　）。

A. 19800kJ/h　　B. 82800kJ/h　　C. 82800kW　　D. 19800kW

39. 传热过程中当两侧流体的对流传热系数都较大时，影响传热过程的将是（　　）。

A. 管壁热阻　　B. 污垢热阻

C. 管内对流传热热阻　　D. 管外对流传热热阻

40. 冷、热流体在换热器中进行无相变逆流传热，换热器用久后形成污垢层，在同样的操作条件下，与无垢层相比，结垢后的换热器的 K（　　）。

A. 变大　　B. 变小　　C. 不变　　D. 不确定

41. 下列因素与总传热系数无关的是（　　）。

A. 传热面积　　B. 流体流动状态　　C. 污垢热阻　　D. 传热间壁壁厚

42. 在管壳式换热器中，用饱和蒸汽冷凝以加热空气，下面两项判断为（　　）。甲：传热管壁温度接近加热蒸汽温度；乙：总传热系数接近于空气侧的对流传热系数。

A. 甲、乙均合理　　B. 甲、乙均不合理

C. 甲合理、乙不合理　　D. 甲不合理、乙合理

43. 下列不属于强化传热的方法是（　　）。

A. 定期清洗换热设备　　B. 增大流体的流速

C. 加装挡板　　D. 加装保温层

44. 列管换热器的传热效率下降可能是由于（　　）。

A. 壳体内不凝气或冷凝液增多　　B. 壳体介质流动过快

C. 管束与折流挡的结构不合理　　D. 壳体和管束温差过大

45. 某厂已用一换热器使得烟道气能加热水产生饱和蒸汽。为强化传热过程，可采取的措施中（　　）是最有效、最实用的。

A. 提高烟道气流速　　B. 提高水的流速

C. 在水侧加翅片　　D. 换一台传热面积更大的设备

46. 水蒸气在列管换热器中加热某盐溶液，水蒸气走壳程。为强化传热，下列措施中最为经济有效的是（　　）。

A. 增大换热器尺寸以增大传热面积　　B. 在壳程设置折流挡板
C. 改单管程为双管程　　D. 减小传热壁面厚度

47. 换热器经长时间使用需进行定期检查，检查内容不正确的（　　）。
A. 外部连接是否完好　　B. 是否存在内漏
C. 对腐蚀性强的流体，要检测壁厚　　D. 检查传热面粗糙度

48. 在列管式换热器操作中，不需停车的事故有（　　）。
A. 换热器部分管堵　　B. 自控系统失灵
C. 换热器结垢严重　　D. 换热器列管穿孔

49. 下列列管式换热器操作程序中操作不正确的是（　　）。
A. 开车时，应先进冷物料，后进热物料
B. 停车时，应先停热物料，后停冷物料
C. 开车时要排出不凝气
D. 发生管堵或严重结垢时，应分别加大冷、热物料流量，以保持传热

50. 不属于换热器检修内容的是（　　）。
A. 清扫管束和壳体
B. 管束焊口、胀口处理及单管更换
C. 检查修复管箱、前后盖、大小浮头、接管及其密封面，更换垫片
D. 检查校验安全附件

51. 在换热器的操作中，不需做的是（　　）。
A. 投产时，先预热，后加热　　B. 定期更换两流体的流动途径
C. 定期分析流体的成分，以确定有无内漏　　D. 定期排放不凝性气体，定期清洗

二、判断题

1. 热负荷是指换热器本身具有的换热能力。（　　）
2. 热导率 λ 与黏度 μ 一样是物质的物理性质之一，它是物质导热性能的标志。（　　）
3. 通过三层平壁的定态热传导，各层界面间接触均匀，第一层两侧温度为 120℃ 和 80℃，第三层外表面温度为 40℃，则第一层热阻 R_1 和第二层、第三层热阻 R_2、R_3 之间的关系为 $R_1 > (R_2 + R_3)$。（　　）
4. 工业设备的保温材料，一般都是取热导率（导热系数）较小的材料。（　　）
5. 由多层等厚平壁构成的导热壁面中，所用材料的热导率愈大，则该壁面的热阻愈大，其两侧的温差愈大。（　　）
6. 对流传热过程是流体与流体之间的传热过程。（　　）
7. 对流传热的热阻主要集中在层流内层中。（　　）
8. 对于同一种流体，有相变时的 α 值比无相变时的 α 要大。（　　）
9. 在无相变的对流传热过程中，减少热阻的最有效措施是降低流体湍动程度。（　　）
10. 缩小管径和增大流速都能提高传热系数，但是缩小管径的效果不如增大流速效果明显。（　　）
11. 传热速率即为热负荷。（　　）
12. 间壁式换热器内热量的传递是由对流传热-热传导-对流传热这三个串联着的过程组成。（　　）
13. 在稳定多层圆筒壁导热中，通过多层圆筒壁的传热速率 Q 相等，而且通过单位传热

面积的传热速率 Q/A 也相同。（ ）

14. 当冷、热两流体的 α 相差较大时，欲提高换热器的 K 值关键是采取措施增大较小的 α。（ ）

15. 饱和水蒸气和空气通过间壁进行稳定热交换，由于空气侧的传热系数远远小于饱和水蒸气侧的传热系数，故空气侧的传热速率比饱和水蒸气侧的传热速率小。（ ）

16. 冷、热流体在换热时，并流时的传热温度差要比逆流时的传热温度差大。（ ）

17. 强化传热的最根本途径是增大传热系数 K。（ ）

18. 对总传热系数来说，各项热阻倒数之和越大，传热系数越小。（ ）

19. 在一定压力下操作的工业沸腾装置，为使有较高的传热系数，常采用膜状沸腾。（ ）

20. 在换热器传热过程中，两侧流体的温度和温差沿传热面肯定是变化的。（ ）

21. 固定管板式换热器适用于温差较大、腐蚀性较强的物料。（ ）

22. 列管式换热器中设置补偿圈的目的主要是便于换热器的清洗和强化传热。（ ）

23. 在列管式换热器中，具有腐蚀性的物料应走壳程。（ ）

24. 流体与壁面进行稳定的强制湍流对流传热，层流内层的热阻比湍流主体的热阻大，故层流内层内的传热速率比湍流主体内的传热速率小。（ ）

25. 当流量一定时，管程或壳程越多，传热系数越大。因此应尽可能采用多管程或多壳程换热器。（ ）

26. 当换热器中热流体的质量流量、进出口温度及冷流体进出口温度一定时，采用并流操作可节省冷流体用量。（ ）

27. 在传热实验中用饱和水蒸气加热空气，总传热系数 K 接近于空气侧的对流传热系数，而壁温接近于饱和水蒸气侧流体的温度值。（ ）

28. 套管冷凝器的内管走空气，管间走饱和水蒸气，如果蒸气压力一定，空气进口温度一定，当空气流量增加时，总传热系数 K 应增大，空气出口温度会提高。（ ）

29. 对于间壁两侧流体稳定变温传热来说，热载体逆流时的消耗量大于并流时的用量。（ ）

30. 实际生产中（特殊情况除外）传热一般都采用并流操作。（ ）

31. 多管程换热器的目的是强化传热。（ ）

32. 浮头式换热器具有能消除热应力、便于清洗和检修方便的特点。（ ）

33. 换热器生产过程中，物料的流动速度越快，换热效果越好，故流速越大越好。（ ）

34. 对于一台加热器，当冷、热两种流量一定时，换热器面积越大换热效果越好。（ ）

35. 换热器正常操作之后才能打开放空阀。（ ）

36. 换热器不论是加热器还是冷却器，热流体都走壳程，冷流体都走管程。（ ）

37. 在列管式换热器中，用饱和水蒸气加热某反应物料，让水蒸气走管程，以减少热量损失。（ ）

38. 换热器开车时，是先进冷物料，后进热物料，以防换热器突然受热而变形。（ ）

39. 工业生产中用于废热回收的换热方式是混合式换热。（ ）

40. 换热器在使用前的试压重点检查列管是否泄漏。（ ）

三、简答题

1. 简述间壁式换热器中冷、热流体的传热过程。

2. 换热器在冬季如何防冻？

3. 传热系数的物理意义是什么？

4. 如何提高换热器的总传热系数 K？

5. 冷换设备投用前的检查内容有哪些？

6. 换热器分几类？每类换热方式是什么？

7. 提高换热器传热效率的途径有哪些？

8. 换热器（列管式）管程和壳程物料的选择原则是什么？

四、计算题

1. 如图 3-27 所示，已知某炉壁由单层均质材料组成，$\lambda=0.57$W/(m·℃)。用热电偶测得炉外壁温度为 50℃，距外壁 1/3 厚度处的温度为 250℃，求炉内壁温度。

2. 某工业炉壁由下列三层依次组成（见图 3-28），耐火砖的热导率 $\lambda_1=1.05$ W/(m·℃)，厚度为 0.23m，绝热层热导率 $\lambda_2=0.144$W/(m·℃)，红砖热导率 $\lambda_3=0.94$W/(m·℃)，厚度为 0.23m。已知耐火砖内侧温度 $t_1=1300$℃，红砖外侧温度为 50℃，单位面积的热损失为 607W/m²。试求：①绝热层的厚度；②耐火砖与绝热层接触处温度。

3. 某蒸汽管外径为 159mm，管外保温材料的热导率 $\lambda=0.11+0.0002t$ W/(m·℃)（式中 t 为温度），蒸汽管外壁温度为 150℃。要求保温层外壁温度不超过 50℃，每米管长的热损失不超过 200W，问保温层厚度应为多少。

4. 某换热器的换热面积为 30m²，用 100℃的饱和水蒸气加热物料，物料的进口温度为 30℃，流量为 2kg/s，平均比热容为 4kJ/(kg·℃)，换热器的传热系数为 125W/(m²·℃)，求：①物料出口温度；②水蒸气的冷凝量（kg/h）。

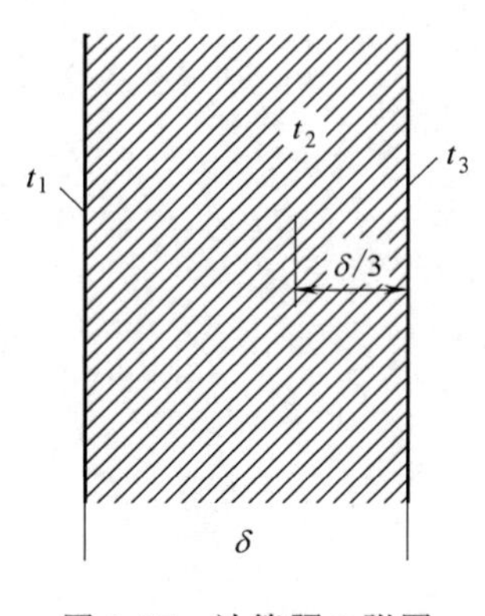

图 3-27　计算题 1 附图

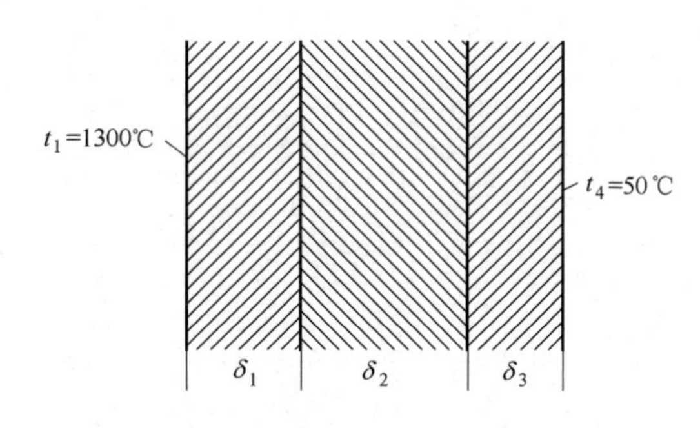

图 3-28　计算题 2 附图

5. 流体的质量流量为 1000kg/h，试计算以下各过程中流体放出或得到的热量。

① 煤油自 130℃降至 40℃，取煤油比热容为 2.09kJ/(kg·℃)；

② 比热容为 3.77kJ/(kg·℃) 的 NaOH 溶液，由 30℃加热至 100℃；

③ 常压下 100℃的水汽化为同温度的饱和水蒸气；

④ 100℃的饱和水蒸气冷凝、冷却为 50℃的水。

参 考 答 案

一、选择题

1～5 CBCAA　6～10 BBCBA　11～15 CACAB
16～20 BDBAC　21～25 BABDC　26～30 BCAAA
31～35 ADCAD　36～40 ABBBB　41～45 AADAA
46～51 CDBDDB

二、判断题

1～5 ×√×√×　6～10 ×√√×√
11～15 ×√×√×　16～20 ×√×××
21～25 ×××××　26～30 ×√×××
31～35 √√×××　36～40 ××√√×

三、简答题

略

四、计算题

1. 650℃
2. ①δ_2=0.23m；②t_2=1167℃
3. δ_2=40.1mm
4. ①t_2=56.2℃；②W_h=334kg/h
5. ①$Q=5.23\times10^4$W；②$Q=7.33\times10^4$W；③$Q=6.27\times10^5$W；④$Q=6.85\times10^5$W

• 项目四 •

蒸 发

【案例导入】

硝酸钠（$NaNO_3$）是一种重要的无机化工原料，被广泛应用于农业、医药、化肥、玻璃等行业。现某化工企业有10万吨/年硝酸钠生产线，硝酸钠蒸发工序将上游产生的硝酸钠溶液依次经过预热器、三效蒸发器、二效蒸发器、一效蒸发器得到待结晶溶液，送往结晶工序，其生产能力可达到2t/h/套装置。其控制参数如下：

序号	设备	参数	
		壳程	管程
1	一效加热器	170℃、0.70MPa	145℃、0.30MPa
2	二效加热器	100℃、0.09MPa	90℃、0.06MPa
3	三效加热器	85℃、0.07MPa	75℃、0.05MPa
4	预热换热器	70℃、0.05MPa	75℃、0.07MPa
5	蒸发冷凝器	35℃、-0.08MPa	30℃、0.2MPa
6	三效蒸发器	70℃、-0.06MPa	65℃、-0.07MPa
7	二效蒸发器	85℃、0.06MPa	75℃、-0.06MPa
8	一效蒸发器	100℃、0.09MPa	90℃、0.07MPa

项目生产流程图如下：

0.8MPa蒸汽　一效蒸发器　一效分离器　二次蒸汽　二效蒸发器　二效分离器　二次冷凝水　三效蒸发器　三效蒸发器　硝酸钠溶液　预热器　预热分离器　CMR　蒸发冷凝器　连接真空泵　真空缓冲罐　CWS　一次冷凝水　完成，去结晶　一效出料泵　一效循环泵　二效循环泵　三效循环泵　预热循环泵　二次冷凝水储罐　二次冷凝水

工程案例流程图

【案例分析】

要完成以上蒸发任务，需要解决以下问题：

(1) 根据项目生产流程，认识蒸发特点，理解蒸发原理；

(2) 根据案例内容和流程，分析单效蒸发、多效蒸发过程；

(3) 根据案例条件，确定蒸发器的工艺参数；

(4) 认识常见的蒸发设备，掌握结构、操作方法；

(5) 能够完成蒸发单元开停车操作及故障处置。

【学习指南】

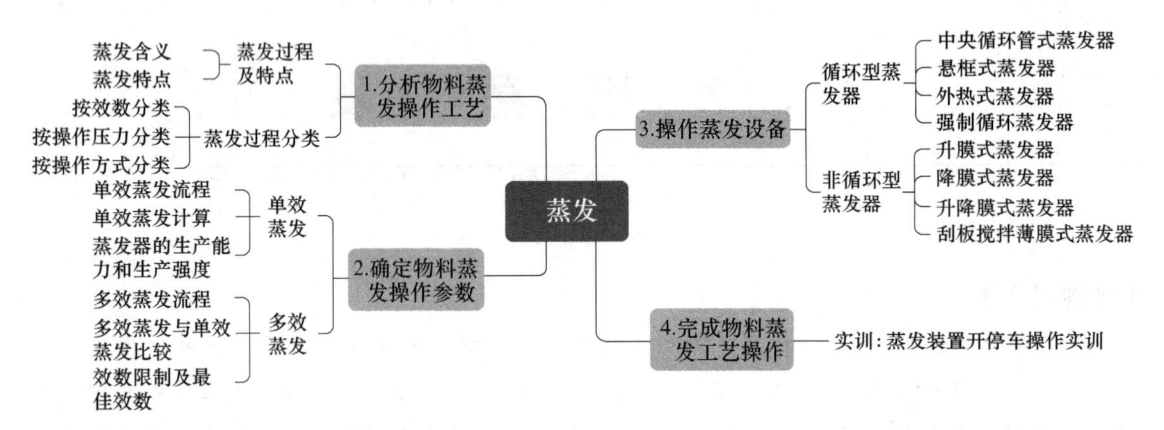

任务一 认识蒸发过程

动画资源

铸魂育人

一、蒸发过程及其特点

使含有不挥发溶质的溶液沸腾汽化并移出蒸汽，从而使溶液中溶质组成提高的单元操作称为蒸发，所采用的设备称为蒸发器。蒸发操作广泛应用于化工、石油化工、制药、制糖、造纸、深冷、海水淡化及原子能等工业中。

工业上采用蒸发操作主要达到以下目的：

① 直接得到经浓缩后的液体产品，例如稀烧碱溶液的浓缩，各种果汁、牛奶的浓缩等；

② 制取纯净溶剂，例如海水蒸发脱盐制取淡水；

③ 同时制备浓溶液和回收溶剂，例如中药生产中乙醇浸出液的蒸发。

蒸发的过程特点如下：

① 蒸发是一种分离过程，可使溶液中的溶质与溶剂得到部分分离，但溶剂与溶质分离是靠热源传递热量使溶剂沸腾汽化。溶剂的汽化速率取决于传热速率，因此把蒸发归属于传热过程。

② 被蒸发的物料是由挥发性溶剂和不挥发的溶质组成的溶液。在相同温度下，溶液的蒸气压比纯溶剂的蒸气压要低。在相同的压力下，溶液的沸点比纯溶剂的沸点要高，且一般随浓度的增加而升高。

③ 溶剂的汽化要吸收能量，热源耗量很大。

④ 由于被蒸发溶液的种类和性质不同，蒸发过程所需的设备和操作方式也随之有很大的差异。如有些热敏性物料在高温下易分解，必须设法降低溶液的加热温度，并减少物料在加热区的停留时间；有些物料有较大的腐蚀性；有些物料在浓缩过程中会析出结晶或在传热面上大量结垢使传热过程恶化等。

二、蒸发过程的分类

（一）按蒸发器的效数分

工业生产中被蒸发的物料多为水溶液，且常用饱和水蒸气为热源通过间壁加热。热源蒸汽习惯上称为生蒸汽，而从蒸发器汽化生成的水蒸气称为二次蒸汽。在操作中一般用冷凝方法将二次蒸汽不断地移出，否则蒸汽与沸腾溶液趋于平衡，使蒸发过程无法进行。

(1) 单效蒸发

若将二次蒸汽直接冷凝，而不利用其冷凝热的操作称为单效蒸发。

(2) 多效蒸发

若将二次蒸汽引到下一蒸发器作为加热蒸汽，以利用其冷凝热，这种串联蒸发操作称为多效蒸发。

（二）按操作压力分

蒸发操作根据操作压力的不同可分为加压蒸发、常压蒸发和减压蒸发。通常工业上的蒸发操作经常在减压下进行，这种操作称为真空蒸发。真空蒸发的优势在于：

① 减压下溶液的沸点下降，有利于处理热敏性物料，且可利用低压的蒸汽或废蒸汽作为热源；

② 溶液的沸点随所处的压力减小而降低，故对相同压力的加热蒸汽而言，当溶液处于减压时可以提高传热总温度差；

③ 由于温度低，系统的热损失小。

但是，由于溶液沸点降低，溶液的黏度增大，总传热系数下降。另外，真空蒸发系统要求有减压装置，使系统的投资费和操作费提高。

（三）按操作方式分

(1) 间歇蒸发

间歇蒸发又可分为一次进料、一次出料和连续进料、一次出料两种方式。排出的蒸浓液通常称为完成液。

(2) 连续蒸发

原料连续进料，同时完成液连续排出的过程称为连续蒸发。一般大规模生产中多采用连续蒸发。

动画资源

任务二　分析单效蒸发过程

蒸发过程的计算包括蒸发器的物料衡算、热量衡算和传热面积计算。本部分讨论的是单效、间接加热、连续定常操作的水溶液的蒸发过程，可供其他溶液蒸发计算时参考。

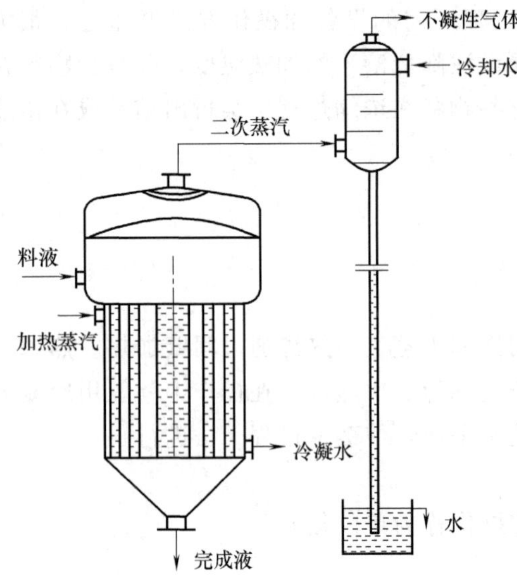

图 4-1 单效蒸发器流程示意

一、单效蒸发流程

图 4-1 为单效蒸发流程示意图。蒸发装置包括蒸发器和冷凝器（如用真空蒸发，在冷凝器后应接真空泵）。用加热蒸汽（一般为饱和水蒸气）将水溶液加热，使部分水沸腾汽化。蒸发器下部为加热室，相当于一个间壁式换热器（通常为列管式），应保证足够的传热面积和较高的传热系数。上部为蒸发室，沸腾的气液两相在蒸发室中分离，因此也称为分离室，应有足够的分离空间和横截面积。在蒸发室顶部设有除沫装置以除去二次蒸汽中夹带的液滴。二次蒸汽进入冷凝器用冷却水冷凝，冷凝水由冷凝器下部经水封排出，不凝性气体由冷凝器顶部排出。不凝性气体的来源有系统中原存的空气、进料液中溶解的气体或在减压操作时漏入的空气。

二、单效蒸发的计算

单效蒸发的计算项目有：①单位时间内蒸出的水分量，即蒸发量；②加热蒸汽的消耗量；③蒸发器的传热面积。

通常，生产任务中已知的项目有：①原料液流量、组成与温度；②完成液组成；③加热蒸汽的压力或温度；④冷凝器的压力或温度。

（一）蒸发量W

围绕图 4-2 的单效蒸发器，对溶质做物料衡算，可得：

$$Fw_0=(F-W)w_1 \tag{4-1}$$

即

$$W=F\left(1-\frac{w_0}{w_1}\right) \tag{4-2}$$

式中，F 为原料液量，kg/h；W 为单位时间内蒸发的水分量，即蒸发量，kg/h；w_0 为原料液的质量分数；w_1 为完成液的质量分数。

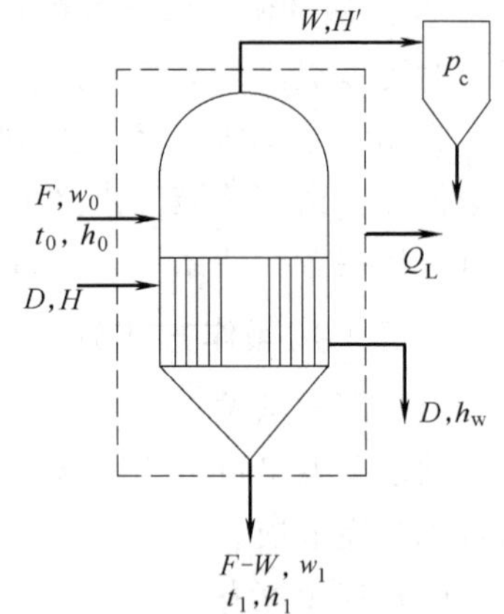

图 4-2 单效蒸发示意图

【例 4-1】 在单效连续蒸发器中每小时将 1000kg 的某水溶液由 10%浓缩至 16.7%（均为质量分数），试计算所需蒸发的水分量。

解：已知 $F=1000\text{kg/h}$，$w_0=0.10$，$w_1=0.167$，按式（4-2）得

$$W=1000\times\left(1-\frac{0.10}{0.167}\right)=401\text{kg/h}$$

（二）加热蒸汽消耗量D

蒸发操作中，加热蒸汽的热量一般用于将溶液加热至沸点，将水分蒸发为蒸汽以及向周围散失的热量。对某些溶液，如 $CaCl_2$、NaOH 等水溶液，稀释时放出热量，因此蒸发这些

溶液时应考虑要供给和稀释热量相当的浓缩热。

（1）溶液稀释热不可忽略

围绕图 4-2 的蒸发器列物料的焓衡算，得

$$DH+Fh_0=WH'+(F-W)h_1+Dh_w+Q_L \tag{4-3}$$

$$D=\frac{WH'+(F-W)h_1-Fh_0+Q_L}{H-h_w} \tag{4-4}$$

式中，D 为加热蒸汽的消耗量，kg/h；H 为加热蒸汽的焓，kJ/kg；h_0 为原料液的焓，kJ/kg；H' 为二次蒸汽的焓，kJ/kg；h_1 为完成液的焓，kJ/kg；h_w 为冷凝水的焓，kJ/kg；Q_L 为热损失，kJ/h。

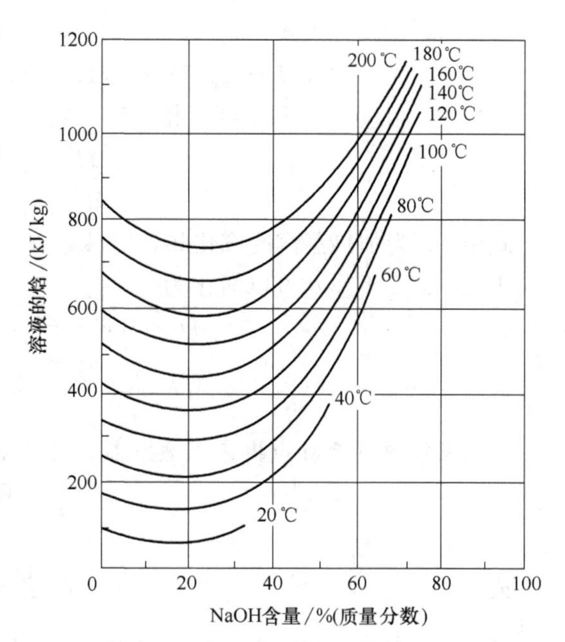

图 4-3　NaOH 水溶液的焓浓图

若加热蒸汽的冷凝液在蒸汽的饱和温度下排出，则 $H-h_w=r$，式（4-4）变为

$$D=\frac{WH'+(F-W)h_1-Fh_0+Q_L}{r} \tag{4-5}$$

式中，r 为加热蒸汽的汽化热，kJ/kg。

稀释热不可忽略时溶液的焓由专用的焓浓图查得，图 4-3 为 NaOH 水溶液的焓浓图。有时对稀释热不可忽略的溶液，也可先按忽略稀释热的方法计算，然后再修正计算结果。

（2）溶液稀释热可以忽略

当溶液的稀释热可以忽略时，溶液的焓可由比热容算出，即

$$h_0=c_{p0}(t_0-0)=c_{p0}t_0 \tag{4-6}$$

$$h_1=c_{p1}(t_1-0)=c_{p1}t_1 \tag{4-7}$$

$$h_w=c_{pw}(T-0)=c_{pw}T \tag{4-8}$$

将以上三式代入式（4-3），并整理得

$$D(H-c_{pw}T)=WH'+(F-W)c_{p1}t_1-Fc_{p0}t_0+Q_L \tag{4-9}$$

为了避免上式中使用两个不同组成下的比热容，故将完成液的比热容 c_{p1} 用原料液的比热容 c_{p0} 来表示。溶液的比热容可按下面的经验公式计算：

$$c_p=c_{pw}(1-x)+c_{pB}x \tag{4-10}$$

当 $x<20\%$时，式（4-10）可以简化为

$$c_p=c_{pw}(1-x) \tag{4-11}$$

式中，c_p 为溶液的比热容，kJ/(kg·℃)；c_{pw} 为纯水的比热容，kJ/(kg·℃)；c_{pB} 为溶质的比热容，kJ/(kg·℃)。

将式（4-9）中的 c_{p0} 及 c_{p1} 均写成式（4-10）的形式，并与式（4-2）联立，即可得到原料液比热容 c_{p0} 与完成液比热容 c_{p1} 间的关系为

$$(F-W)c_{p1}=Fc_{p0}-Wc_{pw} \tag{4-12}$$

将式（4-12）代入式（4-9），并整理得

$$D(H-c_{pw}T)=W(H'-c_{pw}t_1)+Fc_{p0}(t_1-t_0)+Q_L \tag{4-13}$$

当冷凝液在蒸汽饱和温度下排出时，则有

$$H-c_{pw}T\approx r \tag{4-14}$$

$$H'-c_{pw}T\approx r' \tag{4-15}$$

式中，r 为加热蒸汽的汽化热，kJ/kg；r'为二次蒸汽的汽化热，kJ/kg。

于是，式（4-13）可以简化为

$$Dr=Wr'+Fc_{p0}(t_1-t_0)+Q_L$$

或

$$D=\frac{Wr'+Fc_{p0}(t_1-t_0)+Q_L}{r} \tag{4-16}$$

若原料液预热至沸点再进入蒸发器，且忽略热损失，上式可简化为

$$D=\frac{Wr'}{r} \tag{4-16a}$$

或

$$e=\frac{D}{W}=\frac{r'}{r} \tag{4-17}$$

式中，e 为蒸发 1kg 水分时加热蒸汽的消耗量，称为单位蒸汽消耗量，kg/kg。

由于蒸汽的汽化热随压力变化不大，即 $r\approx r'$，故单效蒸发操作中 $e\approx 1$，即每蒸发 1kg 的水分约消耗 1kg 的加热蒸汽。但实际蒸发操作中因有热损失等的影响，e 值约为 1.1 或更大。

e 值是衡量蒸发装置经济程度的指标。

（三）传热面积S_o

蒸发器的传热面积由传热速率公式计算，即

$$Q=S_oK_o\Delta t_m$$

或

$$S_o=\frac{Q}{K_o\Delta t_m} \tag{4-18}$$

式中，S_o 为蒸发器的传热外面积，m^2；K_o 为基于外面积的总传热系数；$W/(m^2\cdot ℃)$；Δt_m 为平均温度差，℃；Q 为蒸发器的热负荷，即蒸发器的传热速率，W。

若加热蒸汽的冷凝水在饱和温度下排除，则 S_o 可根据式（4-18）直接算出，否则应分段计算。下面按前者情况进行讨论。

（1）平均温度差 Δt_m

在蒸发过程中，加热面两侧流体均处于恒温、相变状态下，故

$$\Delta t_m=T-t \tag{4-19}$$

式中，T 为加热蒸汽的温度，℃；t 为操作条件下溶液的沸点，℃。

（2）基于传热外面积的总传热系数 K_o

基于传热外面积的总传热系数 K_o 按下式计算：

$$K_o=\frac{1}{\frac{1}{\alpha_i}+\frac{d_o}{d_i}+R_{si}\frac{d_o}{d_i}+\frac{b}{\lambda}\times\frac{d_o}{d_m}+R_{so}+\frac{1}{\alpha_o}} \tag{4-20}$$

式中，α 为对流传热系数，$W/(m^2\cdot ℃)$；d 为管径，m；R_s 为垢层热阻，$m^2\cdot ℃/W$；b 为管壁厚度，m；λ 为管材的热导率，$W/(m\cdot ℃)$；下标 i 表示管内侧、o 表示外侧、m 表示平均。

垢层热阻值可按经验数值估算。管外侧的蒸汽冷凝传热系数可按膜式冷凝传热系数公式计算。管内侧溶液沸腾传热系数则难于精确计算，因它受多方面因素的控制，如溶液的性质等因素，一般可以参考实验数据或经验数据选择 K 值，但应选与操作条件相近的数值，尽量使选用的 K 值合理。

(3) 蒸发器的热负荷 Q

若加热蒸汽的冷凝水在饱和温度下排出，且忽略热损失，则蒸发器的热负荷为

$$Q=Dr \tag{4-21}$$

上面算出的传热面积，应视具体情况选用适当的安全系数加以校正。

【例 4-2】 若例 4-1 中单效蒸发器的平均操作压力为 40kPa，相应的溶液沸点为 80℃，该温度下的汽化焓为 2307kJ/kg。加热蒸汽的绝压为 200kPa，原料液的平均比热容为 3.70kJ/(kg·K)，蒸发器的热损失为 10kW，原料液的初始温度为 20℃，忽略溶液的浓缩热和沸点上升的影响。试求加热蒸汽的消耗量。

解： 查附录二得 200kPa 下饱和水蒸气的汽化热 $r=2205$kJ/kg，80℃下的汽化热 $r'=$ 2307kJ/kg。

已知 $F=1000$kg/h，$c_{p0}=3.70$kJ/(kg·K)，$t_1=80$℃，$t_0=20$℃，$Q_1=10\text{kW}=10\times 3600$kJ/h。由例 4-1 已得 $W=401$kg/h。

按式 (4-16) 得

$$D=\frac{1000\times 3.70\times(80-20)+401\times 2307+10\times 3600}{2205}=537\text{kg/h}$$

$$e=\frac{537}{401}=1.34\ \text{蒸汽/kg 水}$$

三、蒸发器的生产能力和生产强度

(一) 蒸发器的生产能力

蒸发器的生产能力用单位时间内蒸发的水分量，即蒸发量表示，其单位为 kg/h。

蒸发器生产能力的大小取决于通过传热面的传热速率 Q，因此也可以用蒸发器的传热速率来衡量其生产能力。

根据传热速率方程可知，单效蒸发时的传热速率为

$$Q=KS\Delta t \tag{4-22}$$

若蒸发器的热损失可忽略，且原料液在沸点下进入蒸发器，则由蒸发器的焓衡算可知，通过传热面所传递的热量全部用于蒸发水分，这时蒸发器的生产能力和传热速率成比例。若原料液在低于沸点下进入蒸发器，则需要消耗部分热量将冷溶液加热至沸点，因而降低了蒸发器的生产能力。若原料液在高于其沸点下进入蒸发器，则由于部分原料液的自动蒸发，蒸发器的生产能力有所增加。

(二) 蒸发器的生产强度

蒸发器的生产强度 U 指单位传热面积上单位时间内蒸发的水量，单位为 kg/(m^2·h)，即

$$U=W/S \tag{4-23}$$

蒸发强度是评价蒸发器优劣的重要指标。对于给定的蒸发量而言，蒸发强度越大，则所需的传热面积越小，因而蒸发设备的投资越少。

若为沸点进料，且忽略蒸发器的热损失，则

$$Q=Wr'=KS\Delta t \tag{4-24}$$

将以上三式整理得

$$U=Q/Sr'=K\Delta t/r' \tag{4-25}$$

由式（4-25）可以看出，欲提高蒸发器的生产强度，必须设法提高蒸发器的总传热系数 K 和传热温度差。

传热温度差 Δt 主要取决于加热蒸汽和冷凝器中二次蒸汽的压力，加热蒸汽的压力越高，其饱和温度也越高。但是加热蒸汽压力常受工厂的供汽条件所限，一般为 300～500kPa，有时可高到 600～800kPa。若提高冷凝器的真空度，使溶液的沸点降低，也可以加大温度差，但是这样不仅增加真空泵的功率消耗，而且因溶液的沸点降低，黏度增高，导致沸腾传热系数减小，因此一般冷凝器中的绝对压力不低于 10～20kPa。

一般来说，增大总传热系数是提高蒸发器生产强度的主要途径。总传热系数 K 值取决于对流传热系数和污垢热阻。

① 提高对流传热系数。蒸汽冷凝传热系数 α_o 通常比溶液沸腾传热系数 α_i 大，即传热总热阻中，蒸汽冷凝侧的热阻较小。因此，在蒸发器的操作中，必须及时排除蒸气中的不凝气，使热阻大大地降低，提高传热系数。

② 减小污垢热阻。管内溶液侧的污垢热阻往往是影响总传热系数的重要因素。当在传热面上形成垢层后会使 K 值急剧下降，影响传热。因此，必须要减小垢层热阻，其措施包括：a. 蒸发器必须定期清洗；b. 选用适宜的蒸发器类型，例如强制循环蒸发器；c. 在溶液中加入晶种或微量阻垢剂，以阻止在传热面上形成垢层。

任务三 分析多效蒸发过程

动画资源

动画资源

一、多效蒸发的操作流程

在多效蒸发中，各效的操作压力依次降低，相应地，各效的加热蒸汽温度及溶液的沸点亦依次降低。因此，只有当提供的新鲜加热蒸汽的压力较高或末效采用真空的条件下，多效蒸发才是可行的。

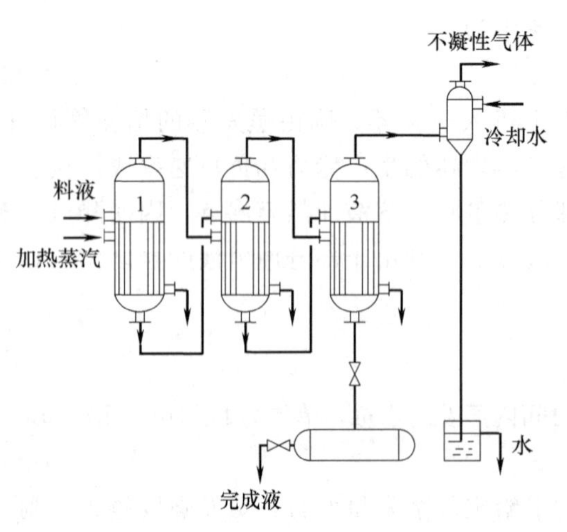

图 4-4 并流加料流程

按溶液与蒸汽相对流向的不同，常见的多效蒸发操作流程（以三效为例）有以下三种。

1. 并流（顺流）加料法的蒸发流程

并流加料法是最常见的蒸发操作方法。图 4-4 所示是由三个蒸发器组成的三效并流加料的流程。溶液和蒸汽的流向相同，即都由第一效顺序流至末效，故称为并流加料法。生蒸汽通入第一效加热室，蒸发出的二次蒸汽进入第二效的加热室作为加热蒸汽，第二效的二次蒸汽又进入第三效的加热室作为加热蒸汽，第三效（末效）的二次蒸汽则送至冷凝器，全部完成液由末效底部取出。

并流加料法的优点为：后效蒸发室的压力要比前效的低，故溶液在效间的输送可以利用效间的压力差，而不必另外用泵。此外，由于后效溶液的沸点较前效的低，故前效的溶液进入后效时，会因过热而自动蒸发（称为自蒸发或闪蒸），因而可以多产生一部分二次蒸汽。

并流加料的缺点为：由于后效溶液的组成较前效的高，且温度又较低，所以沿溶液流动方向的组成逐渐增高，致使传热系数逐渐下降，这种情况在后二效中尤为严重。

2. 逆流加料法的蒸发流程

图 4-5 为三效逆流加料流程。原料液由末效进入，用泵依次输送至前效，完成液由第一效底部取出。加热蒸汽的流向仍是由第一效顺序至末效。因蒸汽和溶液的流动方向相反，故称为逆流加料法。

逆流加料法蒸发流程的主要优点是：溶液的组成沿着流动方向不断提高，同时温度也逐渐上升，因此各效溶液的黏度较为接近，各效的传热系数也大致相同。其缺点是，效间的溶液需用泵输送，能量消耗较大，且因各效的进料温度均低于沸点，与并流加料法相比较，产生的二次蒸汽量也较少。一般来说，逆流加料法宜于处理黏度随温度和组成变化较大的溶液，而不宜于处理热敏性的溶液。

3. 平流加料法的蒸发流程

平流加料法的三效蒸发装置流程如图 4-6 所示。原料液分别加入各效中，完成液也分别自各效底部取出，蒸汽的流向仍是由第一效流至末效。此种流程适用于处理蒸发过程中伴有结晶析出的溶液。例如，某些盐溶液的浓缩，因为有结晶析出，不便于在效间输送，则宜由各效底部排出。

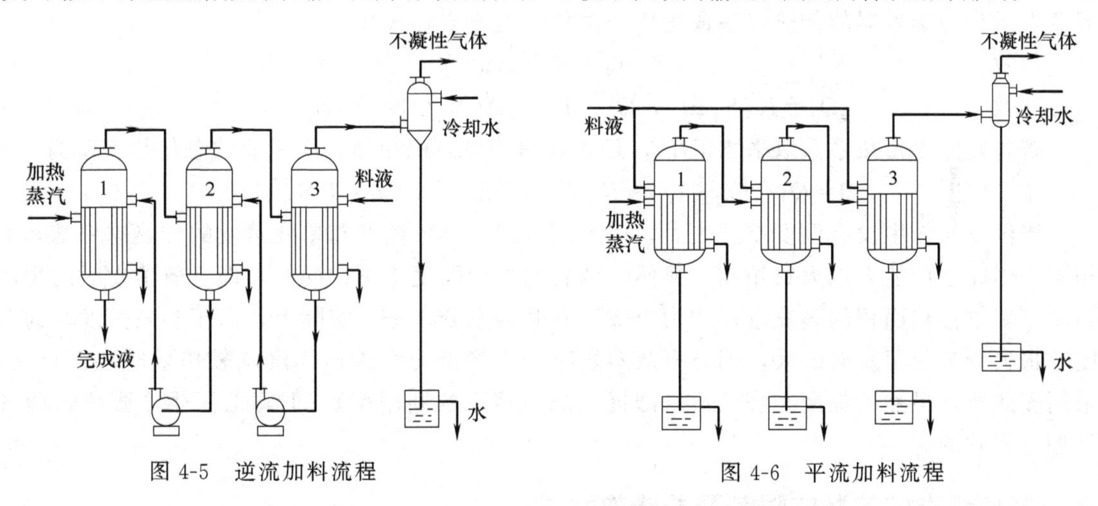

图 4-5 逆流加料流程　　图 4-6 平流加料流程

多效蒸发装置除以上三种流程外，生产中还可根据具体情况采用上述基本流程的变形。例如，NaOH 水溶液的蒸发，有时采用并流和逆流相结合的流程。

此外，在多效蒸发中，有时并不将每一效所产生的二次蒸汽全部引入后一效作为加热蒸汽用，而是将其中一部分引出用于预热原料液或用于其他与蒸发操作无关的传热过程。引出的蒸汽称为额外蒸汽。但末效的二次蒸汽因其压力较低，一般不再引出作为他用，而是全部送入冷凝器。

二、多效蒸发与单效蒸发的比较

1. 溶液的温度差损失

若多效蒸发和单效蒸发的操作条件相同，即第一效（或单效）的加热蒸汽压力和冷凝器

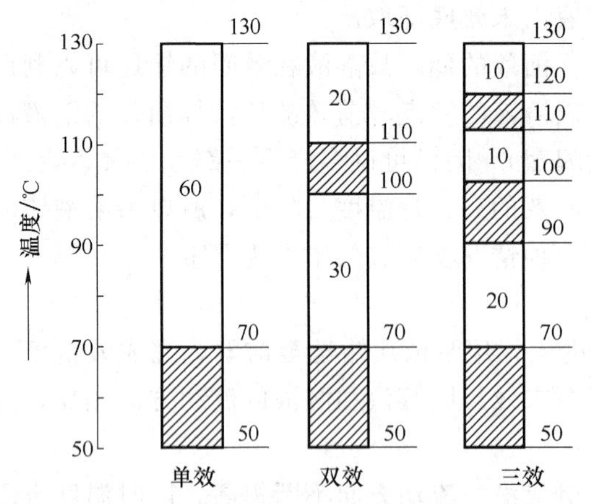

图 4-7 单效、双效、三效蒸发装置中的温度差损失

的操作压力相同，则多效蒸发的温度差因经过多次损失，总温度差损失较单效蒸发时为大。单效、双效和三效蒸发装置中温度差损失如图 4-7 所示，三种情况均具有相同的操作条件。图形总高度代表加热蒸汽（生蒸汽）温度和冷凝器中蒸汽温度间的总温度差（即 130－50＝80℃），阴影部分代表由各种原因所引起的温度差损失，空白部分代表有效温度差，即传热推动力。由图可见，多效蒸发较单效蒸发的温度差损失要大，且效数越多，温度差损失也越大。

2. 经济效益

前已述及，多效蒸发提高了加热蒸汽的利用率，即经济效益。对于蒸发等量的水分而言，采用多效时所需的加热蒸汽较单效时少。不同效数的单位蒸汽耗量已列于表 4-1 中。

表 4-1 单位蒸汽消耗量

效数	单效	双效	三效	四效	五效
$(D/W)_{min}$	1.1	0.57	0.4	0.3	0.27

在工业生产中，若需蒸发大量的水分，宜采用多效蒸发。通常可认为蒸发器的生产能力即蒸发量是与蒸发器的传热速率成正比。由传热速率方程式知

单效 $$Q=KS\sum\Delta t$$

三效 $$Q_1=K_1S_1\Delta t_1,\ Q_2=K_2S_2\Delta t_2,\ Q_3=K_3S_3\Delta t_3$$

若各效的总传热系数取平均值 K，且各效的传热面积相等，则三效的总传热速率为

$$Q=Q_1+Q_2+Q_3\approx KS(\Delta t_1+\Delta t_2+\Delta t_3)=KS\sum\Delta t$$

当蒸发操作中没有温度差损失时，由上式可知，三效蒸发和单效蒸发的传热速率基本上相同，因此生产能力也大致相同。显然，两者的生产强度是不相同的，即三效蒸发时的生产强度（单位传热面积的蒸发量）约为单效蒸发时的三分之一。实际上，由于多效蒸发时的温度差损失较单效蒸发时的大，因此多效蒸发时的生产能力和生产强度均较单效时小。可见，采用多效蒸发虽然可提高经济效益（即提高加热蒸汽的利用率），但降低了生产强度，两者是相互矛盾的。

三、多效蒸发中效数的限制及最佳效数

蒸发装置中效数越多，温度差损失越大，而且某些浓溶液的蒸发还可能出现总温度差损失等于或大于总有效温度差的情况，此时蒸发操作就无法进行，所以多效蒸发的效数应有一定的限制。

多效蒸发中，随着效数的增加，单位蒸汽的耗量减小，使操作费用降低；另外，效数越多，装置的投资费用也越高。而且，由表 4-1 可看出，随着效数的增加，虽然 $(D/W)_{min}$ 不断减小，但所节省的蒸汽消耗量也越来越少。例如，由单效增至双效，可节省的生蒸汽量约为 50%，而由四效增至五效可节省的生蒸汽量约为 10%。同时，随着效数的增多，生产能力和生产强度也不断降低。由上面分析可知，最佳效数要通过经济权衡决定，单位生产能力

的总费用最低时的效数即为最佳效数。

通常，工业中的多效蒸发操作的效数并不是很多。对于电解质溶液，例如，NaOH、NH_4NO_3 等水溶液，由于其沸点升高（即温度差损失）较大，故取 2～3 效；对于非电解质溶液，如有机溶液等，其沸点升高较小，所用效数可取 4～6 效；海水淡化的温度差损失为零，蒸发装置可达 20～30 效之多。

动画资源

行业前沿

任务四　认识和选用蒸发设备

在蒸发操作时，根据两流体之间的接触方式不同，可将蒸发器分为间接加热式蒸发器和直接加热式蒸发器。间接加热式蒸发器主要由加热室及分离室组成。按加热室的结构和操作时溶液的流动情况，可将工业中常用的间接加热蒸发器分为循环型（非膜式）和非循环型（膜式）两大类。

一、循环型（非膜式）蒸发器

这类蒸发器的特点是溶液在蒸发器内做连续的循环运动，以提高传热效果、缓和溶液结垢情况。由于引起循环运动的原因不同，可分为自然循环和强制循环两种类型。前者是由溶液在加热室不同位置上的受热程度不同，产生了密度差而引起的循环运动；后者是依靠外加动力迫使溶液沿一个方向做循环流动。

1. 中央循环管式（或标准式）蒸发器

中央循环管式蒸发器如图 4-8 所示，加热室由垂直管束组成，管束中央有一根直径较粗的管子。细管内单位体积溶液受热面大于粗管的，即前者受热好，溶液汽化多，因此细管内气液混合物的密度比粗管内的小，这种密度差促使溶液做沿粗管下降而沿细管上升的连续规则的自然循环运动。粗管称为降液管或中央循环管，细管称为沸腾管或加热管。为了促使溶液有良好的循环，中央循环管截面积一般为加热管总截面积的 40%～100%。管束高度为 1～2m；加热管直径在 25～75mm 之间，长径之比为 20～40。中央循环管蒸发器是从水平加热室、蛇管加热室等蒸发器发展而来的。相对于这些老式蒸发器而言，中央循环管蒸发器具有溶液循环好、传热效率高等优点，同时由于结构紧凑、制造方便、操作可靠，故应用十分广泛，有“标准蒸发器”之称。但实际上由于结构的限制，循环速度一般在 0.4～0.5m/s 以下，且由于溶液的不断循环，加热管内的溶液始终接近完成液的组成，故有溶液黏度大、沸点高等缺点。此外，这种蒸发器的加热室不易清洗。

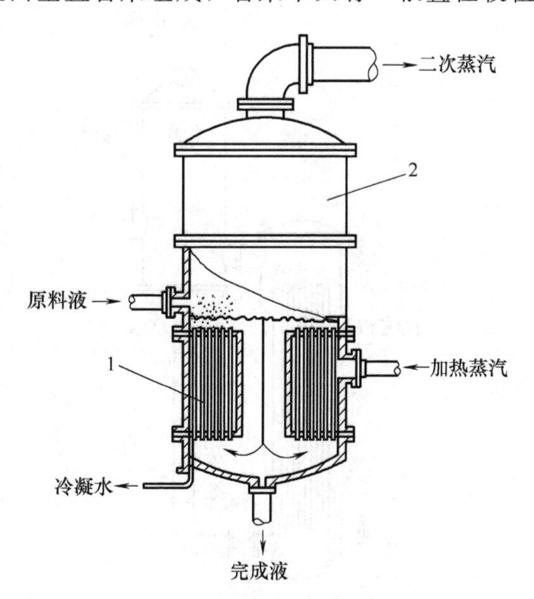

图 4-8　中央循环管式蒸发器

1—加热室；2—分离室

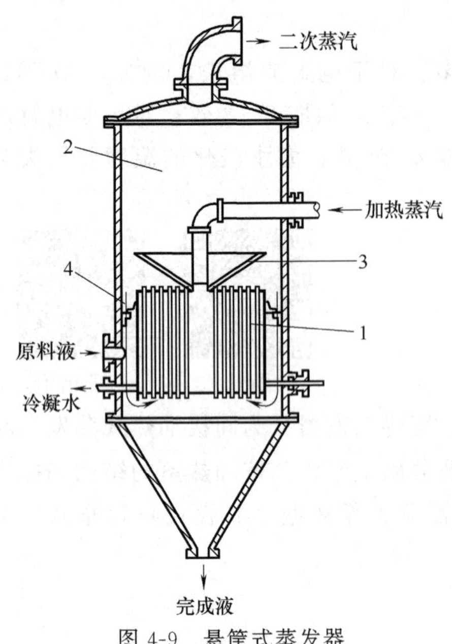

图 4-9 悬筐式蒸发器

1—加热器；2—分离室；3—除沫器；
4—环形循环通道

中央循环管式蒸发器适用于处理结垢不严重、腐蚀性较小的溶液。

2. 悬筐式蒸发器

悬筐式蒸发器的结构如图 4-9 所示，是中央循环管式蒸发器的改进。加热蒸汽由中央蒸汽管进入加热室，加热室悬挂在蒸发器内，可由顶部取出，便于清洗与更换。包围管束的外壳外壁面与蒸发器外壳内壁面间留有环隙通道，其作用与中央循环管类似，操作时溶液做沿环隙通道下降而沿加热管上升的不断循环运动。一般环隙截面与加热管总截面积之比大于中央循环管式的，环隙截面积约为沸腾管总截面积的 100%～150%，因此溶液循环速度较快，约在 1～1.5m/s 之间，改善了加热管内结垢情况，并提高了传热速率。

悬筐式蒸发器适用于蒸发有晶体析出的溶液。缺点是设备耗材量大、占地面积大、加热管内的溶液滞留量大。

3. 外热式蒸发器

图 4-10 所示为外热式蒸发器，这种蒸发器的加热管较长，其长径之比为 50～100。由于循环管内的溶液未受蒸汽加热，其密度较加热管内的大，因此形成溶液沿循环管下降而沿加热管上升的循环运动，循环速度为 1.5m/s。

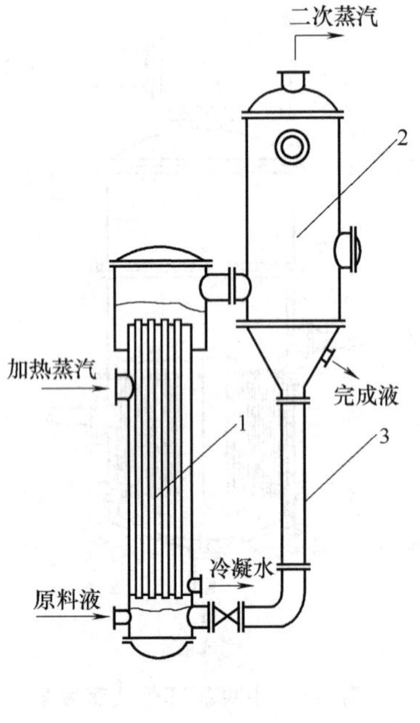

图 4-10 外热式蒸发器

1—加热室；2—分离室；3—循环管

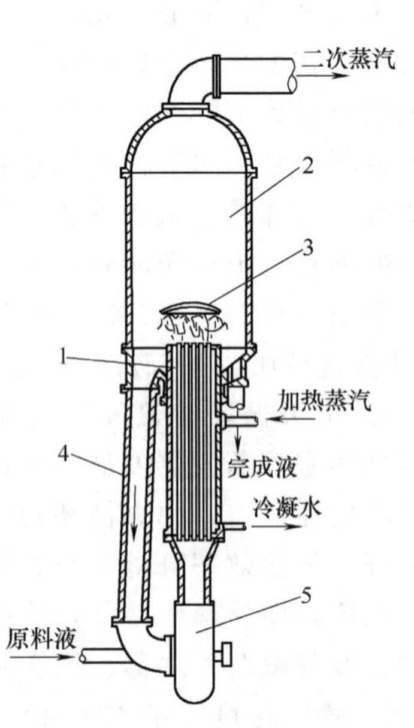

图 4-11 强制循环蒸发器

1—加热室；2—分离室；3—除沫器；
4—循环管；5—循环泵

4. 强制循环蒸发器

前述各种蒸发器都是由加热室与循环管内溶液间的密度差而产生溶液的自然循环运动，故均属于自然循环型蒸发器。它们的共同不足之处是溶液的循环速度较低，传热效果欠佳。在处理黏度大、易结垢或易结晶的溶液时，可采用图 4-11 所示的强制循环蒸发器。这种蒸发器内的溶液是利用外加动力进行循环的，缺点是动力消耗大，通常为 0.4～0.8kW/m^2（传热面）。因此使用这种蒸发器时加热面积受到一定限制。

二、非循环型（膜式）蒸发器

上述各种蒸发器的主要缺点是加热室内滞料量大，致使物料在高温下停留时间长，特别不适于处理热敏性物料。在膜式蒸发器内，溶液只通过加热室一次即可得到需要的组成，停留时间仅为数秒或十余秒。操作过程中溶液沿加热管壁呈传热效果最佳的膜状流动。

1. 升膜式蒸发器

升膜式蒸发器的结构如图 4-12 所示，加热室由单根或多根垂直管组成，加热管长径之比为 100～150，管径在 25～50mm 之间。原料液经预热达到沸点或接近沸点后，由加热室底部引入管内，被高速上升的二次蒸汽带动，沿壁面边呈膜状流动边进行蒸发，在加热室顶部可达到所需的组成，完成液由分离器底部排出。二次蒸汽在加热管内的速度不应小于 10m/s，一般为 20～50m/s，减压下可达 100～160m/s 或更高。

由于液体在膜状流动下进行加热，故传热与蒸发速度快，高速的二次蒸汽还有破沫作用，因此，这种蒸发器适用于处理蒸发量较大的稀溶液以及热敏性或易生泡的溶液；不适用于处理高黏度、有晶体析出或易结垢的溶液。

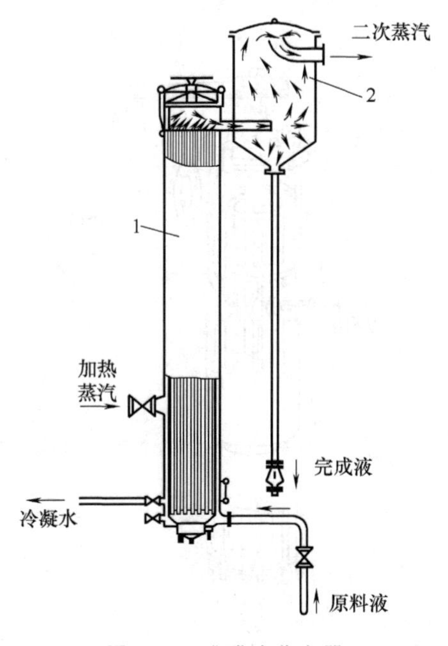

图 4-12 升膜式蒸发器

1—加热室；2—分离室

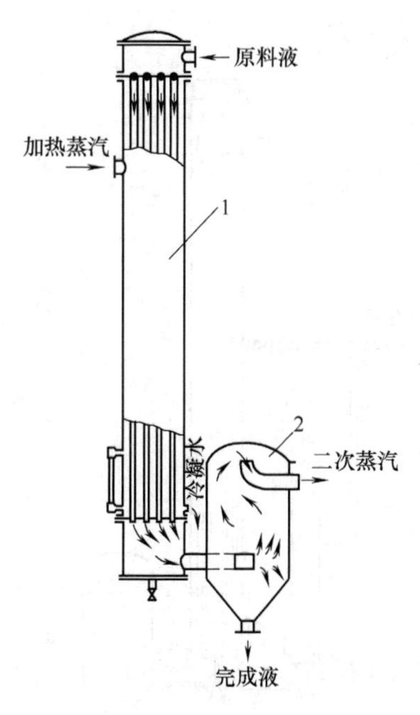

图 4-13 降膜式蒸发器

1—加热室；2—分离器

2. 降膜式蒸发器

蒸发组成或黏度较大的溶液，可采用如图 4-13 所示的降膜式蒸发器，它的加热室与升膜蒸发器类似。原料液由加热室顶部加入，经管端的液体分布器均匀地流入加热管内，在溶液本身的重力作用下，溶液沿管内壁呈膜状下流，并进行蒸发。为了使溶液能在壁上均匀布膜，且防止二次蒸汽由加热管顶端直接窜出，加热管顶部必须设置加工良好的液体分布器。降膜式蒸发器也适用于处理热敏性物料，但不适用于处理易结晶、易结垢或黏度特别大的溶液。

3. **升-降膜蒸发器**

升-降膜蒸发器的结构如图 4-14 所示，由升膜管束和降膜管束组合而成。蒸发器的底部封头内有一隔板，将加热管束均分为两部分。原料液在预热器中加热达到或接近沸点后，引入升膜加热管束的底部，气液混合物经管束由顶部流入降膜加热管束，然后转入分离器，完成液由分离器底部取出。溶液在升膜和降膜管束内的布膜及操作情况分别与前述的升膜式及降膜式蒸发器内的情况完全相同。

升-降膜蒸发器一般用于浓缩过程中黏度变化大的溶液，或厂房高度有一定限制的场合。若蒸发过程溶液的黏度变化大，推荐采用常压操作。

4. **刮板搅拌薄膜蒸发器**

刮板搅拌薄膜蒸发器的结构如图 4-15 所示，加热管是一根垂直的空心圆管，圆管外有夹套，内通加热蒸汽。圆管内装有可以旋转的搅拌叶片，叶片边缘与管内壁的间隙为 0.25～1.5mm。原料液沿切线方向进入管内，由于受离心力、重力以及叶片的刮带作用，在管壁上形成旋转下降的薄膜，并不断地被蒸发，完成液由底部排出。刮板薄膜蒸发器是利用外加动力成膜的单程蒸发器，故适用于高黏度、易结晶、易结垢或热敏性溶液的蒸发。缺点是结构复杂、动力耗费大 [约 $3kW/m^2$ (传热面)]、传热面积较小 (一般为 $3 \sim 4m^2$/台)，处理能力不大。

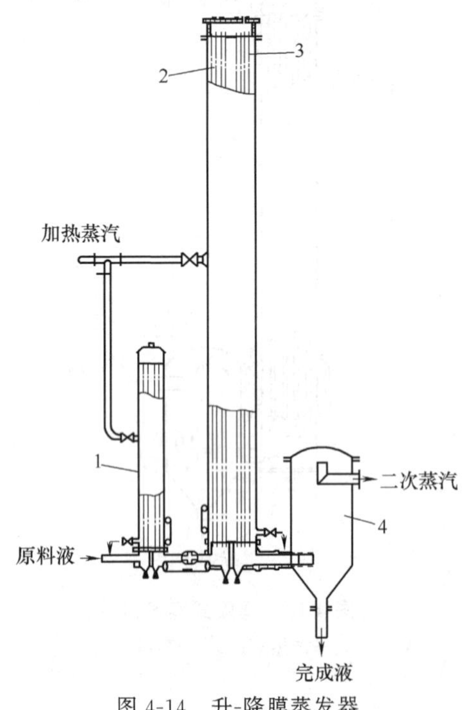

图 4-14 升-降膜蒸发器

1—预热器；2—升膜加热管束；3—降膜加热管束；4—分离器

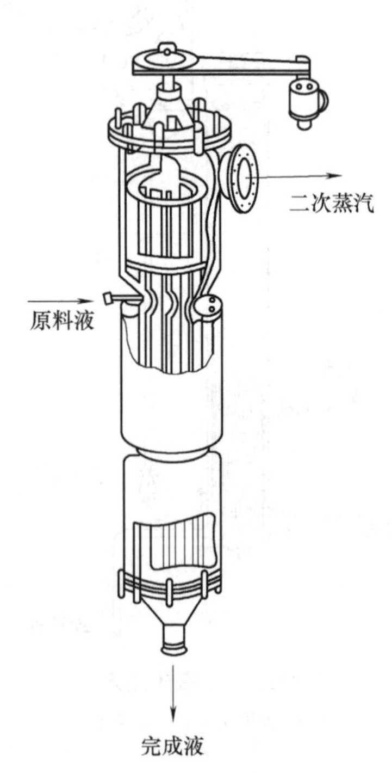

图 4-15 刮板搅拌薄膜蒸发器

动画资源

铸魂育人

任务五　蒸发单元操作实训

一、实训目标

1. 了解流量计、热电阻温度计、液位计、压力计的结构和测量原理。

2. 了解蒸发器工作原理、性能参数，能够正确使用、维护、保养蒸发器。

3. 了解其他蒸发过程所需的附属设备（如列管换热器、蒸汽发生器等）的结构、工作原理及其使用方法。

4. 掌握蒸发方面的理论知识（传热基本概念、蒸发器的类型及蒸发器安全规程等）。

5. 可根据浓度、进料量计算蒸发效率。

6. 掌握加热温度、进料浓度及进料量测控操作的方法。

7. 掌握进料泵的变频调节及手阀调节、加热器温度测控、蒸汽输送压力测控、各换热器总传热系数测定的方法。

8. 掌握装置流程图的识读方法。

9. 掌握装置内设备维护的基本方法。

10. 熟悉实训装置内主要设备、仪表、阀门的位号、功能、工作原理和使用方法。

二、实训工艺说明

（一）工艺流程图

工艺流程图如图 4-16 所示。

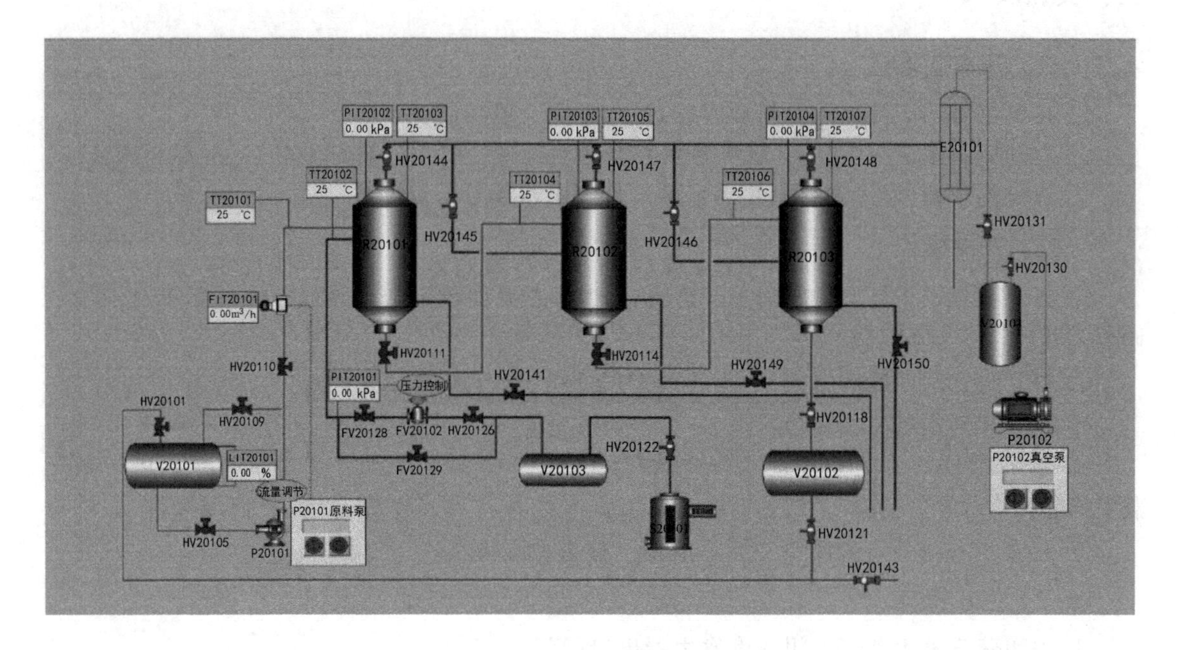

图 4-16　蒸发操作工艺流程图

（二）工艺设备清单

工艺设备清单见表 4-2。

表 4-2 工艺设备清单

序号	位号	设备名称	规格尺寸
1	V20101	原料罐	316L 不锈钢材质，Φ426mm×600mm，带加料漏斗
2	V20102	产品罐	304 不锈钢，Φ377mm×500mm
3	V20103	分汽包	304 不锈钢材质，内胆 Φ219mm×500mm，外包 Φ250mm×500mm
4	V20104	真空缓冲罐	304 不锈钢，Φ377mm×500mm
5	S20101	蒸汽发生器	工业全自动蒸汽发生器，加热功率 9kW，额定蒸汽压力 0.4MPa，蒸发量 8kg/h
6	E20101	空冷器	304 不锈钢材质，蒸汽冷凝器，Φ159mm×800mm
7	R20101	一效蒸发器	加热室 Φ325mm×600mm，蒸发室 Φ325mm×400mm，顶部内置除沫器，下部锥形结构，中央循环管直径 Φ57mm
8	R20102	二效蒸发器	加热室 Φ325mm×600mm，蒸发室 Φ325mm×400mm，顶部内置除沫器，下部锥形结构，中央循环管直径 Φ57mm
9	R20103	三效蒸发器	加热室 Φ325mm×600mm，蒸发室 Φ325mm×400mm，顶部内置除沫器，下部锥形结构，中央循环管直径 Φ57mm
10	P20101	原料泵	磁力驱动泵，25CQF-15P，电压 380V，功率 1.1kW
11	P20102	真空泵	旋片式真空泵，2XZ-2，抽气速率 2L/s，电压 220V，功率 370W

三、实训操作

（一）开车前准备

① 将配制好的溶液加入原料罐 V20101，浓度一般控制在 20%～30%。

② 启动原料泵 P20101，将原料罐中的液体加入蒸发器中，大约加至 15cm 原料罐液位。

③ 蒸汽发生器 S20101 的水箱中加满水，启动蒸汽发生器。

（二）开车操作

① 打开蒸汽发生器出口阀门 HV20122，在组态界面设定加热蒸汽压力，系统自动调节调节阀开度，达到设定值。

② 打开疏水阀前后阀门 HV20141、HV20149、HV20150。

③ 打开冷却水进出口阀门。

④ 当 TT20103 到达 65℃时，打开阀门 HV20130、HV20131，启动真空泵，进行减压蒸发操作。

⑤ 蒸发 20min 后，关闭真空泵，放空，检查冷凝液量。

（三）停车操作

① 关闭蒸汽发生器，关闭蒸汽发生器出口阀门。

② 关闭真空泵。

③ 蒸发器内原料排空。

④ 进行现场清理，保持各设备、管路的洁净。

⑤ 做好操作记录。

⑥ 切断控制台、仪表盘电源。

四、装置异常及应急处理

（一）异常现象处理

① 蒸发器内压力偏高：蒸发器内不凝性气体集聚或冷凝液集聚，排放不凝性气体或冷凝液。

② 换热器发生振动：冷流体或热流体流量过大，调节冷流体或热流体流量。

③ 产品纯度较低：加热器出口温度偏低，调整加热器内加热功率或降低原料进料流量。

（二）应急预案

停电后，按照原料泵、真空泵操作说明停泵，停蒸汽发生器。依次打开各个阀门，将管路、储罐的原料排出设备外，排查故障并分析故障原因。

五、实训注意事项

① 按照要求巡查各界面、温度、压力、流量、液位值并做好记录。

② 不要触摸管道表面，当心烫伤。

③ 计量冷凝水质量以及产品质量，计算收率。

④ 经常检查设备运行情况，如发现异常现象应及时处理或通知老师处理。

六、维护与保养

设备的维护保养是保持设备经常处于完好状态的重要手段，是积极的预防工作，也是设备正常运行的客观要求。设备在使用过程中，由于物质运动、化学反应以及人为因素等，难免会有损耗，如松动、摩擦、腐蚀等，如不及时处理，将会缩短设备寿命，甚至造成严重的事故，所以设备的维护与保养是维持设备良好状态、延长设备使用寿命、防范事故的有效措施，必须做好设备的日常维护与保养。

① 在实验前后，对装置周围环境要进行认真清洁。

② 对离心泵、磁力泵以及气泵的开、停、正常操作进行日常维护。

③ 对蒸发器进行维护。

④ 装置内温度、流量、界面的测量原件，温度、压力显示仪表及流量控制仪表等要定期进行校验。

⑤ 对装置主要阀门进行维护。

⑥ 如长时间不使用装置，应做好防尘、防潮、防暴晒措施，并在闲置期间定期对装置进行清扫，以确保装置随时处于可运行状态。

⑦ 定期检查电器线路，更换陈旧的线截面积不够的电缆线，保证电器使用的需要。

⑧ 严格按照设备使用说明书规定的加工范围进行操作，不允许超规格、超重量、超负荷、超压力使用设备。

⑨ 定期组织学生进行系统检修演练。

知识能力检测

一、单选题

1. 在蒸发装置中，加热设备和管道保温是降低（　　）的一项重要措施。

A. 散热损失　B. 水消耗　C. 蒸汽消耗　D. 蒸发溶液消耗

2. 采用多效蒸发的目的是（　　）。

A. 增加溶液的蒸发量　B. 提高设备的利用率

C. 减少加热蒸汽消耗量　D. 使工艺流程更简单

3. 单效蒸发的单位蒸汽消耗比多效蒸发（　　）。

A. 少　B. 多　C. 一样　D. 无法确定

4. 自然循环蒸发器中溶液的循环速度是依靠（　　）形成的。

A. 压力差　B. 密度差　C. 循环差　D. 液位差

5. 二次蒸汽为（　　）。

A. 加热蒸汽　B. 第二效所用的加热蒸汽

C. 第二效溶液中蒸发的蒸汽　D. 任意一效溶液中蒸发出来的蒸汽

6. 工业生产中的蒸发通常是（　　）。

A. 自然蒸发　B. 沸腾蒸发　C. 自然真空蒸发　D. 不确定

7. 氯碱生产蒸发过程中，随着 NaOH 碱液浓度增加，所得到的碱液的结晶盐粒径（　　）。

A. 变大　B. 变小　C. 不变　D. 无法判断

8. 化学工业中分离挥发性溶剂与不挥发性溶质的主要方法是（　　）。

A. 蒸馏　B. 蒸发　C. 结晶　D. 吸收

9. 减压蒸发不具有的优点是（　　）。

A. 减少传热面积　B. 可蒸发不耐高温的溶液

C. 提高热能利用率　D. 减少基建费和操作费

10. 将不挥发性溶质溶于溶剂中形成稀溶液时，将引起（　　）。

A. 沸点升高　B. 熔点升高　C. 蒸气压升高　D. 都不对

11. 就同样的蒸发任务而言，单效蒸发生产能力 $W_{单}$ 与多效蒸发生产能力 $W_{多}$ 的关系为（　　）。

A. $W_{单}>W_{多}$　B. $W_{单}<W_{多}$　C. $W_{单}=W_{多}$　D. 不确定

12. 利用物料蒸发进行换热的条件是（　　）。

A. 各组分的沸点低　B. 原料沸点低于产物沸点

C. 产物沸点低于原料沸点　D. 物料泡点为反应温度

13. 逆流加料多效蒸发过程适用于（　　）。

A. 黏度较小溶液的蒸发

B. 有结晶析出的蒸发

C. 黏度随温度和浓度变化较大的溶液的蒸发

D. 都可以

14. 下列不是溶液的沸点比二次蒸汽的饱和温度高的原因是（　　）。

A. 溶质的存在　　B. 液柱静压力

C. 导管的流体阻力　　D. 溶剂数量

15. 下列不是蒸发设备所包含的构件是（　　）。

A. 加热室　　B. 分离室　　C. 气体分布器　　D. 除沫器

16. 下列蒸发器中，溶液循环速度最快的是（　　）。

A. 标准式　　B. 悬框式　　C. 列文式　　D. 强制循环式

17. 下列蒸发器不属于循环型蒸发器的是（　　）。

A. 升膜式　　B. 列文式　　C. 外热式　　D. 标准型

18. 用一单效蒸发器将2000kg/h的NaCl水溶液由11%浓缩至25%（均为质量分数），则所需蒸发的水分量为（　　）。

A. 1120kg/h　　B. 1210kg/h　　C. 1220kg/h　　D. 2000kg/h

19. 真空蒸发的优点是（　　）。

A. 设备简单　　B. 操作简单　　C. 减少化学反应　　D. 增加化学反应

20. 在相同条件下，蒸发溶液的传热温度差要（　　）蒸发纯水的传热温度差。

A. 大于　　B. 小于　　C. 等于　　D. 无法判断

21. 在蒸发过程中，溶液的（　　）均增加。

A. 温度、压力　　B. 浓度、沸点

C. 温度、浓度　　D. 压力、浓度

22. 蒸发操作的目的是将溶液进行（　　）。

A. 浓缩　　B. 结晶

C. 溶剂与溶质的彻底分离　　D. 水分汽化

23. 蒸发操作中所谓温度差损失，实际是指溶液的沸点（　　）二次蒸汽的饱和温度。

A. 小于　　B. 等于　　C. 大于　　D. 上述三者都不是

24. 蒸发操作中消耗的热量主要用于三部分，除了（　　）。

A. 补偿热损失　　B. 加热原料液　　C. 析出溶质　　D. 汽化溶剂

25. 蒸发适用于（　　）。

A. 溶有不挥发性溶质的溶液

B. 溶有挥发性溶质的溶液

C. 溶有不挥发性溶质和溶有挥发性溶质的溶液

D. 挥发度相同的溶液

26. 蒸发流程中除沫器的作用主要是（　　）。

A. 气液分离　　B. 强化蒸发器传热

C. 除去不凝性气体　　D. 利用二次蒸汽

27. 蒸发器的单位蒸汽消耗量指的是（　　）。

A. 蒸发1kg水所消耗的水蒸气量

B. 获得1kg固体物料所消耗的水蒸气的量

C. 蒸发1kg湿物料所消耗的水蒸气量

D. 获得1kg纯干物料所消耗的水蒸气的量

28. 中压废热锅炉的蒸汽压力为（　　）。

A. 4.0～10MPa　　B. 1.4～4.3MPa　C. 1.4～3.9MPa　　D. 4.0～12MPa

29. 工业上采用的蒸发热源通常为（　　）。

A. 电炉　　B. 燃烧炉　　C. 水蒸气　　D. 太阳能

30. 与单效蒸发比较，在相同条件下，多效蒸发（　　）。

A. 生产能力更大　　B. 热能利用的更充分

C. 设备费用更低　　D. 操作更为方便

31. 对于黏度随浓度增加而明显增大的溶液的蒸发，不宜采用（　　）加料的多效蒸发流程。

A. 并流　　B. 逆流　　C. 平流　　D. 错流

32. 对于在蒸发过程中有晶体析出的液体的多效蒸发，最好用（　　）蒸发流程。

A. 并流法　　B. 逆流法　　C. 平流法　　D. 都可以

33. 罐与罐之间进料不用泵，而是利用压差来输送，且用阀来控制流量的多效蒸发进料操作的是（　　）。

A. 平行加料　　B. 顺流加料　　C. 逆流加料　　D. 混合加料

34. 降膜式蒸发器适合处理的溶液是（　　）。

A. 易结垢的溶液

B. 有晶体析出的溶液

C. 高黏度、热敏性且无晶体析出、不易结垢的溶液

D. 易结垢且有晶体析出的溶液

35. 料液随浓度和温度变化较大时，若采用多效蒸发，则需采用（　　）。

A. 并流加料流程　　B. 逆流加料流程

C. 平流加料流程　　D. 以上都可采用

36. 膜式蒸发器适用于（　　）的蒸发。

A. 普通溶液　　B. 热敏性溶液

C. 恒沸溶液　　D. 不能确定

37. 膜式蒸发器中，适用于易结晶、结垢物料的是（　　）。

A. 升膜式蒸发器　　B. 降膜式蒸发器

C. 升-降膜式蒸发器　　D. 刮板搅拌薄膜蒸发器

38. 为了蒸发某种黏度随浓度和温度变化比较大的溶液，应采用（　　）。

A. 并流加料流程　　B. 逆流加料流程

C. 平流加料流程　　D. 并流或平流

39. 下列措施中，（　　）不能提高加热蒸汽的经济程度。

A. 采用多效蒸发流程　　B. 引出额外蒸汽

C. 使用热泵蒸发器　　D. 增大传热面积

40. 在蒸发操作中，若使溶液在（　　）下沸腾蒸发，可降低溶液沸点而增大蒸发器的有效温度差。

A. 减压　　B. 常压　　C. 加压　　D. 变压

41. 氯碱生产中列文蒸发器加热室的管内、管外分别走（　　）。

A. 蒸汽，碱液　　B. 碱液，蒸汽

C. 蒸汽，蒸汽　　D. 碱液，碱液

42. 列文蒸发器循环管的面积和加热列管的总截面积的比值为（　　）。

A. 1～1.5　　B. 2～3.5　　C. 1.5～2.5　　D. 1～2.2

43. 蒸发器加热室的传热系数主要取决于（　　）。

A. 内膜传热系数　　B. 外膜传热系数

C. 壁面热导率　　D. 溶液热导率

44. 拆换蒸发器视镜时，应使蒸发罐内的压力降为零，并穿戴好劳保用品，在（　　）拆换。

A. 侧面　　B. 背面　　C. 对面　　D. 任何位置都可以

45. 发现蒸发罐视镜腐蚀严重，只有（　　）mm 时，应立即更换视镜并做好更换记录。

A. 10　　B. 15　　C. 18　　D. 20

46. 在四效逆流蒸发装置中，如一效蒸发器循环泵的电流超过正常控制范围，则（　　）蒸发器需要清洗。

A. 1 台　　B. 2 台　　C. 3 台　　D. 4 台

47. （　　）过程运用的是焦耳-汤姆逊效应。

A. 压缩　　B. 节流　　C. 冷凝　　D. 蒸发

48. 提高蒸发装置的真空度，一定能取得的效果为（　　）。

A. 将增大加热器的传热温差

B. 将增大冷凝器的传热温差

C. 将提高加热器的总传热系数

D. 会降低二次蒸气流动的阻力损失

49. 采用多效蒸发的目的在于（　　）。

A. 提高完成液的浓度　　B. 提高蒸发器的生产能力

C. 提高水蒸气的利用率　　D. 提高完成液的产量

50. 下列说法错误的是（　　）。

A. 多效蒸发时，后一效的压力一定比前一效的低

B. 多效蒸发时效数越多，单位蒸气消耗量越少

C. 多效蒸发时效数越多越好

D. 大规模连续生产场合均采用多效蒸发

51. 将加热室安在蒸发室外面的是（　　）蒸发器。

A. 中央循环管式　　B. 悬筐式　　C. 列文式　　D. 强制循环式

52. 下列说法中正确的是（　　）。

A. 单效蒸发比多效蒸发应用广

B. 减压蒸发可减少设备费用

C. 二次蒸汽即第二效蒸发的蒸汽

D. 采用多效蒸发的目的是降低单位蒸汽消耗量

53. 下列蒸发器中结构最简单的是（　　）蒸发器。

A. 标准式　　B. 悬筐式　　C. 列文式　　D. 强制循环式

二、多选题

1. 在氯碱生产三效顺流蒸发装置中，下面是由二效强制循环泵叶轮严重腐蚀导致的是

（　　）。

A. 一效二次蒸汽偏高　　B. 二效二次蒸汽偏低

C. 三效真空度偏低　　D. 蒸碱效果差

2. 下列不是影响末效真空度偏低的因素的是（　　）。

A. 大气冷凝器喷嘴堵塞　　B. 大气冷凝器下水温度偏高

C. 大气冷凝器上水供水压力低　　C. 大气冷凝器下水流速偏高

3. 乙烯装置中，事故蒸发器不具有的作用是（　　）。

A. 保证紧急停车时乙烯产品的正常外送

B. 外送量较小时，可保证外送的压力和温度

C. 保证火炬的正常燃烧

D. 保证丙烯产品的正常外送

4. 乙烯装置中，关于外送乙烯事故蒸发器的作用，下列说法正确的是（　　）。

A. 紧急停车时保证乙烯产品的正常外送

B. 丙烯制冷压缩机二段吸入罐液面高时，可投用事故蒸发器

C. 正常时，事故蒸发器不可投用

D. 正常时，当乙烯外送温度低时，可稍投用事故蒸发器

5. 乙烯装置中，关于高、低压乙烯外送事故蒸发器的投用，正确的说法是（　　）。

A. 丙烯制冷压缩机停车时，需要投用

B. 乙烯压缩机停车时，需要投用

C. 高、低压乙烯外送压力低时，可以投用

D. 高、低压乙烯外送温度低时可以投用

6. 在蒸发过程中，溶液的（　　）增大。

A. 温度　　B. 浓度　　C. 压力　　D. 沸点

7. 蒸发操作中消耗的热量主要用于（　　）。

A. 补偿热损失　　B. 加热原料液　　C. 析出溶质　　D. 汽化溶剂

8. 下列说法错误的是（　　）。

A. 在一个蒸发器内进行的蒸发操作是单效蒸发

B. 蒸发与蒸馏相同的是整个操作过程中溶质数不变

C. 加热蒸汽的饱和温度一定高于同效中二次蒸汽的饱和温度

D. 蒸发操作时，单位蒸汽消耗量随原料液温度的升高而减少

9. 降低蒸发器垢层热阻的方法有（　　）。

A. 定期清理

B. 加快流体的循环运动速度

C. 加入微量阻垢剂

D. 处理有结晶析出的物料时加入少量晶种

三、判断题

1. 饱和蒸气压越大的液体越难挥发。（　　）

2. 采用多效蒸发的主要目的是充分利用二次蒸汽。效数越多，单位蒸汽耗用量越小，因此，过程越经济。（　　）

3. 单效蒸发操作中，二次蒸汽温度低于生蒸汽温度，这是由传热推动力和溶液沸点升

高（温差损失）造成的。（　　）

4. 多效蒸发与单效蒸发相比，其单位蒸汽消耗量与蒸发器的生产强度均减少。（　　）

5. 根据二次蒸汽的利用情况，蒸发操作可分为单效蒸发和多效蒸发。（　　）

6. 溶剂蒸气在蒸发设备内的长时间停留会对蒸发速率产生影响。（　　）

7. 溶液在中央循环管蒸发器中的自然循环是由压差造成的。（　　）

8. 提高传热系数可以提高蒸发器的蒸发能力。（　　）

9. 在膜式蒸发器的加热管内，液体沿管壁呈膜状流动，管内没有液层，故因液柱静压力而引起的温度差损失可忽略。（　　）

10. 在蒸发操作中，由于溶液中含有溶质，故其沸点必然低于纯溶剂在同一压力下的沸点。（　　）

11. 蒸发操作只有在溶液沸点下才能进行。（　　）

12. 蒸发操作中，少量不凝性气体的存在，对传热的影响可忽略不计。（　　）

13. 蒸发过程的实质是通过间壁的传热过程。（　　）

14. 蒸发过程中操作压力增大，则溶质的沸点增加。（　　）

15. 蒸发过程主要是一个传热过程，其设备与一般传热设备并无本质区别。（　　）

16. 蒸发是溶剂在热量的作用下从液相转移到气相的过程，故属传热传质过程。（　　）

17. 蒸发的效数是指蒸发装置中蒸发器的个数。（　　）

18. 蒸发加热室结垢严重会使轴流泵电流偏高。（　　）

19. 尿素生产中尿液在真空蒸发时，其沸点升高。（　　）

20. 尿素蒸发加热器蒸汽进口调节阀应采用气关阀。（　　）

21. 实现溶液蒸发必备条件是：①不断供给热能；②不断排除液体转化成的气体。（　　）

22. 蒸发操作实际上是在间壁两侧分别有蒸汽冷凝和液体沸腾的传热过程。（　　）

23. 多效蒸发流程中，主要用在蒸发过程中有晶体析出场合的是平流加料。（　　）

24. 溶液在自然蒸发器中的循环的方向是：在加热室列管中下降，而在循环管中上升。（　　）

25. 提高蒸发器的蒸发能力，其主要途径是提高传热系数。（　　）

26. 用分流进料方式蒸发时，得到的各份溶液浓度相同。（　　）

27. 蒸发器主要由加热室和分离室两部分组成。（　　）

28. 中央循环管式蒸发器是强制循环蒸发器。（　　）

29. 在液体表面进行的汽化现象叫沸腾，在液体内部和表面同时进行的汽化现象叫蒸发。（　　）

30. 由于流体蒸发时温度降低，它要从周围的物体吸收热量，因此液体蒸发有致冷作用。（　　）

31. 氯碱生产中蒸发工段的目的，一是浓缩碱液，二是除去结晶盐。（　　）

32. 蒸发量突然增大，易造成水喷射泵返水，因此蒸发器进出料应平衡，严防大起大落。（　　）

33. 在氯碱生产三效顺流蒸发装置中，二效蒸发器液面控制过高，会导致蒸发器分离空间不足，造成三效冷凝水带碱。（　　）

34. 碱液在自然循环蒸发器重循环的方向是：在加热室列管内下降，而在循环管内

上升。 ( )

35. 氯碱工业三效顺流蒸发装置中，一效冷凝水带碱，必定是一效加热室漏液。( )

36. 在标准蒸发器加热室中，管程走蒸汽，壳程走碱液。 ( )

37. 对蒸发装置而言，加热蒸汽压力越高越好。 ( )

38. 对强制循环蒸发器而言，由于利用外部动力来克服循环阻力，形成循环的推动力大，故循环速度可达2～3m/s。 ( )

39. 当强制循环蒸发器液面控制过高时，容易诱发温差短路现象，使有效温差下降。 ( )

40. 蒸发器的有效温差是指加热蒸汽的温度与被加热溶液的沸点温度之差。 ( )

41. 进入氯碱生产蒸发工段蒸发器检修前，必须切断碱液蒸气来源，卸开人孔、尖底盲板，降温并办理入罐作业证后，方能进入罐检修。 ( )

42. 在碱液蒸发过程中，末效真空度控制得较好，可降低蒸发蒸汽消耗。 ( )

43. CO_2 气提法尿素装置一段蒸发和二段蒸发排出的尿液均属于饱和尿素溶液。( )

44. 尿素蒸发系统开车时，应遵循先抽真空后提温度的原则。 ( )

45. 尿液的热敏性差，所以尿素生产中尿液的蒸发提浓均采用膜式蒸发器。 ( )

四、解答题

1. 并流加料的多效蒸发装置中，一般各效的总传热系数逐效减小，而蒸发量却逐效略有增加，试分析原因。

2. 欲设计多效蒸发装置将NaOH水溶液自10%浓缩到60%，宜采用何种加料方式。料液温度为30℃。

3. 溶液的哪些性质对确定多效蒸发的效数有影响？并简略分析。

4. 多效蒸发中，最后一效的操作压力，是由后面冷凝器的冷凝能力确定的。这种说法是否正确？冷凝器后面使用真空泵的目的是什么？

五、计算题

1. 在单效中央循环管式蒸发器内，将10%（质量分数，下同）NaOH水溶液浓缩到25%，分离室内绝对压力为15kPa，试求因溶液蒸气压下降而引起的沸点升高及相应的沸点。

2. 上题的NaOH水溶液在蒸发器加热管内的液层高度为6m，操作条件下溶液的密度约为1230kg/m^3。试求因液柱静压力引起的沸点升高及溶液的沸点。

3. 前两题的溶液在传热面积为40m^2 的蒸发器内，用绝对压力为120kPa的饱和蒸汽加热。原料液于40℃时进入蒸发器，测得总传热系数为1300W/(m^2·℃)，热损失为总传热量的20%，冷凝水在蒸汽温度下排除。试求：

(1) 加热蒸汽消耗量；

(2) 每小时能处理的原料液质量。

4. 在单效蒸发器中，每小时将10000kg的$NaNO_3$ 水溶液从5%浓缩到25%。原料液温度为40℃。分离室的真空度为60kPa，加热蒸汽表压为30kPa。蒸发器的总传热系数为2000W/(m^2·℃)，热损失很小可以略去不计。试求蒸发器的传热面积及加热蒸汽消耗量。设液柱静压力引起的温度差损失可以忽略。当地大气压强为101.33kPa。

5. 临时需要将850kg/h的某种水溶液从15%连续浓缩到35%。现有一传热面积为10m^2 的小型蒸发器可供使用。原料液在沸点下加入蒸发器，估计在操作条件下溶液的各种温度差损失为18℃。蒸发室的真空度为80kPa。假设蒸发器的总传热系数为1000W/(m^2·℃)，热损失可以忽略，试求加热蒸汽压力。当地大气压为100kPa。忽略溶液的稀释热效应。

6. 在双效并流蒸发设备中，每小时蒸发1000kg的10%某种水溶液。第一效完成液的组成为15%，第二效的为30%。两效中溶液的沸点分别为108℃和95℃。试求溶液自第一效进入第二效时因温度降低而自蒸发的水量及自蒸发量占第二效中总蒸发量的比例（%）。

参考答案

一、单选题

1～5　CCBBD　6～10　BBBDA　11～15　CDCDC　16～20DAACB

21～25　BACCA　26～30　AACCB　31～35　ACBCB　36～40　BDBDA

41～45　BBAAA　46～50　ADACC　51～53　CDA

二、多选题

1. ABD　2. AC　3. BCD　4. ABC　5. ACD　6. BD　7. ABD　8. AB　9. ABCD

三、判断题

1～5　××√√√　6～10　√√√√×　11～15　××√×√

16～20　√×√××　21～25　√√√×√　26～30　×√××√

31～35　√√√××　36～40　××√√√　41～45　√√×××

四、解答题

略

五、计算题

1. $\Delta'=9.55$℃，$t=63.05$℃

2. $\Delta''=9.6$℃，$t=72.65$℃

3. (1) $D=3184$kJ/h；(2) $F=3914$kg/h

4. $S=98.3m^2$，$D=8929$kg/h

5. $p=143.3$kPa

6. 自蒸发量为13.59kg/h，自蒸发量占第二效蒸发量的比例为4.08%

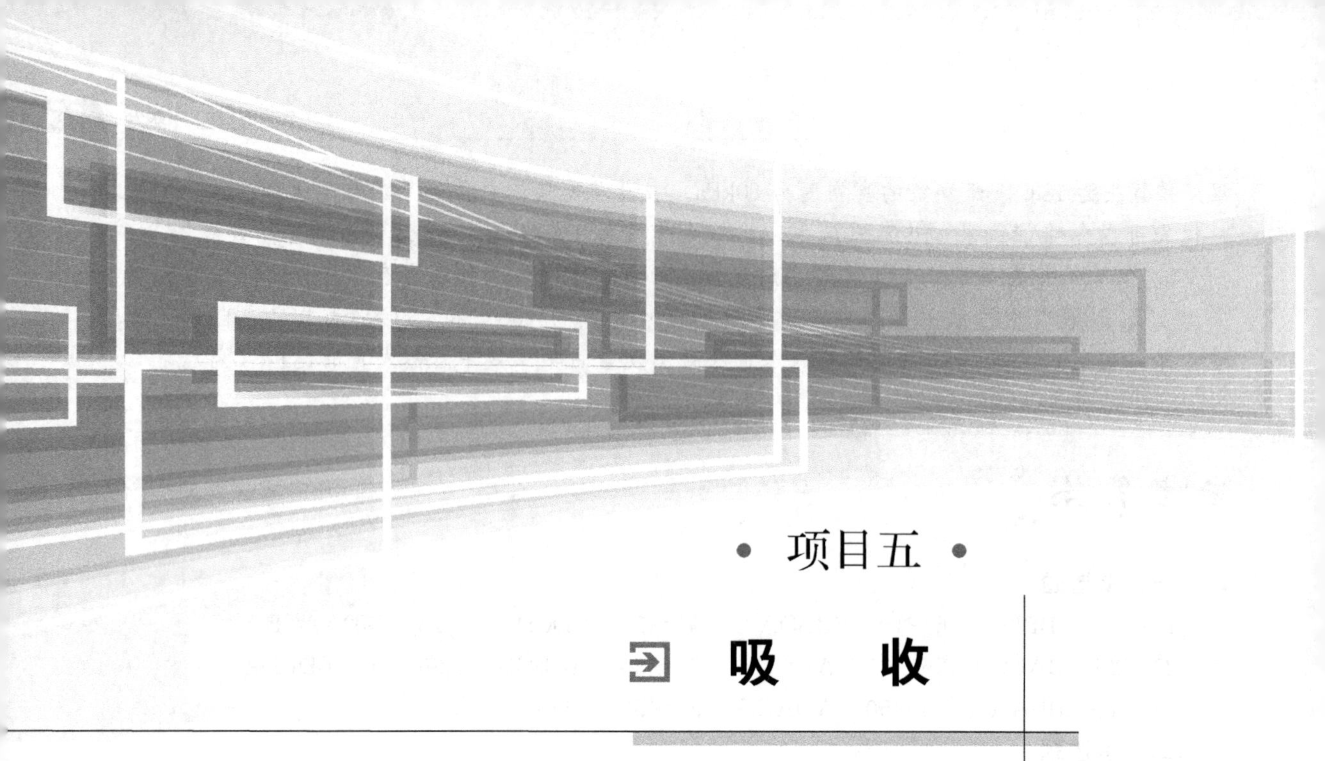

• 项目五 •

吸 收

【案例导入】

某国内沿海燃煤电厂装机容量为1000MW，燃煤烟气排放量为80000Nm^3/h，烟气温度为120℃，含二氧化硫、粉尘及少量氮氧化物（NOx），其中二氧化硫（SO_2）浓度为2000mg/Nm^3，需通过吸收净化将SO_2浓度降至≤35mg/Nm^3以满足环保超低排放要求。现该燃煤电厂新上一套吸收装置用于吸收尾气中的SO_2，因电厂紧邻海域，采用天然海水为吸收剂，吸收装置包含吸收塔、海水循环泵、曝气池及中和池等设备。吸收塔为填料塔，吸收剂天然海水pH≈8.1，含盐量3.5%，处理喷淋密度为20$m^3/m^2 \cdot h$，吸收后海水曝气氧化并中和至pH≥6.5后排放。

项目生产流程图如下：

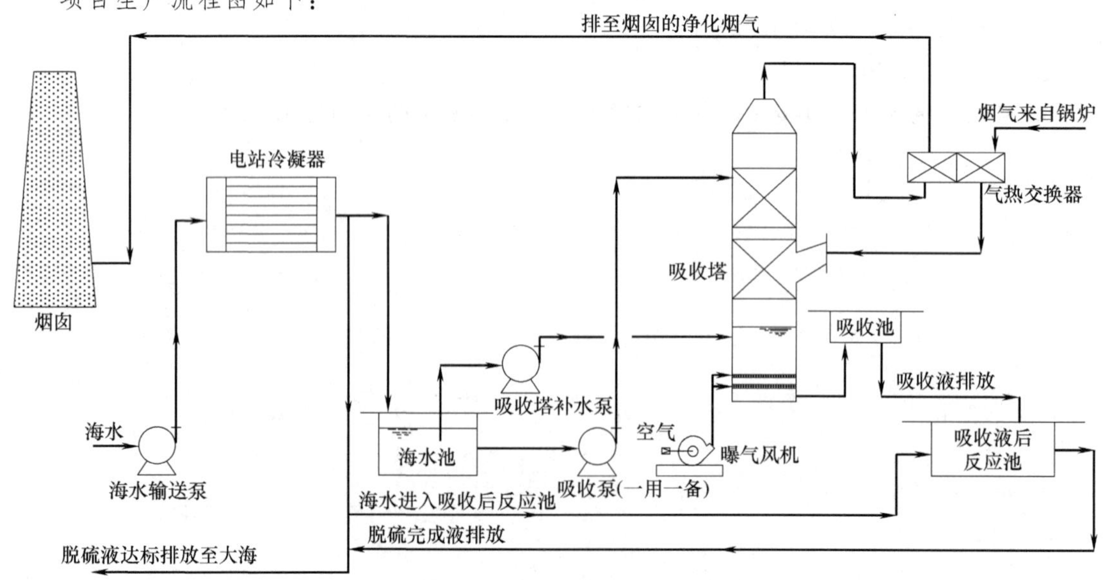

吸收工程案例流程图

【案例分析】

要完成以上的吸收任务，需解决以下关键问题：

（1）根据项目生产流程，正确认识吸收过程，理解吸收原理；

（2）根据案例内容和流程，分析吸收塔类型和吸收操作方式；

（3）根据案例条件，进行全塔物料衡算，确定液气比（L/G）和吸收喷淋量；

（4）了解填料的类型和特点，根据物料的特性、工艺要求，核算填料层高度；

（5）根据工艺流程，完成对吸收单元 DCS 操控；

（6）能够完成吸收单元开停车操作及故障处置。

【学习指南】

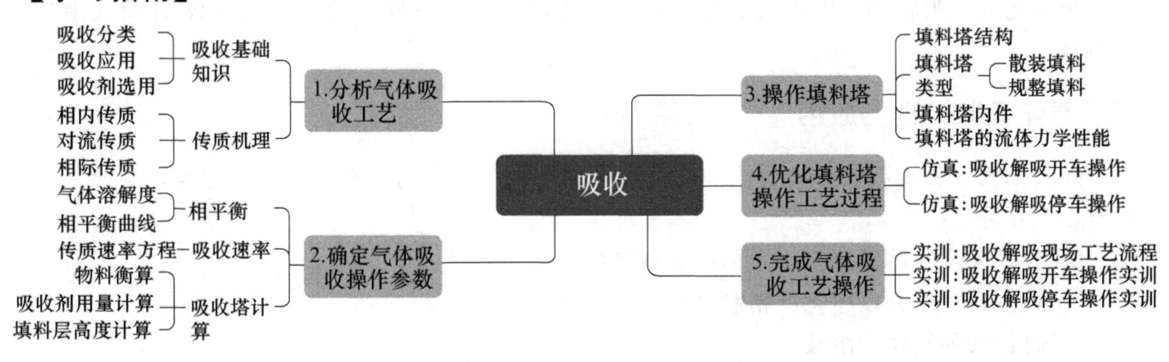

任务一　认识吸收过程

微课精讲

动画资源

铸魂育人

一、传质分离过程

利用物系中不同组分的物理性质或化学性质的差异来形成一个两相物系，使其中某一组分或某些组分从一相转移到另一相，达到分离的目的，这一过程称为传质分离过程。

以传质分离过程为特征的基本单元操作在化工生产中有很多，如：

① 气体吸收。选择一定的溶剂（外界引入第二相）形成两相，以分离气体混合物。如用水作溶剂来吸收混合在空气中的氨，它是利用氨和空气在水中溶解度的差异进行分离。

② 液体蒸馏。对于液体混合物，通过改变状态，如加热汽化，使混合物变成两相，它是利用不同组分挥发性的差异进行分离。

③ 固体干燥。对含一定湿分（水或其他溶剂）的固体提供一定的热量，使溶剂汽化，利用湿分压差，使湿分从固体表面或内部转移到气相，从而使含湿固体物料得以干燥。

④ 液-液萃取。向液体混合物中加入某种溶剂，利用液体中各组分在溶剂中溶解度的差异分离液体混合物，在其分离过程中，溶质由一液相转移到另一液相。

⑤ 结晶。对混合物（蒸气、溶液或熔融物）采用降温或浓缩的方法使其达到过饱和状态，析出溶质，得到固体产品。

⑥ 吸附。利用多孔固体颗粒选择性地吸附混合物（液体或气体）中的一个组分或几个组分，从而使混合物得以分离。其逆过程为脱附过程。

⑦ 膜分离。利用固体膜对混合物中各组分的选择性渗透从而分离各个组分。

二、气体吸收过程

吸收过程：利用混合气中各组分在溶液中溶解度差异而使气体混合物中各组分分离的单元操作称为吸收过程。

吸收操作的依据：混合物各组分在某种溶剂（吸收剂）中溶解度（或化学反应活性）的差异。

溶质：混合气体中，能够显著溶解的组分称为溶质或吸收质，用 A 表示。

惰性组分：不被溶解的组分称为惰性组分（惰气）或载体，用 B 表示。

吸收剂：吸收操作中所用的溶剂称为吸收剂或溶剂，用 S 表示。

吸收液：吸收操作中所得到的溶液称为吸收液或溶液，其成分为溶质 A 和溶剂 S。

吸收尾气：吸收操作中排出的气体称为吸收尾气，其主要成分是惰性气体 B 及残余的溶质 A。

三、气体吸收过程的应用

吸收作为一种重要的分离手段被广泛地应用于化工、医药、冶金等生产过程，其应用目的有以下几种：

① 分离混合气体以获得一定的组分或产物；

② 除去有害组分以净化或精制气体；

③ 制备某种气体的溶液；

④ 工业废气的治理。

四、吸收剂的选用

吸收剂性能往往是决定吸收效果的关键。在选择吸收剂时，应从以下几方面考虑。

① 溶解度。溶质在溶剂中的溶解度要大，即在一定的温度和浓度下，溶质的平衡分压要低，这样可以提高吸收速率并减小吸收剂的耗用量，气体中溶质的极限残余浓度亦可降低。当吸收剂与溶质发生化学反应时，溶解度可大大提高。但要使吸收剂循环使用，化学反应必须是可逆的。

② 选择性。吸收剂对混合气体中的溶质要有良好的吸收能力，而对其他组分应不吸收或吸收甚微，否则不能直接实现有效的分离。

③ 溶解度对操作条件的敏感性。溶质在吸收剂中的溶解度对操作条件（温度、压力）要敏感，即随操作条件的变化溶解度要显著地变化，这样被吸收的气体组分容易解吸，吸收剂再生方便。

④ 挥发度。操作温度下吸收剂的蒸气压要低，因为离开吸收设备的气体往往被吸收剂所饱和，吸收剂的挥发度愈大，则在吸收和再生过程中吸收剂损失愈大。

⑤ 黏性。吸收剂黏度要小，流体输送功耗小。

⑥ 化学稳定性。吸收剂化学稳定性好可避免因吸收过程中条件变化而引起吸收剂变质。

⑦ 腐蚀性。吸收剂腐蚀性应尽可能小，以减少设备费和维修费。

⑧ 其他。所选用吸收剂应尽可能满足价廉、易得、易再生、无毒、无害、不易燃烧、不易爆等要求。

对吸收剂做全面评价后做出经济、合理、恰当的选择。

五、吸收过程的分类

（一）物理吸收和化学吸收

① 物理吸收。在吸收过程中溶质与溶剂不发生显著化学反应，称为物理吸收。

② 化学吸收。如果在吸收过程中，溶质与溶剂发生显著化学反应，则此吸收操作称为化学吸收。

（二）单组分吸收与多组分吸收

① 单组分吸收。在吸收过程中，若混合气体中只有一个组分被吸收，其余组分可认为不溶于吸收剂，则称之为单组分吸收。

② 多组分吸收。如果混合气体中有两个或多个组分进入液相，则称为多组分吸收。

（三）等温吸收与非等温吸收

① 等温吸收。气体溶于液体中时常伴随热效应，若热效应很小，或被吸收的组分在气相中的浓度很低，而吸收剂用量很大，液相的温度变化不显著，则可认为是等温吸收。

② 非等温吸收。若吸收过程中发生化学反应，其反应热很大，液相的温度明显变化，则该吸收过程为非等温吸收过程。

（四）低浓度吸收与高浓度吸收

① 高浓度吸收。通常根据生产经验，当混合气中溶质组分 A 的摩尔分数大于 0.1，且被吸收的数量多时，称为高浓度吸收。

② 低浓度吸收。如果溶质在气液两相中摩尔分数均小于 0.1，则称为低浓度吸收。

低浓度吸收的特点：

a. 气液两相流经吸收塔的流率为常数；

b. 低浓度的吸收可视为等温吸收。

任务二　分析吸收传质机理

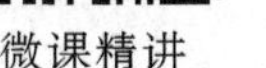
微课精讲

动画资源

行业前沿

一、相组成表示法

（一）质量分数与摩尔分数

（1）质量分数

质量分数是指在混合物中某组分的质量占混合物总质量的比例。对于混合物中的 A 组分有

$$w_A=\frac{m_A}{m} \tag{5-1}$$

式中，w_A 为组分 A 的质量分数；m_A 为混合物中组分 A 的质量，kg；m 为混合物总质量，kg。

$$w_A+w_B+\cdots+w_N=1 \tag{5-2}$$

（2）摩尔分数

摩尔分数是指在混合物中某组分的物质的量 n_A 占混合物总物质的量 n 的比例。对于混

合物中的 A 组分有

气相：
$$y_A=\frac{n_A}{n} \tag{5-3}$$

液相：
$$x_A=\frac{n_A}{n} \tag{5-4}$$

式中，y_A、x_A 分别为组分 A 在气相和液相中的摩尔分数；n_A 为液相或气相中组分 A 的物质的量；n 为液相或气相的总物质的量。

$$y_A+y_B+\cdots+y_N=1 \tag{5-5}$$

$$x_A+x_B+\cdots+x_N=1 \tag{5-6}$$

质量分数与摩尔分数的关系为：

$$x_A=\frac{w_A/M_A}{w_A/M_A+w_B/M_B+\cdots+w_N/M_N} \tag{5-7}$$

式中，M_A、M_B 分别为组分 A、B 的分子量。

（二）质量比与摩尔比

质量比是指混合物中某组分 A 的质量与惰性组分 B（不参加传质的组分）的质量之比，其定义式为

$$W_A=\frac{m_A}{m_B} \tag{5-8}$$

摩尔比是指混合物中某组分 A 的物质的量与惰性组分 B（不参加传质的组分）的物质的量之比，其定义式为

气相：
$$Y_A=\frac{n_A}{n_B} \tag{5-9}$$

液相：
$$X_A=\frac{n_A}{n_B} \tag{5-10}$$

式中，Y_A、X_A 分别为组分 A 在气相和液相中的摩尔比。

质量分数与质量比的关系为

$$w=\frac{W}{1+W} \tag{5-11}$$

$$W=\frac{w}{1-w} \tag{5-12}$$

摩尔分数与摩尔比的关系为

$$x=\frac{X}{1+X} \tag{5-13}$$

$$y=\frac{Y}{1+Y} \tag{5-14}$$

$$X=\frac{x}{1-x} \tag{5-15}$$

$$Y=\frac{y}{1-y} \tag{5-16}$$

（三）质量浓度与物质的量浓度

质量浓度为单位体积混合物中某组分的质量。

$$\rho_A=\frac{m_A}{V} \tag{5-17}$$

式中，ρ_A 为组分 A 的质量浓度，kg/m^3；V 为混合物的体积，m^3；m_A 为混合物中组分 A 的质量，kg。

物质的量浓度是指单位体积混合物中某组分的物质的量。

$$c_A=\frac{n_A}{V} \tag{5-18}$$

式中，c_A 为组分 A 的物质的量浓度，kmol/m^3；n_A 为混合物中组分 A 的物质的量，kmol。

质量浓度与质量分数的关系为

$$\rho_A=w_A\rho \tag{5-19}$$

物质的量浓度与摩尔分数的关系为

$$c_A=x_Ac \tag{5-20}$$

式中，c 为混合物在液相中的总物质的量浓度，kmol/m^3；ρ 为混合物液相的密度，kg/m^3。

（四）理想气体的总压与理想气体混合物中组分的分压

总压与某组分的分压之间的关系为

$$p_A=py_A \tag{5-21}$$

摩尔比与分压之间的关系为

$$Y_A=\frac{p_A}{p-p_A} \tag{5-22}$$

物质的量浓度与分压之间的关系为

$$c_A=\frac{n_A}{V}=\frac{p_A}{RT} \tag{5-23}$$

【例 5-1】 某吸收塔在常压、25℃下操作，已知原料混合气中 CO_2 的含量为 29%（体积分数），其余为 N_2、H_2 和 CO（可看作惰性组分），经吸收后，出塔气体中 CO_2 的含量为 1%（体积分数），试分别计算以摩尔分数、摩尔比和质量浓度表示的原料混合气和出塔气体中的 CO_2 组成。

解： 系统可视为由 CO_2 和惰性组分构成的双组分系统。以下标 1、2 分别表示入塔、出塔的气体状态。

（1）原料混合气（入塔气体）

摩尔分数：理想气体的体积分数等于摩尔分数，所以 $y_1=0.29$

物质的量浓度：由分压定律知

$$p_{A1}=py_1=101.3\times0.29=29.38\text{kPa}$$

所以

$$c_{A1}=\frac{p_{A1}}{RT}=\frac{29.38}{8.314\times298}=0.0119\text{kmol/m}^3$$

摩尔比：由式（5-16）知

$$Y_1=\frac{y_1}{1-y_1}=\frac{0.29}{1-0.29}=0.408$$

（2）出塔气体组成

$$y_2=0.01$$

$$c_{A2}=\frac{p_{A2}}{RT}=\frac{101.3\times0.01}{8.314\times298}=4.09\times10^{-4}\text{kmol/m}^3$$

$$Y_2=\frac{y_2}{1-y_2}=\frac{0.01}{1-0.01}=0.001$$

二、相内传质

（一）分子扩散与菲克定律

（1）分子扩散

在静止或层流流体内部，若某一组分存在浓度差，则分子无规则的热运动使该组分由浓度较高处传递至浓度较低处，这种现象称为分子扩散。

（2）分子扩散现象

如图 5-1 所示的容器中，用一块隔板将容器分为左右两室，两室分别盛有温度及压力相同的 A、B 两种气体。

当抽出中间的隔板后，分子 A 借分子运动由高浓度的左室向低浓度的右室扩散，同理气体 B 由高浓度的右室向低浓度的左室扩散，扩散过程进行到整个容器里 A、B 两组分浓度均匀为止。

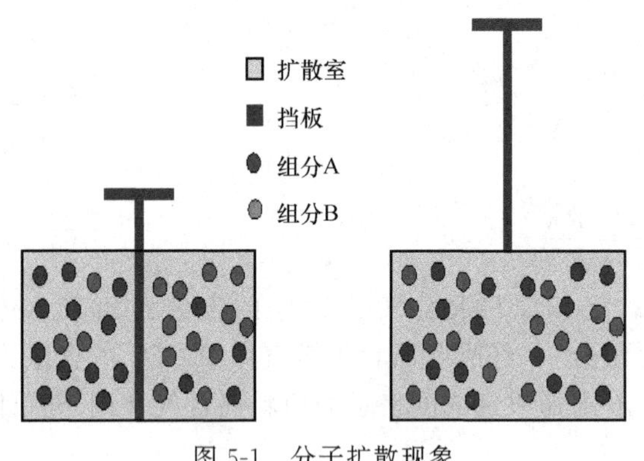

图 5-1　分子扩散现象

（3）扩散通量

扩散进行的快慢用扩散通量来衡量。单位时间内通过垂直于扩散方向的单位截面积扩散的物质量，称为扩散通量（扩散速率），以符号 J 表示，单位为 kmol/(m^2·s)。

（4）菲克定律

由 A 和 B 两组分组成的混合物，在温度、总压恒定条件下，若组分 A 只沿 z 方向扩散，浓度梯度为 $\frac{\mathrm{d}c_A}{\mathrm{d}z}$，则任一点处组分 A 的扩散通量与该处 A 的浓度梯度成正比，此定律称为菲克定律，数学表达式为

$$J_A=-D_{AB}\frac{\mathrm{d}c_A}{\mathrm{d}z} \tag{5-24}$$

式中，J_A 为组分 A 在扩散方向 z 上的扩散通量，kmol/(m^2·s)；$\frac{\mathrm{d}c_A}{\mathrm{d}z}$ 为组分 A 在扩散方向 z 上的浓度梯度，kmol/m^4；D_{AB} 为组分 A 在组分 B 中的扩散系数，m^2/s。式中负号表示扩散方向与浓度梯度方向相反，扩散沿着浓度降低的方向进行。

混合物的总浓度在各处是相等的，即 $c=c_A+c_B=$常数，所以任一时刻，任一处

$$\frac{\mathrm{d}c_A}{\mathrm{d}z}=-\frac{\mathrm{d}c_B}{\mathrm{d}z} \tag{5-25}$$

而且

$$J_A=-J_B \tag{5-26}$$

将式（5-25）和式（5-26）代入式（5-24），得到：

$$D_{AB}=D_{BA}=D \tag{5-27}$$

式（5-27）说明，在双组分混合物中，组分 A 在组分 B 中的扩散系数等于组分 B 在组分 A 中的扩散系数。

（二）等分子反向扩散与传质速率

（1）等分子反向扩散

如图 5-2 所示，当通过连通管内任一截面处两个组分的扩散速率大小相等时，此扩散称为等分子反向扩散。

（2）传质速率

在任一固定的空间位置上，单位时间内通过垂直于传递方向的单位面积传递的物质量称为传质速率，记作 N。

在等分子反向扩散中，组分 A 的传质速率等于其扩散速率，即：

$$N_A = J_A = -D\frac{dc_A}{dz} \tag{5-28}$$

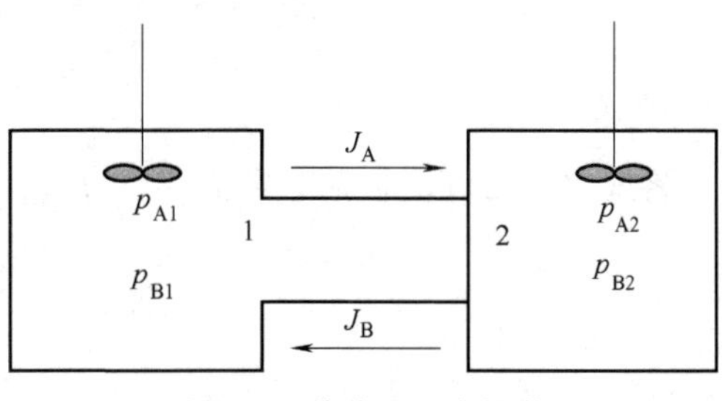

图 5-2　等分子反向扩散

边界条件：$z=0$ 处，$c_A=c_{A1}$；$z=z$ 处，$c_A=c_{A2}$。对式（5-28）积分

$$\int_0^z N_A dz = \int_{c_{A1}}^{c_{A2}} -D dc_A$$

$$N_A = \frac{D}{z}(c_{A1}-c_{A2}) \tag{5-29}$$

如果 A、B 组成的混合物为理想气体，式（5-29）可表示为

$$N_A = \frac{D}{RTz}(p_{A1}-p_{A2}) \tag{5-30}$$

式（5-29）和式（5-30）为单纯等分子反向扩散速率方程积分式。从式（5-30）可以看出，在等分子反向扩散过程中，扩散距离 z 与组分的浓度为直线关系。

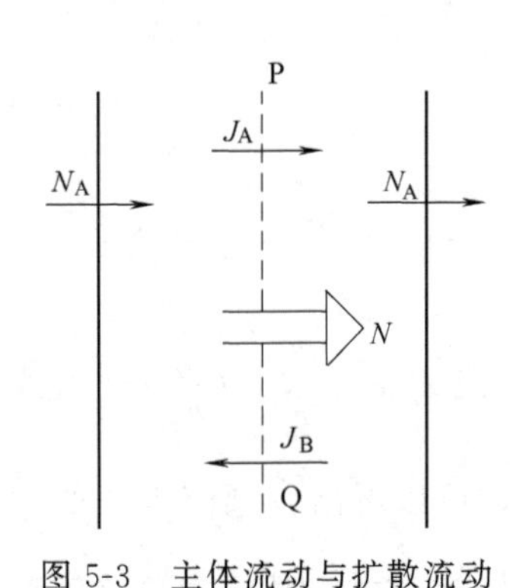

图 5-3　主体流动与扩散流动

（三）单向扩散及速率方程

如图 5-3 所示吸收过程，气相主体中的组分 A 扩散到界面，然后通过界面进入液相，而组分 B 由界面向气相主体反向扩散，但组分 B 不能通过相界面，使界面左侧附近总压降低，使气相主体与界面产生一小压差，促使 A、B 混合气体由气相主体向界面处流动，此流动称为总体流动。

因总体流动而产生的传递速率分别为 $N_{AM}=N_M\frac{c_A}{c}$ 和 $N_{BM}=N_M\frac{c_B}{c}$。

组分 A 因分子扩散和总体流动总和作用所产生的传质速率为 N_A，即：

$$N_A = J_A + N_M\frac{c_A}{c} \tag{5-31}$$

同理

$$N_B = J_B + N_M\frac{c_B}{c}$$

组分 B 不能通过气液界面，故 $0=J_B+N_M\frac{c_B}{c}$

$$J_B=-N_M\frac{c_B}{c}$$

由 $J_A=-J_B$

知 $J_A=N_M\frac{c_B}{c}$

代入式（5-31），得到：

$$N_A=N_M\frac{c_B}{c}+N_M\frac{c_A}{c}=N_M\frac{c_A+c_B}{c}=N_M$$

即
$$N_A=N_M \tag{5-32}$$

将式（5-32）及菲克定律 $J_A=-D_{AB}\frac{dc_A}{dz}$ 代入式（5-31）得：

$$N_A=-D\frac{dc_A}{dz}+N_A\frac{c_A}{c}$$

即
$$N_A=-\frac{Dc}{c-c_A}\times\frac{dc_A}{dz} \tag{5-33}$$

在 $z=0$，$c_A=c_{A1}$；$z=z$，$c_A=c_{A2}$ 的边界条件下，对式（5-33）进行积分得：

$$N_A=\frac{Dc}{zc_{Bm}}(c_{A1}-c_{A2}) \tag{5-34}$$

式中
$$c_{Bm}=\frac{c_{B2}-c_{B1}}{\ln\frac{c_{B2}}{c_{B1}}}$$

$$N_A=\frac{Dp}{RTz}\ln\frac{p_{B2}}{p_{B1}} \tag{5-35}$$

或
$$N_A=\frac{Dp}{RTzp_{Bm}}(p_{A1}-p_{A2}) \tag{5-36}$$

式中，$p_{Bm}=\frac{p_{B2}-p_{B1}}{\ln\frac{p_{B2}}{p_{B1}}}$。

$\frac{p}{p_{Bm}}$、$\frac{c}{c_{Bm}}$称为漂流因子或移动因子，无量纲。因 $p>p_{Bm}$ 或 $c>c_{Bm}$，故$\frac{p}{p_{Bm}}>1$ 或 $\frac{c}{c_{Bm}}>1$。将式（5-30）与式（5-36）、式（5-29）与（5-34）比较，可以看出，漂流因子的大小反映了总体流动对传质速率的影响程度，溶质的浓度愈大，其影响愈大。其值为总体流动使传质速率较单纯分子扩散增大的倍数。当混合物中溶质 A 的浓度较低时，即 c_A 或 p_A 很小时，$p\approx p_{Bm}$，$c\approx c_{Bm}$，即$\frac{p}{p_{Bm}}\approx1$，$\frac{c}{c_{Bm}}\approx1$。总体流动可以忽略不计。

三、对流传质

流动着的流体与壁面之间或两个有限互溶的流动流体之间发生的传质，通常称为对流传质。

（一）涡流扩散

流体做湍流运动时，由于质点的无规则运动，相互碰撞和混合，若存在浓度梯度的情况下，组分会从高浓度向低浓度方向传递，这种现象称为涡流扩散。

因质点运动无规则，所以涡流扩散速率很难从理论上确定，通常采用描述分子扩散的菲克定律形式表示，即

$$J_A=-D_e\frac{dc_A}{dz} \tag{5-37}$$

式中，J_A 为涡流扩散速率，$kmol/(m^2 \cdot s)$；D_e 为涡流扩散系数，m^2/s。

涡流扩散系数与分子扩散系数不同，D_e 不是物性常数，其值与流体流动状态及所处的位置有关，D_e 的数值很难通过实验准确测定。

（二）有效膜模型

在大多数传质设备中，流体的流动多属于湍流。流体在做湍流流动时，传质的形式包括分子扩散和涡流扩散两种，因涡流扩散难以确定，故常将分子扩散与涡流扩散联合考虑。

对流传质的传质阻力全部集中在一层虚拟的膜层内，膜层内的传质形式仅为分子扩散。如图 5-4 所示，层流内层分压梯度线延长线与气相主体分压线 p_A 相交于一点 G，G 到相界面的垂直距离即为有效膜厚度 Z_G。

有效层流膜提出的意义：有效膜厚 Z_G 是个虚拟的厚度，但它与层流内层厚度 Z'_G 存在一对应关系。流体湍流程度愈剧烈，层流内层厚度 Z'_G 愈薄，相应的有效膜厚 Z_G 也愈薄，对流传质阻力愈小。

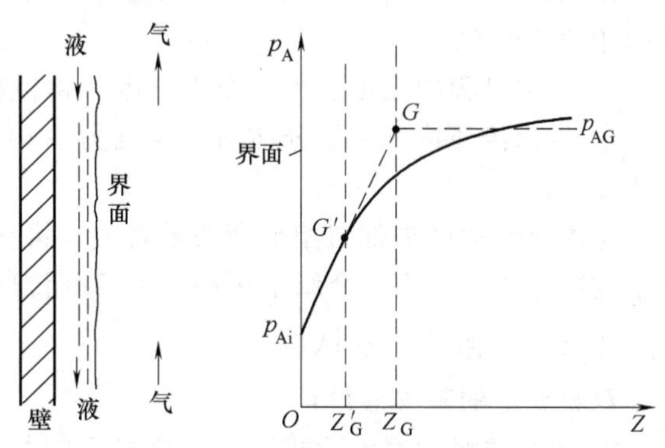

图 5-4　对流传质浓度分布图

四、单相对流传质速率方程

（一）气相对流传质速率方程

吸收的传质速率等于传质系数乘以吸收的推动力。吸收的推动力有多种不同的表示法，吸收的传质速率方程有多种形式。应该指出不同形式的传质速率方程具有相同的意义，可用任意一个进行计算，但每个吸收传质速率方程中传质系数的数值和单位各不相同，传质系数的下标必须与推动力的组成表示法相对应。

气相传质速率方程：

$$N_A=k_G(p_A-p_{Ai}) \tag{5-38}$$

$$N_A=k_y(y-y_i) \tag{5-39}$$

$$N_A=k_Y(Y-Y_i) \tag{5-40}$$

（二）液相对流传质速率方程

液相传质速率方程：

$$N_A=k_L(c_{Ai}-c_A) \tag{5-41}$$

$$N_A=k_x(x_i-x) \tag{5-42}$$

$$N_A=k_X(X_i-X) \tag{5-43}$$

五、相际传质

（一）相际传质步骤

溶质从气相向液相传递，为吸收过程，该过程包括以下三个步骤：

① 溶质由气相主体向相界面传递，即在单一相（气相）内传递物质；

② 溶质在气液相界面上的溶解，由气相转入液相，即在相界面上传递物质；

③ 溶质自气液相界面向液相主体传递，即在单一相（液相）内传递物质。

不论溶质在气相或液相，它在单一相里的传递有两种基本形式，一是分子扩散，二是对流传质。

（二）研究相际传质需要解决的问题

① 相际传质的物理模型。即相际传质是如何进行的。

② 传质方向。即当两相互相接触时，组分究竟由哪一相转移到哪一相。

③ 相际传质推动力。在单相传质过程中，传质推动力为浓度差，在相际传质中是否也是两相的浓度差。

④ 传质过程的限度。当一个组分由一相转移至另一相时，能否无限制地进行。

⑤ 相际传质速率。组分在由一相到另一相的转移中能以多大的速率进行传递，其表达形式如何。

这些问题的解决都与相平衡关系有关，将在后面两个任务中结合吸收过程的气液相平衡关系进行介绍。下面先介绍常用的一种相际传质模型——双膜理论。

（三）双膜理论初认识

双膜理论的基本假设：

① 相互接触的气液两相存在一个稳定的相界面，界面两侧分别存在着稳定的气膜和液膜。膜内流体流动状态为层流，溶质 A 以分子扩散方式通过气膜和液膜，由气相主体传递到液相主体。

② 相界面处，气液两相达到相平衡，界面处无扩散阻力。

③ 在气膜和液膜以外的气、液主体中，由于流体的充分湍动，溶质 A 的浓度均匀，溶质主要以涡流扩散的形式传质。

任务三 分析吸收过程速率

微课精讲

动画资源

一、气体在液体中的溶解

（一）溶解度

（1）平衡状态

在一定压力和温度下，使一定量的吸收剂与混合气体充分接触，气相中的溶质便向液相溶剂中转移，经长期充分接触之后，液相中溶质组分的浓度不再增加，此时，气液两相达到平衡，此状态为平衡状态。

（2）饱和浓度

气液平衡时，溶质在液相中的浓度为饱和浓度（溶解度）。

（3）平衡分压

气液平衡时，气相中溶质的分压为平衡分压。

（4）相平衡关系

平衡时溶质组分在气液两相中的浓度关系为相平衡关系。

（5）溶解度曲线

用二维坐标绘成的气液相平衡关系曲线称为溶解度曲线。

由图5-5（a）可见，在一定的温度下，气相中溶质组成 y 不变，当总压 p 增加时，在同一溶剂中溶质的溶解度 x 随之增加，这将有利于吸收，故吸收操作通常在加压条件下进行。

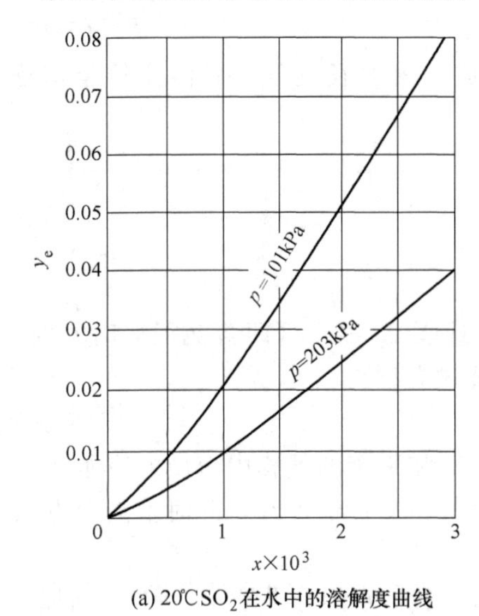

(a) 20℃ SO_2 在水中的溶解度曲线

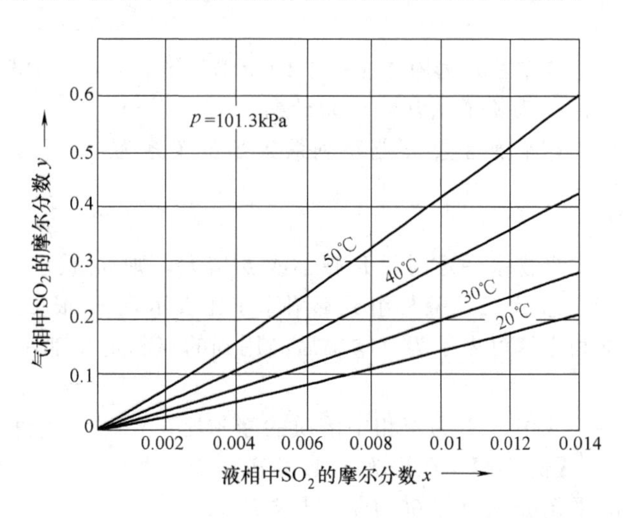

(b) 101.3kPa下 SO_2 在水中的溶解度曲线

图5-5　溶解度与温度、压力的关系

由图5-5（b）可知，当总压 p、气相中溶质 y 一定时，吸收温度下降，溶解度大幅度提高，吸收剂常常经冷却后进入吸收塔。

结论：加压和降温有利于吸收操作过程，而减压和升温则有利于解吸操作过程。

易溶气体：溶解度大的气体，如 NH_3。

难溶气体：溶解度小的气体，如 O_2、N_2。

溶解度适中的气体：介于易溶气体和难溶气体之间的，如 SO_2 等气体。

（二）亨利定律

亨利定律的内容：总压不高（譬如不超过 5×10^5 Pa）时，在一定温度下，稀溶液上方气相中溶质的平衡分压与溶质在液相中的摩尔分率成正比，其比例系数为亨利系数。

亨利定律的数学表达式

$$p_A^* = Ex \tag{5-44}$$

式中，p_A^* 为溶质在气相中的平衡分压，kPa；E 为亨利系数，随温度升高而增大，kPa；x 为溶质在液相中的摩尔分数。

亨利定律还有不同的表达形式：

① 当气相组成用分压、液相组成用物质的量浓度表示时，亨利定律可表示为：

$$p_A^* = \frac{c_A}{H} \tag{5-45}$$

式中，c_A 为溶质在液相中的物质的量浓度，kmol/m^3；p_A^* 为溶质在气相中的平衡分压，kPa；H 为溶解度系数，kmol/(m^3·kPa)。

溶解度系数 H 与亨利系数 E 的关系为：

$$\frac{1}{H}=\frac{EM_S}{\rho_S} \tag{5-46}$$

式中，ρ_S 为溶剂的密度，kg/m^3。

② 当气、液相组成都用摩尔分数表示时，亨利定律可表示为：

$$y^*=mx \tag{5-47}$$

式中，x 为液相中溶质的摩尔分数；y^* 为与液相组成 x 相平衡的气相中溶质的摩尔分数；m 为相平衡常数，无量纲。

相平衡常数 m 与亨利系数 E 的关系为：

$$m=\frac{E}{p} \tag{5-48}$$

当物系一定时，T 减小或 p 增大，则 m 减小。

③ 当气、液相组成都用摩尔比表示且 m 很接近于 1 或者 X 很小（即溶液很稀时）时，亨利定律可表示为（本书后面用到的亨利定律都用此种公式类型）：

$$Y^*=mX \tag{5-49}$$

式中，X 为液相中溶质的摩尔比；Y^* 为与液相组成 X 相平衡的气相中溶质的摩尔比。

【例 5-2】 压力为 101.3kPa、温度为 20℃时，测出 100g 水中含氨 2g，此时溶液上方氨的平衡分压为 1.60kPa。试求 E、m。

解：取 100g 水为基准，含氨 2g，已知氨的分子量 $M_A=17$，水的分子量 $M_S=18$，所以

$$x=\frac{\frac{2}{17}}{\frac{2}{17}+\frac{100}{18}}=0.0207$$

由 $p_A^*=Ex$，可得

$$E=p_A^*/x=1.60/0.0207=77.3\text{kPa}$$

$$m=\frac{E}{p}=\frac{77.3}{101.3}=0.763$$

二、相平衡关系在吸收过程中的应用

（1）判断过程进行的方向

发生吸收过程的充分必要条件（反应在图 5-6 上为以 A 点为例）是：

$$y>y^* \text{ 或 } x<x^*$$

反之，溶质自液相转移至气相，即发生解吸过程。

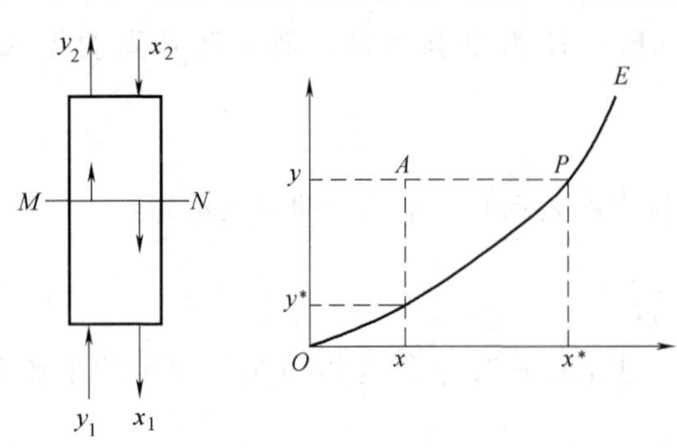

图 5-6 吸收推动力示意图

（2）指明过程进行的极限

塔无限高、溶剂量很小的情况下，$x_{1,\max}=x_1^*=\frac{y_1}{m}$；

无限高的塔内，大量的吸收剂和较小气体流量，$y_{2,\min}=y_2^*=mx_2$；

当 $x_2=0$ 时，$y_{2,\min}=0$，理论上实现气相溶质的全部吸收。

（3）确定过程的推动力

$y-y^*$ 为以气相中溶质摩尔分数差表示

吸收过程的推动力；

x^*-x 为以液相中溶质的摩尔分数差表示吸收过程的推动力；

$Y-Y^*$ 为以气相中溶质摩尔比差表示吸收过程的推动力；

X^*-X 为以液相中溶质摩尔比差表示吸收过程的推动力；

$p_A-p_A^*$ 为以气相分压差表示的吸收过程推动力；

$c_A^*-c_A$ 为以液相物质的量浓度差表示的吸收过程推动力。

三、吸收速率

当不平衡的气液两相接触时，若 $y>y^*$，则溶质从气相向液相传递，为吸收过程，该过程包括以下三个步骤：

① 溶质由气相主体向相界面传递，即在单一相（气相）内传递物质；

② 溶质在气液相界面上的溶解，由气相转入液相，即在相界面上传递物质；

③ 溶质自气液相界面向液相主体传递，即在单一相（液相）内传递物质。

不论溶质在气相或液相，它在单一相里的传递有两种基本形式，一是分子扩散，二是对流传质。

（一）双膜理论

双膜理论基于双膜模型，它把复杂的对流传质过程描述为溶质以分子扩散形式通过两个串联的有效膜，认为扩散所遇到的阻力等于实际存在的对流传质阻力。其模型如图 5-7 所示。

双膜模型的基本假设：

① 相互接触的气液两相存在一个稳定的相界面，界面两侧分别存在着稳定的气膜和液膜。膜内流体流动状态为层流，溶质 A 以分子扩散方式通过气膜和液膜，由气相主体传递到液相主体。

② 相界面处，气液两相达到相平衡，界面处无扩散阻力。

③ 在气膜和液膜以外的气液主体中，由于流体的充分湍动，溶质 A 的浓度均匀，溶质主要以涡流扩散的形式传质。

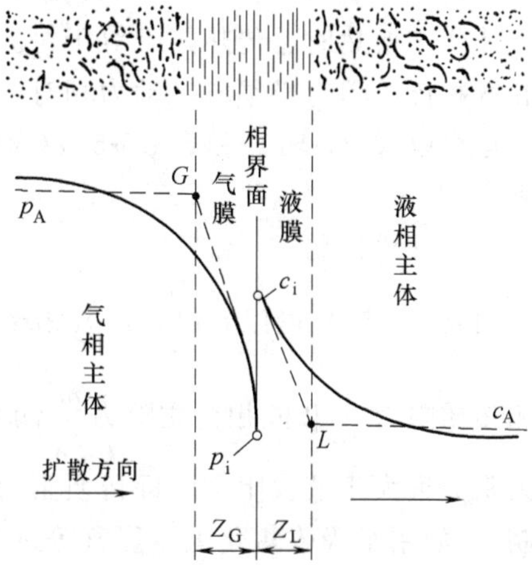

图 5-7　双膜理论示意图

（二）吸收过程的总传质速率方程

当传质的推动力用摩尔比差表示时，可以从相内传质速率方程推导出相际传质速率方程。

① 用气相组成表示吸收推动力时，总传质速率方程称为气相总传质速率方程，具体如下：

$$N_A=K_Y(Y-Y^*) \tag{5-50}$$

其中

$$\frac{1}{K_Y}=\frac{1}{k_Y}+\frac{m}{k_X} \tag{5-51}$$

式中，k_Y，k_X 为摩尔比差表示推动力的气相和液相传质分系数，kmol/(m^2 · s · ΔY)，kmol/(m^2 · s · ΔX)；K_Y 为以气相摩尔比差（$Y-Y^*$）表示推动力的气相总传质系数，

$kmol/(m^2 \cdot s \cdot \Delta Y)$。

② 用液相组成表示吸收推动力时，总传质速率方程称为液相总传质速率方程，具体如下：

$$N_A = K_X(X^* - X) \tag{5-52}$$

其中

$$\frac{1}{K_X} = \frac{1}{k_X} + \frac{1}{mk_Y} \tag{5-53}$$

式中，K_X 为液相摩尔比差（$X^* - X$）表示推动力的液相总传质系数，$kmol/(m^2 \cdot s \cdot \Delta X)$。

（三）总传质系数与单相传质系数之间的关系及吸收过程中的控制步骤

当以气相组成表示吸收推动力时，总传质速率方程称为气相总传质速率方程。式（5-50）可进一步写为：

$$N_A = K_Y(Y - Y^*) = \frac{Y - Y^*}{\frac{1}{K_Y}} = \frac{\text{吸收总推动力}}{\text{吸收总阻力}}$$

由式（5-51）知

$$\frac{1}{K_Y} = \frac{1}{k_Y} + \frac{m}{k_X}$$

所以吸收总阻力可以由$\frac{1}{k_Y}$和$\frac{m}{k_X}$共同作用。

通常传质速率可以用传质系数乘以推动力表达，也可用推动力与传质阻力之比表示。从以上总传质系数与单相传质系数关系式可以得出，总传质阻力等于两相传质阻力之和，这与两流体间壁换热时总传热热阻等于对流传热所遇到的各项热阻加和相同。但要注意总传质阻力和两相传质阻力必须与推动力相对应。

这里以式（5-51）和式（5-53）为例进一步讨论吸收过程中传质阻力和传质速率的控制因素。

（1）气膜控制

由式（5-51）可以看出，以气相摩尔比差（$Y - Y^*$）表示推动力的总传质阻力$\frac{1}{K_Y}$是由气相传质阻力$\frac{1}{k_Y}$和液相传质阻力$\frac{m}{k_X}$两部分加和构成的，当$\frac{1}{k_Y} \gg \frac{m}{k_X}$时，则 $K_Y \approx k_Y$，此时气膜阻力远大于液膜阻力，即传质阻力主要集中在气相，此吸收过程由气相阻力控制（气膜控制）。如用水吸收氯化氢、氨气等过程即是如此。

（2）液膜控制

由式（5-53）可以看出，以液相摩尔比差（$X^* - X$）表示推动力的总传质阻力是由气相传质阻力$\frac{1}{mk_Y}$和液相传质阻力$\frac{1}{k_X}$两部分加和构成的。当$\frac{1}{mk_Y} \ll \frac{1}{k_X}$时，有 $K_X \approx k_X$，即传质阻力主要集中在液相，此吸收过程由液相阻力控制（液膜控制）。如用水吸收二氧化碳、氧气等过程即是如此。

如果根据物性特征能够判断出过程属于气膜控制或者液膜控制，吸收过程的计算可以得到极大的简化。

① 当溶质的溶解度很大，即相平衡常数 m 很小时，其吸收过程通常为气膜控制。例如，水吸收 NH_3、HCl 等。此时要提高总传质系数 K_Y，应设法加大气相湍动程度以增大 k_Y。

② 当溶质的溶解度很小，即相平衡常数 m 很大时，其吸收过程通常为液膜控制。例如，水吸收 O_2、CO_2 等。此时要提高总传质系数 K_X，应设法加大液相湍动程度以增大 k_X。

③ 对于具有中等溶解度的气体吸收过程，如水吸收 SO_2，此时气膜阻力和液膜阻力均不可忽略。要提高总传质系数，必须设法同时降低气、液两相的传质阻力，方能得到满意的效果。

传质过程中两相阻力分配的情况同传热过程极为相似。不同的是气液相平衡对阻力分配有很大影响。判断何种阻力为控制步骤，必须知道相平衡常数，并按照相应的方程进行计算作出判断。

微课精讲

动画资源

任务四　选用吸收塔及确定吸收操作参数

铸魂育人

工业上通常在塔设备中实现气液传质。塔设备一般分为逐级接触式和连续接触式。本部分以连续接触操作的填料塔为例，介绍吸收塔的设计型和操作型计算。

吸收塔的设计型计算包括：吸收剂用量、吸收液浓度、塔高和塔径等的设计计算。

吸收塔的操作型计算包括：

① 在物系、塔设备一定的情况下，对指定的生产任务，核算塔设备是否合用；

② 操作条件发生变化，吸收结果将怎样变化等问题。

针对设计型和操作型计算，其依据主要是气液平衡关系、物料衡算和吸收速率方程。

一、物料衡算和操作线方程

（一）物料衡算

定态逆流吸收塔的气液流量和组成如图 5-8 所示，图中符号定义为：

V 为单位时间通过任一塔截面惰性气体的量，kmol/s；L 为单位时间通过任一塔截面的纯吸收剂的量，kmol/s；Y 为任一截面上混合气体中溶质的摩尔比；X 为任一截面上吸收剂中溶质的摩尔比。

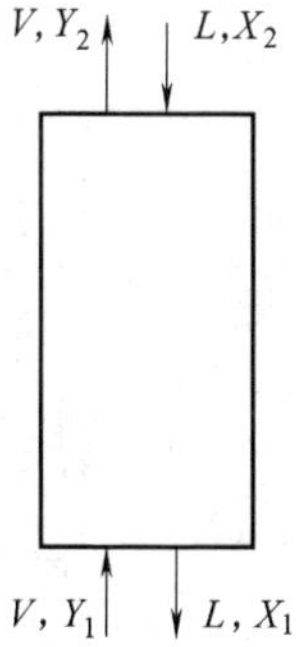

在定态条件下，假设溶剂不挥发，惰性气体不溶于溶剂。以单位时间为基准，在全塔范围内，对溶质 A 做物料衡算得：

$$VY_1+LX_2=VY_2+LX_1$$

或

$$V(Y_1-Y_2)=L(X_1-X_2) \tag{5-54}$$

图 5-8　物料衡算示意图

溶质回收率定义为：$\eta=\dfrac{\text{吸收溶质 A 的量}}{\text{混合气体中溶质 A 的量}}$

所以：$Y_2=Y_1(1-\eta)$

由式（5-54）可求出塔底排出液中溶质的浓度

$$X_1=X_2+V(Y_1-Y_2)/L \tag{5-55}$$

（二）吸收操作线方程与操作线

逆流吸收塔内任取 m-n 截面（图 5-9），在截面 m-n 与塔顶间对溶质 A 进行物料衡算：

$$VY+LX_2=VY_2+LX$$

或
$$Y=\frac{L}{V}X+\left(Y_2-\frac{L}{V}X_2\right) \tag{5-56}$$

若在塔底与塔内任一截面 m-n 间对溶质 A 做物料衡算，则得到

$$VY_1+LX=VY+LX_1$$

或
$$Y=\frac{L}{V}X+\left(Y_1-\frac{L}{V}X_1\right) \tag{5-57}$$

由全塔物料衡算知，方程（5-56）与式（5-57）等价。

操作关系：塔内任一截面上气相组成 Y 与液相组成 X 之间的关系。

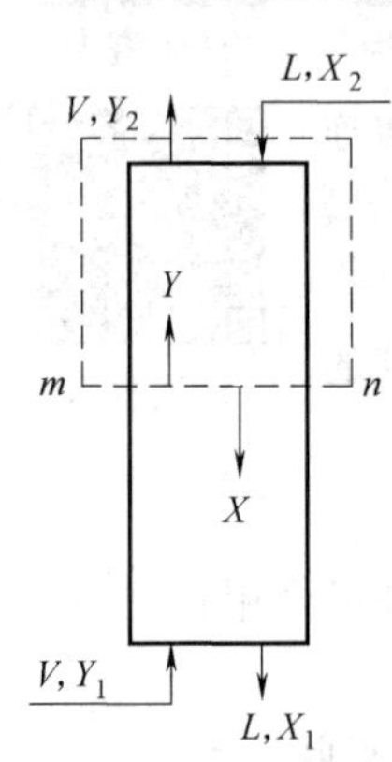

图 5-9　逆流吸收操作线的推导

逆流吸收操作线方程：方程式（5-56）与式（5-57）称为逆流吸收操作线方程式。

逆流吸收操作线具有如下特点：

① 当定态连续吸收时，若 L、V 一定，Y_1、X_2 恒定，则该吸收操作线在 $Y\sim X$ 直角坐标图上为一直线，通过塔顶 $A(X_2, Y_2)$ 及塔底 $B(X_1, Y_1)$，其斜率为$\frac{L}{V}$，见图 5-10。$\frac{L}{V}$称为吸收操作的液气比。

② 吸收操作线仅与液气比、塔底及塔顶溶质组成有关，与系统的平衡关系、塔型及操作条件 T、p 无关。

③ 因吸收操作时，$Y>Y^*$ 或 $X^*>X$，故吸收操作线在平衡线 $Y^*=f(X)$ 的上方，操作线离平衡线愈远吸收的推动力愈大。图 5-11 表示了吸收过程的推动力变化。解吸操作时，$Y<Y^*$ 或 $X^*<X$，故解吸操作线在平衡线的下方。

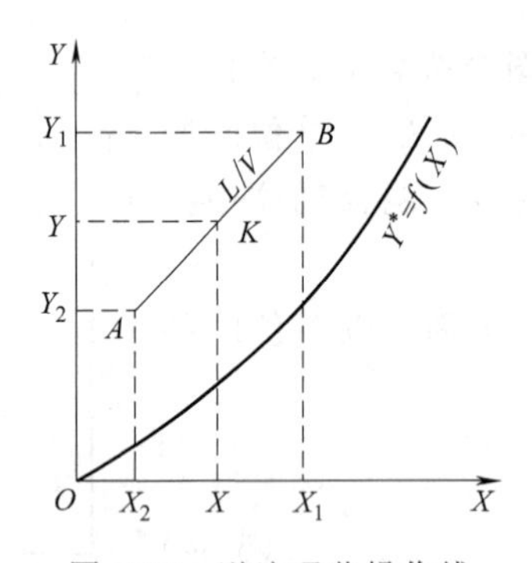

图 5-10　逆流吸收操作线

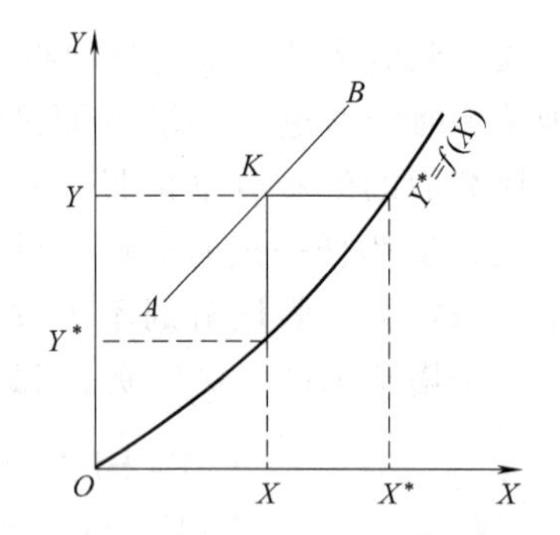

图 5-11　吸收操作线推动力示意图

（三）并流定常吸收的物料衡算与操作线方程

定态并流吸收塔的气液流量和组成如图 5-12 所示。

填料塔内气、液两相并流流动时，气、液两相进塔和出塔的组成表示符号不变，则全塔物料衡算式与逆流时相同，即 $VY_1+LX_2=VY_2+LX_1$。在塔内任一截面与塔顶入口截面做溶质的物料衡算，得

$$Y=-\frac{L}{V}X+\left(Y_1+\frac{L}{V}X_2\right)$$

直线经过 $A(X_2, Y_1)$，$B(X_1, Y_2)$ 两点。为了便于比较，在气、液两相进口、出口组成（Y_1，Y_2，X_1，X_2）相同的条件下，将逆流与并流的操作线绘制于同一坐标中，如图5-13 所示。

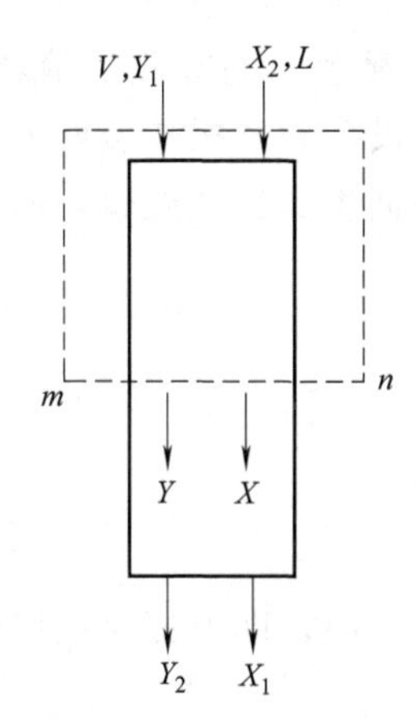

图 5-12　并流吸收操作线的推导

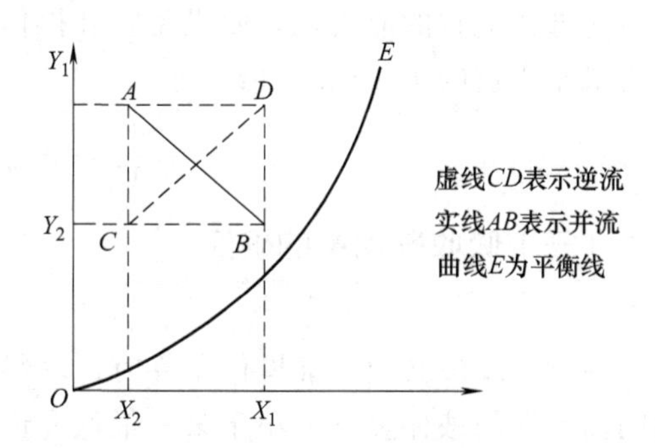

图 5-13　并流和逆流吸收操作线的比较

从图 5-13 可以看出，逆流吸收时各截面上的传质推动力比较均匀；并流吸收时塔顶一段推动力很大，塔底一段推动力很小。在此条件下，逆流的平均推动力大于并流，故可减少传质面积或减少吸收剂用量。而且，逆流操作时下降至塔底的液体与刚进塔的气体相接触，有可能提高出塔液体的浓度；而上升至塔顶的气体则与刚进塔的新鲜吸收剂接触，有可能降低出塔气体的浓度，提高吸收率。而并流操作时最多只可能与出口液体达到相平衡状态。不过，逆流操作时向下流动的液体受到上升气流的作用力（又称为曳力），这种曳力过大时会阻碍液体的顺利下流，因而限制了吸收塔允许的液体和气体流量，逆流的这一缺点一般不是主要因素，故吸收塔通常多采用逆流操作。而并流操作只用于某些吸收剂用量大、热效应较高的易溶气体或有选择性反应的快速吸收过程。

需要指出的是：

① 无论是逆流或是并流操作，操作线方程都是由物料衡算决定的，仅取决于气液两相的流量（L，V）和组成（Y_1，Y_2，X_1，X_2），而与系统的平衡关系、操作温度、压力及填料结构等因素无关。

② 对于吸收过程，由于气相中溶质浓度 Y 总是大于与液相中溶质浓度相平衡的气相浓度 Y^*，或者说液相浓度 X 必小于与气相浓度相平衡的液相浓度 X^*，故吸收操作线上各状态点总是在平衡线之上。反之，若操作线位于平衡线之下，则必为解吸过程。

③ 传质过程的极限是气液两相间达到平衡，即使气液两相间有无限长的接触时间或无限大的接触面积，也不能超越这个极限。换句话说，操作线的两端点最多只能落在平衡线上，而不可能跨越平衡线，即一个在平衡线上方，另一个在平衡线下方。

二、吸收剂用量与最小液气比

（一）最小液气比

最小液气比是针对一定的分离任务、操作条件和吸收物系，当塔内某截面吸收推动力为零时，达到分离程度所需塔高为无穷大时的液气比，以 $\left(\frac{L}{V}\right)_{\min}$ 表示。

（二）操作液气比的确定

若增大吸收剂用量，操作线的 B 点将沿水平线 $Y=Y_1$ 向左移动。在此情况下，操作线远离平衡线，吸收的推动力增大，若欲达到一定吸收效果，则所需的塔高将减小，设备投资也减少。但液气比增加到一定程度后，塔高减小的幅度就不显著，而吸收剂消耗量却过大，造成输送及吸收剂再生等操作费用剧增。考虑吸收剂用量对设备费和操作费两方面的综合影响。应选择适宜的液气比，使设备费和操作费之和最小。根据生产实践经验，通常吸收剂用量为最小用量的 1.1～2.0 倍，即

$$\frac{L}{V}=(1.1\sim2.0)\left(\frac{L}{V}\right)_{\min}$$

（三）吸收剂用量的确定

$$L=(1.1\sim2.0)L_{\min}$$

注意：L 值必须保证操作条件时，填料表面被液体充分润湿，即保证单位塔截面上单位时间内流下的液体量不得小于某一最低允许值。

（四）最小液气比的计算

(1) 图解法

最小液气比可根据物料衡算采用图解法求得，当平衡曲线符合图 5-14 所示的情况时

$$\left(\frac{L}{V}\right)_{\min}=\frac{Y_1-Y_2}{X_1^*-X_2} \tag{5-58}$$

(2) 解析法

若平衡关系符合亨利定律，则采用下列解析式计算最小液气比

$$\left(\frac{L}{V}\right)_{\min}=\frac{Y_1-Y_2}{\dfrac{Y_1}{m}-X_2} \tag{5-59}$$

注意：如果平衡线出现如图 5-15 所示的形状，则过点 A 作平衡线的切线，水平线 $Y=Y_1$ 与切线相交于点 $D(X_{1,\max}, Y_1)$，则可按下式计算最小液气比

$$\left(\frac{L}{V}\right)_{\min}=\frac{Y_1-Y_2}{X_{1,\max}-X_2} \tag{5-60}$$

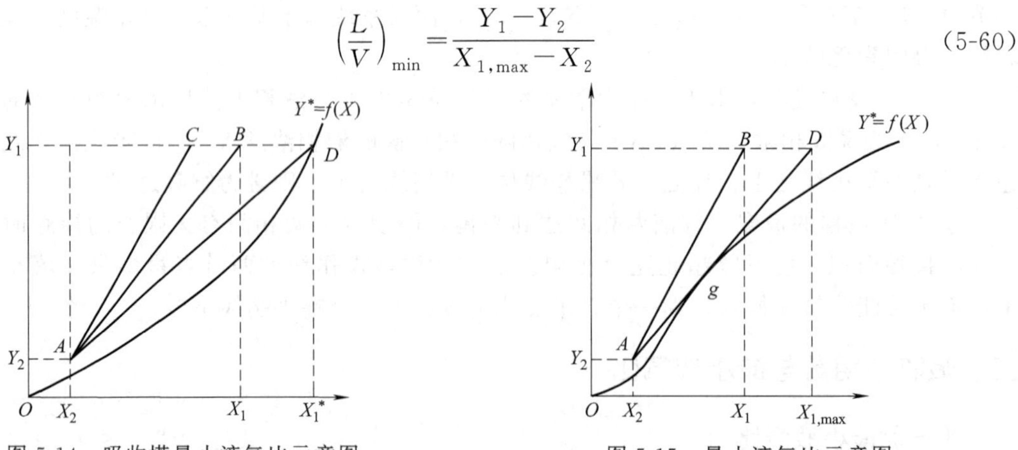

图 5-14　吸收塔最小液气比示意图

图 5-15　最小液气比示意图

【例 5-3】 在一填料塔中，用洗油逆流吸收混合气体中的苯。已知混合气体的流量为 $1600m^3/h$，进塔气中含苯 0.05（摩尔分数，下同），洗油进塔浓度为 $x_2=0$，要求吸收率为

90%，操作温度为25℃，操作压力为101.3kPa，相平衡关系为 $Y^*=26X$，操作液气比为最小液气比的1.3倍。试求吸收剂用量及出塔洗油中苯的含量。

解：先进行组成换算

$$y_1=0.05,\ Y_1=\frac{y_1}{1-y_1}=\frac{0.05}{1-0.05}=0.0526$$

因为

$$\eta=\frac{Y_1-Y_2}{Y_1}$$

得
$$Y_2=Y_1(1-\eta)=0.0526\times(1-0.9)=0.00526$$

混合气体中惰性气体的量为

$$V=\frac{1600}{22.4}\times\frac{273}{273+25}\times(1-0.05)=62.2\text{kmol/h}$$

当 $x_2=0$ 时，$X_2=0$

$$\left(\frac{L}{V}\right)_{\min}=\frac{Y_1-Y_2}{\dfrac{Y_1}{m}}=m\eta=26\times0.9=23.4$$

$$\frac{L}{V}=1.3m\eta=1.3\times23.4=30.4$$

$$L=30.4\times62.2=1.89\times10^3\text{kmol/h}$$

$$X_1=\frac{V(Y_1-Y_2)}{L}=\frac{Y_1-Y_2}{L/V}=\frac{Y_1\eta}{1.3m\eta}=\frac{Y_1}{1.3m}=\frac{0.0526}{1.3\times26}=1.56\times10^{-3}$$

三、吸收塔填料层高度的计算

填料层高度的计算通常采用传质单元数法，它又称传质速率模型法，该法依据传质速率、物料衡算和相平衡关系来计算填料层高度。

(一) 塔高计算基本关系式

在填料塔内任一截面上的气液两相组成和吸收的推动力均沿塔高连续变化，所以不同截面上的传质速率各不相同。从分析填料层内某一微元 dZ 内的溶质吸收过程入手。

在图5-16所示的填料层内，厚度为 dZ 微元的传质面积 $dA=a\Omega dZ$，其中 a 为单位体积填料所具有的相际传质面积，m^2/m^3；Ω 为填料塔的塔截面积，m^2。定态吸收时，由物料衡算可知，气相中溶质减少的量等于液相中溶质增加的量，即单位时间由气相转移到液相溶质A的量可用下式表达：

$$dG_A=VdY=LdX \tag{5-61}$$

根据吸收速率定义，dZ 段内吸收溶质的量为：

$$dG_A=N_AdA=N_Aa\Omega dZ \tag{5-62}$$

式中，G_A 为单位时间吸收溶质的量，kmol/s；N_A 为微元填料层内溶质的传质速率，kmol/(m²·s)。

将吸收速率方程 $N_A=K_Y(Y-Y^*)$ 代入上式得

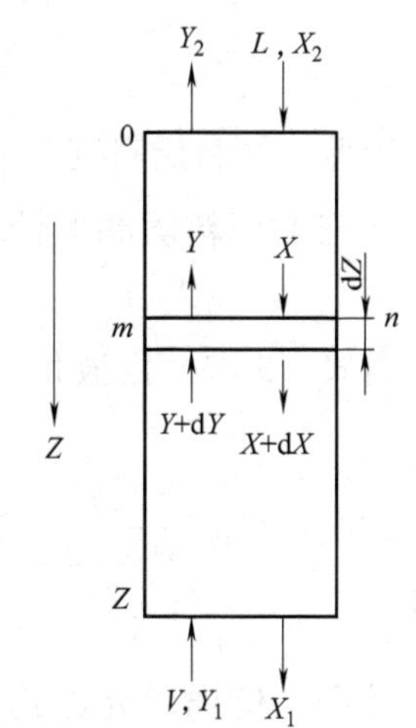

图5-16　填料层高度计算图

$$dG_A = K_Y(Y - Y^*)a\Omega dZ \tag{5-63}$$

将式（5-75）与式（5-76）联立得：

$$dZ = \frac{V}{K_Y a\Omega} \times \frac{dY}{Y - Y^*} \tag{5-64}$$

当吸收塔定态操作时，V、L、Ω、a 皆不随时间而变化，也不随截面位置变化。对于低浓度吸收，在全塔范围内气液相的物性变化都较小，通常 K_Y、K_X 可视为常数，将式（5-64）积分得

$$Z = \int_{Y_2}^{Y_1} \frac{V dY}{K_Y a\Omega(Y - Y^*)} = \frac{V}{K_Y a\Omega} \int_{Y_2}^{Y_1} \frac{dY}{Y - Y^*} \tag{5-65}$$

式（5-65）为低浓度定态吸收填料层高度计算基本公式。

体积传质系数 a 值与填料的类型、形状、尺寸、填充情况有关，还随流体物性、流动状况而变化。其数值不易直接测定，通常将它与传质系数的乘积作为一个物理量，称为体积传质系数。如 $K_Y a$ 为气相总体积传质系数，单位为 $kmol/(m^3 \cdot s)$。

体积传质系数的物理意义：在单位推动力下，单位时间、单位体积填料层内吸收的溶质量。

注意：在低浓度吸收的情况下，体积传质系数在全塔范围内为常数，可取平均值。

（二）传质单元数与传质单元高度

（1）气相总传质单元高度

式（5-65）中 $\frac{V}{K_Y a\Omega}$ 的单位为 m，故将 $\frac{V}{K_Y a\Omega}$ 称为气相总传质单元高度，以 H_{OG} 表示，即

$$H_{OG} = \frac{V}{K_Y a\Omega} \tag{5-66}$$

（2）气相总传质单元数

式（5-65）中定积分 $\int_{Y_2}^{Y_1} \frac{dY}{Y - Y^*}$ 是一无量纲的数值，工程上以 N_{OG} 表示，称为气相总传质单元数。即

$$N_{OG} = \int_{Y_2}^{Y_1} \frac{dY}{Y - Y^*} \tag{5-67}$$

因此，填料层高度

$$Z = N_{OG} H_{OG} \tag{5-68}$$

（三）填料层高度计算通式

$$Z = 传质单元高度 \times 传质单元数$$

若式（5-65）用液相总传质系数及气、液相传质系数对应的吸收速率方程计算，可得：

$$Z = N_{OL} H_{OL} \tag{5-69}$$

式中，$H_{OL} = \frac{L}{K_X a\Omega}$ 为液相总传质单元高度，m；$N_{OL} = \int_{X_2}^{X_1} \frac{dX}{X^* - X}$ 为液相总传质单元数。

（四）传质单元数的含义

N_{OG}、N_{OL} 计算式中的分子为气相或液相组成变化，即分离效果（分离要求）；分母为

吸收过程的推动力。若吸收要求愈高，吸收的推动力愈小，传质单元数就愈大。所以传质单元数反映了吸收过程的难易程度。当吸收要求一定时，欲减少传质单元数，则应设法增大吸收推动力。

（五）传质单元的含义

以 N_{OG} 为例，由积分中值定理得知：

$$N_{OG}=\int_{Y_2}^{Y_1}\frac{dY}{Y-Y^*}=\frac{Y_1-Y_2}{(Y-Y^*)_m}$$

当气体流经一段填料，其气相中溶质组成变化（Y_1-Y_2）等于该段填料平均吸收推动力（$Y-Y^*$）$_m$，即 $N_{OG}=1$ 时，该段填料为一个传质单元。

（六）传质单元高度的含义

以 H_{OG} 为例，由式（5-68）看出，$N_{OG}=1$ 时，$Z=H_{OG}$。故传质单元高度的物理意义为完成一个传质单元分离效果所需的填料层高度。因在 $H_{OG}=\frac{V}{K_Ya\Omega}$ 中，$\frac{1}{K_Ya}$ 为传质阻力，总体积传质系数 K_Ya 与填料性能和填料润湿情况有关。故传质单元高度的数值反映了吸收设备传质效能的高低，H_{OG} 愈小，吸收设备传质效能愈高，完成一定分离任务所需填料层高度愈小。H_{OG} 与物系性质、操作条件及传质设备结构参数有关。为减少填料层高度，应减少传质阻力，降低传质单元高度。

（七）体积总传质系数与传质单元高度的关系

体积总传质系数与传质单元高度同样反映了设备分离效能，但体积总传质系数随流体流量的变化较大，通常 $K_Ya\propto G^{0.7\sim0.8}$，而传质单元高度受流体流量变化的影响很小，$H_{OG}=\frac{G}{K_Ya}\propto G^{0.3\sim0.2}$，通常 H_{OG} 的变化在 0.15～1.5m 范围内，具体数值通过实验确定，故工程上常采用传质单元高度反映设备的分离效能。

四、传质单元数的计算

根据物系平衡关系的不同，传质单元数的求解有以下两种方法。

（一）对数平均推动力法

当气液平衡线为直线时

$$N_{OG}=\int_{Y_2}^{Y_1}\frac{dY}{Y-Y^*}=\frac{Y_1-Y_2}{\Delta Y_m} \tag{5-70}$$

式中，$\Delta Y_m=\frac{\Delta Y_1-\Delta Y_2}{\ln\frac{\Delta Y_1}{\Delta Y_2}}$，$\Delta Y_1=Y_1-Y_1^*$，$\Delta Y_2=Y_2-Y_2^*$，$Y_1^*$ 为与 X_1 相平衡的气相组成，Y_2^* 为与 X_2 相平衡的气相组成，ΔY_m 为塔顶与塔底两截面上吸收推动力的对数平均值，称为对数平均推动力。

同理，液相总传质单元数的计算式为

$$N_{OL}=\frac{X_1-X_2}{\Delta X_m} \tag{5-71}$$

式中，$\Delta X_{\mathrm{m}}=\dfrac{\Delta X_1-\Delta X_2}{\ln\dfrac{\Delta X_1}{\Delta X_2}}$，$\Delta X_1=X_1^*-X_1$，$\Delta X_2=X_2^*-X_2$，$X_1^*$ 为与 Y_1 相平衡的液相组成，X_2^* 为与 Y_2 相平衡的液相组成。

注意：① 当$\dfrac{\Delta Y_1}{\Delta Y_2}<2$、$\dfrac{\Delta X_1}{\Delta X_2}<2$ 时，对数平均推动力可用算术平均推动力替代，产生的误差小于 4%，这是工程允许的。

② 当平衡线与操作线平行，即 $S=1$ 时，$Y-Y^*=Y_1-Y_1^*=Y_2-Y_2^*$ 为常数，对式（5-67）积分得：

$$N_{\mathrm{OG}}=\frac{Y_1-Y_2}{Y_1-Y_1^*}=\frac{Y_1-Y_2}{Y_2-Y_2^*}$$

（二）吸收因数法

若气液平衡关系在吸收过程所涉及的组成范围内服从亨利定律，即平衡线为通过原点的直线，根据传质单元数的定义式（5-67）可导出其解析式。

$$N_{\mathrm{OG}}=\frac{1}{1-S}\ln\left[(1-S)\frac{Y_1-mX_2}{Y_2-mX_2}+S\right] \tag{5-72}$$

式中，$S=\dfrac{mV}{L}$为解吸因数（脱吸因数）。

由式（5-72）可以看出，N_{OG} 的数值与解吸因数 S、$\dfrac{Y_1-mX_2}{Y_2-mX_2}$有关。为方便计算，以 S 为参数，$\dfrac{Y_1-mX_2}{Y_2-mX_2}$为横坐标，$N_{\mathrm{OG}}$ 为纵坐标，在半对数坐标上标绘式（5-72）的函数关系，得到图 5-17 所示的曲线。此图可方便地查出 N_{OG} 值。

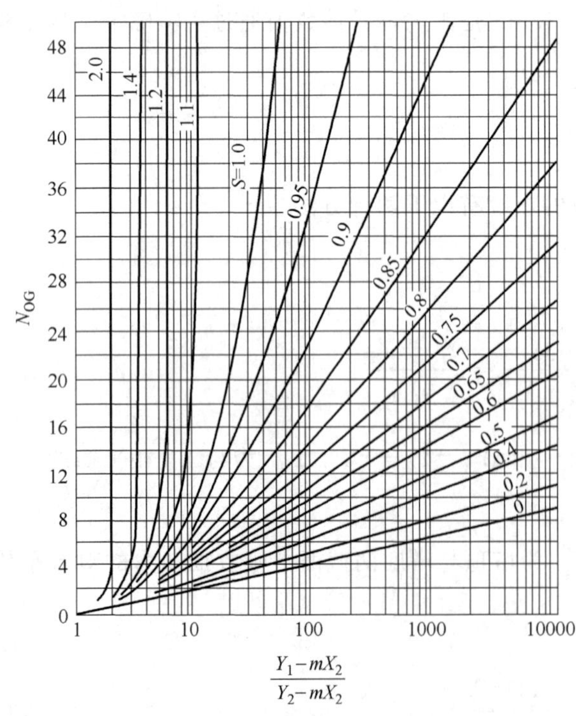

图 5-17 传质单元数关联图

讨论：① $\dfrac{Y_1-mX_2}{Y_2-mX_2}$值的大小反映了溶质 A 吸收率的高低。当物系及气、液相进口浓度一定时，Y_2 愈小，$\dfrac{Y_1-mX_2}{Y_2-mX_2}$愈大，则对应于一定 S 的 N_{OG} 就愈大，所需填料层高度愈高。当 $X_2=0$ 时，$\dfrac{Y_1-mX_2}{Y_2-mX_2}=\dfrac{Y_1}{Y_2}=\dfrac{1}{1-\eta}$。

② 参数 S 反映了吸收过程推动力的大小，其值为平衡线斜率与吸收操作线斜率的比值。当溶质的吸收率和气、液相进出口浓度一定时，S 越大，吸收操作线越靠近平衡线，则吸收过程的推动力越小，N_{OG} 值增大。反之，若 S 减小，则 N_{OG} 值必减小。

注意：当操作条件、物系一定时，S 减小，通常是靠增大吸收剂流量实现的，而吸收剂流量增大会使吸收操作费用及再生负荷加大，所以一般情况，S 取 0.7～0.8m 是经济合适的。

液相总传质单元数也可用吸收因数法计算，其计算式为：

$$N_{OL}=\frac{1}{1-A}\ln\left[(1-A)\frac{Y_1-mX_2}{Y_1-mX_1}+A\right] \tag{5-73}$$

式中，$A=\frac{L}{mV}$称为吸收因数。

【例 5-4】 某蒸馏塔塔顶出来的气体中含有 3.90%（体积分数）的 H_2S，其余为碳氢化合物，可视为惰性气体。用三乙醇胺水溶液吸收 H_2S，要求吸收率为 95%。操作温度为 300K，压力为 101.3kPa，相平衡关系为 $Y^*=2X$。进塔吸收剂中不含 H_2S，吸收剂用量为最小吸收剂用量的 1.4 倍。已知单位塔截面上流过的惰性气体流量为 0.015kmol/(m^2·s)，气相总传质系数 K_Ya 为 0.040kmol/(m^3·s)，求所需要的填料层高度。

解： 由于相平衡关系满足 $Y^*=mX$，可用吸收因数法或对数平均推动力法求解

解法一：吸收因数法

$$y_1=0.039, Y_1=\frac{y_1}{1-y_1}=\frac{0.039}{1-0.039}=0.0406$$

$$Y_2=Y_1(1-\eta)=0.0406\times(1-0.95)=2.03\times10^{-3}$$

$$X_2=0$$

惰性气体量 $\frac{V}{\Omega}=0.015\text{kmol/(m}^2\cdot\text{s)}$

最小液气比 $\left(\frac{L}{V}\right)_{\min}=\frac{Y_1-Y_2}{Y_1/m}=m\eta=2\times0.95=1.9$

液气比 $\frac{L}{V}=1.4\left(\frac{L}{V}\right)_{\min}=1.4\times1.9=2.66$

吸收剂量 $L/\Omega=2.66V/\Omega=2.66\times0.015=0.0399\text{kmol/(m}^2\cdot\text{s)}$

气相总传质单元高度 $H_{OG}=\frac{V}{K_Ya\Omega}=\frac{0.015}{0.040}=0.375\text{m}$

解吸因数

$$S=\frac{mV}{L}=\frac{2}{2.66}=0.752$$

$$\frac{Y_1-mX_2}{Y_2-mX_2}=\frac{Y_1}{Y_2}=\frac{0.0406}{2.03\times10^{-3}}=20$$

气相总传质单元数

$$N_{OG}=\frac{1}{1-S}\ln\left[(1-S)\frac{Y_1-mX_2}{Y_2-mX_2}+S\right]=\frac{1}{1-0.752}\ln[(1-0.752)\times20+0.752]=7.03$$

填料层高度 $Z=H_{OG}N_{OG}=0.375\times7.03=2.64\text{m}$

解法二：对数平均推动力法

液体出塔浓度 X_1 为

$$X_1=\frac{V}{L}(Y_1-Y_2)+X_2=\frac{1}{2.66}\times(0.0406-0.00203)=0.0145$$

$$\Delta Y_1=Y_1-Y_1^*=Y_1-mX_1=0.04065-2\times0.0145=0.0116$$

$$\Delta Y_2=Y_2-Y_2^*=Y_2-mX_2=Y_2=0.00203$$

$$\Delta Y_m=\frac{\Delta Y_1-\Delta Y_2}{\ln\frac{\Delta Y_1}{\Delta Y_2}}=\frac{0.0116-0.00203}{\ln\frac{0.0116}{0.00203}}=0.00549$$

$$N_{OG}=\frac{Y_1-Y_2}{\Delta Y_m}=\frac{0.0406-0.00203}{0.00549}=7.03$$

填料层高度 $Z=H_{OG}N_{OG}=0.375\times7.03=2.64\text{m}$

两种算法计算结果相同。

五、强化吸收过程的措施

$$吸收速率=\frac{吸收推动力}{吸收阻力}$$

强化吸收过程即提高吸收速率。吸收速率为吸收推动力与吸收阻力之比，故强化吸收过程从以下两个方面考虑：

① 提高吸收过程的推动力；

② 降低吸收过程的阻力。

（一）提高吸收过程的推动力

(1) 逆流操作

在逆流与并流的气、液两相进口组成相等及操作条件相同的情况下，逆流操作可获得较高的吸收液浓度及较大的吸收推动力。

(2) 增加吸收剂的流量

通常混合气体入口条件由前一工序决定，即气体流量 V、气体入塔浓度一定，如果吸收操作采用的吸收剂流量 L 提高，即$\frac{L}{V}$提高，则吸收的操作线上扬，气体出口浓度下降，吸收程度加大，吸收推动力增大，因而提高了吸收速率。

(3) 降低吸收剂入口温度

当吸收过程其他条件不变，吸收剂温度降低时，相平衡常数将增加，吸收的操作线远离平衡线，吸收推动力增加，从而导致吸收速率加快。

(4) 降低吸收剂入口溶质的浓度

当吸收剂入口浓度降低时，液相入口处吸收的推动力增加，从而使全塔的吸收推动力增加。

（二）降低吸收过程的传质阻力

(1) 提高流体流动的湍动程度

吸收的总阻力包括：

① 气相与界面的对流传质阻力；

② 溶质组分在界面处的溶解阻力；

③ 液相与界面的对流传质阻力。

通常界面处溶解阻力很小，故总吸收阻力由两相传质阻力的大小决定。若一相阻力远远大于另一相阻力，则阻力大的一相传质过程为整个吸收过程的控制步骤，只有降低控制步骤的传质阻力，才能有效地降低总阻力。

降低吸收过程传质阻力的具体有效措施为：

① 若气相传质阻力大，提高气相的湍动程度，如加大气体的流速，可有效地降低吸收阻力；

② 若液相传质阻力大，提高液相的湍动程度，如加大液体的流速，可有效地降低吸收阻力。

（2）改善填料的性能

因吸收总传质阻力可用$\frac{1}{K_Y a}$表示，所以采用新型填料、改善填料性能、提高填料的相际传质面积 a，也可降低吸收的总阻力。

任务五　吸收单元仿真实训

微课精讲

动画资源

行业前沿

一、实训任务

1. 借助虚拟仿真，了解吸收操作工艺组成和设备，将理论与实践认识相结合。

2. 全面地了解装置的工艺流程；熟练地掌握装置的操作步骤，并能更快速、准确地判断与处理事故。

3. 掌握开、停车步骤以及事故应对处理措施，为“1＋X”取证打下基础。

二、基本原理

吸收与解吸是石油化工生产过程中较常用的重要单元操作过程。吸收过程是利用气体混合物中各个组分在液体（吸收剂）中的溶解度不同，来分离气体混合物。被溶解的组分称为溶质或吸收质，含有溶质的气体称为富气，不被溶解的气体称为贫气或惰性气体。

溶解在吸收剂中的溶质和在气相中的溶质存在溶解平衡，当溶质在吸收剂中达到溶解平衡时，溶质在气相中的分压称为该组分在该吸收剂中的饱和蒸气压。当溶质在气相中的分压大于该组分的饱和蒸气压时，溶质就从气相溶入溶质中，称为吸收过程。当溶质在气相中的分压小于该组分的饱和蒸气压时，溶质就从液相逸出到气相中，称为解吸过程。

提高压力、降低温度有利于溶质吸收；降低压力、提高温度有利于溶质解吸。正是利用这一原理分离气体混合物，而吸收剂可以重复使用。

三、工艺说明

（一）流程简述

该单元以 C_6 油为吸收剂，分离气体混合物（其中 C_4 为 25.13%，CO 和 CO_2 为 6.26%，N_2 为 64.58%，H_2 为 3.5%，O_2 为 0.53%）中的 C_4 组分（吸收质）。

从界区外来的富气从底部进入吸收塔 T-101。界区外来的纯 C_6 油吸收剂贮存于 C_6 油贮罐 D-101 中，由 C_6 油供给泵 P-101A/B 送入吸收塔 T-101 的顶部，C_6 流量由 FRC103 控制。吸收剂 C_6 油在吸收塔 T-101 中自上而下与富气逆向接触，富气中 C_4 组分被溶解在 C_6 油中。不溶解的贫气自 T-101 顶部排出，经吸收塔顶冷凝器 E-101 被－4℃的盐水冷却至 2℃进入气液分离罐 D-102。吸收了 C_4 组分的富油（C_4 为 8.2%，C_6 为 91.8%）从吸收塔底部排出，经贫富油换热器 E-103 预热至 80℃进入解吸塔 T-102。吸收塔塔釜液位由 LIC101 和 FIC104 通过调节塔釜富油采出量串级控制。

来自吸收塔顶部的贫气在气液分离罐 D-102 中回收冷凝的 C_4、C_6 后，不凝气在 D-102 压力控制器 PIC103（1.2MPa）控制下排入放空总管进入大气。回收的冷凝液（C_4、C_6）

与吸收塔釜排出的富油一起进入解吸塔 T-102。

预热后的富油进入解吸塔 T-102 进行解吸分离。塔顶气相出料（C_4 为 95%）经解吸塔顶冷凝器 E-104 换热降温至 40℃全部冷凝进入解吸塔顶回流罐 D-103，其中一部分冷凝液由 P-102A/B 泵回流至解吸塔顶部，回流量 8.0t/h，由 FIC106 控制，其他部分作为 C_4 产品在液位控制（LIC105）下由 P-102A/B 泵抽出。塔釜 C_6 油在液位控制（LIC104）下，经贫富油换热器 E-103 和循环油冷却器 E-102 降温至 5℃返回至 C_6 油贮罐 D-101 再利用，返回温度由温度控制器 TIC103 通过调节 E-102 循环冷却水流量控制。

T-102 塔釜温度由 TIC107 和 FIC108 通过调节塔釜再沸器 E-105 的蒸汽流量串级控制，控制温度 102℃。塔顶压力由 PIC105 通过调节解吸塔顶冷凝器 E-104 的冷却水流量控制，另有一塔顶压力保护控制器 PIC104，在塔顶有不凝气压力高时通过调节 D-103 放空量降压。

因为塔顶 C_4 产品中含有部分 C_6 油及其他 C_6 油损失，所以随着生产的进行，要定期观察 C_6 油贮罐 D-101 的液位，补充新鲜 C_6 油。

（二）工艺流程图

工艺流程图见图 5-18。

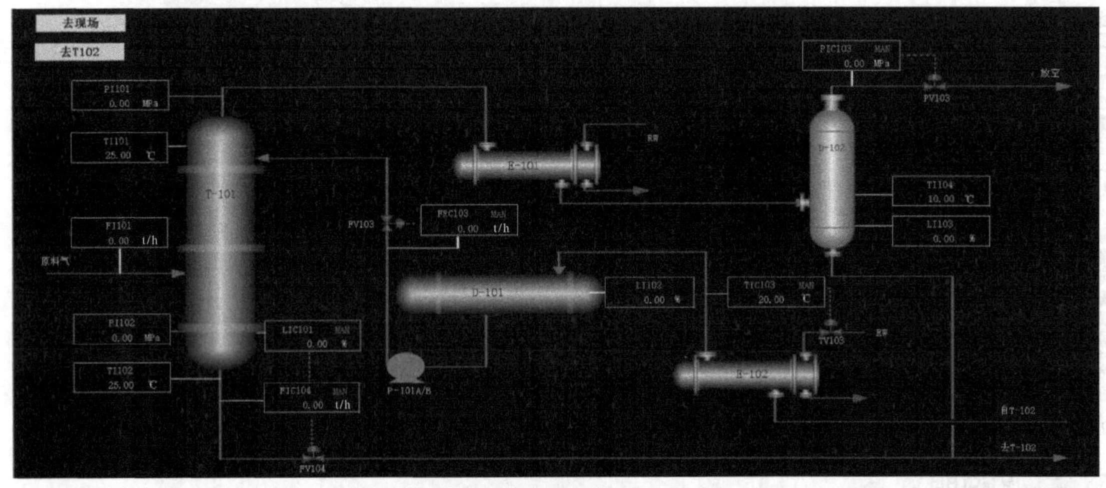

(a) 吸收系统DCS图

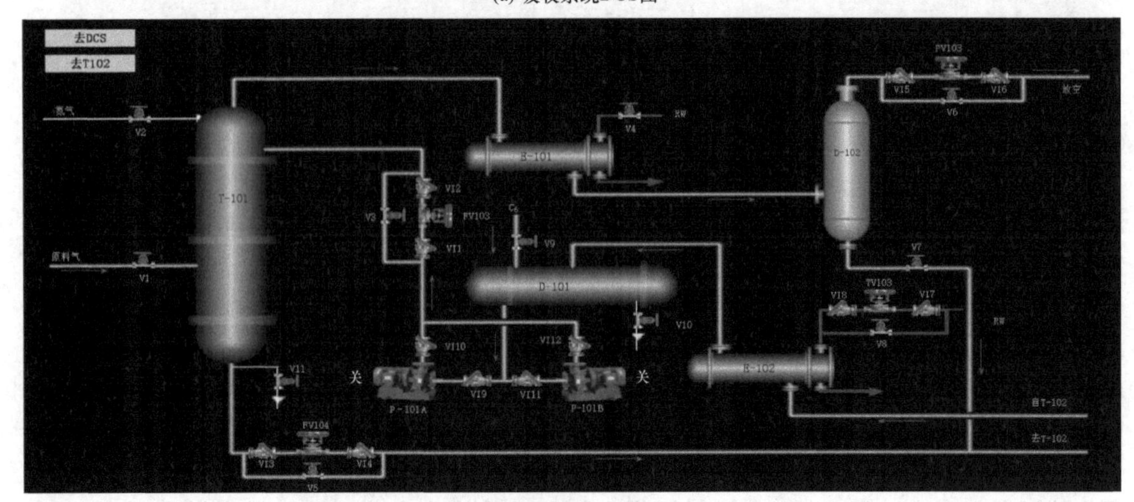

(b) 吸收系统现场图

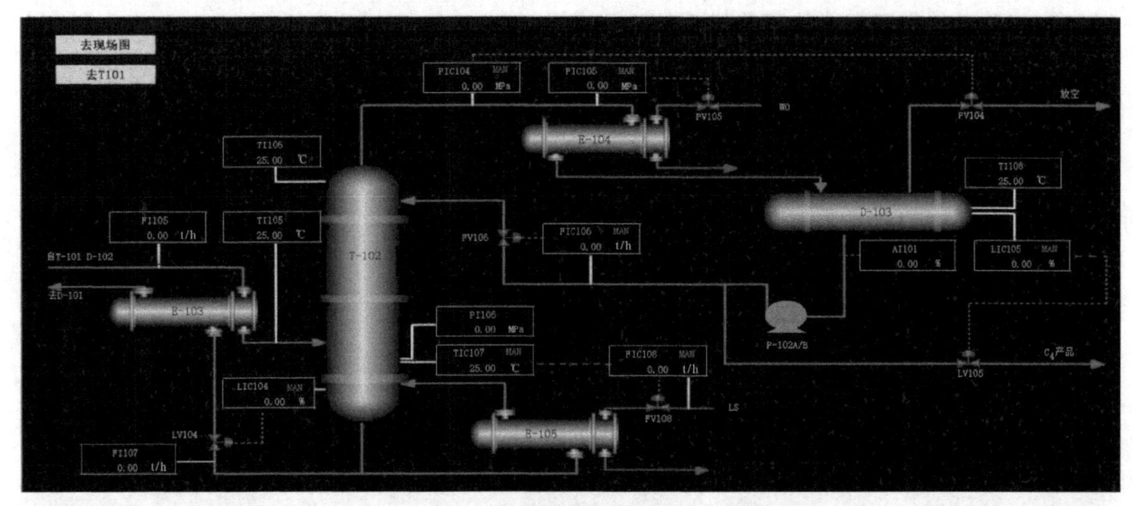

(c) 解吸系统DCS图

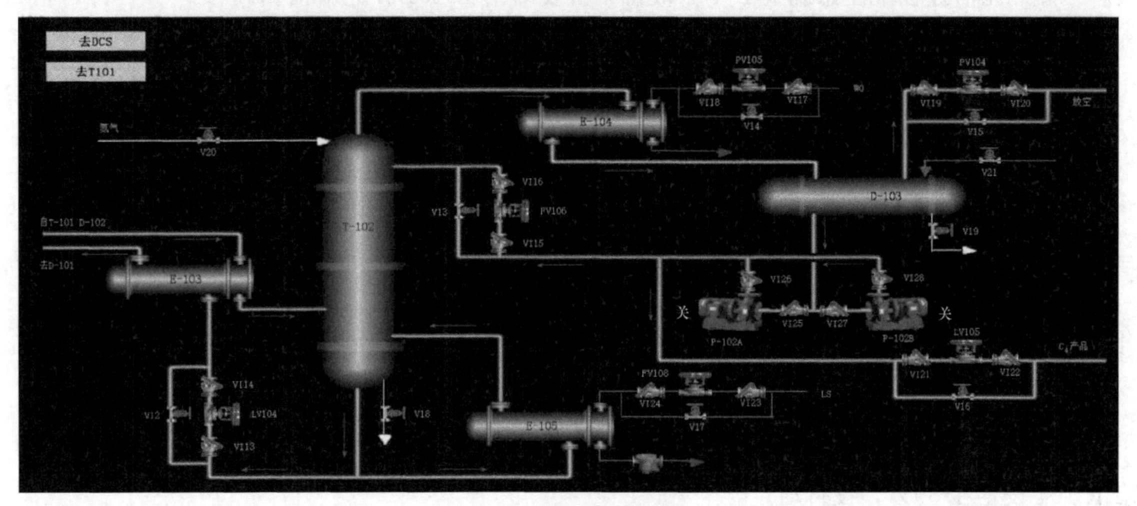

(d) 解吸系统现场图

图 5-18　工艺流程图

（三）设备一览表

设备一览表见表 5-1。

表 5-1　设备一览表

T-101	吸收塔	T-102	解吸塔
D-101	C_6 油贮罐	D-103	解吸塔顶回流罐
D-102	气液分离罐	E-103	贫富油换热器
E-101	吸收塔顶冷凝器	E-104	解吸塔顶冷凝器
E-102	循环油冷却器	E-105	解吸塔釜再沸器
P-101A/B	C_6 油供给泵	P-102A/B	解吸塔顶回流、塔顶产品采出泵

四、仿真操作规程

（一）开车操作规程

1. 氮气充压

① 确认所有手阀处于关状态。

② 打开氮气充压阀，给吸收塔系统充压。

③ 当吸收塔系统压力升至 1.0MPa（G）左右时，关闭 N_2 充压阀。

④ 打开氮气充压阀，给解吸塔系统充压。

⑤ 当吸收塔系统压力升至 0.5MPa（G）左右时，关闭 N_2 充压阀。

2. 进吸收油

（1）确认

① 系统充压已结束。

② 所有手阀处于关状态。

（2）吸收塔系统进吸收油

① 打开引油阀 V9 至开度 50%左右，给 C_6 油贮罐 D-101 充 C_6 油至液位 70%。

② 打开 C_6 油供给泵 P-101A（或 B）的入口阀，启动 P-101A（或 B）。

③ 打开 P-101A（或 B）出口阀，手动打开 FV103 阀至 30%左右给吸收塔 T-101 充液至 50%。充油过程中注意观察 D-101 液位，必要时给 D-101 补充新油。

（3）解吸塔系统进吸收油

① 手动打开调节阀 FV104 开度至 50%左右，给解吸塔 T-102 进吸收油至液位 50%。

② 给 T-102 进油时注意给 T-101 和 D-101 补充新油，以保证 D-101 和 T-101 的液位均不低于 50%。

3. C_6 油冷循环

（1）确认

① 贮罐、吸收塔、解吸塔液位 50%左右。

② 吸收塔系统与解吸塔系统保持合适压差。

（2）建立冷循环

① 手动逐渐打开调节阀 LV104，向 D-101 倒油。

② 当向 D-101 倒油时，同时逐渐调整 FV104，以保持 T-102 液位在 50%左右，将 LIC104 设定在 50%，投自动。

③ 由 T-101 至 T-102 油循环时，手动调节 FV103 以保持 T-101 液位在 50%左右，将 LIC101 设定在 50%，投自动。

④ 手动调节 FV103，使 FRC103 保持在 13 .50t/h，投自动，冷循环 10min。

4. 解吸塔顶回流罐 D-103 灌 C_4

打开 V21 向 D-103 灌 C_4 至液位为 40%。

5. C_6 油热循环

（1）确认

① 冷循环过程已经结束。

② D-103 液位已建立。

（2）解吸塔顶再沸器投用

① 设定 TIC107 于 5℃，投自动。

② 手动打开 PV105 至 70%。

③ 手动控制 PIC105 于 0.5MPa，待回流稳定后再投自动。

④ 手动打开 FV108 至 50%，开始给 T-102 加热。

（3）建立 T-102 回流

① 随着 T-102 塔釜温度 TIC107 逐渐升高，C_6 油开始汽化，并在 E-104 中冷凝至解吸塔顶回流罐 D-103。

② 当塔顶温度高于 50℃时，打开 P-102A/B 泵的进出口阀，打开 FV106 的前后阀，手动打开 FV106 至合适开度，维持塔顶温度高于 51℃。

③ 当 TIC107 温度指示达到 102℃时，将 TIC107 设定在 102℃投自动，TIC107 和 FIC108 投串级。

④ 热循环 10min。

6. 进富气

① 确认 C_6 油热循环已经建立。

② 逐渐打开富气进料阀 V1，开始富气进料。

③ 随着 T-101 富气进料，塔压升高，手动调节 PIC103 使压力恒定在 1.2MPa（表压）。当富气进料达到正常值后，设定 PIC103 于 1.2MPa（表压），投自动。

④ 当吸收了 C_4 的富油进入解吸塔后，塔压将逐渐升高，手动调节 PIC105，维持 PIC105 在 0.5MPa（表压），稳定后投自动。

⑤ 当 T-102 温度、压力控制稳定后，手动调节 FIC106 使回流量达到正常值 8.0t/h，投自动。

⑥ 观察 D-103 液位，液位高于 50%时，打开 LIV105 的前后阀，手动调节 LIC105 维持液位在 50%，投自动。

⑦ 将所有操作指标逐渐调整到正常状态。

（二）正常操作规程

1. 正常工况操作参数

① 吸收塔顶压力控制 PIC103：1.20MPa（表压）。

② 吸收油温度控制 TIC103：5.0℃。

③ 解吸塔顶压力控制 PIC105：0.50MPa（表压）。

④ 解吸塔顶温度：51.0℃。

⑤ 解吸塔釜温度控制 TIC107：102.0℃。

2. 补充新油

因为塔顶 C_4 产品中含有部分 C_6 油及其他 C_6 油损失，所以随着生产的进行，要定期观察 C_6 油贮罐 D-101 的液位，当液位低于 30%时，打开引油阀 V9 补充新鲜的 C_6 油。

3. D-102 排液

生产过程中贫气中的少量 C_4 和 C_6 组分积累于气液分离罐 D-102 中，定期观察 D-102 的液位，当液位高于 70%时，打开阀 V7 将凝液排放至解吸塔 T-102 中。

4. T-102 塔压控制

正常情况下 T-102 的压力由 PIC105 通过调节 E-104 的冷却水流量控制。生产过程中会有少量不凝气积累于解吸塔顶回流罐 D-103 中使解吸塔系统压力升高，这时 T-102 顶部压力超高保护控制器 PIC-104 会自动控制排放不凝气，维持压力不会超高。必要时可打手动打开 PV104 至开度 1%～3%来调节压力。

（三）停车操作规程

1. 停富气进料

① 关富气进料阀 V1，停富气进料。

② 富气进料中断后，T-101 塔压会降低，手动调节 PIC103，维持 T-101 压力>1.0MPa（表压）。

③ 手动调节 PIC105 维持 T-102 塔压力在 0.20MPa（表压）左右。

④ 维持 T-101、T-102、D-101 的 C_6 油循环。

2. 停吸收塔系统

(1) 停 C_6 油进料

① 停 C_6 油供给泵 P-101A/B。

② 关闭 P-101A/B 入出口阀。

③ FRC103 置手动，关 FV103 前后阀。

④ 手动关 FV103 阀，停 T-101 油进料。

此时应注意保持 T-101 的压力，压力低时可用 N_2 充压，否则 T-101 塔釜 C_6 油无法排出。

(2) 吸收塔系统泄油

① LIC101 和 FIC104 置手动，FV104 开度保持 50%，向 T-102 泄油。

② 当 LIC101 液位降至 0%时，关闭 FV108。

③ 打开 V7，将 D-102 中的凝液排至 T-102 中。

④ 当 D-102 液位指示降至 0%时，关 V7。

⑤ 关 V4 阀，中断盐水停 E-101。

⑥ 手动打开 PV103，吸收塔系统泄压至常压，关闭 PV103。

3. 停解吸塔系统

(1) 停 C_4 产品出料

富气进料中断后，将 LIC105 置手动，关阀 LV105 及其前后阀。

(2) T-102 降温

① TIC107 和 FIC108 置手动，关闭 E-105 蒸汽阀 FV108，停解吸塔釜再沸器 E-105。

② 停止 T-102 加热的同时，手动关闭 PIC105 和 PIC104，保持解吸系统的压力。

(3) 停 T-102 回流

① 再沸器停用，温度下降至泡点以下后，油不再汽化，当 D-103 液位 LIC105 指示小于 10%时，停 P-102A/B，关 P-102A/B 的进、出口阀。

② 手动关闭 FV106 及其前后阀，停 T-102 回流。

③ 打开 D-103 泄液阀 V19。

④ 当 D-103 液位指示下降至 0%时，关 V19。

(4) T-102 泄油

① 手动置 LV104 于 50%，将 T-102 中的油倒入 D-101。

② 当 T-102 液位 LIC104 指示下降至 10%时，关 LV104。

③ 手动关闭 TV103，停 E-102。

④ 打开 T-102 泄油阀 V18，T-102 液位 LIC104 下降至 0%时，关 V18。

(5) T-102 泄压

① 手动打开 PV104 至开度 50%，开始 T-102 系统泄压。

② 当 T-102 系统压力降至常压时，关闭 PV104。

4. C_6 油贮罐 D-101 排油

① 当停 T-101 吸收油进料后，D-101 液位必然上升，此时打开 D-101 排油阀 V10 排污油。

② 至 T-102 中油倒空，D-101 液位下降至 0%，关 V10。

（四）事故处理

1. 冷却水中断

主要现象：① 冷却水流量为 0。

② 入口路各阀常开状态。

处理方法：① 停止进料，关 V1。

② 手动关 PV103 保压。

③ 手动关 FV104，停 T-102 进料。

④ 手动关 LV105，停出产品。

⑤ 手动关 FV103，停 T-101 回流。

⑥ 手动关 FV106，停 T-102 回流。

⑦ 关 LIC104 前后阀，保持液位。

2. 加热蒸汽中断

主要现象：① 加热蒸汽管路各阀开度正常。

② 加热蒸汽入口流量为 0。

③ 塔釜温度急剧下降。

处理方法：① 停止进料，关 V1。

② 停 T-102 回流。

③ 停 D-103 产品出料。

④ 停 T-102 进料。

⑤ 关 PV103 保压。

⑥ 关 LIC104 前后阀，保持液位。

3. 仪表风中断

主要现象：各调节阀全开或全关。

处理方法：① 打开 FRC103 旁路阀 V3。

② 打开 FIC104 旁路阀 V5。

③ 打开 PIC103 旁路阀 V6。

④ 打开 TIC103 旁路阀 V8。

⑤ 打开 LIC104 旁路阀 V12。

⑥ 打开 FIC106 旁路阀 V13。

⑦ 打开 PIC105 旁路阀 V14。

⑧ 打开 PIC104 旁路阀 V15。

⑨ 打开 LIC105 旁路阀 V16。

⑩ 打开 FIC108 旁路阀 V17。

4. 停电

主要现象：① P-101A/B 停。

② P-102A/B 停。

处理方法：① 打开泄液阀 V10，保持 LI102 液位在 50%。

② 打开泄液阀 V19，保持 LIC105 液位在 50%。

③ 关小加热油流量，防止塔温上升过高。

④ 停止进料，关 V1。

5. P-101A 坏

主要现象：① FRC103 流量降为 0。

② 塔顶 C_4 组成上升，温度上升，塔顶压力上升。

③ 釜液位下降。

处理方法：① 停 P-101A，先关泵后阀，再关泵前阀。

② 开启 P-101B，先开泵前阀，再开泵后阀。

③ 由 FRC103 调至正常值，并投自动。

6. LIC104 调节阀卡

主要现象：① FI107 降至 0。

② 塔釜液位上升，并可能报警。

处理方法：① 关 LIC104 前后阀 VI13、VI14。

② 开 LIC104 旁路阀 V12 至 60%左右。

③ 调整旁路阀 V12 开度，使液位保持 50%。

7. E-105 结垢严重

主要现象：① 调节阀 FIC108 开度增大。

② 加热蒸汽入口流量增大。

③ 塔釜温度下降，塔顶温度也下降，塔釜 C_4 组成上升。

处理方法：① 关闭富气进料阀 V1。

② 手动关闭产品出料阀 LIC102。

③ 手动关闭 E-105 后，清洗 E-105。

任务六 二氧化碳吸收与解吸操作实训

微课精讲

动画资源

一、实训目标

1. 了解填料塔的结构和特点。

2. 能正确使用设备、仪表，及时进行设备、仪器、仪表的维护与保养。

3. 能及时掌握设备的运行情况，随时发现、正确判断、及时处理各种异常现象，特殊情况能进行紧急停车操作。

4. 掌握填料吸收塔、解吸塔的基本操作、调节方法。

5. 了解吸收、解吸总传质系数的意义。

6. 了解影响吸收、解吸的主要因素。

7. 学会做好开车前的准备工作。

8. 能正常开车，按要求操作调节到指定数值。

9. 完成水吸收空气中 CO_2 操作，分析吸收前后的浓度变化，并计算传质系数、传质单元高度。

10. 完成空气解吸水中 CO_2 操作，分析解吸前后的浓度变化，并计算传质系数、传质单元高度。

11. 能进行故障点的排除工作。

12. 能正常停车。

13. 了解掌握工业现场生产安全知识。

二、基本原理

基本原理参见任务五吸收单元仿真实训。

三、实训工艺说明

（一）工艺流程简述及工艺流程图

1. 工艺流程简述

（1）吸收工艺流程简述

自来水进入贫液储罐 V40101，经过贫液水泵 P40101、流量计 FIC40101 后送入填料吸收塔 T40101 塔顶经喷头喷淋在填料顶层。由旋涡气泵 C40101 送来的空气进入空气缓冲罐 V40103 后，与由二氧化碳钢瓶来的二氧化碳按一定比例（一般 10∶1）混合后，然后进入填料吸收塔 T40101 塔底，与水在塔内填料中进行逆流接触，进行质量和热量的交换，用水吸收气体中的 CO_2，由塔顶出来的尾气放空，塔底出来的吸收液进入富液储罐 V40102（作为解吸的原料液）。

（2）解吸工艺流程简述

富液储罐 V40102 里的富含 CO_2 的液体（由 CO_2 钢瓶配制的饱和 CO_2 溶液）经富液水泵 P40102 加压后，经涡轮流量计 FIT40102 后送入填料解吸塔塔顶经喷头喷淋在填料顶层。由旋涡气泵 C40102 送来的空气直接进入塔底，与水在塔内填料进行逆流接触，进行质量和热量的交换，空气解吸出水里的 CO_2，由塔顶出来的气体放空，塔底出来的解吸后的液体液进解吸液储罐（供吸收重复使用）。

2. 工艺流程图

工艺流程图如图 5-19 所示。

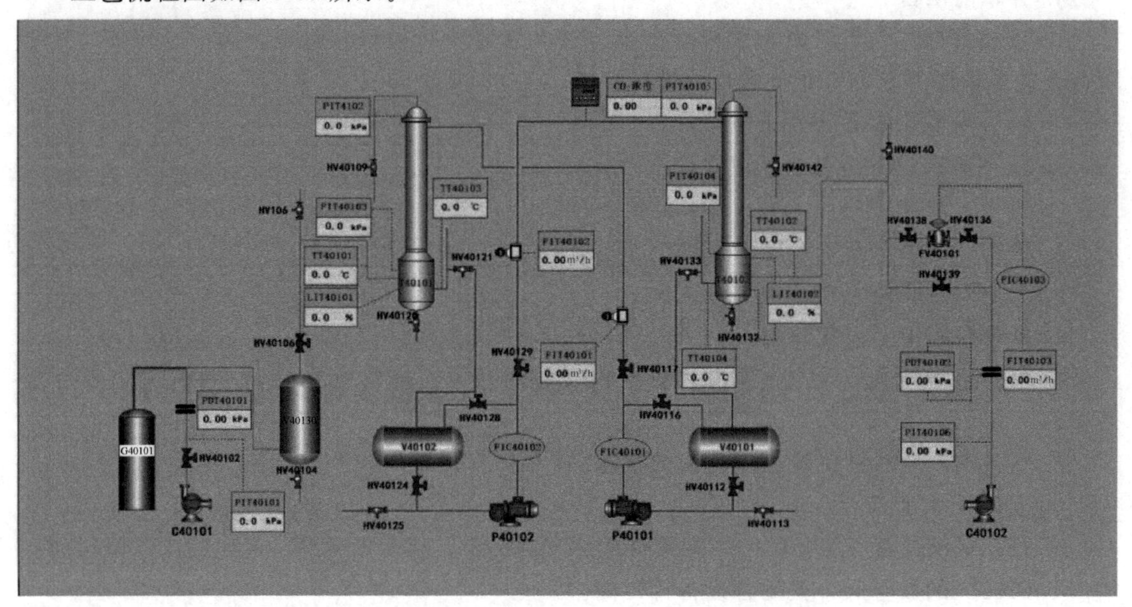

图 5-19　二氧化碳吸收-解吸实训装置工艺流程图

（二）实训装置介绍

实训装置表见表 5-2。

表 5-2 实训装置表

序号	位号	设备名称	规格尺寸
1	G40101	CO_2 钢瓶	工业 CO_2 瓶，40L，带减压阀
2	V40101	贫液储罐	304 不锈钢材质，Φ426mm×600mm，卧式
3	V40102	富液储罐	304 不锈钢材质，Φ426mm×600mm，卧式
4	V40103	空气缓冲罐	304 不锈钢材质，Φ325mm×500mm，立式
5	T40101	填料吸收塔	主体为有机玻璃，塔内径 110mm，外径 120mm，内置 Φ10mm×10mm 陶瓷拉西环填料，带液体分布器（莲花喷头，开 1.5mm 孔），填料支撑板（栅格板，开孔率 70%），上部出口段为 304 不锈钢，Φ133mm×150mm，下部入口段为 304 不锈钢，Φ219mm×500mm；有机玻璃段 1500mm，填料层高度 1000mm，喷淋头伸入填料层上方 200mm 处
6	T40102	填料解吸塔	主体为有机玻璃，塔内径 110mm，外径 120mm，内置 Φ10mm×10mm 鲍尔环填料，带液体分布器（莲花喷头，开 1.5mm 孔），填料支撑板（栅格板，开孔率 70%），上部出口段为 304 不锈钢，Φ133mm×150mm，下部入口段为 304 不锈钢 Φ219mm×500mm；有机玻璃段 1500mm，填料层高度 1000mm，喷淋头伸入填料层上方 200mm 处
7	P40101	贫液水泵	MS60，功率 550W，电压 380V，额定流量 60L/min，扬程 14m，变频控制
8	P40102	富液水泵	MS60，功率 550W，电压 380V，额定流量 60L/min，扬程 14m，变频控制
9	C40101	旋涡气泵Ⅰ	HG-750-C 型旋涡气泵，功率 750W，电压 220V
10	C40102	旋涡气泵Ⅱ	HG-750-C 型旋涡气泵，功率 750W，电压 220V

四、实训操作

1. 开车前准备

① 由相关操作人员组成装置检查小组，对本装置所有设备、管道、阀门、仪表、电器等按工艺流程图要求和专业技术要求进行检查。

② 检查所有仪表是否处于正常状态

③ 检查所有设备是否处于正常状态。

④ 试电。

a. 检查外部供电系统，确保控制柜上所有开关均处于关闭状态。

b. 开启外部供电系统总电源开关。

c. 打开控制柜上空气开关。

d. 打开电源开关以及空气开关，打开仪表电源开关。查看所有仪表是否上电，指示是否正常。

e. 将各阀门顺时针旋转操作到关的状态。

⑤ 实验用水准备。

a. 打开贫液储罐（V40101）、富液储罐（V40102）、填料吸收塔（T40101）、填料解吸塔（T40102）的放空阀，关闭各设备排污阀。

b. 开贫液储罐进水阀，往贫液储罐内加入清水，至贫液储罐液位 80%处，停止进水。

2. 开车操作

(1) 吸收操作

① 开启贫液水泵进水阀(HV40112),启动贫液水泵(P40101),开启贫液水泵出口阀(HV40117),往填料吸收塔(T40101)送入吸收液,调节贫液水泵(P40101)出口流量为$0.5m^3/h$,开启阀HV40121,保持一定开度,使进水量和出水量基本接近。

② 调节二氧化碳钢瓶(G40101)减压阀,控制减压阀后压力<0.1MPa,流量为100L/h。

③ 启动旋涡气泵Ⅰ(C40101),打开旋涡气泵Ⅰ(C40101)出口阀(HV40102)、空气缓冲罐(V40103)出口阀(HV40106)向填料吸收塔(T40101)供气,通过旋涡气泵的出口阀HV40102调节风量。

④ 分别打开HV106、HV40109,测量原料气中二氧化碳浓度和出口浓度。

(2) 解吸操作

操作同吸收。

(3) 液泛实验

① 解吸塔液泛。当系统液相运行稳定后,加大气相流量,直至解吸塔系统出现液泛现象。

② 吸收塔液泛。当系统液相运行稳定后,加大气相流量,直至吸收塔系统出现液泛现象。

五、注意事项

① 安全生产,控制好吸收塔和解吸塔液位,富液储罐液封操作,严防气体窜入贫液储罐和富液储罐;严防液体进入旋涡气泵Ⅰ和旋涡气泵Ⅱ。

② 符合净化气质量指标前提下,分析有关参数变化,对吸收液、解吸液、解吸空气流量进行调整,保证吸收效果。

③ 注意系统吸收液量,定时往系统补入吸收液。

④ 要注意吸收塔进气流量及压力稳定,随时调节二氧化碳流量和压力至稳定值。

⑤ 防止吸收液跑、冒、滴、漏。

⑥ 注意泵密封与泄漏。注意塔、罐液位和泵出口压力变化,避免产生汽蚀。

⑦ 经常检查设备运行情况,如发现异常现象应及时处理或通知老师处理。

⑧ 整个系统采用气相色谱在线分析。

六、装置异常及应急处理

1. 异常现象处理

① 无吸收剂流量或吸收塔无喷淋:检查贫液水泵P40101是否故障或管路阻塞。

② 解吸塔无喷淋:检查富液水泵P40102是否故障或管路阻塞。

③ 原料气浓度异常:检查转子流量计是否存在问题或气瓶无压力。

④ 解吸塔压力下降:检查旋涡气泵ⅡC40102是否故障或管路阻塞。

⑤ 设备突然断电:检查线路、管路、动设备是否正常。

⑥ 吸收塔压力下降:检查旋涡气泵ⅠC40101是否故障或管路阻塞。

2. 应急预案

① 切断电源。依次打开各个阀门，将管路、储罐内的水排出设备。

② 按照泵、阀、仪表以及设备使用说明书依次分析排查设备问题，并进行问题记录。

七、维护与保养

设备的维护保养是保持设备经常处于完好状态的重要手段，是积极的预防工作，也是设备正常运行的客观要求。设备在使用过程中，由于物质运动、化学反应以及人为因素等，难免会造成损耗，如松动、摩擦、腐蚀等，如不及时处理，将会缩短设备寿命，甚至造成严重的事故，所以设备的维护与保养是维持设备良好状态、延长设备使用寿命、防范事故发生的有效措施，必须做好设备的日常维护与保养。

① 在实验前、后，对装置周围环境进行认真清洁。

② 对气泵的开车、停车、正常操作进行日常维护。

③ 对吸收塔、解吸塔进行维护。

④ 装置内温度、流量、压降、界面的测量原件，温度、压力显示仪表及流量控制仪表等要定期进行校验。

⑤ 对装置主要阀门的位置、正常操作进行维护。

⑥ 如长时间不使用装置，应做好防尘、防潮、防暴晒措施，并在闲置期间定期对装置进行清扫，以确保装置随时处于可运行状态。

⑦ 定期检查电器线路，更换陈旧的线截面积不够的电缆线，保证电器使用的需要。

⑧ 严格按照设备使用说明书规定的操作范围进行操作，不允许超规格、超重量、超负荷、超压力使用设备。

⑨ 定期组织学生进行系统检修演练。

知识能力检测

一、选择题

1. 利用气体混合物各组分在液体中溶解度的差异而使气体中不同组分分离的操作称为（　　）。

A. 蒸馏　　B. 萃取　　C. 吸收　　D. 解吸

2. 若混合气体中氨的体积分数为0.5，其摩尔比为（　　）。

A. 0.5　　B. 1　　C. 0.3　　D. 0.1

3. 当 $X^* > X$ 时（　　）。

A. 发生吸收过程　　B. 发生解吸过程

C. 吸收推动力为零　　D. 解吸推动力为零

4. “液膜控制”吸收过程的条件是（　　）。

A. 易溶气体，气膜阻力可忽略　　B. 难溶气体，气膜阻力可忽略

C. 易溶气体，液膜阻力可忽略　　D. 难溶气体，液膜阻力可忽略

5. 氨水的摩尔分数为20%，而它的摩尔比应是（　　）。

A. 15%　　B. 20%　　C. 25%　　D. 30%

6. 传质单元数只与物系的（　　）有关。

A. 气体处理量　　B. 吸收剂用量

C. 气体的进口、出口浓度和推动力　　D. 吸收剂进口浓度

7. 当 y、y_1、y_2 及 X_2 一定时，减少吸收剂用量，则所需填料层高度 Z 与液相出口浓度 X_1 的变化为（　　）。

A. Z、X_1 均增加　　B. Z、X_1 均减小

C. Z 减少，X_1 增加　　D. Z 增加，X_1 减小

8. 低浓度的气膜控制系统，在逆流吸收操作中，若其他条件不变，但入口液体组成增高时，则气相出口组成将（　　）。

A. 增加　　B. 减少　　C. 不变　　D. 不定

9. 低浓度逆流吸收塔设计中，若气体流量、进出口组成及液体进口组成一定，减小吸收剂用量，传质推动力将（　　）。

A. 变大　　B. 不变　　C. 变小　　D. 不确定

10. 对接近常压的溶质浓度低的气液平衡系统，当总压增大时，亨利系数 E、相平衡常数 m、溶解度系数将（　　）。

A. 增大、减小、不变　　B. 减小、不变、不变

C. 不变、减小、不变　　D. 均无法确定

11. 对于吸收来说，当其他条件一定时，溶液出口浓度降低，则下列说法正确的是（　　）。

A. 吸收剂用量减小，吸收推动力减小

B. 吸收剂用量减小，吸收推动力增加

C. 吸收剂用量增大，吸收推动力减小

D. 吸收剂用量增大，吸收推动力增加

12. 反映吸收过程进行难易程度的因数为（　　）。

A. 传质单元高度　　B. 液气比

C. 传质单元数　　D. 脱吸因数

13. 根据双膜理论，用水吸收空气中的氨的吸收过程是（　　）。

A. 气膜控制　　B. 液膜控制　　C. 双膜控制　　D. 不能确定

14. 根据双膜理论，在气液接触界面处（　　）。

A. 气相组成大于液相组成　　B. 气相组成小于液相组成

C. 气相组成等于液相组成　　D. 气相组成与液相组成平衡

15. 计算吸收塔的塔径时，适宜的空塔气速为液泛气速的（　　）倍。

A. 0.6～0.8　　B. 1.1～2.0　　C. 0.3～0.5　　D. 1.6～2.4

16. 利用气体混合物各组分在液体中溶解度的差异而使气体中不同组分分离的操作称为（　　）。

A. 蒸馏　　B. 萃取　　C. 吸收　　D. 解吸

17. 某吸收过程，已知气膜吸收系数 k_Y 为 4×10^{-4}kmol/(m^2·s)，液膜吸收系数 k_X 为 8kmol/(m^2·s)，由此可判断该过程为（　　）。

A. 气膜控制　　B. 液膜控制　　C. 判断依据不足　　D. 双膜控制

18. 逆流操作的填料塔，当脱吸因数 $S>1$，且填料层为无限高时，气液两相平衡出现在（　　）。

A. 塔顶　　B. 塔底　　C. 塔上部　　D. 塔下部

19. 逆流填料塔的泛点气速与液体喷淋量的关系是（　　）。

A. 喷淋量减小，泛点气速减小　　B. 无关

C. 喷淋量减小，泛点气速增大　　D. 喷淋量增大，泛点气速增大

20. 逆流吸收的填料塔中，当吸收因数 $A<1$，填料层无限高，则气液平衡出现在塔的（　　）。

A. 塔顶　　B. 塔上部　　C. 塔底　　D. 塔下部

21. 溶解度较小时，气体在液相中的溶解度遵守（　　）定律。

A. 拉乌尔　　B. 亨利　　C. 开尔文　　D. 依数性

22. 若混合气体中氨的体积分数为0.5，其摩尔比为（　　）。

A. 0.5　　B. 1　　C. 0.3　　D. 0.1

23. 填料塔内用清水吸收混合气中的氯化氢，当用水量增加时，气相总传质单元数 N_{OG} 将（　　）。

A. 增加　　B. 减小　　C. 不变　　D. 不能判断

24. 填料塔以清水逆流吸收空气、氨混合气体中的氨。当操作条件一定时（Y_1、L、V 都一定），若塔内填料层高度 Z 增加，而其他操作条件不变，出口气体的浓度 Y_2 将（　　）。

A. 上升　　B. 下降　　C. 不变　　D. 无法判断

25. 填料塔中用清水吸收混合气中 NH_3，当水泵发生故障上水量减少时，气相总传质单元数（　　）。

A. 增加　　B. 减少　　C. 不变　　D. 不确定

26. 填料支承装置是填料塔的主要附件之一，要求支承装置的自由截面积应（　　）填料层的自由截面积。

A. 小于　　B. 大于　　C. 等于　　D. 都可以

27. 通常所讨论的吸收操作中，当吸收剂用量趋于最小用量时，完成一定的任务（　　）。

A. 回收率趋向最高　　B. 吸收推动力趋向最大

C. 固定资产投资费用最高　　D. 操作费用最低

28. 吸收操作的目的是分离（　　）。

A. 气体混合物　　B. 液体均相混合物

C. 气液混合物　　D. 部分互溶的均相混合物

29. 吸收操作过程中，在塔的负荷范围内，当混合气处理量增大时，为保持回收率不变，可采取的措施有（　　）。

A. 降低操作温度　　B. 减少吸收剂用量

C. 降低填料层高度　　D. 降低操作压力

30. 吸收操作气速一般（　　）。

A. 大于泛点气速　　B. 小于载点气速

C. 大于泛点气速而小于载点气速　　D. 大于载点气速而小于泛点气速

31. 吸收操作中，减少吸收剂用量，将引起尾气浓度（　　）。

A. 升高　　B. 下降　　C. 不变　　D. 无法判断

32. 吸收操作中，气流若达到（　　），将有大量液体被气流带出，操作极不稳定。

A. 液泛气速　　B. 空塔气速　　C. 载点气速　　D. 临界气速

33. 吸收过程能够进行的条件是（　　）。

A. $p=p^*$　　B. $p>p^*$　　C. $p<p^*$　　D. 不需条件

34. 吸收过程是溶质（　　）的传递过程。

A. 从气相向液相　　B. 气液两相之间

C. 从液相向气相　　D. 任一相态

35. 吸收过程中一般多采用逆流流程，主要是因为（　　）。

A. 流体阻力最小　　B. 传质推动力最大

C. 流程最简单　　D. 操作最方便

36. 吸收塔的设计中，若填料性质及处理量（气体）一定，液气比增加，则传质推动力（　　）。

A. 增大　　B. 减小　　C. 不变　　D. 不能判断

37. 吸收塔内不同截面处吸收速率（　　）。

A. 基本相同　　B. 各不相同　　C. 完全相同　　D. 均为0

38. 吸收塔尾气超标，可能的原因是（　　）。

A. 塔压增大　　B. 吸收剂降温

C. 吸收剂用量增大　　D. 吸收剂纯度下降

39. 下列不是填料特性的是（　　）。

A. 比表面积　　B. 空隙率　　C. 填料因子　　D. 密度

40. 下述说法错误的是（　　）。

A. 溶解度系数 H 值很大，为易溶气体　　B. 亨利系数 E 值大，为易溶气体

C. 亨利系数 E 值大，为难溶气体　　D. 平衡常数 m 值大，为难溶气体

二、判断题

1. 操作弹性大、阻力小是填料塔和湍球塔共同的优点。（　　）

2. 当吸收剂需循环使用时，吸收塔的吸收剂入口条件将受到解吸操作条件的制约。（　　）

3. 对一定操作条件下的填料吸收塔，如将塔填料层增高一些，则塔的 H_{OG} 将增大，N_{OG} 将不变。（　　）

4. 根据双膜理论，吸收过程的主要阻力集中在两流体的双膜内。（　　）

5. 根据相平衡理论，低温高压有利于吸收，因此吸收压力越高越好。（　　）

6. 亨利定律是稀溶液定律，适用于任何压力下的难溶气体。（　　）

7. 亨利系数 E 值很大，为易溶气体。（　　）

8. 亨利系数随温度的升高而减小，由亨利定律可知，温度升高，表明气体的溶解度增大。（　　）

9. 目前用于吸收计算的理论基础是双膜理论。（　　）

10. 难溶气体的吸收阻力主要集中在气膜上。（　　）

11. 气阻淹塔的原因是上升气体流量太小。（　　）

12. 双膜理论认为相互接触的气、液两流体间存在着稳定的相界面，界面两侧各有一个很薄的层流膜层。吸收质以涡流扩散方式通过此二膜层。在相界面处，气、液两相达到平衡。（　　）

13. 填料塔的液泛仅受液气比影响，而与填料特性等无关。（　　）

14. 填料吸收塔正常操作时的气速必须小于载点气速。（　）

15. 填料吸收塔正常操作时的气体流速必须大于载点气速，小于泛点气速。（　）

16. 脱吸因数的大小可反映溶质吸收率的高低。（　）

17. 物理吸收操作是一种将分离的气体混合物，通过吸收剂转化成较容易分离的液体。（　）

18. 物理吸收法脱除 CO_2 时，吸收剂的再生采用三级膨胀，首先解吸出来的气体是 CO_2。（　）

19. 吸收操作常采用高温操作，这是因为温度越高，吸收剂的溶解度越大。（　）

20. 吸收操作是根据混合物的挥发度不同而达到分离的目的。（　）

21. 吸收操作是双向传热过程。（　）

22. 吸收操作是双向传质过程。（　）

23. 吸收操作线方程是由物料衡算得出的，因而它与吸收相平衡、吸收温度、两相接触状况、塔的结构等都没有关系。（　）

24. 吸收操作中，增大液气比有利于增加传质推动力，提高吸收速率。（　）

25. 吸收进行的依据是混合气体中各组分的溶解度不同。（　）

26. 吸收塔的吸收速率随着温度的提高而增大。（　）

27. 吸收塔中气液两相为并流流动。（　）

28. 用水吸收 CO_2 属于液膜控制。（　）

29. 用水吸收 HCl 气体是物理吸收，用水吸收 CO_2 是化学吸收。（　）

30. 在逆流吸收操作中，若已知平衡线与操作线为互相平行的直线，则全塔的平均推动力 ΔY_m 与塔内任意截面的推动力 $Y-Y^*$ 相等。（　）

31. 在填料吸收塔实验中，二氧化碳吸收过程属于液膜控制。（　）

32. 在吸收操作中，改变传质单元数的大小对吸收系数无影响。（　）

33. 在吸收操作中，若吸收剂用量趋于最小值时，吸收推动力趋于最大。（　）

34. 在吸收操作中，只有气液两相处于不平衡状态时，才能进行吸收。（　）

35. 在吸收过程中不能被溶解的气体组分叫惰性气体。（　）

36. 解吸是吸收的逆过程。（　）

37. 吸收是用适当的液体与气体混合物相接触，使气体混合物中的一个组分溶解到液体中，从而达到与其余组分分离的目的。（　）

38. 在稀溶液中，溶质服从亨利定律，则溶剂必然服从拉乌尔定律。（　）

39. 由亨利定律可知可溶气体在气相的平衡分压与该气体在液相中的摩尔分数成正比。（　）

40. 对于吸收操作增加气体流速，增大吸收剂用量都有利于气体吸收。（　）

41. 系统压力降低则硫化氢吸收塔出口硫含量降低。（　）

42. 解吸的必要条件是气相中可吸收组分的分压必须小于液相中吸收质的平衡分压。（　）

43. 吸收质在溶液中的浓度与其在气相中的平衡分压成反比。（　）

44. 当气体溶解度很大时，可以提高气相湍流强度来降低吸收阻力。（　）

45. 当吸收剂的喷淋密度过小时，可以适当增加填料层高度来补偿。（　）

46. 用清水吸收空气中的二硫化碳，混合气体的处理量及进口、出口浓度都已确定，所得吸收液要求达到一定标准以利于回收。对此过程，必须采用适量的吸收剂，即由 $L=(1.2\sim2.0)L_{min}$ 来确定水的用量。（　）

47. 在吸收操作中，选择吸收剂时，要求吸收剂的蒸气压尽可能高。（　）

48. 在选择吸收塔用的填料时，应选比表面积大的、空隙率大的和填料因子大的填料。（　）

49. 正常操作的逆流吸收塔，因故吸收剂入塔量减少，致使液气比小于原定的最小液气比，则吸收过程无法进行。（　）

50. 泡沫吸收塔与填料吸收塔相比其优越性主要在于泡沫塔体积小、干燥速度快。（　）

51. 氯碱生产氯氢工段泡沫吸收塔中，氯气的空塔气速越大，吸收效果越好。（　）

52. 在泡罩吸收塔中，空塔速度过大会形成液泛，过小会造成漏液现象。（　）

53. 工业上生产31%的盐酸时，被吸收气体中HCl含量较低时采用绝热吸收法。（　）

54. 因为氨是极易被水吸收的，所以当发生跑氨时应用大量水对其进行稀释。（　）

55. 在吸收单元操作中，吸收剂的选择应考虑吸收剂的溶解度、选择性、挥发性、黏性以及尽可能无毒、不易燃、化学性能稳定、无腐蚀、不发泡、冰点及比热容较低、价廉易得等。（　）

56. 在气体吸收过程中，操作气速过大会导致大量的雾沫夹带，甚至造成液泛，使吸收无法进行。（　）

57. 硫酸生产中净化尾气硫化氢含量高一定是尾气处理部分不正常。（　）

三、解答题

1. 某吸收过程为气膜控制。在操作过程中，若入口气量增加，其他操作条件不变，问 N_{OG}、Y_2、X_1 将如何变化？画出操作线示意图。

2. 某逆流吸收塔，用纯溶剂吸收惰性气体中的溶质组分。若 L_S、V_B、T、p 等不变，进口气体溶质含量 Y_1 增大，问：①N_{OG}、Y_2、X_1 如何变化？画出操作线示意图。②采取何种措施可使 Y_2 达到原工艺要求？

3. 当相平衡关系为曲线时，说明下列低浓度气体吸收过程应采用的计算公式和解法：①易溶气体；②难溶气体；③中等溶解气体。

4. 吸收岗位的操作是在高压、低温的条件下进行的，为什么说这样的操作条件对吸收过程的进行有利？

四、计算题

1. 在101.3kPa、293K下，空气中 CCl_4 的分压为21mmHg，求空气中 CCl_4 的摩尔分数、物质的量浓度和摩尔比。

2. 在101.3kPa、20℃下，100g水中含氨1kg时，液面上方氨的平衡分压为0.80kPa，求气、液两相组成（以摩尔分数、摩尔比表示）。

3. 在101.3kPa、20℃下，100g水中含氨1kg时，液面上方氨的平衡分压为0.80kPa，气、液相平衡服从亨利定律，求 E、m、H。

4. 在一逆流吸收塔中，用清水吸收混合气体中的 CO_2。惰性气体（标准状态）处理量为 $300m^3/h$，进塔气体中含 CO_2 8%（体积分数），要求吸收率为95%，操作条件下 $Y^*=1600X$，操作液气比为最小液气比的1.5倍。求：①用水量和出塔液体组成；②操作线方程式。

5. 某混合气体中溶质含量为5%（体积分数），要求吸收率为80%。用纯吸收剂吸收，在20℃、101.3kPa下相平衡关系为$Y^*=35X$，试问：逆流操作和并流操作的最小液气比各为多少？由此可得出什么结论？

6. 流速为1.26kg/s的空气中含氨0.02（摩尔比，下同），拟用塔径1m的吸收塔回收其中90%的氨。塔顶淋入摩尔比为4×10^{-4}的稀氨水。已知操作液气比为最小液气比的1.5倍，操作范围内$Y^*=1.2X$，$K_Ya=0.052\text{kmol}/(\text{m}^3\cdot\text{s})$。求：①所需的填料层高度；②若将吸收率提高至95%，所需的填料高度。

7. 某填料塔的高度为5m，塔径1m，用清水逆流吸收混合气体中的丙酮。已知混合气体流量为$2250\text{m}^3/\text{h}$，入塔混合气体中含丙酮0.0476（体积分数，下同），要求塔顶出口气体中浓度不超过0.0026，塔顶液体中丙酮为饱和浓度的70%。操作条件为101.3kPa、25℃，平衡关系为$Y^*=2.0X$，求：①该塔的传质单元高度；②每小时回收的丙酮量。

8. 某一吸收过程的相平衡关系为$Y^*=X$，$Y_1=0.1$，$X_2=0.01$。试求：①当吸收率为80%时的最小液气比；②当液气比为最小液气比的1.2倍时的传质单元数N_{OG}。

参考答案

一、选择题

1～5	CBABC	6～10	CAACC	11～15	DCADA	16～20	CABCC
21～25	BBBBA	26～30	BCAAD	31～35	AABAB	36～40	ABDDB

二、判断题

1～5	×√×√×	6～10	√××√×	11～15	××××√	16～20	×√×××
21～25	×××√√	26～30	××√×√	31～35	√√××√	36～40	√×√√√
41～45	×√×√√	46～50	××××√	51～55	×√×√√	56～57	√×

三、解答题

略

四、计算题

1. $y=0.0276$，$c_A=1.15\times10^{-3}\text{kmol/m}^3$，$Y=0.0284\text{kmol (A)/kmol (B)}$

2. 气相，$y=7.90\times10^{-3}$，$Y=7.96\times10^{-3}$；液相，$x=0.0105$，$X=0.0106$

3. $E=76.2\text{kPa}$，$m=0.753$，$H=0.730\text{kmol}/(\text{m}^3\cdot\text{kPa})$

4. ① 用水量为$3.053\times10^4\text{kmol/h}$，出塔液相组成$X_1=3.625\times10^{-5}$

② $Y=2280X+4.35\times10^{-3}$

5. $(L/V)_{\min,逆}=28$，$(L/V)_{\min,并}=140$

在两相进出口浓度相同的情况下，逆流操作消耗的吸收剂量远远小于并流操作消耗的吸收剂量

6. ① $Z_1=5.52\text{m}$；② $Z_2=8.45\text{m}$

7. ① $H_{OG}=0.747\text{m}$；② 丙酮回收量为4.15kmol/h

8. ① $(L/V)_{\min}=0.889$；② $N_{OG}=6.49$

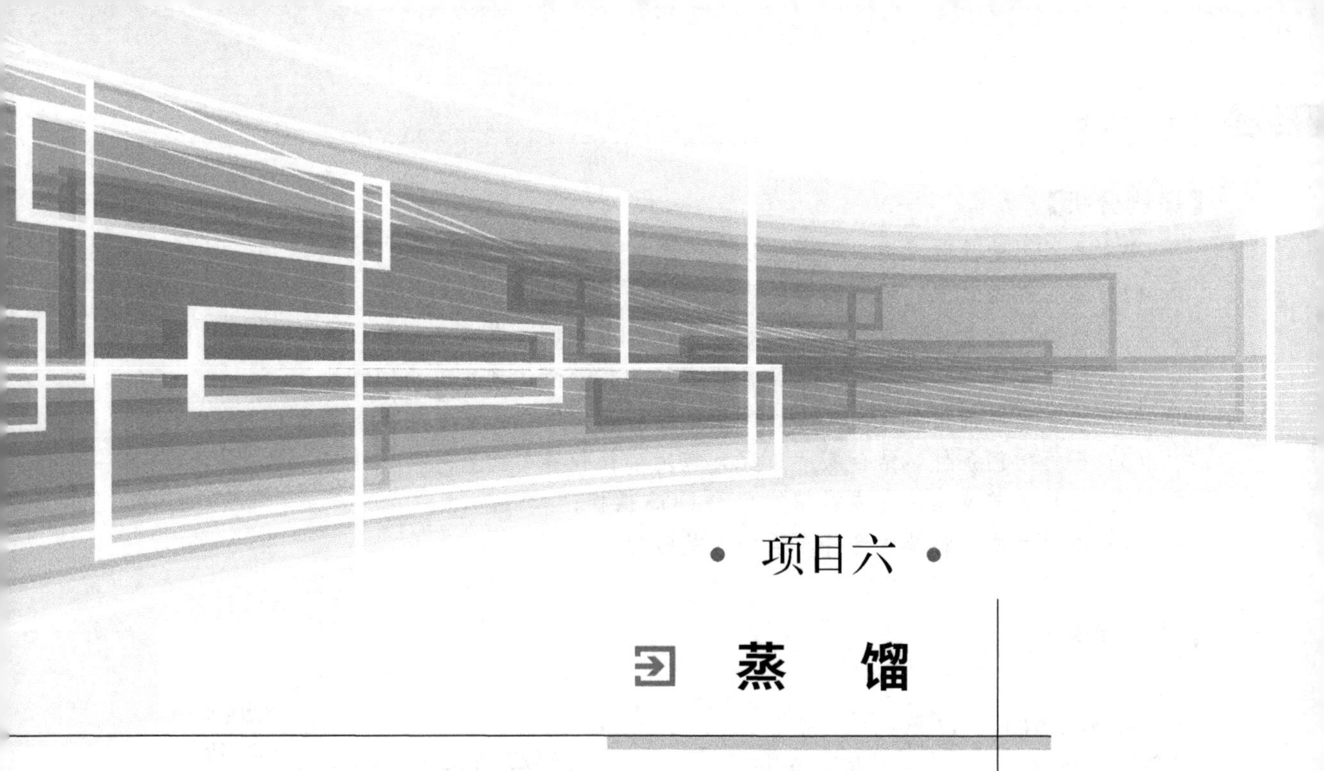

项目六

蒸　馏

【案例导入】

某化工厂需处理1000kg/h乙醇-水混合液，乙醇质量分数40%，要求通过精馏工艺分离为塔顶乙醇产品和塔底废水，塔顶乙醇纯度要求≥95%（质量分数，下同），塔底废水纯度要求≥99%。现该化工厂新建一套常压连续精馏装置用于分离乙醇-水混合液，包含精馏塔、再沸器、冷凝器、回流罐、回流泵等设备，其中精馏塔为板式塔，塔径1.2m，总塔高12米，塔板效率为60%，再沸器采用蒸汽加热，冷凝器为全凝器，操作过程中饱和液体进料（q=1），进料温度80℃，稳定运行后，要求控制回流比不小于最小回流比的1.5倍，以保证产品纯度。

项目生产流程图如下：

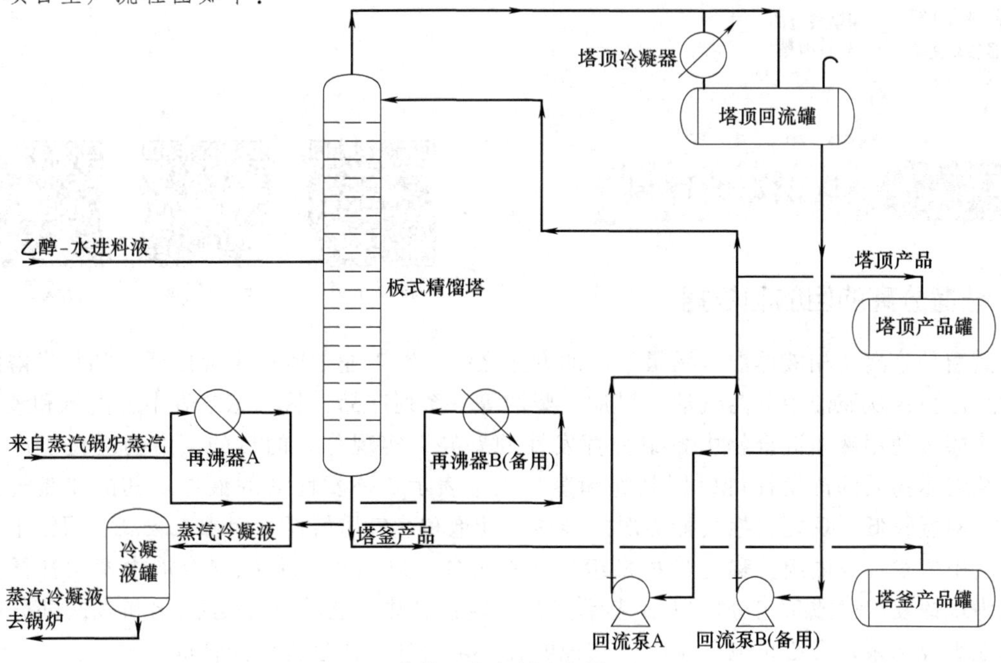

蒸馏工程案例流程图

【案例分析】

要完成以上的吸收任务，需解决以下关键问题：

（1）掌握精馏过程，理解精馏原理；

（2）根据案例条件，进行全塔物料衡算，确定塔顶、塔釜产品量；

（3）根据案例条件，结合精馏操作线方程和相平衡，确定最小回流比；

（4）根据吸收剂用量，选择合适数量的循环泵，完成离心泵的流量匹配；

（5）根据案例条件，结合实际工况，核定塔径和塔高；

（6）根据工艺流程，完成对精馏单元 DCS 操控；

（7）能够完成精馏单元开停车操作及故障处置。

【学习指南】

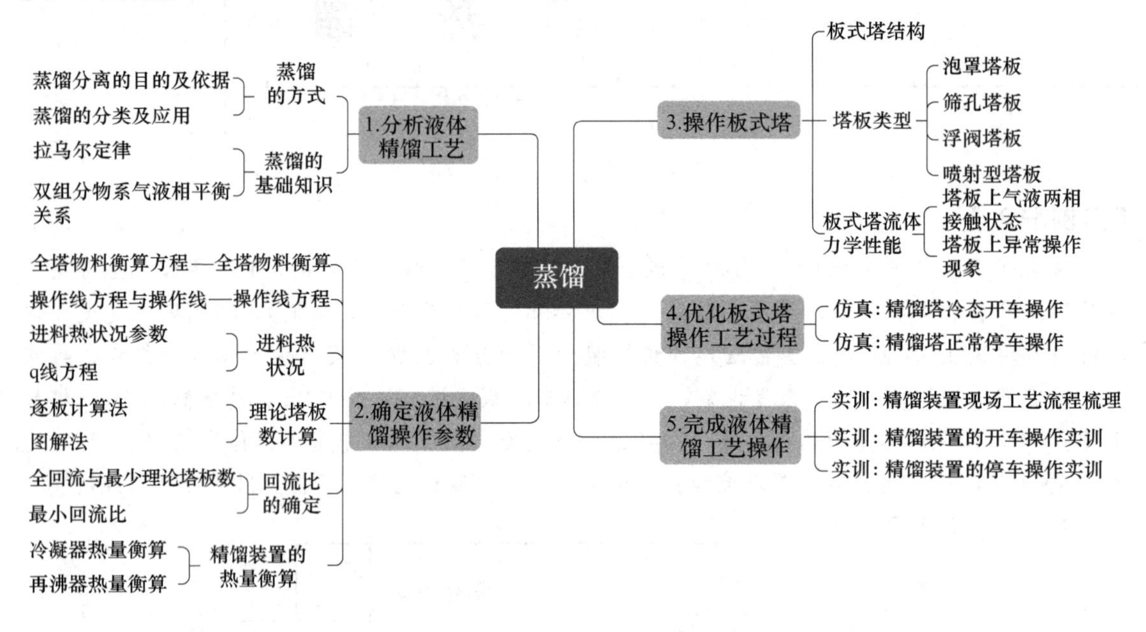

任务一 认识蒸馏过程

微课精讲

动画资源

铸魂育人

一、蒸馏分离的目的和依据

蒸馏是分离均相液体混合物最常用的方法之一。在工业上应用十分广泛，如从发酵醪液中提纯乙醇；从原油中分离汽油、煤油、柴油等一系列产品；从液态空气中分离氮和氧等。

蒸馏是利用液体混合物中各组分挥发性的差异以实现分离的目的。由物理化学内容可知，纯液体物质的挥发性可以用其饱和蒸气压来表示。挥发性高的液体，其饱和蒸气压就高，而沸点较低；反之，挥发能力弱的液体，其饱和蒸气压就低，而沸点较高。习惯上，将混合液中挥发性高的组分称为易挥发组分或轻组分，以 A 表示；把混合液中挥发性低的组分称为难挥发组分或重组分，以 B 表示。在一定设备中，将多次部分汽化和多次部分冷凝适当地组合起来，最终可以分别得到较纯的轻、重组分，此过程称为精馏。

二、蒸馏操作的分类

蒸馏操作可以从不同的角度进行分类。

① 按物系的组分数可分为双组分蒸馏和多组分蒸馏。

② 按蒸馏方式可分为简单蒸馏、平衡蒸馏、精馏等。当分离程度要求不高或物系易分离时，可采用简单蒸馏或平衡蒸馏；当分离程度要求较高时，一般采用精馏。当混合液中两组分的挥发性接近时，或要分离能形成恒沸物的物系时，需要采用特殊精馏，包括恒沸蒸馏和萃取蒸馏。

③ 按操作方式可分为间歇蒸馏和连续蒸馏。前者适用于小批量生产或某些有特殊要求的场合；后者是工业生产中常用的操作。

④ 按操作压力可分为常压蒸馏、加压蒸馏和减压（真空）蒸馏。

a. 在大气压下操作的蒸馏过程即常压蒸馏。若被分离的混合液在常压下各组分挥发性差异较大，且气相冷凝、冷却可用一般冷却水，液相加热汽化可用水蒸气，这时可用常压操作。

b. 在塔顶压力高于大气压下操作的蒸馏过程称为加压蒸馏。其通常适用于以下场合：

ⅰ. 混合物在常压下为气体，通过加压与冷冻将其液化后再进行蒸馏。

ⅱ. 常压下虽是混合液体，但其沸点较低，其蒸气用一般冷却水难以充分冷凝，需用冷冻盐水或其他较昂贵的制冷剂，费用较高。

c. 在低于一个大气压下操作的蒸馏过程称为减压蒸馏，对真空度高的减压蒸馏也称真空蒸馏。其常用于以下场合：

ⅰ. 蒸馏热敏性物料，组分在操作温度下容易发生氧化、分解和聚合等现象时，必须采用减压蒸馏以降低其沸点。

ⅱ. 常压下物料沸点较高，加热温度超出一般水蒸气加热的范围，减压蒸馏可使沸点降低，以避免使用高温热载体。

任务二 分析蒸馏原理

微课精讲 动画资源

一、二元蒸馏中相律的应用

由物理化学内容知道，对于双组分溶液的气液相平衡系统，当影响平衡状态的外界因素只有温度和压力时，其自由度数为 2。而蒸馏过程一般为恒压操作，故此时，温度与气液相组成之间存在一一对应关系。

二、拉乌尔定律

理想溶液的气液相平衡遵循拉乌尔定律，即一定温度下，气液两相达到平衡时，溶液上方气相中任意组分所具有的分压，等于该组分在纯态时、相同温度下的饱和蒸气压与该组分在液相中的摩尔分数的乘积，用数学式表示为：

$$p_A = p_A^{\circ} x_A \tag{6-1}$$

$$p_B = p_B^{\circ} x_B = p_B^{\circ}(1-x_A) \tag{6-2}$$

拉乌尔定律表示了理想溶液在达到相平衡时气相分压与液相组成之间的关系。因为纯组分的饱和蒸气压仅为温度的函数，故当温度固定时，饱和蒸气压 p_A°、p_B° 数值固定，气相中组分的分压与该组分在液相中的组成成正比；当液相组成固定时，气相中组分的分压与饱和蒸气压成正比。

【例 6-1】 正庚烷和正辛烷在 110℃时的饱和蒸气压分别为 140kPa 和 64.5kPa。计算出 40％正庚烷和 60％正辛烷（均为摩尔分数）组成的混合液在 110℃时各组分的平衡分压、系统总压及平衡蒸气组成（此溶液为理想溶液）。

解： $p_A=p_A^\circ x_A=140\times0.4=56\text{kPa}$，$p_B=p_B^\circ x_B=64.5\times0.6=38.7\text{kPa}$

$p=p_A+p_B=56+38.7=94.7\text{kPa}$

$y_A=\dfrac{p_A}{p}=\dfrac{56}{94.7}=0.591$，$y_B=\dfrac{p_B}{p}=\dfrac{38.7}{94.7}=0.409$

三、双组分理想物系的气液相平衡

（一）压力-组成图（p～x 图）

液相为理想溶液，服从拉乌尔定律，而气相为理想气体，服从理想气体定律，该物系称为理想物系。根据道尔顿分压定律，系统的总压等于各组分分压之和，对双组分物系，即：

$$p=p_A+p_B \tag{6-3}$$

将式（6-1）和式（6-2）代入式（6-3）得：

$$p=p_A^\circ x_A+p_B^\circ(1-x_A)$$

忽略液相组成的下标 A 可得：

$$p=p_A^\circ x+p_B^\circ(1-x) \tag{6-4}$$

整理得：

$$p=(p_A^\circ-p_B^\circ)x+p_B^\circ \tag{6-5}$$

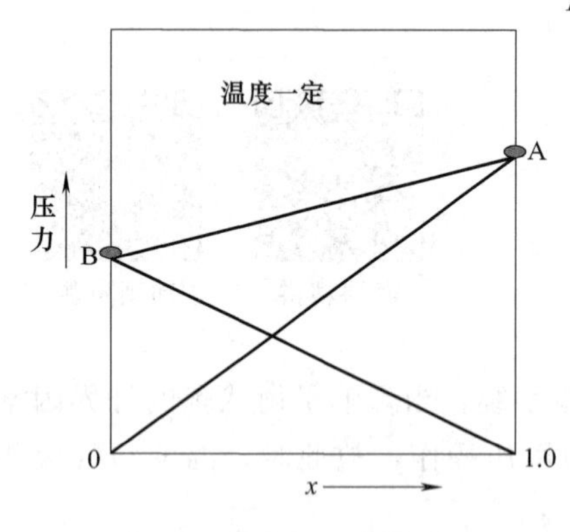

图 6-1 压力与组成关系图

当温度一定时，p_A° 与 p_B° 为确定值，则式（6-5）表示了一定温度下，液相组成与总压之间的一一对应关系，如图 6-1 所示。

（二）温度-组成图（t～x～y 图）

由式（6-5）解得：

$$x=\frac{p-p_B^\circ}{p_A^\circ-p_B^\circ} \tag{6-6}$$

即平衡物系的液相组成仅与总压和温度有关。当总压一定时，液相组成 x 与温度 t 存在一一对应关系。

当一定组成的液体混合物在恒定总压下，加热到某一温度，液体出现第一个气泡，即刚开始沸腾并生成第二个相时，此时液相组成可认为未变，而此温度称为该组成液体在指定总压下的泡点温度，简称泡点。根据相律，液相组成和总压一定时，泡点温度为定值，故式（6-6）也称作泡点方程。

用道尔顿分压定律整理式（6-6），得：

$$y=\frac{p_A^\circ}{p}\times\frac{p-p_B^\circ}{p_A^\circ-p_B^\circ} \tag{6-7}$$

显然，平衡气相组成也仅与总压和温度有关。当总压一定时，气相组成 y 与温度 t 存在一一对应关系。

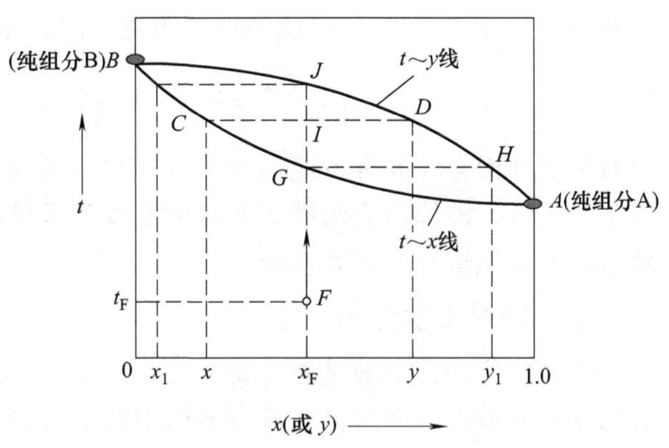

图 6-2　双组分溶液的温度-组成图

在一定总压下冷却气体混合物，当冷却至某一温度，产生第一个液滴，即生成第二个相时，此时气相组成可认为未变，则此温度称为该组成的气相混合物在指定总压下的露点温度，简称露点。根据相律，气相组成和总压一定时，露点温度必为定值，故式（6-7）也称作露点方程。如图 6-2 所示。

由图 6-2 可得下列结论：

① 两端点：A、B 分别代表纯组分 A、B 的沸点。

② 两条线：下端曲线为泡点线或饱和液体线，表示平衡时液相组成 x 与泡点温度之间的关系，由式（6-6）作出；上端曲线为露点线或饱和蒸气线，表示了平衡时气相组成 y 与露点温度之间的关系，由式（6-7）作出。

③ 三个区域：泡点线以下区域为过冷液体区；露点线以上区域为过热蒸气区；两线之间所夹区域为气液两相共存区，即表示气、液两相同时存在，且达平衡。

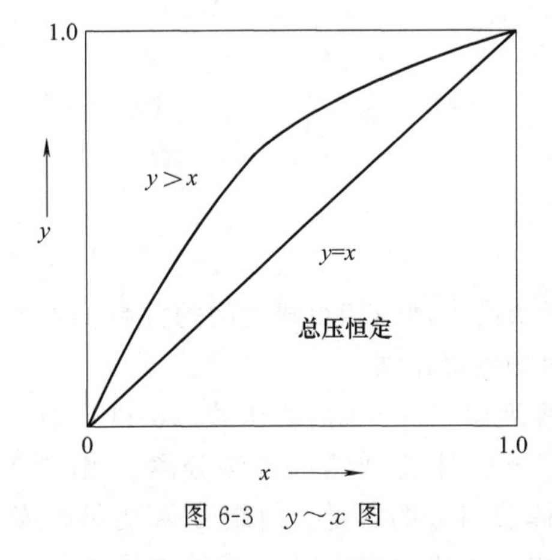

图 6-3　$y \sim x$ 图

（三）气液相平衡图（y ~ x 图）

如图 6-3 所示，该曲线也称为平衡曲线，表示了一定总压下气液相平衡时的气相组成与液相组成之间的对应关系（可以看作该曲线上的任意一点都是由 $t \sim x \sim y$ 图上某一温度对应的气、液组成构成）。图中对角线称作参考线。对于理想溶液，因平衡时气相组成 y 恒大于液相组成 x，故平衡线位于对角线上方，且对角线离平衡线越远，说明该溶液越容易分离。平衡线上任何一点对应不同温度，右上方温度低，左下方温度高。

【例 6-2】 设在 101.3kPa 压力下，苯-甲苯混合液在 96℃下沸腾，试求该温度下的气液平衡组成。已知 96℃时，$p_A^\circ = 160.52\text{kPa}$，$p_B^\circ = 65.66\text{kPa}$。

解：

$$x = \frac{p - p_B^\circ}{p_A^\circ - p_B^\circ} = \frac{101.3 - 65.66}{160.52 - 65.66} = 0.376$$

$$y = \frac{p_A^\circ}{p} \times \frac{p - p_B^\circ}{p_A^\circ - p_B^\circ} = \frac{160.52}{101.3} \times \frac{101.3 - 65.66}{160.52 - 65.66} = 0.595$$

四、挥发度与相对挥发度

（一）挥发度

物质挥发性的大小可用挥发度 ν 来表示。对混合液体，某组分挥发度的大小可用气相中该组分的蒸气分压与平衡时该组分的液相摩尔分数之比来表示，即：

$$\nu_A=\frac{p_A}{x_A},\quad \nu_B=\frac{p_B}{x_B} \tag{6-8}$$

对组分A和组分B所组成的理想溶液，因其服从拉乌尔定律，故：

$$\nu_A=\frac{p_A}{x_A}=\frac{p_A^\circ x_A}{x_A}=p_A^\circ,\nu_B=\frac{p_B}{x_B}=\frac{p_B^\circ x_B}{x_B}=p_B^\circ \tag{6-9}$$

对纯组分而言，其挥发度即为其液体在一定温度下的饱和蒸气压。当纯液体的饱和蒸气压等于外压时，液体就会沸腾，此时的温度就是该物质在这一压力下的沸点。因此，也可以用沸点来说明纯组分的挥发性能。

（二）相对挥发度 α

在蒸馏操作中，溶液是否容易分离，起决定作用的是各组分挥发性的对比，因而引出了相对挥发度的概念，其定义为混合液体中两组分挥发度之比。对双组分混合液有：

$$\alpha=\frac{\nu_A}{\nu_B}=\frac{\dfrac{p_A}{x_A}}{\dfrac{p_B}{x_B}} \tag{6-10}$$

当压力不太高，气相服从道尔顿分压定律时，将 $p_A=py_A$，$p_B=py_B$ 代入上式整理可得：

$$\frac{y_A}{y_B}=\alpha\frac{x_A}{x_B}$$

略去下标并整理可得：

$$y=\frac{\alpha x}{1+(\alpha-1)x} \tag{6-11}$$

或

$$x=\frac{y}{\alpha-(\alpha-1)y} \tag{6-12}$$

该式即为相平衡方程式，表示在同一总压下互成平衡的气液两相组成之间的关系。当确定了物系的相对挥发度 α 后，便可通过该式求得平衡时的气液组成。

相对挥发度的大小反映了溶液用蒸馏分离的难易程度。当 $\alpha=1$ 时，由式（6-11）知 $y=x$，说明该溶液所产生的气相组成与液相组成相同，不能用普通蒸馏方法分离。当$\alpha>1$时，$y>x$，平衡气相中易挥发组分含量大于液相中易挥发组分的含量，故组分A为易挥发组分，此溶液可用蒸馏方式分离。α 越大，说明两组分的挥发度差别越大，溶液越易分离。

对理想溶液，由式（6-8）和式（6-9）知：

$$\alpha=\frac{\nu_A}{\nu_B}=\frac{p_A^\circ}{p_B^\circ} \tag{6-13}$$

可见，理想溶液的相对挥发度为同温度下纯组分A和B的饱和蒸气压之比。纯组分的饱和蒸气压为温度的函数，且随温度的升高而增大，因此 α 也为温度的函数。应用式（6-11）或式（6-12）时，通常取操作范围内的某一平均值，称作平均相对挥发度，以 α_m 表示。

$$\alpha_m=(\alpha_{顶}+\alpha_{釜})/2 \tag{6-14}$$

或

$$\alpha_m=\sqrt{\alpha_{顶}\alpha_{釜}} \tag{6-15}$$

【例6-3】 苯-甲苯饱和蒸气压的数据如下：

t/℃	80.2	88	96	104	110.4
p_A°/kPa	101.33	127.59	160.52	199.33	233.05
p_B°/kPa	39.99	50.6	65.66	83.33	101.33

计算平均相对挥发度并写出相平衡方程。

解：由表中数据求得各温度下的 α 值为

t/℃	80.2	88	96	104	110.4
α 值	2.534	2.522	2.445	2.392	2.30

则其平均相对挥发度值为：$\alpha_m=\dfrac{2.534+2.522+2.445+2.392+2.30}{5}=2.44$

相平衡方程式为：$y=\dfrac{\alpha_m x}{1+(\alpha_m-1)x}=\dfrac{2.44x}{1+1.44x}$

五、总压对气液相平衡的影响

如图 6-4 所示，当总压增加时，$t\sim x\sim y$ 图中泡点线和露点线上移，气液两相区变窄，因此 $y\sim x$ 图中平衡线向对角线靠近。可见，压力提高，物系的泡点温度和露点温度均提高，相对挥发度变小，蒸馏分离变得困难；反之，总压降低，物系就容易分离。

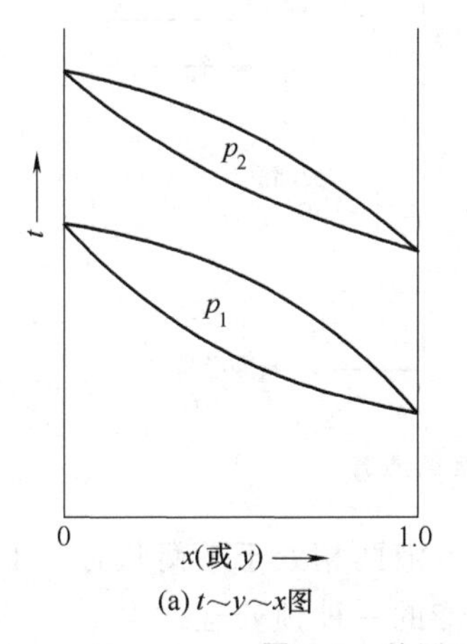

(a) $t\sim y\sim x$图

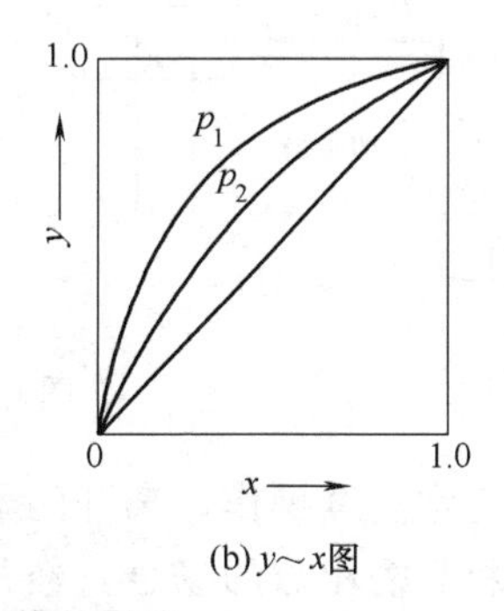

(b) $y\sim x$图

图 6-4　总压对相平衡曲线的影响

任务三　分析及选用蒸馏方式

动画资源

铸魂育人

行业前沿

一、简单蒸馏

将组成为 x_F 的原料液一次性放入蒸馏釜中，在一定压力下将其加热并使之沸腾汽化，再将所产生的蒸气引入冷凝器，冷凝后的馏出液分别装入不同的馏出液罐中。简单蒸馏过程的瞬间，气相与釜中存液处于相平衡状态。由于在蒸馏过程中不断地将蒸气移走，釜内液体易挥发组分的浓度不断下降，因此所得馏出液中，易挥发组分的浓度也将逐渐下降，将馏出

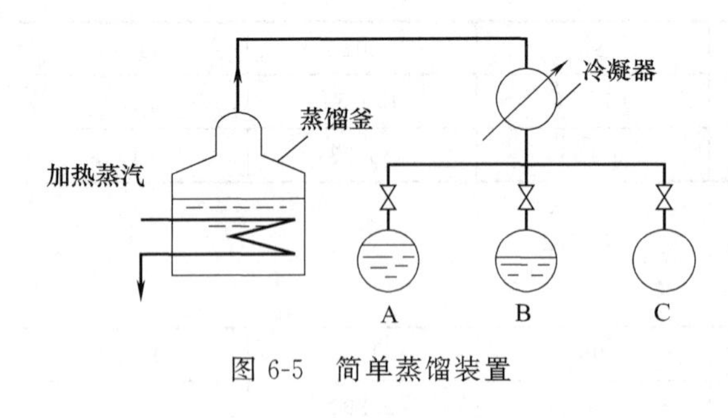

图 6-5 简单蒸馏装置

液分段收集即可得到不同组成的塔顶产品。当蒸馏釜内残液组成降至规定值时，操作停止，釜液一次排出，如图 6-5 所示。

该过程是一个间歇操作的非定常过程。简单蒸馏对混合液只能进行有限程度的分离，不能达到高纯度分离的要求；适用于混合物的粗分离，特别是在沸点相差较大（即相对挥发度较大）而分离要求不高的场合。

二、平衡蒸馏

经加压后的原料液被连续地加入间接加热器中，加热至指定温度后经节流阀急剧减压至规定压力后进入分离器。在分离器中，由于压力的突然降低，原料液瞬间成为过热液体，沸腾并降至平衡温度，液体发生部分汽化，料液降温放出的显热提供了汽化需要的潜热。此过程又称为闪蒸，故分离器也称为闪蒸器。然后，气、液两相在分离器中分开，气相上升由顶部流出，经冷凝器再冷凝为液体，其中易挥发组分含量较高，称作顶部产品；留下的液体由底部排出，其中难挥发组分含量高，称作底部产品，如图 6-6 所示。

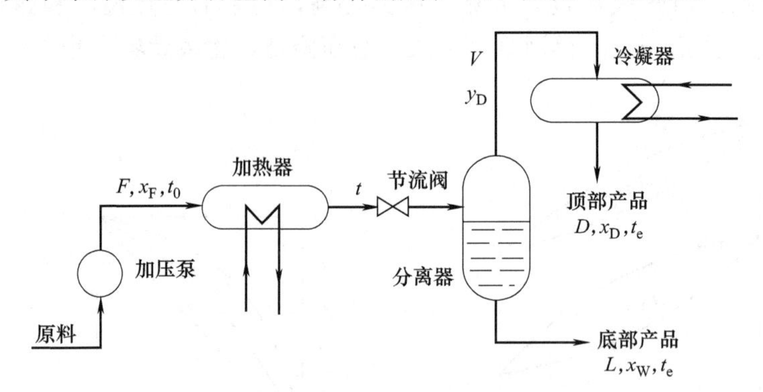

图 6-6 平衡蒸馏装置

平衡蒸馏为定常连续操作，离开闪蒸器的气、液两相处于平衡状态。平衡蒸馏仅适用于大批量生产且物料只需粗分的场合，经常作为精馏的一种预处理。

三、精馏

（一）多次部分汽化与多次部分冷凝

如图 6-7 所示，如果将组成为 x_F 的原料液经加热器加热至温度为 t_1 进入分离器 1 中，由于混合液体中各组分的挥发度不同，当在一定温度下部分汽化时，低沸点物在气相中的浓度较液相高，而液相中高沸点物的浓度较气相高，于是通过一次部分汽化，产生气相数量为 V_1、组成为 y_1 与液相数量为 L_1、组成为 x_1 的平衡两相，且必有 $y_1>x_F>x_1$。

组成为 y_1 的蒸气经冷却后送入分离器 2 中部分冷凝，此时产生气相组成为 y_2 与液相组成为 x_2'的平衡两相，且 $y_2>y_1$，但 $V_2<V_1$，这样部分冷凝的次数越多，所得气相中易挥发组分含量就越高，最后可得到几乎纯态的易挥发组分。即最终的组成 y_n 接近于纯态的易挥发组分，所得到的气相量则越来越少。

同理，若将分离器 1 所得的组成为 x_1 的液体加热，使之部分汽化，在分离器 2′中得到 y_2' 与 x_2 成平衡的气、液两相，且 $x_2<x_1$，但 $L_2<L_1$，这样部分汽化的次数越多，所得到的液相中易挥发组分的含量越低，最后可得到几乎纯态的难挥发组分。

由此可见，每一次部分汽化和部分冷凝，都使气液两相的组成发生了变化，而同时多次进行部分汽化和多次部分冷凝，就可将混合液分离为纯的或比较纯的组分。通过 $t\sim x\sim y$ 图也可以分析该过程，如图 6-8 所示。

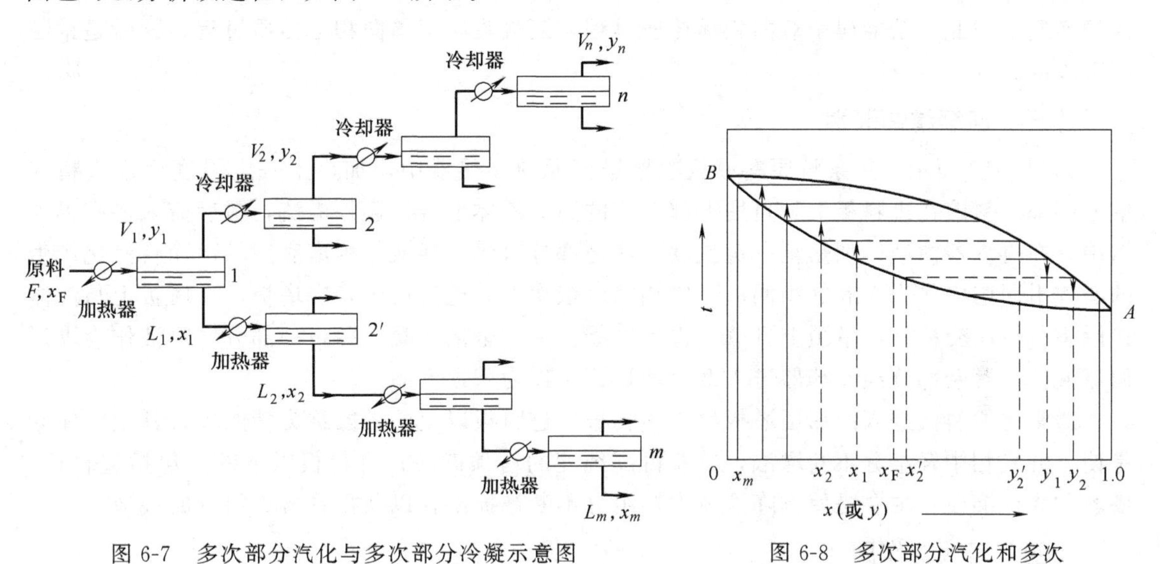

图 6-7　多次部分汽化与多次部分冷凝示意图

图 6-8　多次部分汽化和多次部分冷凝的 $t\sim x\sim y$ 图

（二）有回流的多次部分汽化和多次部分冷凝

如图 6-9 所示，该流程有如下特点：①原来单纯的分离器变成了混合分离器，即由两股物流进入，混合后并形成新的两股相平衡的气液物流离开分离器。②由于较热的蒸气流与较冷的液流相接触，蒸气部分冷凝放出的热量用于加热液流使之部分汽化，于是可以充分利用物流本身的焓变交换热量，省去了中间冷却器与中间加热器。③由于取消了中间物流的引

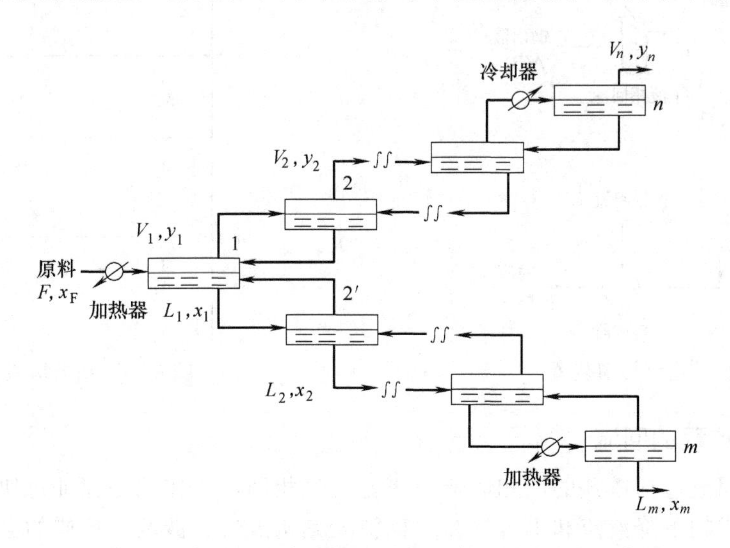

图 6-9　有回流的多次部分汽化和多次部分冷凝示意图

出，经过多次部分冷凝的气相物料不仅其中轻组分浓度越来越高，而且物流量变化不大；同理，经多次部分汽化的液相物流，其中轻组分浓度越来越低，但物流量变化不大，因此可以得到足够数量的较高纯度的产品。④从整个系统看，总有液流从上而下流过各个混合器，这称为液相回流；也总有气相从下而上流过混合分离器，这称为气相回流。回流的存在是精馏的基本特征，在气液两相的不断混合、接触、分离中，既发生相间热量传递，同时也发生相间质量传递，轻组分不断转移到上升气相中，而重组分则不断转移到下降液相中，这就是精馏的实质。因此，精馏属于双向相际传质过程，而吸收属于单向相际传质过程，这就是精馏与吸收的区别。

（三）连续精馏装置

如图 6-10 所示，用泵将原料液从贮槽送至原料预热器中，加热至一定温度后进入精馏塔的中部。料液在进料板上与自塔上部下流的回流液体汇合，逐板溢流，最后流入塔底再沸器中。在再沸器内液体加热至一定温度，使之部分汽化，残液作为塔底产品，而将汽化产生的蒸气引回塔内作为塔底气相回流。气相回流依次上升通过塔内各层塔板，在塔板上与液体接触进行热质交换。从塔顶上升蒸气进入冷凝器中被全部冷凝，并将一部分冷凝液作为塔顶回流液体，其余部分经冷却器送入馏出液贮罐中作为塔顶产品。

通常将原料液进入的那层塔板称为进料板，进料板以上的塔段称为精馏段，其主要任务是使上升气相中轻组分不断增浓，以获得高纯度的塔顶产品；进料板以下的（包括进料板）塔段称为提馏段，主要是使下降液体中轻组分不断被提出，以获得富含重组分的残液。

（四）塔板的作用

如图 6-11 所示，经过一块板，上升蒸气中轻组分和下降液体中重组分分别同时得到一次提浓，经过的塔板数越多，提浓程度越高。通过整个精馏塔，在塔顶可以得到高纯度的易挥发组分，塔釜得到的是难挥发组分残液。概括地说，每一块塔板是一个混合分离器，进入塔板的气流和液流之间同时发生传热和传质过程，气相物流发生部分冷凝，同时放出热量使液流升温并部分汽化，结果使两相各自得到提浓。

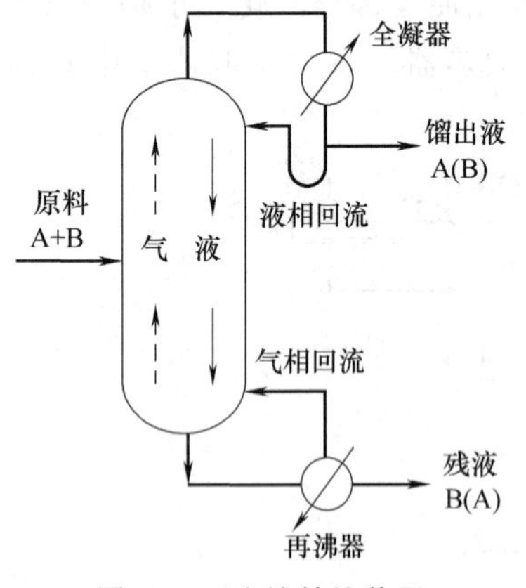

图 6-10　连续精馏装置

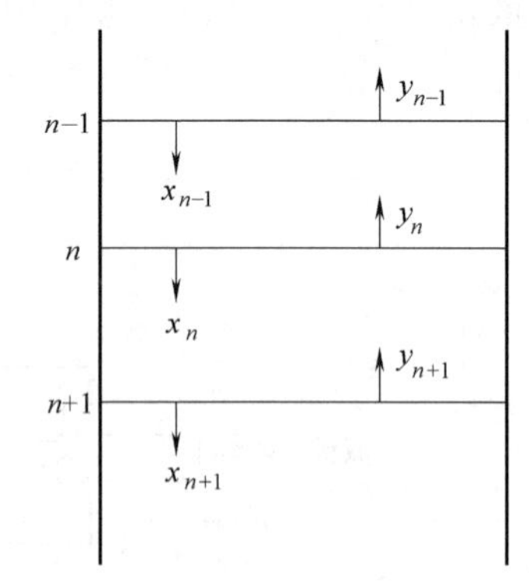

图 6-11　精馏塔板

（五）精馏过程的回流

精馏过程的回流包括塔顶的液相回流及塔釜的气相回流，作用是保证每块塔板上都有足够数量和一定组成的下降液流和上升气流。回流既是构成气、液两相传质的必要条件，又是维持精馏操作连续稳定的必要条件。

1. 塔顶液相回流

通常有以下三种方法。

（1）泡点回流

塔顶冷凝器采用全凝器，从塔顶第一块塔板上升的组成为 y_1 的蒸气在全凝器中全部冷凝成组成为 x_D 的饱和液体，即有 $y_1=x_D$，其中部分作为塔顶产品，另外一部分引回塔顶作为回流液，这种回流称为泡点回流。如图 6-12（a）所示。

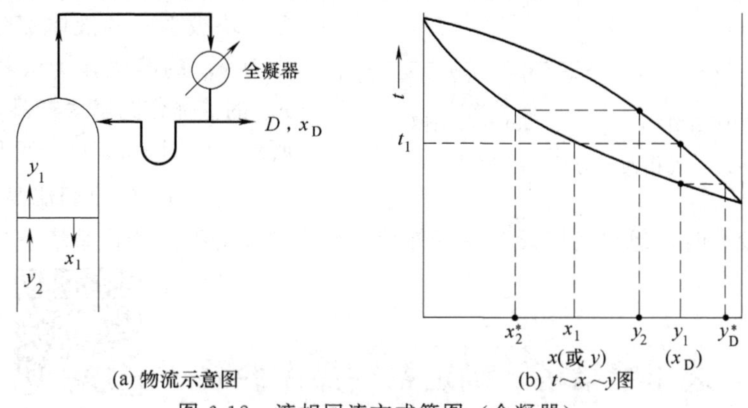

图 6-12　液相回流方式简图（全凝器）

由图 6-12（b）可见，从塔顶下降的液相组成 x_D，大于与第二块塔板上升的气相组成 y_2 相平衡的液相组成 x_2^*，即 $x_D>x_2^*$；由第二块塔板上升的气相组成 y_2 小于与 x_D 相平衡的 y_D^*，即 $(1-y_2)>(1-y_D^*)$，于是在浓度差推动下，轻组分由液相转移至气相，重组分由气相转移至液相。

（2）冷液回流

将全凝器得到组成为 x_D 的饱和液体进一步冷却后再部分引回塔内作为塔顶回流液。由于回流液体温度较低，上升气相冷凝量增加，下降液体量增加，板上蒸气提浓程度增加，热能损耗也增加。

（3）塔顶采用分凝器产生液相回流

塔顶第一块板上升的组成为 y_1 的蒸气在分凝器中部分冷凝，得到平衡的气液两相组成为 y_0 和 x_0，其中液相组成为 x_0 的液体引回塔顶作为液相回流，气相组成为 y_0 的蒸气经全凝器全部冷凝得到组成为 x_D 的塔顶产品，且 $x_D=y_0$，如图 6-13（a）所示。由图 6-13（b）可见，$x_0>x_2^*$，$(1-y_2)>(1-y_0)$，满足回流要求。

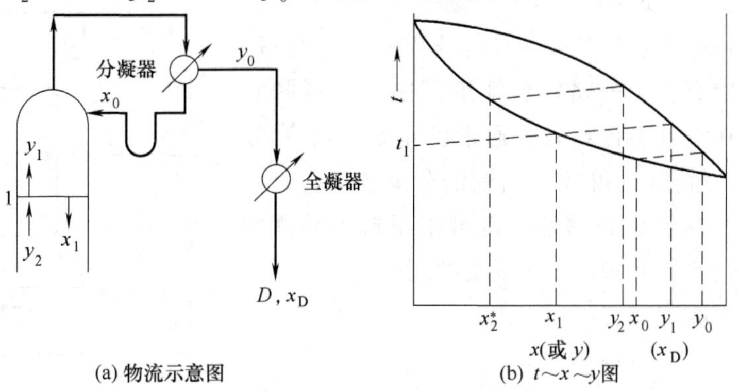

图 6-13　液相回流方式简图（分凝器）

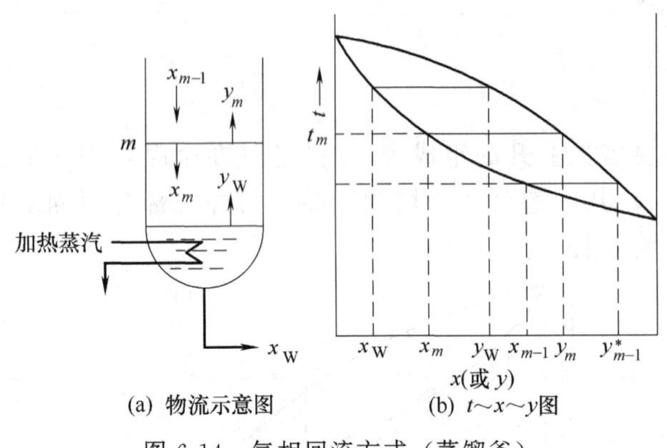

(a) 物流示意图 (b) $t \sim x \sim y$图

图 6-14 气相回流方式（蒸馏釜）

2. 塔釜气相回流

为使每块塔板上都有上升气流，还必须从塔底连续不断地提供富含重组分的上升蒸气，成为塔釜回流。最简单的方法是在精馏塔塔底设置一个蒸馏釜，用水蒸气间接加热釜中的液体，使从最后一块板下降的液体部分汽化，产生组成为 y_W 的蒸气作为气相回流，组成为 x_W 的液体作为塔底产品，如图 6-14 (a) 所示。由图 6-14 (b) 可见，$(1-y_W)>(1-y^*_{m-1})$，满足回流要求。

生产规模较大时，通常使用设置在塔外的称作再沸器的换热器代替塔釜加热器。

微课精讲

动画资源

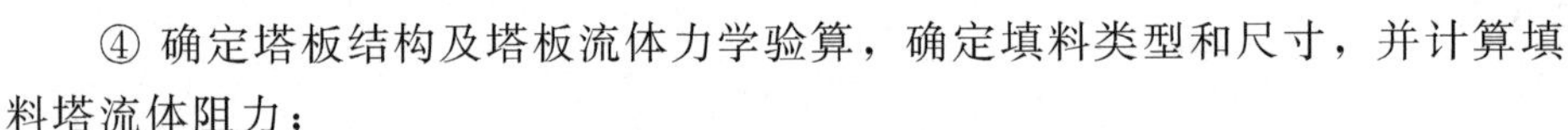

行业前沿

双组分连续精馏塔的工艺计算，主要包括以下内容：

① 物料衡算；

② 为完成一定的分离要求所需要的塔板数或填料层高度；

③ 确定塔高和塔径；

④ 确定塔板结构及塔板流体力学验算，确定填料类型和尺寸，并计算填料塔流体阻力；

⑤ 热量衡算。

本任务以板式精馏塔为例，讨论其中的①、②、⑤项内容。

一、全塔物料衡算

在过程达到定常状态以后，取图 6-15 所示虚线范围对全塔进行物料衡算，从而求出进料量和组成与塔顶、塔釜产品流量及组成之间的关系。

以单位时间（如 1h）作为物料衡算的基准，则有：

总物料衡算： $F=D+W$ (6-16)

轻组分的物料衡算： $Fx_F=Dx_D+Wx_W$ (6-17)

在以上两式中有 6 个变量，若知道其中 4 个可联立求解其余 2 个。在设计型计算时，通常已知 F、x_F 和分离要求 x_D、x_W，解出 D 和 W。精馏的分离要求，除可用塔顶和塔釜的产品组成表示外，也可用原料中易挥发组分被回收的比例（%）表示，称为回收率。

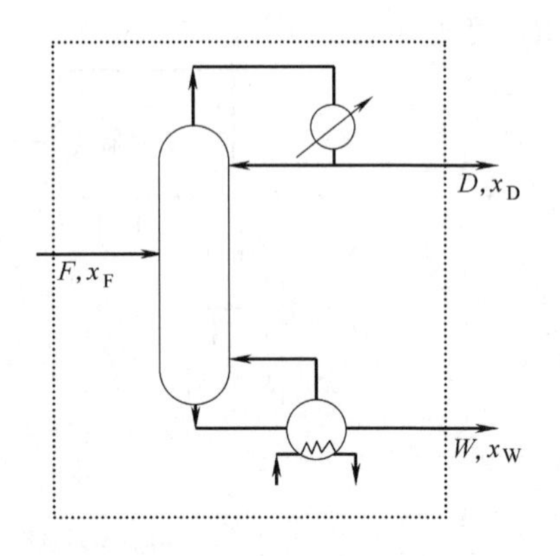

图 6-15 精馏塔的物料衡算

塔顶轻组分回收率 η_D：

$$\eta_D=\frac{Dx_D}{Fx_F}\times 100\% \quad (6\text{-}18a)$$

塔釜重组分回收率 η_W：

$$\eta_W=\frac{W(1-x_D)}{F(1-x_F)}\times 100\% \tag{6-18b}$$

联立式（6-16）与式（6-17）可求得馏出液采出率 D/F 和釜液采出率 W/F，则有：

$$\frac{D}{F}=\frac{x_F-x_W}{x_D-x_W} \tag{6-19}$$

$$\frac{W}{F}=\frac{x_D-x_F}{x_D-x_W} \tag{6-20}$$

显然，η_D、η_W、D/F 和 W/F 都是相对量，其数值都应在 0～1 之间。

【例 6-4】 在连续精馏塔中分离苯-苯乙烯混合液。原料液量为 5000kg/h，组成为 0.45，要求馏出液中含苯 0.95，釜液中含苯不超过 0.06（以上均为质量分数）。试求：馏出液量及塔釜产品量各为多少？（以摩尔流量表示。）

解：先将各组成换算为以摩尔分数表示

$$x_F=\frac{w_i/M_i}{\sum w_i/M_i}=\frac{0.45/78}{0.45/78+0.55/104}=0.522$$

$$x_D=\frac{w_i/M_i}{\sum w_i/M_i}=\frac{0.95/78}{0.95/78+0.05/104}=0.962$$

$$x_W=\frac{w_i/M_i}{\sum w_i/M_i}=\frac{0.06/78}{0.06/78+0.94/104}=0.078$$

则原料液摩尔流量为： $F=\dfrac{5000}{0.522\times 78+0.478\times 104}=55.29\text{kmol/h}$

由全塔物料衡算式得： $F=D+W=55.29\text{kmol/h}$

$$Fx_F=Dx_D+Wx_W=0.962D+0.078W=55.29\times 0.522$$

联立以上两式解得： $D=27.77\text{kmol/h}$，$W=27.57\text{kmol/h}$

二、理论板与恒摩尔流假设

（一）理论板

如前所述，在精馏塔每一块塔板上同时进行着传热与传质。如果进入塔板的气、液两相在塔板上接触良好，并且有足够长的接触时间，然后分离，使离开该板的气液两相达到平衡，则称该板为理论板。概括地讲，所谓理论板是指离开该板的蒸气和液体组成达到平衡的塔板，即两相温度相同，组成互成平衡。实际上，除再沸器相等于一块理论板外，塔内各板，由于气液两相接触时间短暂，接触面积有限等，离开塔板的蒸气与液体未能达到平衡，因此，理论板并不存在，但它可以作为衡量实际塔板分离效果的一个标准。在设计型计算中，可先求出理论板数，再根据塔板效率的高低来决定实际塔板数。

（二）恒摩尔流假设

精馏过程比较复杂，过程的影响因素也很多，为了使计算简化，引入恒摩尔流假设，即认为精馏段每块塔板上升的蒸气摩尔流量彼此相等，下降的液体摩尔流量也各自相等，提馏段亦然。用数学表达式描述为：

$$V_1=V_2=\cdots=V=\text{常数} \tag{6-21}$$

$$L_1=L_2=\cdots=L=\text{常数} \tag{6-22}$$

$$V_1'=V_2'=\cdots=V'=\text{常数} \tag{6-21a}$$

$$L'_1=L'_2=\cdots=L'=\text{常数} \tag{6-22a}$$

由于进料影响，两股上升的蒸气摩尔流量不一定相同，下降的液体摩尔流量亦不一定相等。

恒摩尔流的实质是，在塔板上气液两相接触时，若有 1kmol 的蒸气冷凝，相应地就有 1kmol 的液体汽化，因此，恒摩尔流假设成立的条件是：

① 各组分的摩尔汽化焓相等；

② 气液接触时因温度不同而交换的显热量可以忽略；

③ 塔设备保温良好，热损失可以忽略不计。

在很多情况下，恒摩尔流假设与实际情况接近。

三、操作线方程

精馏塔由精馏段和提馏段两部分构成，其间的气液流量未必相等，根据恒摩尔流假设，很容易分别推导其操作线方程。

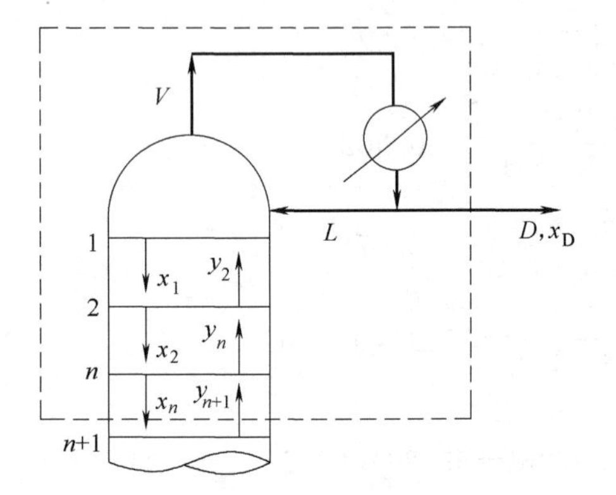

图 6-16 精馏段操作线方程推导示意图

（一）精馏段操作线方程

在图 6-16 虚线范围内做物料衡算。

总物料衡算：

$$V=L+D \tag{6-23}$$

轻组分物料衡算：

$$Vy_{n+1}=Lx_n+Dx_D \tag{6-24}$$

将式（6-24）两边同除以 V 得：

$$y_{n+1}=\frac{L}{V}x_n+\frac{D}{V}x_D \tag{6-25}$$

将式（6-23）代入上式得：

$$y_{n+1}=\frac{L}{L+D}x_n+\frac{D}{L+D}x_D \tag{6-26}$$

将上式等号右边各项分子分母同除以 D，得

$$y_{n+1}=\frac{L/D}{L/D+1}x_n+\frac{1}{L/D+1}x_D \tag{6-27}$$

令 $R=L/D$，R 称为回流比，于是上式可写作：

$$y_{n+1}=\frac{R}{R+1}x_n+\frac{1}{R+1}x_D \tag{6-28}$$

式（6-27）或式（6-28）称为精馏段操作线方程。它表达了精馏段内任意一板（第 n 板）下降的液体组成 x_n，与其相邻的下一板（第 $n+1$ 板）上升的蒸气组成 y_{n+1} 之间的关系，即板间的物料组成关系，它是精馏段物料衡算的结果。

若回流比 R 及馏出液量 D 已知，则由 $L=RD$ 及 $V=L+D=(R+1)D$ 可直接求出精馏段内液相流量 L 和气相流量 V。

在定常连续操作过程中，D 为确定值；根据恒摩尔流假设 L、V 均为常数，故精馏段操作线方程为一直线方程。当 $x_n=x_D$ 时，得 $y_{n+1}=x_D$。可见，该直线过对角线上 $a(x_D, x_D)$ 点，斜率为 $R/(R+1)$，在 y 轴上的截距为 $\frac{x_D}{R+1}$，如图 6-17 所示的直线 ac。

（二）提馏段操作线方程

进料板（包括进料板）以下的塔段为提馏段，对图 6-18 虚线范围做物料衡算。

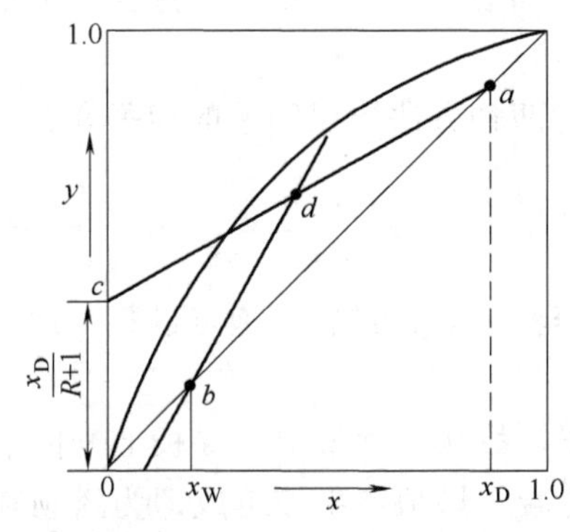

图 6-17　操作线方程图示

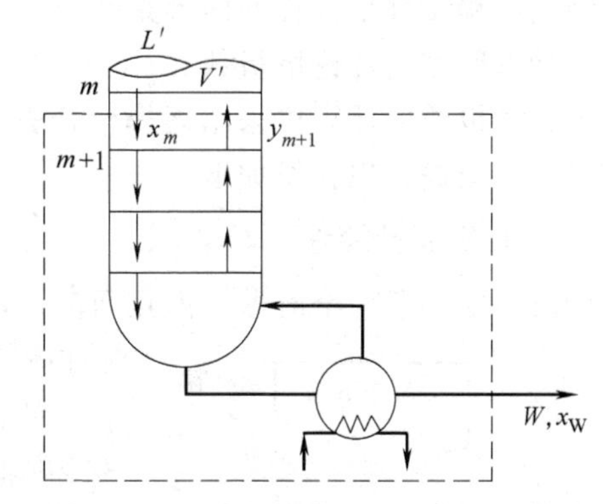

图 6-18　提馏段操作线方程推导示意图

总物料衡算：
$$L'=V'+W \tag{6-29}$$

轻组分物料衡算：
$$L'x_m=V'y_{m+1}+Wx_W \tag{6-30}$$

将式（6-30）整理得：
$$y_{m+1}=\frac{L'}{V'}x_m-\frac{W}{V'}x_W \tag{6-31}$$

将式（6-29）代入式（6-31）中得：
$$y_{m+1}=\frac{L'}{L'-W}x_m-\frac{W}{L'-W}x_W \tag{6-32}$$

式（6-31）或式（6-32）称为提馏段操作线方程。它表达了提馏段内任意两塔板间上升的蒸气组成 y_{m+1} 与下降的液体组成 x_m 之间的关系。

若进料为泡点进料，进料量为 F，据恒摩尔流假设条件，则 $L'=V'+F$，$V'=V$。在定常连续操作过程中，W、x_W 为定值，又据恒摩尔流假设，L'、V'为常数，故提馏段操作线亦为一直线。当 $x_m=x_W$ 时，可得 $x_{m+1}=x_W$，即该直线过对角线上 $b(x_W, x_W)$，见图 6-17。

【例 6-5】 某连续精馏塔处理苯-氯仿混合液，要求馏出液中含有 96%（摩尔分数，下同）的苯。进料量为 75kmol/h，进料液中含苯 45%，残液中苯含量 10%，回流比为 3，泡点进料，求：①从冷凝器回流至塔顶的回流液量及自塔釜上升蒸气的摩尔流量；②写出精馏段、提馏段操作线方程式。

解：①由全塔物料衡算式得　$F=D+W=75\text{kmol/h}$

$$Fx_F=Dx_D+Wx_W=0.96D+0.1W=75\times0.45$$

联立解得：　$D=30.52\text{kmol/h}$，$W=44.48\text{kmol/h}$

则从冷凝器回流至塔顶的回流液量：　$L=RD=3\times30.52=91.56\text{kmol/h}$

泡点进料时自塔釜上升蒸气的摩尔流量：

$$V'=V=L+D=91.56+30.52=122.08\text{kmol/h}$$

泡点进料时提馏段下降液体流量为：$L'=L+F=91.56+75=166.56\text{kmol/h}$

② 精馏段操作线方程为：$y_{n+1}=\frac{R}{R+1}x_n+\frac{x_D}{R+1}=0.75x_n+0.24$

提馏段操作线方程为：$y_{m+1}=\frac{L'}{L'-W}x_m-\frac{Wx_W}{L'-W}=1.36x_m-0.0364$

四、理论塔板数的确定

精馏过程设计型计算的内容是按照一定的生产任务和规定的分离要求，选择精馏的操作条件，计算所需的理论塔板数。

理论塔板数的计算可采用逐板计算法或图解法，此两种方法均以物系的相平衡关系和操作性方程为依据，现介绍如下。

（一）逐板计算法

设塔顶冷凝器为全凝器，泡点回流；塔釜为间接蒸汽加热；进料为泡点进料。逐板计算法如图 6-19 所示。

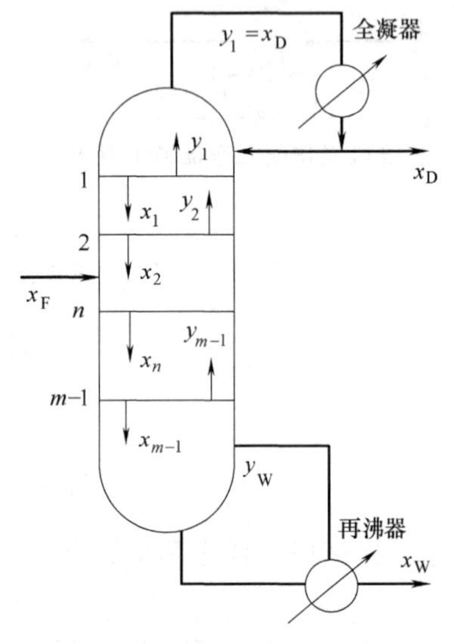

图 6-19 逐板计算法示意图

因塔顶为全凝器，故从塔顶最上一层板上升的蒸气进入冷凝器后被全部冷凝，塔顶馏出液组成即为塔顶最上一层塔板的上升蒸气组成，即 $y_1=x_D$。

而离开第一块理论板的液体组成 x_1 与从该板上升的蒸气组成 y_1 达到平衡，故可由气液相平衡方程式求得 x_1，即：

$$x_1=\frac{y_1}{\alpha-(\alpha-1)y_1} \tag{6-33}$$

因板间的气液组成满足操作线方程，故第二块理论板上升的蒸气组成 y_2 与第一块理论板下降的液体组成 x_1 满足精馏段操作线方程，由精馏段操作线方程可求得：

$$y_2=\frac{R}{R+1}x_1+\frac{1}{R+1}x_D \tag{6-34}$$

同理，y_2 与 x_2 满足相平衡方程，用相平衡方程由 y_2 求出 x_2，而 y_3 与 x_2 应满足精馏段操作线方程，用操作线方程式由 x_2 求出 y_3，以此类推，重复计算，直至计算到 $x_n \leqslant x_F$ 后，再改用相平衡方程和提馏段操作线方程计算提馏段塔板组成，直至计算到 $x_m \leqslant x_W$ 为止。在计算过程中每使用一次平衡关系，表示需要一块理论板。由于离开再沸器的气液两相达到平衡，相当于一块理论板，所以提馏段所需的理论板数应为计算中使用相平衡关系的次数减 1，所得的理论板数包括进料板。

在此过程中使用了几次相平衡关系便需要几块理论板（包括塔釜再沸器的那一块）。

【例 6-6】 在一常压连续精馏塔内分离苯-甲苯混合物，已知进料液流量为 80kmol/h，料液中苯含量为 40%（摩尔分数，下同），泡点进料，塔顶流出液含苯 90%，要求苯回收率不低于 90%，塔顶为全凝器，泡点回流，回流比取 2，在操作条件下，物系的相对挥发度为 2.47。用逐板计算法计算所需的理论板数。

解： 根据苯的回收率计算塔顶产品流量

$$D=\frac{\eta F x_F}{x_D}=\frac{0.9\times80\times0.4}{0.9}=32\text{kmol/h}$$

由物料恒算计算塔底产品的流量和组成：

$$W=F-D=80-32=48\text{kmol/h}$$

$$x_W=\frac{Fx_F-Dx_D}{W}=\frac{80\times0.4-32\times0.9}{48}=0.0667$$

已知回流比 $R=2$，所以精馏段操作线方程为：

$$y_{n+1}=\frac{R}{R+1}x_n+\frac{x_D}{R+1}=\frac{2}{2+1}x_n+\frac{0.9}{2+1}=0.667x_n+0.3 \tag{1}$$

由于泡点进料，提馏段操作线方程：

$$L'=L+F=RD+F=2\times32+80=144\text{kmol/h}$$

$$V'=V=(R+1)D=3\times32=96$$

$$y_{m+1}=\frac{L'}{V'}x_m-\frac{Wx_W}{V'}=\frac{144}{96}x_m-\frac{48\times0.0667}{96}=1.5x_m-0.033 \tag{2}$$

相平衡方程式可写成： $$x=\frac{y}{\alpha-(\alpha-1)y}=\frac{y}{2.47-1.47y} \tag{3}$$

利用操作线方程式（1）、式（2）和相平衡方程式（3），可自上而下逐板计算所需理论板数。因塔顶为全凝器，则 $y_1=x_D=0.9$

由式（3）求得第一块板下降液体组成：

$$x_1=\frac{y_1}{2.47-1.47y_1}=\frac{0.9}{2.47-1.47\times0.9}=0.785$$

利用精馏段操作线计算第二块板上升蒸气组成：

$$y_2=0.667x_1+0.3=0.667\times0.785+0.3=0.824$$

交替使用式（1）和式（3）直到 $x_n\leqslant x_F$，然后改用提馏段操作线方程，直到 $x_n\leqslant x_W$ 为止。计算结果如下：

塔板	1	2	3	4	5	6	7	8	9	10
y	0.9	0.824	0.737	0.652	0.587	0.515	0.419	0.306	0.194	0.101
x	0.785	0.655	0.528	0.431	$0.365<x_F$	0.301	0.226	0.151	0.089	$0.044<x_W$

精馏塔内理论塔板数为 10－1＝9 块，其中精馏段 4 块，第 5 块为进料板。

（二）图解法

图解法求理论板数的基本原理与逐板计算法相同，其优点是比较直观，便于分析。

以直角梯级图解法较为常见，即在 $y\sim x$ 图上分别绘出精馏段操作线、提馏段操作线和相平衡曲线，然后从塔顶开始，依次在平衡线与操作线之间绘直角梯级，直至 $x_m\leqslant x_W$ 为止，其间有几个直角梯级便有几块理论板（包括塔釜再沸器），具体步骤如图 6-20 所示。

（1）绘相平衡曲线

在直角坐标系中绘出待分离物系的相平衡曲线，即 $y\sim x$ 图，并作出对角线。

（2）绘操作线

在 $y\sim x$ 图上分别绘出两段操作线。

① 精馏段操作线。过对角线上 $a(x_D,\ x_D)$ 点，以 $\frac{R}{R+1}$ 为斜率（或在 y 轴上的截距为 $\frac{x_D}{R+1}$）作直线 ac，即为精馏段操作线。

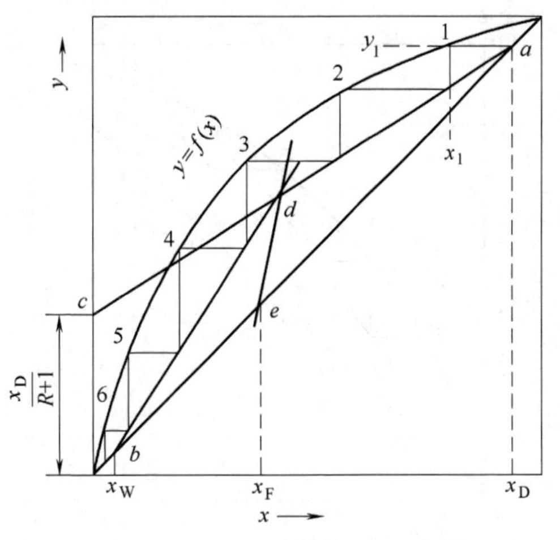

图 6-20 理论板数图解法示意图

② q 线。过 $e(x_F, x_F)$ 点，以 $\frac{q}{q-1}$ 为斜率，绘出 q 线，与精馏段操作线 ac 交于点 d。

③ 提馏段操作线。过对角线上 $b(x_W, x_W)$ 点，连接 bd 即可得提馏段操作线。

(3) 绘直角梯级

从 a 点开始，在精馏段操作线与平衡线之间轮流作水平线与垂直线构成直角梯级，梯级跨越两操作线交点 d 时，改在提馏段操作线与平衡线间作直角梯级，直至梯级的垂直线达到或跨越 b 点为止，其间所绘梯级的数目即为理论塔板数（包括塔釜再沸器一块），跨越 d 点的梯级为进料板。

下面讨论每一梯级所代表的意义，参见图 6-21。

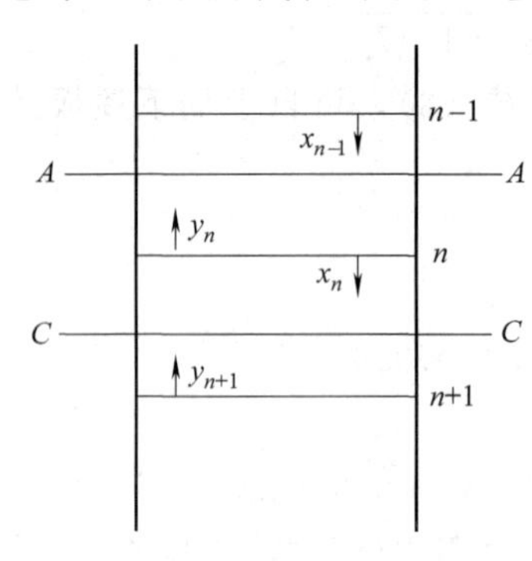

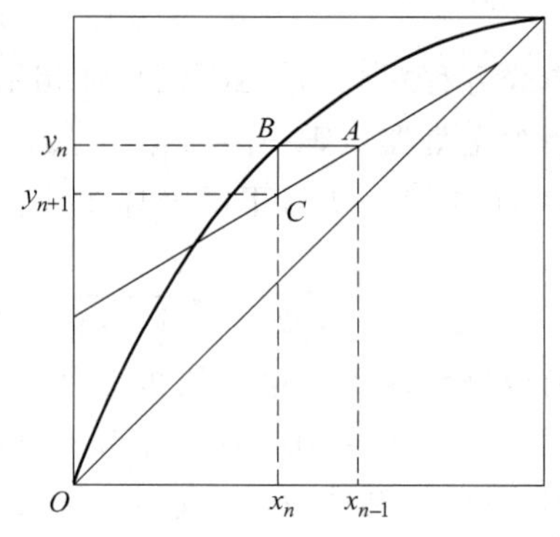

图 6-21　塔板组成的图示

塔中某一板（第 n 板）为理论板，x_n 与 y_n 成平衡关系，在 $y \sim x$ 图中表示为 B 点，落在平衡线上；板间截面（A-A、C-C 截面）相遇的上升蒸气与下降液体组成满足操作线方程，故必落在操作线上，在 $y \sim x$ 图中为操作线上 A 点 (x_{n-1}, y_n)、C 点 (x_n, y_{n+1})。从 A 点出发引水平线与平衡线交于 B 点，反映了 n 板上的平衡关系；由 B 点出发引垂直线与操作线交于 C 点，表示气液组成满足操作线方程。依次绘水平线与垂直线相当于交替使用相平衡关系与操作线关系，每绘出一个直角梯级就代表一块理论板。

从直角梯级 ABC 中可以看到，AB 边表示下降液体经过第 n 块板后重组分增浓程度，BC 边表示上升蒸气经第 n 块板后轻组分增浓程度。操作线与平衡线的偏离程度越大，表示每块理论板的增浓程度越高，在达到同样分离要求的条件下所需的理论板数就越少。

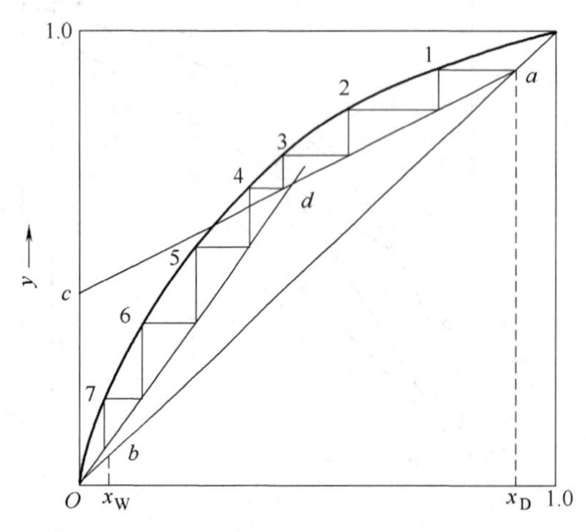

图 6-22　非最佳进料板进料时理论板数图解

在图解过程中，当某梯级跨越两操作线交点 d 时（此梯级表示进料板），应及时更换操作线，这是因为对一定的分离任务而言，这样做所需的理论板数最少。若提前使用提馏段操作线或过了交点仍沿用精馏段操作线，都会因某些梯级的增浓程度减少而使理论板数增加，如图 6-22 所示。

比较图 6-20 与图 6-22，对于同样的分离要求，在不同位置进料，所需理论板数显然有差异。图 6-20 为第 3 块板进料，共需 6 块理论板，而图 6-22 在第 4 块板进料时，就需要 7 块理论板。可见在第 3 块板进料比在第 4 块板进料所需理论板数少。因此，进料应在跨越两操作线交点处的第 3 块板加入，此板称为最佳进料板。当梯级跨过两操作线交点时，更换操作线是适当的，由此定出的进料位置称为最佳进料位置。

【例 6-7】 在常压下用连续精馏塔分离甲醇-水溶液。已知：$x_F=0.35$，$x_D=0.95$，$x_W=0.05$（均为甲醇的摩尔分数），泡点进料，塔顶为全凝器，塔釜为间接蒸汽加热，操作回流比为最小回流比的 2 倍。求：理论塔板数及进料板位置。

甲醇-水溶液平衡数据如下：

温度/℃	液相中甲醇摩尔分数 x	气相中甲醇摩尔分数 y	温度/℃	液相中甲醇摩尔分数 x	气相中甲醇摩尔分数 y
100	0	0	75.3	0.40	0.729
96.4	0.02	0.134	73.1	0.50	0.779
93.5	0.04	0.234	71.2	0.60	0.825
91.2	0.06	0.304	69.3	0.70	0.87
89.3	0.08	0.365	67.6	0.80	0.915
87.7	0.10	0.418	66.0	0.90	0.958
84.4	0.15	0.517	65	0.95	0.979
81.7	0.20	0.579	64.5	1.0	1.0
78	0.30	0.665			

解： 绘出 $y\sim x$ 图（图 6-23）

由图可知，理论塔板数共有 7 块（包括再沸器），其中第 5 块板是进料板。

五、进料热状况的影响和q 线方程

进料热状况有以下 5 种：①冷进料，进料为温度低于泡点的过冷液体；②泡点进料，进料为泡点温度的饱和液体；③气液混合进料；④露点进料，进料为露点温度的饱和蒸气；⑤过热蒸气进料，进料为温度高于露点的过热蒸气。显然，不同状况下进料的焓值不同，在进料段混合结果也不同，使从进料板上升的蒸气量及下降的液体量发生变化，因此，精馏塔内精馏段与提馏段上升的蒸气量及下降的液体量与进料热状况之间存在某种数值上联系。为此，引入进料热状况参数 q。

（一）进料热状况参数

对进料板做物料衡算和热量衡算，衡算范围如图 6-24 所示虚线区域。

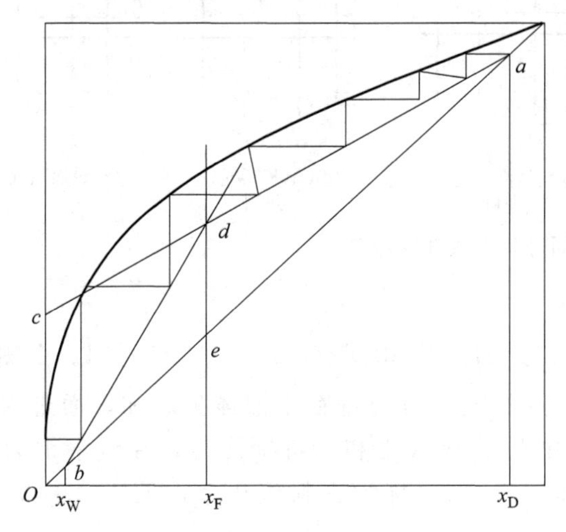

图 6-23　例 6-7 附图

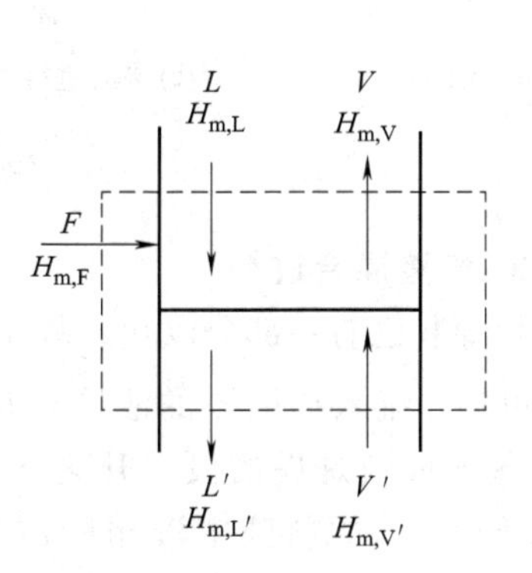

图 6-24　进料板衡算范围

将衡算结果整理可得：

$$\frac{H_{m,V}-H_{m,F}}{H_{m,V}-H_{m,L}}=\frac{L'-L}{F} \tag{6-35}$$

令
$$q=\frac{H_{m,V}-H_{m,F}}{H_{m,V}-H_{m,L}}=\frac{\text{使原料从进料状况变为饱和蒸气的摩尔焓变}}{\text{原料由饱和液体变为饱和蒸气的摩尔焓变}} \tag{6-36}$$

q 称为进料热状况参数。可以整理得出以下公式：

$$L'=qF+L \tag{6-37}$$

$$V'=V-(1-q)F \tag{6-38}$$

其中，$L=RD$，$V=(R+1)D$。

式（6-37）及式（6-38）将精馏塔内精馏段与提馏段下降液体量 L、L'，上升蒸气量 V、V'，原料液量 F 及进料热状况参数 q 关联在一起。

（二）各种进料热状况下的 q 值

1. 冷进料

因原料液温度低于饱和其泡点温度，故 $H_{m,F}<H_{m,L}$，则由式（6-36）知 $q>1$。因 $q>1$，故 $L'>L+F$，$V<V'$，参见图 6-25（a）。

提馏段内下降液体量 L'包括以下三部分：

① 精馏段下降的液体量；

② 原料液量；

③ 自提馏段上升的蒸气在加热原料液的过程中，一部分被冷凝进入提馏段成为下降液体，由于这部分蒸气的冷凝，$V<V'$。

2. 泡点进料

此时原料液的温度与其泡点温度相同，即 $t_F=t_S$，代入式（6-36）中可得 $q=1$，于是 $L'=L+F$，$V=V'$。参见图 6-25（b）。

进入提馏段的液体量为精馏段下降的液体量与进料量之和，两段上升的蒸气量相等。

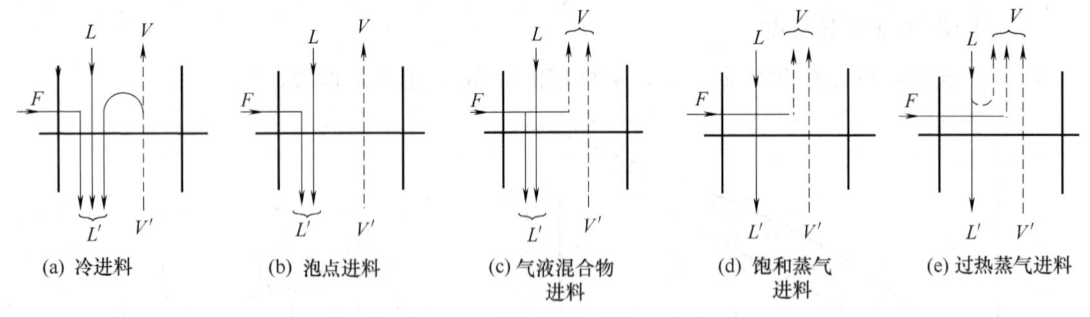

图 6-25 不同进料方式气液相量

3. 气液混合进料

因原料已有一部分汽化，故 $H_{m,V}>H_{m,F}>H_{m,L}$，由式（6-36）知 $0<q<1$。由图 6-25（c）可见，流入提馏段的液体量是精馏段下降的液体量与进料中液体量之和，而进入精馏段的蒸气量则是提馏段上升蒸气量与进料中的蒸气量之和。特别注意，在气液混合进料状态下，q 为原料液中液相所占的比例，而（$1-q$）称为进料汽化率，见式（6-37）、式（6-38）。

4. 饱和蒸气进料

此时 $H_{m,V}=H_{m,F}$，由式（6-36）可知，$q=0$。由图 6-25（d）可见，进入精馏段的蒸气量是入塔的饱和蒸气量与提馏段上升的蒸气量之和，而进入提馏段的液体量等于精馏段下降的液体量，即：$V=V'+F$，$L=L'$。

5. 过热蒸气进料

此时 $H_{m,V}<H_{m,F}$，由式（6-36）可知，$q<0$。于是，$V>V'+F$，$L'>L$。参见图 6-25（e）。

此时精馏段上升蒸气量包括以下三部分：

① 提馏段上升的蒸气量；

② 原料蒸气量；

③ 从进料温度降低到露点温度时要放出热量，故必有一部分由精馏段下降的液体被汽化，汽化后的蒸气成为精馏段上升蒸气的一部分。由于这部分液体的汽化，$L'<L$。

将以上 5 种不同的进料情况列入表 6-1 中。

表 6-1　不同进料情况比较

进料热状况	进料摩尔焓	q 值	L、L'的关系	V、V'的关系
冷进料	$H_{m,F}<H_{m,L}$	$q>1$	$L'>L+F$	$V<V'$
饱和液体进料	$H_{m,F}=H_{m,L}$	$q=1$	$L'=L+F$	$V=V'$
气液混合物进料	$H_{m,V}>H_{m,F}>H_{m,L}$	$0<q<1$	$L<L'<L+F$	$V'=V-(1-q)F$
饱和蒸气进料	$H_{m,V}=H_{m,F}$	$q=0$	$L=L'$	$V=V'+F$
过热蒸气进料	$H_{m,V}<H_{m,F}$	$q<0$	$L'>L$	$V>V'+F$

（三）q 线方程

将精馏段操作线方程与提馏段操作线方程联立，便得到精馏段操作线与提馏段操作线交点的轨迹，此轨迹方程称为 q 线方程，也称作进料方程。当进料热状况参数及进料组成确定后，在 $y\sim x$ 图上可以首先绘出 q 线，然后便可很方便地绘出提馏段操作线。利用 q 线方程还可以分析进料热状况对精馏塔设计及操作的影响。

由精馏段操作线方程和提馏段操作线方程结合全塔物料衡算式可以推导出公式：

$$y=\frac{q}{q-1}x-\frac{x_F}{q-1} \tag{6-39}$$

式（6-39）称为 q 线方程。在进料热状况及进料组成确定的条件下，q 及 x_F 为定值，则式（6-39）为一直线方程。当 $x=x_F$ 时，由式（6-39）计算出 $y=x_F$，则 q 线方程在 $y\sim x$ 图上是过对角线上 $e(x_F,\ x_F)$ 点，以 $\frac{q}{q-1}$ 为斜率的直线。

根据不同的 q 值，5 种不同进料热状况下的 q 线斜率值及其方位参照表 6-2。

表 6-2　q 线斜率及在 y～x 图上的方位

进料热状况	q 值	q 线斜率 $q/(q-1)$	q 线在 $y\sim x$ 图上的方位
冷进料	$q>1$	$L'>L+F$	ef_2(↗)
饱和液体进料	$q=1$	$L'=L+F$	ef_2(↑)
气液混合物进料	$0<q<1$	$L<L'<L+F$	ef_3(↖)
饱和蒸气进料	$q=0$	$L=L'$	ef_4(←)
过热蒸气进料	$q<0$	$L'>L$	ef_5(↙)

注：箭头的方向表示 q 线斜率的方向。

引入 q 线方程后，可很容易绘出双组分连续精馏的各个操作线。步骤如下：

① 绘平衡线。根据已给定的气液平衡数据或已知的 α 值，在 $y \sim x$ 图上绘出平衡曲线，并绘出对角线。

② 作精馏段操作线。过 $a(x_D, x_D)$ 点，以 $\frac{x_D}{R+1}$ 为截距作直线 ac，即为精馏段操作线。

③ 作 q 线。过 $e(x_F, x_F)$ 点，以 $\frac{q}{q-1}$ 为斜率，绘出 q 线与精馏段操作线 ac 交于点 d。

④ 作提馏段操作线。在对角线上找到 $b(x_W, x_W)$ 点，连接 bd 即可得到该进料状况下的提馏段操作线。

综上所述，可得到以下结论：

① 当为气液混合进料时，即 $0<q<1$，q 线方程实际上就是平衡蒸馏的物料衡算方程。

② 精馏段操作线、提馏段操作线及 q 线必相交于 d 点。

六、回流比的影响及其选择

回流是精馏操作的基本特征，而精馏过程回流比的大小直接影响到精馏操作费用和设备费用。

对一定的分离要求，增加回流比，使精馏段操作线的斜率增大，截距减小，操作线离平衡线越远，每一梯级的水平线段和垂直线段均加长，每一块理论板的分离程度增大，所需的理论板数减少，故塔本身的设备费用减少，但却增加了塔内气液负荷量，导致冷凝器、再沸器负荷增大，使操作费用提高，这些附属设备尺寸的加大又会增加设备投资。而对于一个操作中的精馏塔，增加回流比，会使分离能力增加，提高产品纯度，故操作费用也相应增加。

回流比有两个极限，一个是全回流时的回流比，另一个是最小回流比。生产中采用的回流比应介于二者之间。

（一）全回流与最少理论塔板数

1. 全回流的特点

全回流时精馏塔不加料也不出料，即 $F=0$，$D=0$，$W=0$，塔顶上升的蒸气冷凝后全部引回塔内，精馏塔无精馏段与提馏段之分。

全回流时回流比 $R=\frac{L}{D}\rightarrow\infty$，此时，平衡线与操作线距离最远，对应的理论板数最少，以 N_{min} 表示。

2. 全回流时的操作线方程

操作线斜率 $\frac{R}{R+1}=\frac{1}{1+\frac{1}{R}}\longrightarrow 1\ (R\rightarrow\infty)$，在 y 轴上的截距 $\frac{x_D}{R+1}\longrightarrow 0\ (R\rightarrow\infty)$。可见操作线与 $y \sim x$ 图上的对角线重合，于是全回流时的操作线方程可写成 $y_{n+1}=x_n$，即任意板间截面上升的蒸气组成与下降的液体组成相等。

3. 全回流时理论板数的确定

（1）逐步计算法

与前述方法相同，而操作线方程更简单。

（2）图解法

与前述方法相同，而仅在平衡线与操作线之间作梯级即可。

（3）利用芬斯克方程计算

对于理想溶液，根据相平衡方程和操作线方程可导出计算最少理论板数 $N_{\min}$ 的公式，即芬斯克方程。

$$N_{\min}+1=\frac{\lg\left[\left(\frac{x_D}{1-x_D}\right)\left(\frac{1-x_W}{x_W}\right)\right]}{\lg\alpha_m} \tag{6-40}$$

上式称为芬斯克方程，用以计算全回流条件下采用全凝器时的最少理论塔板数。若将式中的 x_W 换成进料组成 x_F，α 取塔顶和进料处的平均值，则该式也可以用来计算精馏段的最少理论板数及加料板位置。

【例 6-8】 在常压连续精馏塔中分离苯-甲苯混合液，已知 $x_F=0.4$（摩尔分数，下同），$x_D=0.97$，$x_W=0.04$，相对挥发度 $\alpha=2.47$。试分别求以下三种进料方式下的最小回流比和全回流下的最小理论板数。

（1）冷液进料 $q=1.387$；（2）泡点进料；（3）饱和蒸气进料。

解：（1）$q=1.387$

则 q 线方程：$y=\frac{q}{q-1}x-\frac{x_F}{q-1}=\frac{1.387}{1.387-1}x-\frac{0.4}{1.387-1}=3.584x-1.034$

相平衡方程：$y=\frac{\alpha x}{1+(\alpha-1)x}=\frac{2.47x}{1+1.47x}$

两式联立；$x_q=0.483$，$y_q=0.698$

则 $R_{\min}=\frac{x_D-y_q}{y_q-x_q}=\frac{0.97-0.698}{0.698-0.483}=1.265$

（2）泡点进料，$q=1$ 则 $x_q=x_F=0.4$

$y_q=\frac{\alpha x_q}{1+(\alpha-1)x_q}=\frac{2.47\times0.4}{1+1.47\times0.4}=0.622$

则 $R_{\min}=\frac{x_D-y_q}{y_q-x_q}=\frac{0.97-0.622}{0.622-0.4}=1.568$

（3）饱和蒸气进料，$q=0$，则 $y_q=x_F=0.4$

$x_q=\frac{y_q}{\alpha-(\alpha-1)y_q}=\frac{0.4}{2.47-1.47\times0.4}=0.213$

则 $R_{\min}=\frac{x_D-y_q}{y_q-x_q}=\frac{0.97-0.4}{0.4-0.213}=3.048$

4. 全回流的适用场合

全回流是操作回流比的上限。它只是在设备开工、调试及实验研究时采用，或用在生产不正常时精馏塔的自身调整操作中。

（二）最小回流比

减小回流比，精馏段操作线的斜率变小，两操作线向平衡线靠近，在规定的分离要求下，即塔顶、塔釜产品组成确定时，所需的理论板数增加。当回流比减小至某一数值时，两操作线的交点恰好落在平衡线上，这时的回流比称为完成该预定分离要求的最小回流比，以

R_{min} 表示。此时，若在交点附近用图解法求塔板，则需无穷多块塔板才能接近 d 点。在最小回流比条件下操作时，在 d 点上下各板气液两相组成基本不变，即无增浓作用，故此区域称为恒浓区，d 点称为夹紧点。

最小回流比是精馏塔设计计算中的一个重要参数，实际回流比必须大于最小回流比，才能完成指定的分离任务。通常用图解法求解最小回流比 R_{min}。

1. 平衡线规则

此时平衡线无明显下凹，如图 6-26 所示，由 e 点（x_F，x_F）作 q 线，当 q 线与平衡线相交于 $d(x_q，y_q)$ 点时，ad 线为最小回流比下的精馏段操作线，由图可求得 ad 线斜率为：

$$\frac{R_{min}}{R_{min}+1}=\frac{x_D-y_q}{x_D-x_q} \tag{6-41}$$

整理上式解出最小回流比为：

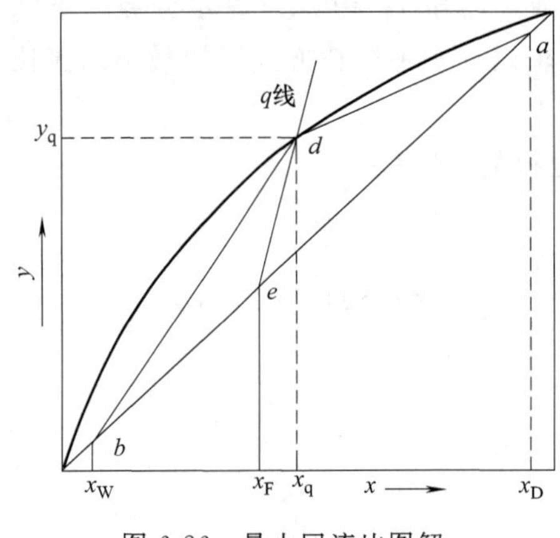

图 6-26　最小回流比图解

$$R_{min}=\frac{x_D-y_q}{y_q-x_q} \tag{6-42}$$

式中，x_q、y_q 为 q 线与平衡线交点的坐标，可用图解法由图中读取，如图 6-26 所示，或由 q 线方程和平衡线方程联解确定。当泡点进料时，$x_q=x_F$，y_q 由相平衡方程确定，即 $y_q=\frac{\alpha x_q}{1+(\alpha-1)x_q}$；当饱和蒸气进料时，$y_q=x_F$，$x_q$ 也由相平衡方程确定，即 $x_q=\frac{y_q}{\alpha-(\alpha-1)y_q}$。

2. 平衡线不规则

当平衡线出现明显下凹时，在操作线与 q 线的交点尚未落到平衡线上之前，精馏段操作线或提馏段操作线就有可能与平衡线在某点相切，如图 6-27 所示。这时，切点即为夹紧点，其对应的回流比即为最小回流比。其仍可用式（6-42）计算，但式中的 x_q、y_q 改用 q 线与具有该最小回流比的操作线交点的坐标，其值可由图中 d 点坐标读出。也可读取精馏段操作线的截距值 $\frac{x_D}{R_{min}+1}$，然后再由此计算出 R_{min}。

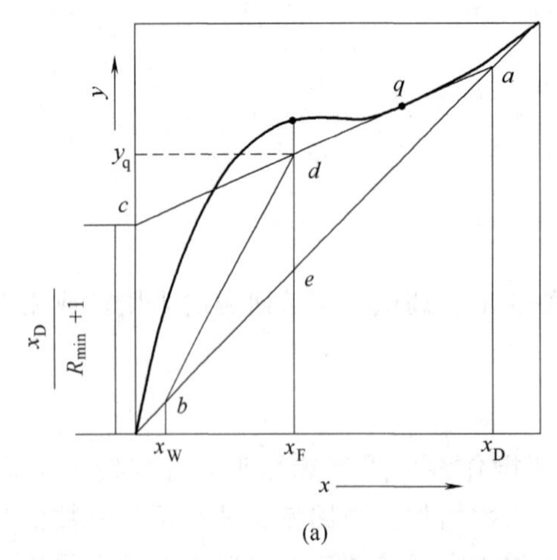

(a)

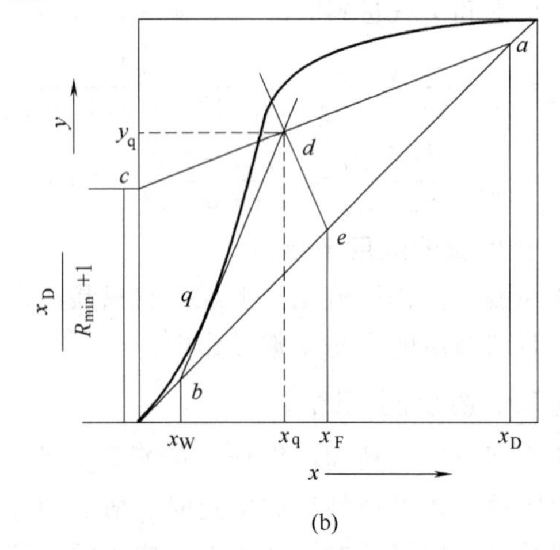

(b)

图 6-27　平衡线不规则时的 R_{min}

最后必须指出，和吸收中的最小液气比类似，精馏操作中的最小回流比是对一定的分离要求而言的，脱离了一定的分离要求而只谈最小回流比是毫无意义的。换句话说，若操作中采用的回流比小于最小回流比，此时，操作虽然能够进行，但不可能达到规定的分离要求。

（三）适宜回流比

适宜回流比应通过经济衡算，即按照操作费用与设备折旧费用之和为最小的原则来确定，它是介于全回流与最小回流比之间的某个值。

精馏操作费用主要取决于再沸器中加热剂用量和冷凝器中冷却剂用量，而这些都由塔内上升蒸气量，即由 $V=(R+1)D$ 和 $V'=V-(1-q)F$ 决定。当 F、q 和 D 一定时，R 增加，V 与 V' 都增加，故操作费用提高，如图 6-28 中 A 所示。

设备折旧费用包括精馏塔、再沸器及冷凝器等设备的投资乘以相应的折价率，它主要取决于设备尺寸。在最小回流比时，理论板数为无穷多，故设备费用为无穷大；当 R 稍大于 R_{min}，理论板数显著减少，设备费用骤减。再加大回流比，所需理论板数下降变慢，而由于冷凝器、再沸器的热负荷和传热面积的加大，总的设备费用又随着 R 增加而有所上升，如图 6-28 中 B 所示。

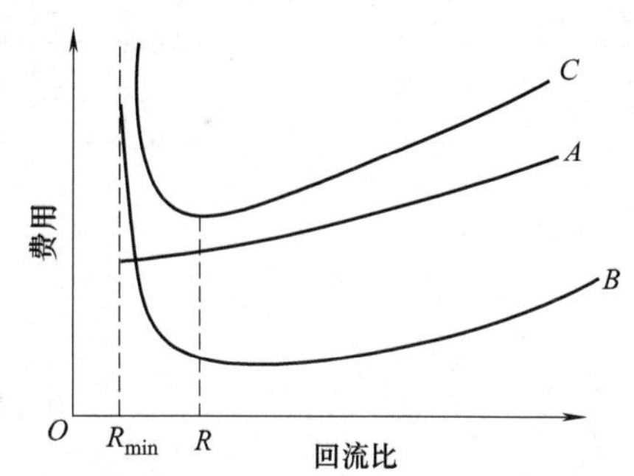

图 6-28 适宜回流比的确定

图 6-28 中 C 表示了总费用与回流比的定性关系。显然存在着一个总费用的最低点，与此对应的回流比即为适宜回流比。通常适宜回流比可取最小回流比的（1.1～2.0）倍，即：

$$R=(1.1\sim2.0)R_{min} \tag{6-43}$$

上式是根据经验选取的，对于实际生产过程，回流比还应视具体情况而定，例如，对于难分离的混合液应选用较大的回流比。

七、理论塔板数的简捷计算法

精馏塔理论塔板数的计算除前述逐板计算法与图解法之外，还可以用简捷计算法。此方法特别适用于塔板数比较多的情况下做初步估算，但误差较大。现介绍如下。

首先根据物系的分离要求求出最小回流比 R_{min} 及全回流时的最少理论塔板数 N_{min}，然后借助于吉利兰关联图（图 6-29），找到 R_{min}、R、N_{min} 与 N 之间的关系，从而由所选的 R 值求出理论塔板数 N。

图中横坐标为$\dfrac{R-R_{min}}{R+1}$，纵坐标为$\dfrac{N-N_{min}}{N+2}$。注意 N 与 N_{min} 均为不包括再沸器的理论塔板数。

吉利兰关联图是由一些生产实际数据归纳得到的，其适用范围是：组分数目为 2～11；5 种进料热状况；$R_{min}=0.53\sim7.0$；$\alpha=1.26\sim4.05$；$N=2.4\sim43.1$。此图不仅适用于双组分精馏计算，也适用于多组分精馏计算。

【例 6-9】 丙烯-丙烷的精馏塔进料组成为含丙烯 80%和丙烷 20%（均为摩尔分数），常压操作，进料为饱和液体，要使塔顶产品为含 95%的丙烯，塔釜产品含 95%丙烷，物系的相对挥发度为 1.16，试计算：①最小回流比；②所需的最少理论塔板数。

解： ① 因进料为饱和液体，故 $q=1$ 且 $x_q=x_F=0.8$

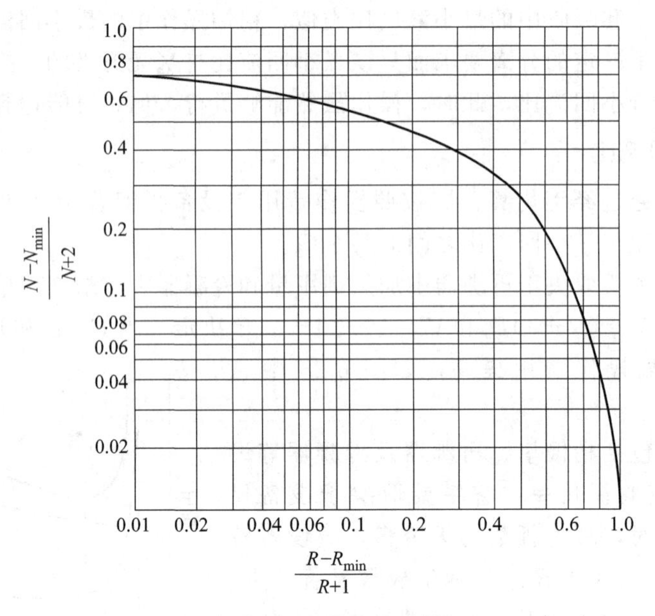

图 6-29 吉利兰关联图

则：

$$y_q=\frac{\alpha x_q}{1+(\alpha-1)x_q}=\frac{1.16\times0.8}{1+(1.16-1)\times0.8}=0.8227$$

$$R_{min}=\frac{x_D-y_q}{y_q-x_q}=\frac{0.95-0.8227}{0.8227-0.8}=5.6$$

② 由芬斯克方程 $N_{min}+1=\frac{\lg\left[\left(\frac{x_D}{1-x_D}\right)\left(\frac{1-x_W}{x_W}\right)\right]}{\lg\alpha_m}$

得：$N_{min}=\frac{\lg\left[\left(\frac{x_D}{1-x_D}\right)\left(\frac{1-x_W}{x_W}\right)\right]}{\lg\alpha_m}-1=\frac{\lg\left[\left(\frac{0.95}{1-0.95}\right)\left(\frac{1-0.05}{0.05}\right)\right]}{\lg1.16}-1=39$

八、双组分连续精馏塔的操作问题

（一）双组分连续精馏塔的操作型计算

在塔设备已定的情况下，由指定的操作条件预测精馏的操作结果，是精馏操作型计算的一个主要内容。其目的是对已有的精馏塔的操作性能作出定量的评估与分析。

在设计型计算中：一定操作压力下，给出相对挥发度 α，可以作出平衡线；给出进料组成 x_F 和进料热状况参数 q，可作出 q 线；再给定分离要求 x_D、x_W 及回流比 R，就可作出操作线，并求出总理论板数 N 和进料板位置（与此等价的是精馏段和提馏段理论板数 N_1 和 N_2）。与此同时，其他参数如 x_q、y_F 馏出率 L/D 等相对量也就完全被确定了。换句话说，只要确定了 6 个独立相对量（如这里的 α、x_F、q、x_D、x_W 和 R），全塔其他相对量和理论塔板数也就被确定了。如果再确定塔中的某一股流量例如原料液流量，塔内其他物流量如 D、W、L、V、L′、V'等也就被确定了。

本任务讨论的操作型计算，是指在设备已定（在这里只指 N_1、N_2 两个变量已定）条件下，预测其他 4 个独立相对量变化时，对操作结果（其他相对量）的影响，并进一步判断某一物流量变化对其他物流量的影响。所用的计算方程与设计型计算完全相同，但由于众多变量的关系是非线性的，这类计算都要通过试差（用迭代法手算或图解试差），近来多用计算机程序解算。在这里只进行一些定性的分析。

（二）回流比变化对精馏结果的影响

设 N_1、N_2、α、q、x_F 与 R 已知，原始的精馏塔操作如图 6-30 线 1 所示，此时分离结果为 x_D、x_W。若回流比增大，则精馏段操作线斜率增大，如图中线 2 所示。进料点将沿 q 线向右下方移动，故传质推动力增大，说明在一定精馏段塔板数 N_1 下，x_D 必将提高；同时，在一定的 N_2 下，提馏段气液比也会增大，x_W 必然降低，具体的 x_D、x_W 将是试差的结果，由此还可确定其他相对量的变化。

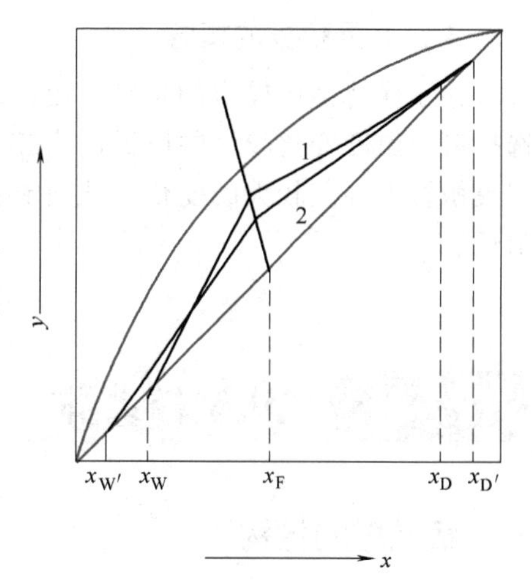

图 6-30　回流比变化的影响

【例 6-10】　一操作中的常压连续精馏塔分离某混合液。现保持塔顶馏出液量 D、回流比 R、进料状况（F、x_F、q）不变，而减小操作压力，试分析 x_D、x_W 如何变化。

解： R 不变，$\dfrac{L}{V}=\dfrac{R}{R+1}$不变，$D$、$R$、$q$、$F$ 不变，所以

$\dfrac{L'}{V'}=\dfrac{RD+qF}{(R+1)D+(q-1)F}$不变，压力减小，则 α 增大

假设 x_D 不变，由物料衡算式 $Fx_F=Dx_D+Wx_W$ 可知，x_W 也不变

假设 x_D 减小，由物料衡算式可知，x_W 增大，N 减小，与 N 不变这个前提相矛盾。故假设不成立。

故 x_D 只能变大，x_W 变小。

（三）进料组成与进料状况变化对精馏结果的影响

对操作中的精馏塔，若 x_F 下降，而 R、N_1、N_2、q、α 不变，则依靠原有精馏段板数将不能达到原来的分离要求，故 x_D 将下降；对提馏段，由于（x_F-x_W）减少而 N_2 未变，故 x_W 也会下降。如果要维持 x_D 不变，可将进料位置适当下移，即在总理论板数不变条件下改变 N_1 与 N_2，或者增大回流比。对实际的精馏塔，常设有多个进料口，供操作调整之用。

（四）原料液流量 F 变化对操作的影响

F 增加首先引起 L'增加，表现为提馏段塔板上和塔釜的液面上升以及温度下降，为了维持液面和原有 x_W 不变，必须加大 W 及塔底上升蒸气量 V'以保持提馏段操作线斜率与相平衡状态，于是塔釜需要送入更多的热量，V'的增加直接导致 V 的增加以及上部温度的增加，这就需要加大塔顶的冷却量（否则塔压也将持续增加），而要维持物料的平衡以及 x_D 不变，必须同时加大 D 和 L（保持回流比不变），最后调节结果是，F 上升，D、W 上升且满足 $F=D+W$，L'、V'上升，L、V 上升，R 不变，于是 t、p 不变，x_D、x_W 不变，达到新的平衡。

有以下特点：

① 塔内各种因素变化是相互联系相互制约的。

② 保持稳定是连续精馏塔操作的核心。

③ 实际生产中，波动是绝对的，稳定只是相对的。

（五）灵敏板的概念

为了保持生产操作的相对稳定，必须根据实际参数的变化及时进行控制和调节。通常可选择塔内温度变化较大的塔板作为控制对象，这种塔板称为灵敏板 。操作中的波动首先引起灵敏板上温度较大的变化，从而能较早发现变化的趋势并采取措施。灵敏板一般在进料段附近。

任务五 认识板式塔

微课精讲

动画资源

行业前沿

一、板式塔的结构

如图 6-31 所示，板式塔为逐级接触式气液传质设备，它主要由圆柱形壳体、塔板、溢流堰、降液管及受液盘等部件构成。

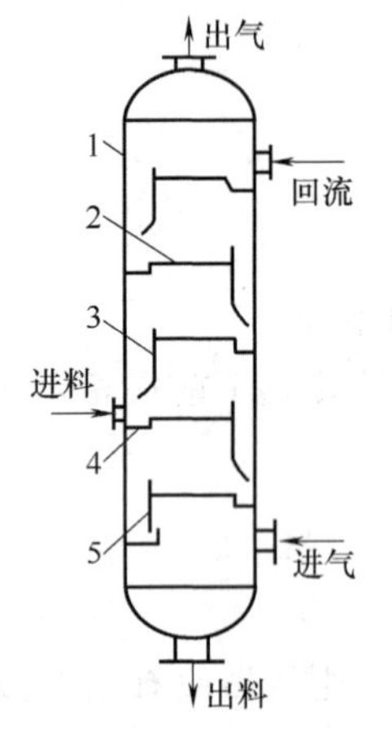

图 6-31 板式塔的结构
1—塔壳体；2—塔板；3—溢流堰；4—受液盘；5—降液管

操作时，塔内液体依靠重力作用，由上层塔板的降液管流到下层塔板的受液盘，然后横向流过塔板，从另一侧的降液管流至下一层塔板。溢流堰的作用是使塔板上保持一定厚度的液层。气体则在压力差的推动下，自下而上穿过各层塔板的气体通道（泡罩、筛孔或浮阀等），分散成小股气流，鼓泡通过各层塔板的液层。在塔板上，气液两相密切接触，进行热量和质量的交换。在板式塔中，气液两相逐级接触，两相的组成沿塔高呈阶梯式变化，在正常操作下，液相为连续相，气相为分散相。

一般而论，板式塔的空塔速度较高，因而生产能力较大，塔板效率稳定，操作弹性大，且造价低，检修、清洗方便，故工业上应用较为广泛。

二、塔板的类型

塔板可分为有降液管式塔板（也称溢流式塔板或错流式塔板）及无降液管式塔板（也称穿流式塔板或逆流式塔板）两类。在工业生产中，以有降液管式塔板应用最为广泛，在此只讨论有降液管式塔板。

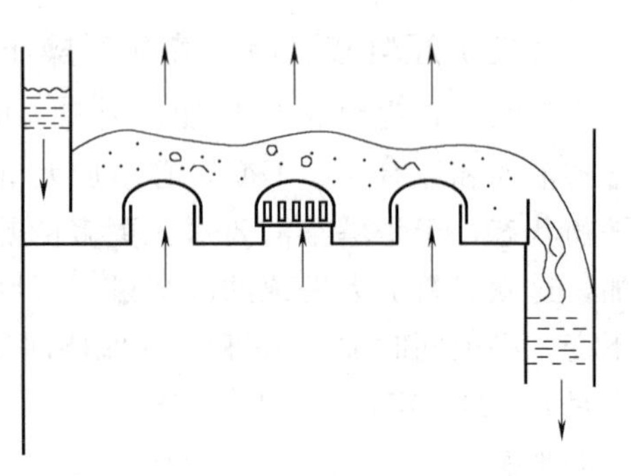
图 6-32 泡罩塔板

（一）泡罩塔板

泡罩塔板是工业上应用最早的塔板，其结构如图 6-32 所示，它主要由升气管及泡罩构成。泡罩安装在升气管的顶部，分圆形和条形两种，以前者使用较广。泡罩有 Φ80mm、Φ100mm、Φ150mm 三种尺寸，可根据塔径的大小选择。泡罩的下部周边开有很多齿缝，齿缝一般为三角形、矩形或梯形。泡罩在塔板上为正三角形排列。

操作时，液体横向流过塔板，靠溢流堰保持板上有一定厚度的液层，齿缝浸没于液层之中而形成液封。升气管的顶部应高于泡罩齿缝的上沿，以防止液体从中漏下。上升气体通过齿缝进入液层时，被分散成许多细小的气泡或流股，在板上形成鼓泡层，为气液两相的传热和传质提供大量的界面。

泡罩塔板的优点是操作弹性较大，塔板不易堵塞；缺点是结构复杂、造价高，板上液层厚，塔板压降大，生产能力及板效率较低。泡罩塔板已逐渐被筛板、浮阀塔板所取代，在新建塔设备中已很少采用。

（二）筛孔塔板

筛孔塔板简称筛板，其结构如图 6-33 所示。塔板上开有许多均匀的小孔，孔径一般为 3～8mm。筛孔在塔板上为正三角形排列。塔板上设置溢流堰，使板上能保持一定厚度的液层。

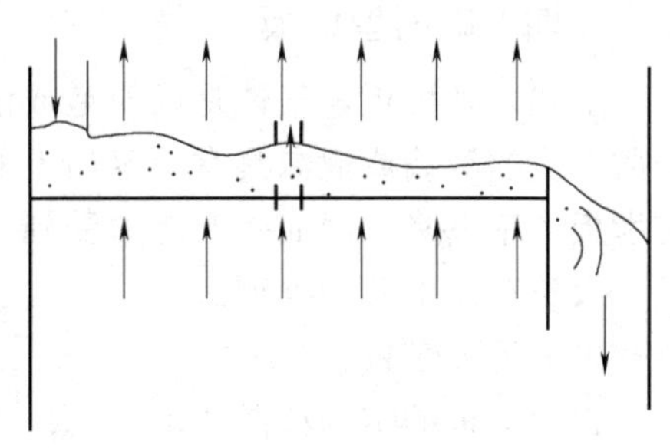
图 6-33　筛板

操作时，气体经筛孔分散成小股气流，鼓泡通过液层，气液间密切接触而进行传热和传质。在正常的操作条件下，通过筛孔上升的气流，应能阻止液体经筛孔向下泄漏。

筛板的优点是结构简单、造价低，板上液面落差小，气体压降低，生产能力大，传质效率高。其缺点是筛孔易堵塞，不宜处理易结焦、黏度大的物料。

应指出的是，筛板塔的设计和操作精度要求较高，过去工业上应用较为谨慎。近年来，由于设计和控制水平的不断提高，筛板塔的操作非常精确，故应用日趋广泛。

（三）浮阀塔板

浮阀塔板具有泡罩塔板和筛孔塔板的优点，应用广泛。浮阀的类型很多，国内常用的有如图 6-34 所示的 F1 型、V-4 型及 T 型等。

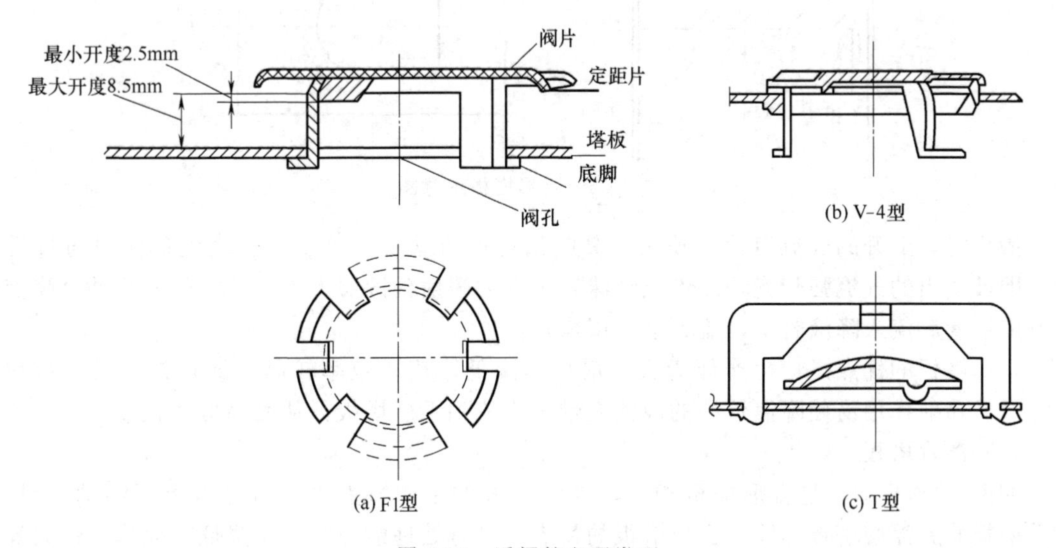

图 6-34　浮阀的主要类型

浮阀塔板的结构特点是在塔板上开有若干个阀孔，每个阀孔装有一个可上下浮动的阀片，阀片本身连有几个阀腿，插入阀孔后将阀腿底脚拨转90°，以限制阀片升起的最大高度，并防止阀片被气体吹走。阀片周边冲出几个略向下弯的定距片，当气速很低时，由于定距片的作用，阀片与塔板呈点接触而坐落在阀孔上，在一定程度上可防止阀片与板面的粘连。

操作时，由阀孔上升的气流经阀片与塔板间隙沿水平方向进入液层，增加了气液接触时间，浮阀开度随气体负荷而变，在低气量时，开度较小，气体仍能以足够的气速通过缝隙，避免过多的漏液；在高气量时，阀片自动浮起，开度增大，使气速不致过大。

浮阀塔板的优点是结构简单、造价低，生产能力大，操作弹性大，塔板效率较高。其缺点是处理易结焦、高黏度的物料时，阀片易与塔板粘连；在操作过程中有时会发生阀片脱落或卡死等现象，使塔板效率和操作弹性下降。

（四）喷射型塔板

上述几种塔板，气体是以鼓泡或泡沫状态和液体接触，当气体垂直向上穿过液层时，使分散形成的液滴或泡沫具有一定向上的初速度。若气速过高，会造成较为严重的液沫夹带，使塔板效率下降，因而生产能力受到一定的限制。为克服这一缺点，近年来开发出喷射型塔板，大致有以下几种类型。

(1) 舌形塔板

舌形塔板的结构如图6-35所示，在塔板上冲出许多舌孔，方向朝塔板液体流出口一侧张开。舌片与板面成一定的角度，有18°、20°、25°三种（一般为20°），舌片尺寸有50mm×50mm和25mm×25mm两种。舌孔按正三角形排列，塔板的液体流出口一侧不设溢流堰，只保留降液管，降液管截面积要比一般塔板设计得大些。

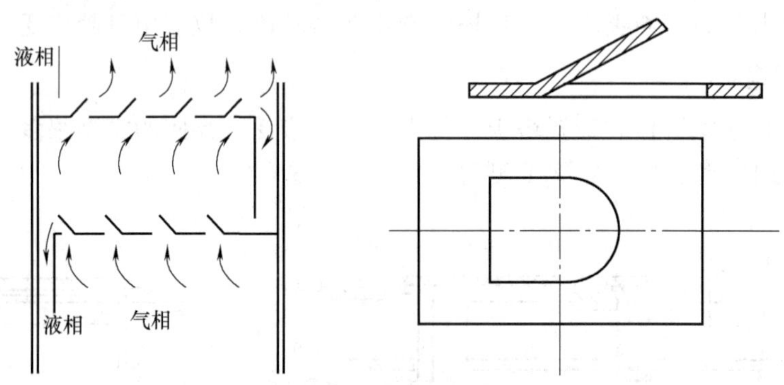

图6-35 舌形塔板示意图

操作时，上升的气流沿舌片喷出，其喷出速度可达20～30m/s。当液体流过每排舌孔时，即被喷出的气流强烈扰动而形成液沫，被斜向喷射到液层上方，喷射的液流冲至降液管上方的塔壁后流入降液管中，流到下一层塔板。

舌形塔板的优点是：生产能力大，塔板压降低，传质效率较高。缺点是：操作弹性较小，气体喷射作用易使降液管中的液体夹带气泡流到下层塔板，从而降低塔板效率。

(2) 浮舌塔板

如图6-36所示，与舌形塔板相比，浮舌塔板的结构特点是其舌片可上下浮动。因此，浮舌塔板兼有浮阀塔板和固定舌形塔板的特点，具有处理能力大、压降低、操作弹性大等优点，特别适宜于热敏性物系的减压分离过程。

（3）斜孔塔板

斜孔塔板的结构如图 6-37 所示。在板上开有斜孔，孔口向上与板面成一定角度。斜孔的开口方向与液流方向垂直，同一排孔的孔口方向一致，相邻两排开孔方向相反，使相邻两排孔的气体向相反的方向喷出。这样，气流不会对喷，既可得到水平方向较大的气速，又阻止了液沫夹带，使板面上液层低而均匀，气体和液体不断分散和聚集，其表面不断更新，气液接触良好，传质效率提高。

斜孔塔板克服了筛孔塔板、浮阀塔板和舌形塔板的某些缺点。斜孔塔板的生产能力比浮阀塔板高 30%左右，效率与之相当，且结构简单，加工制造方便，是一种性能优良的塔板。

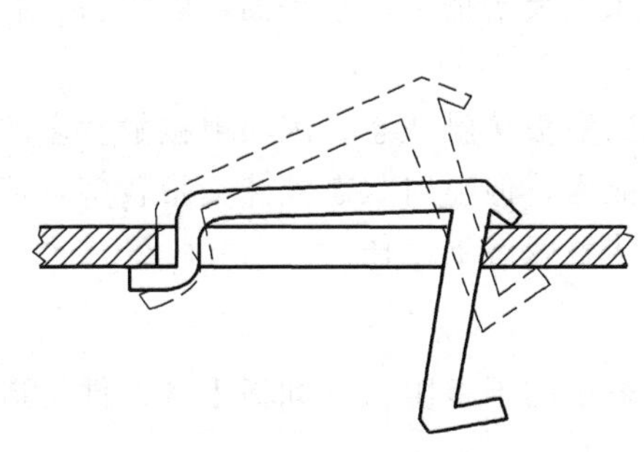

图 6-36　浮舌塔板示意图

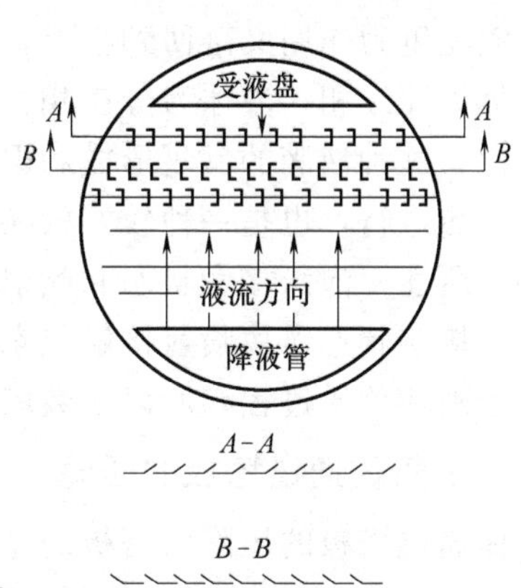

图 6-37　斜孔塔板示意图

三、板式塔的流体力学性能

气液两相的传热和传质与其在塔板上的流动状况密切相关，板式塔内气液两相的流动状况即为板式塔的流体力学性能。

（一）塔板上气液两相的接触状态

塔板上气液两相的接触状态是决定板上两相流流体力学及传质和传热规律的重要因素。如图 6-38 所示，当液体流量一定时，随着气速的增加，可以出现四种不同的接触状态。

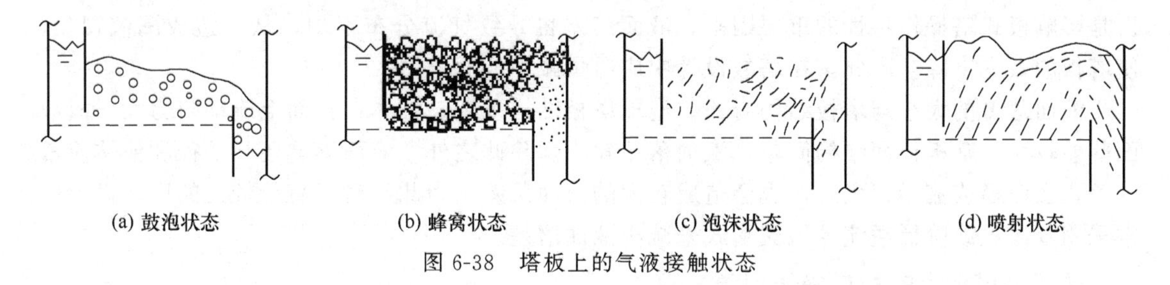

图 6-38　塔板上的气液接触状态

（1）鼓泡接触状态

当气速较低时，气体以鼓泡形式通过液层。由于气泡的数量不多，形成的气液混合物基本上以液体为主，气液两相接触的表面积不大，传质效率很低。

（2）蜂窝状接触状态

随着气速的增加，气泡的数量不断增加。当气泡的形成速度大于气泡的浮升速度时，气泡在液层中累积。气泡之间相互碰撞，形成各种多面体的大气泡，板上为以气体为主的气液混合物。由于气泡不易破裂，表面得不到更新，所以此种状态不利于传热和传质。

（3）泡沫接触状态

当气速继续增加，气泡数量急剧增加，气泡不断发生碰撞和破裂，此时板上液体大部分以液膜的形式存在于气泡之间，形成一些直径较小、扰动十分剧烈的动态泡沫，在板上只能看到较薄的一层液体。由于泡沫接触状态的表面积大，并不断更新，为两相传热与传质提供了良好的条件，是一种较好的接触状态。

（4）喷射接触状态

当气速继续增加，由于气体动能很大，把板上的液体向上喷成大小不等的液滴，直径较大的液滴受重力作用又落回到板上，直径较小的液滴被气体带走，形成液沫夹带。此时塔板上的气体为连续相，液体为分散相，两相传质的面积是液滴的外表面。由于液滴回到塔板上又被分散，这种液滴的反复形成和聚集，使传质面积大大增加，而且表面不断更新，有利于传质与传热进行，也是一种较好的接触状态。

如上所述，泡沫接触状态和喷射状态均是优良的塔板接触状态。因喷射接触状态的气速高于泡沫接触状态，故喷射接触状态有较大的生产能力，但喷射状态液沫夹带较多，若控制不好，会破坏传质过程，所以多数塔均控制在泡沫接触状态下工作。

（二）气体通过塔板的压降

气体通过塔板的压降（塔板的总压降）包括：塔板的干板阻力（即板上各部件所造成的局部阻力），板上充气液层的静压力及液体的表面张力。

塔板压降是影响板式塔操作特性的重要因素。塔板压降增大，一方面塔板上气液两相的接触时间随之延长，板效率升高，完成同样的分离任务所需实际塔板数减少，设备费降低；另一方面，塔釜温度随之升高，能耗增加，操作费增大，若分离热敏性物系时易造成物料的分解或结焦。因此，进行塔板设计时，应综合考虑，在保证较高效率的前提下，力求减小塔板压降，以降低能耗和改善塔的操作。

（三）塔板上的液面落差

当液体横向流过塔板时，为克服板上的摩擦阻力和板上部件（如泡罩、浮阀等）的局部阻力，需要一定的液位差，则在板上形成由液体进入板面到离开板面的液面落差。液面落差也是影响板式塔操作特性的重要因素，液面落差将导致气流分布不均，从而造成漏液现象，使塔板的效率下降。因此，在塔板设计中应尽量减小液面落差。

液面落差的大小与塔板结构有关。泡罩塔板结构复杂，液体在板面上流动阻力大，故液面落差较大；筛板板面结构简单，液面落差较小。除此之外，液面落差还与塔径和液体流量有关，当塔径或流量很大时，也会造成较大的液面落差。为此，对于直径较大的塔，设计中常采用双溢流或阶梯溢流等溢流形式来减小液面落差。

（四）塔板上的异常操作现象

塔板的异常操作现象包括漏液、液泛和液沫夹带等，是使塔板效率降低甚至使操作无法进行的重要因素，因此，应尽量避免这些异常操作现象的出现。

（1）漏液

在正常操作的塔板上，液体横向流过塔板，然后经降液管流下。当气体通过塔板的速度较小时，气体通过升气孔道的动压不足以阻止板上液体经孔道流下时，便会出现漏液现象。漏液的发生导致气液两相在塔板上的接触时间减少，塔板效率下降，严重时会使塔板不能积液而无法正常操作。通常，为保证塔的正常操作，漏液量应不大于液体流量的10%。漏液量达到10%的气体速度称为漏液速度，它是板式塔操作气速的下限。

造成漏液的主要原因是气速太小和板面上液面落差所引起的气流分布不均匀。在塔板液体入口处，液层较厚，往往出现漏液，为此常在塔板液体入口处留出一条不开孔的区域，称为安定区。

(2) 液沫夹带

上升气流穿过塔板上液层时，必然将部分液体分散成微小液滴，气体夹带着这些液滴在板间的空间上升，如液滴来不及沉降分离，则将随气体进入上层塔板，这种现象称为液沫夹带。

液滴的生成虽然可增大气液两相的接触面积，有利于传质和传热，但过量的液沫夹带常造成液相在塔板间的返混，进而导致板效率严重下降。为维持正常操作，需将液沫夹带限制在一定范围，一般允许的液沫夹带量为e_V[0.1kg(液)/kg(气)]。

影响液沫夹带量的因素很多，最主要的是空塔气速和塔板间距。空塔气速减小及塔板间距增大，可使液沫夹带量减小。

(3) 液泛

塔板正常操作时，在板上维持一定厚度的液层，以和气体进行接触传质。如果某种原因，导致液体充满塔板之间的空间，使塔的正常操作受到破坏，这种现象称为液泛。

当塔板上液体流量很大，上升气体的速度很高时，液体被气体夹带到上一层塔板上的量剧增，使塔板间充满气液混合物，最终使整个塔内都充满液体，这种由液沫夹带量过大引起的液泛称为夹带液泛。

当降液管内液体不能顺利向下流动时，管内液体必然积累，致使管内液位增高而越过溢流堰顶部，两板间液体相连，塔板产生积液，并依次上升，最终导致塔内充满液体，这种由降液管内充满液体而引起的液泛称为降液管液泛。

液泛的形成与气液两相的流量相关。对一定的液体流量，气速过大会形成液泛。反之，对一定的气体流量，液量过大也可能发生液泛。液泛时的气速称为泛点气速，正常操作气速应控制在泛点气速之下。

影响液泛的因素除气液流量外，还与塔板的结构，特别是塔板间距等参数有关，设计中采用较大的板间距，可提高泛点气速。

(五) 塔板的负荷性能图

影响板式塔操作状况和分离效果的主要因素为物料性质、塔板结构及气液负荷，对一定的分离物系，当设计选定塔板类型后，其操作状况和分离效果便只与气液负荷有关。要维持塔板正常操作和塔板效率的基本稳定，必须将塔内的气液负荷限制在一定的范围内，该范围即为塔板的负荷性能。将此范围在直角坐标系中，以液相负荷L为横坐标，气相负荷V为纵坐标进行绘制，所得图形称为塔板的负荷性能图，如图6-39所示。

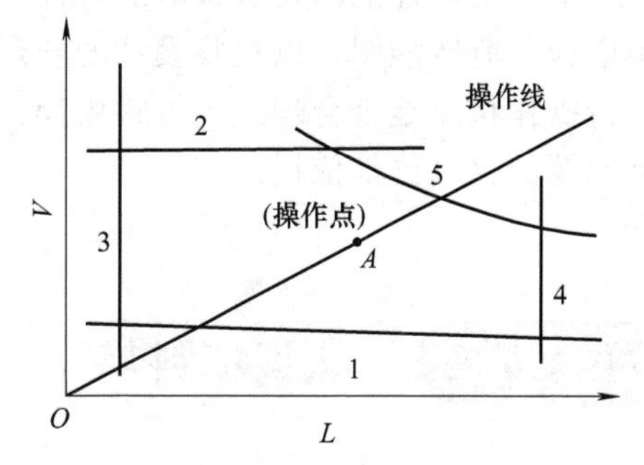

图6-39 塔板的负荷性能图

负荷性能图由以下五条线组成：

(1) 漏液线

图中线1为漏液线，又称气相负荷下限线。当操作的气相负荷低于此线时，将发生严重的漏液现象。此时的漏液量大于液体流量的10%。塔板的适宜操作区应在该线以上。

（2）液沫夹带线

图中线 2 为液沫夹带线，又称气相负荷上限线。如操作的气液相负荷超过此线时，表明液沫夹带现象严重，此时液沫夹带量 e_V>0.1kg（液）/kg（气）。塔板的适宜操作区应在该线以下。

（3）液相负荷下限线

图中线 3 为液相负荷下限线。若操作的液相负荷低于此线时，表明液体流量过低，板上液流不能均匀分布，气液接触不良，易产生干吹、偏流等现象，导致塔板效率的下降。塔板的适宜操作区应在该线以右。

（4）液相负荷上限线

图中线 4 为液相负荷上限线。若操作的液相负荷高于此线时，表明液体流量过大，此时液体在降液管内停留时间过短，进入降液管内的气泡来不及与液相分离而被带入下层塔板，造成气相返混，使塔板效率下降。塔板的适宜操作区应在该线以左。

（5）液泛线

图中线 5 为液泛线。若操作的气液负荷超过此线时，塔内将发生液泛现象，使塔不能正常操作。塔板的适宜操作区在该线以下。

（六）板式塔的操作分析

在塔板的负荷性能图中，由五条线所包围的区域称为塔板的适宜操作区。操作时的气相负荷 V 与液相负荷 L 在负荷性能图上的坐标点称为操作点。在连续精馏塔中，回流比为定值，故操作的气液比 V/L 也为定值。因此，每层塔板上的操作点沿通过原点、斜率为 V/L 的直线而变化，该直线称为操作线。操作线与负荷性能图上曲线的两个交点分别表示塔的上、下操作极限，两极限的气体流量之比称为塔板的操作弹性。设计时，应使操作点尽可能位于适宜操作区的中央，若操作点紧靠某一条边界线，则负荷稍有波动时，塔的正常操作即被破坏。

需要指出的是，当分离物系和分离任务确定后，操作点的位置即固定，但负荷性能图中各条线的相应位置随着塔板的结构尺寸而变。因此，在设计塔板时，根据操作点在负荷性能图中的位置，适当调整塔板结构参数，可改进负荷性能图，以满足所需的操作弹性。例如：加大板间距可使液泛线上移，减小塔板开孔率可使漏液线下移，增加降液管面积可使液相负荷上限线右移等。

还应指出，图 6-39 中所示为塔板性能负荷图的一般形式。实际上，塔板的负荷性能图与塔板的类型密切相关，如筛板塔与浮阀塔的负荷性能图的形状有一定的差异，对于同一个塔，各层塔板的负荷性能图也不尽相同。

塔板负荷性能图在板式塔的设计及操作中具有重要的意义。通常，当塔板设计后均要作出塔板负荷性能图，以检验设计的合理性。对于操作中的板式塔，也需作出负荷性能图，以分析操作状况是否合理。当板式塔操作出现问题时，通过塔板负荷性能图可分析问题所在，为问题的解决提供依据。

动画资源

任务六 认识填料塔

填料塔是最常用的气液传质设备之一，它广泛应用于蒸馏、吸收、解吸、汽提、萃取、化学交换、洗涤和热交换等过程。几年来，由于填料塔研究工作已日益深入，填料结构的形式不断更新，填料性能也得到了迅速的提高。金属鞍环、改型鲍尔环及波纹填料等大通量、低压力降、高效率填料的开发，使大型填料塔不断地出现，并已推广到大型气-液系统操作中，尤其是孔板波纹填料，由于具有较好的综合性能，不仅在大规模生产中被采用，而且越来越得到人们的重视，在某些领域中，有取代板式塔的趋势。近年来，在蒸馏和吸收领域中，最突出的变化是新型填料，特别是规整填料在大直径塔中的应用，这标志着塔填料、塔内件及塔设备的综合设计技术已发展到一个新的阶段。

一、填料塔的结构

图 6-40 为填料塔的结构示意图。填料塔是以塔内的填料作为气液两相间接触构件的传质设备。填料塔的塔身是一直立式圆筒，底部装有填料支承板，填料以乱堆或整砌的方式放置在支承板上。填料的上方安装填料压板，以防被上升气流吹动。液体从塔顶经液体分布器喷淋到填料上，并沿填料表面流下。气体从塔底送入，经气体分布装置（小直径塔一般不设气体分布装置）分布后，与液体呈逆流连续通过填料层的空隙，在填料表面上，气液两相密切接触进行传质。填料塔属于连续接触式气液传质设备，两相组成沿塔高连续变化，在正常操作状态下，气相为连续相，液相为分散相。

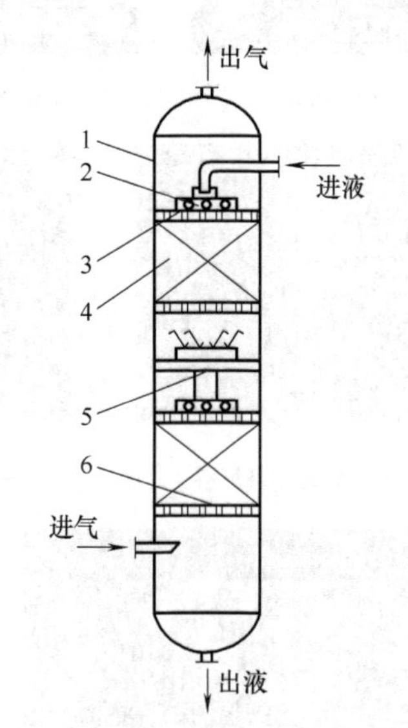

图 6-40　填料塔的结构示意图
1—塔壳体；2—液体分布器；
3—填料压板；4—填料；
5—液体再分布装置；6—填料支撑板

当液体沿填料层向下流动时，有逐渐向塔壁集中的趋势，使得塔壁附近的液流量逐渐增大，这种现象称为壁流。壁流效应造成气液两相在填料层中分布不均，从而使传质效率下降。因此，当填料层较高时，需要进行分段，中间设置再分布装置。液体再分布装置包括液体收集器和液体再分布器两部分，上层填料流下的液体经液体收集器收集后，送到液体再分布器，经重新分布后喷淋到下层填料上。

填料塔具有生产能力大、分离效率高、压降小、持液量小、操作弹性大等优点。

填料塔也有一些不足之处，如：填料造价高；当液体负荷较小时不能有效地润湿填料表面，使传质效率降低；不能直接用于有悬浮物或容易聚合的物料；对侧线进料和出料等复杂精馏不太适合。

二、填料的类型

填料的种类很多，根据装填方式的不同，可分为散装填料和规整填料。

（一）散装填料

散装填料是一个个具有一定几何形状和尺寸的颗粒体，一般以随机的方式堆积在塔内，又称为乱堆填料或颗粒填料。散装填料根据结构特点不同，又可分为环形填料、鞍形填料、环鞍形填料及球形填料等（见图 6-41）。现介绍几种较为典型的散装填料。

(1) 拉西环填料

拉西环填料于 1914 年由拉西（F. Rashching）发明，为外径与高度相等的圆环，如图

6-41（a）所示。拉西环填料的气液分布较差，传质效率低，阻力大，通量小，目前工业上已较少应用。

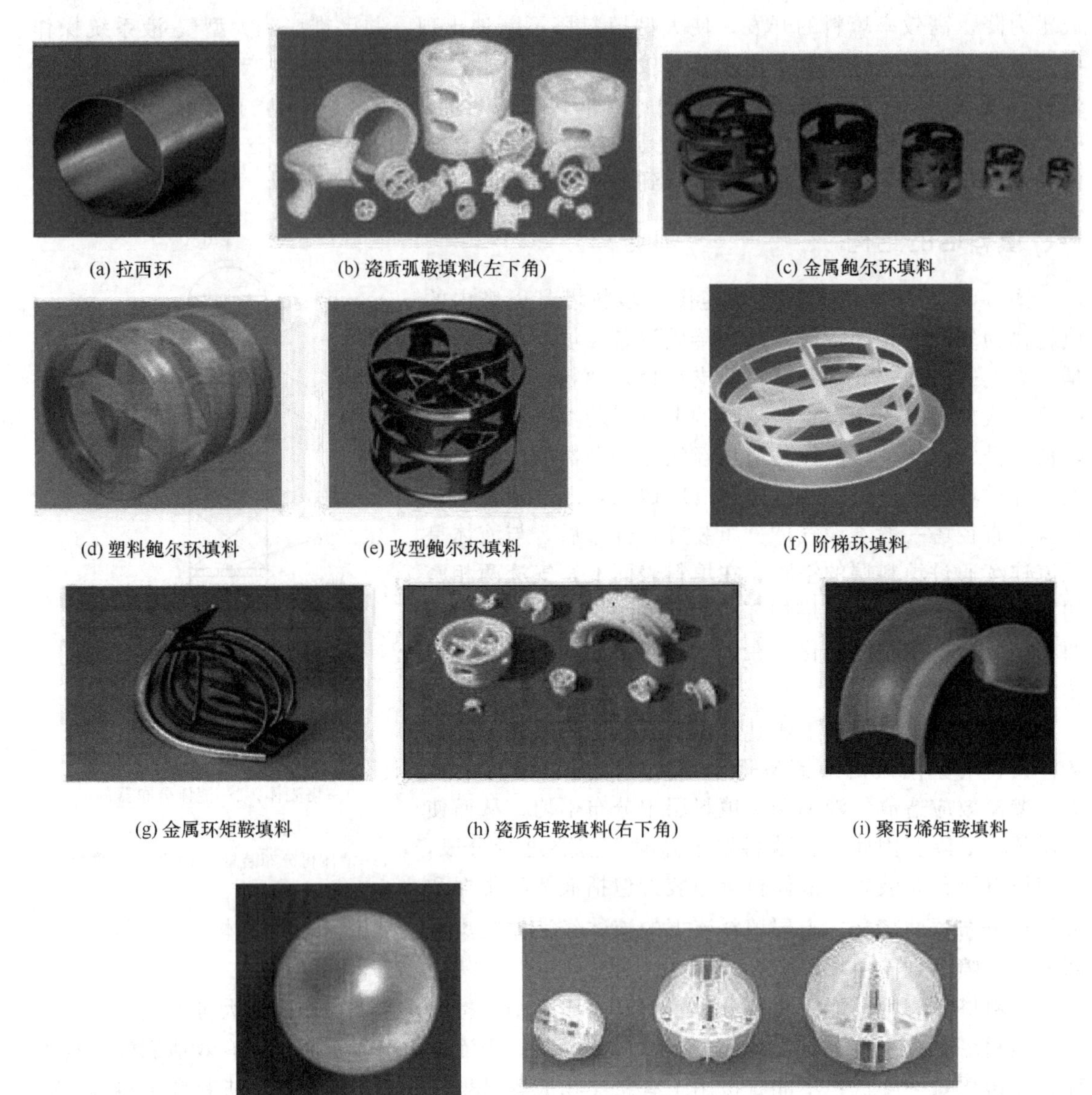

(a) 拉西环　(b) 瓷质弧鞍填料(左下角)　(c) 金属鲍尔环填料

(d) 塑料鲍尔环填料　(e) 改型鲍尔环填料　(f) 阶梯环填料

(g) 金属环矩鞍填料　(h) 瓷质矩鞍填料(右下角)　(i) 聚丙烯矩鞍填料

(j) 聚丙烯浮球填料　(k) 多面空心球填料

图 6-41　几种典型的散装填料

（2）鲍尔环填料

如图 6-41（c）～（d）所示，鲍尔环是对拉西环的改进，在拉西环的侧壁上开出两排长方形的窗孔，被切开的环壁的一侧仍与壁面相连，另一侧向环内弯曲，形成内伸的舌叶，诸舌叶的侧边在环中心相搭。鲍尔环由于环壁开孔，大大提高了环内空间及环内表面的利用率，气流阻力小，液体分布均匀。与拉西环相比，鲍尔环的气体通量可增加 50%以上，传质效率提高 30%左右。鲍尔环是一种应用较广的填料。

（3）改型鲍尔环

改型鲍尔环如图 6-41（e）所示。该填料层的气液分布较普通鲍尔环填料效果好，填料层内的液体，汇集分散点增多。与同型号的普通鲍尔环相比，填料颗粒较大，单位体积内的填料数少，降低了成本，而且效率相同，处理能力可提高8%～10%，压降也有所降低。性能特点：高径比为0.2～0.4，取消了阶梯环的翻边，采用内弯弧形筋片来提高填料强度，在乱堆时有序排列，流道结构合理，压降低，在处理能力和传质性能上均有所改善。

(4) 阶梯环填料

如图6-41(f)所示，阶梯环是对鲍尔环的改进，与鲍尔环相比，阶梯环高度减少了一半并在一端增加了一个锥形翻边。由于高径比减少，气体绕填料外壁的平均路径大为缩短，减少了气体通过填料层的阻力。锥形翻边不仅增加了填料的力学强度，而且使填料之间由线接触为主变成以点接触为主，这样不但增加了填料间的空隙，同时成为液体沿填料表面流动的汇集分散点，可以促进液膜的表面更新，有利于传质效率的提高。阶梯环的综合性能优于鲍尔环，成为目前所使用的环形填料中最为优良的一种。

(5) 弧鞍填料

弧鞍填料属鞍形填料的一种，其形状如同马鞍，一般采用瓷质材料制成，如图6-41(b)所示。弧鞍填料的特点是表面全部敞开，不分内外，液体在表面两侧均匀流动，表面利用率高，流道呈弧形，流动阻力小。其缺点是易发生套叠，致使一部分填料表面被重合，使传质效率降低。弧鞍填料强度较差，易破碎，工业生产中应用不多。

(6) 矩鞍填料

将弧鞍填料两端的弧形面改为矩形面，且两面大小不等，即成为矩鞍填料。矩鞍填料堆积时不会套叠，液体分布较均匀。矩鞍填料一般采用瓷质材料制成[如图6-41(h)所示]，其性能优于拉西环。目前，国内绝大多数应用瓷拉西环的场合，已被瓷矩鞍填料所取代。

(7) 金属环矩鞍填料

如图6-41(g)所示，环矩鞍填料（国外称为Intalox）是兼顾环形和鞍形结构特点而设计出的一种新型填料，该填料一般以金属材质制成，故又称为金属环矩鞍填料。环矩鞍填料将环形填料和鞍形填料两者的优点集于一体，其综合性能优于鲍尔环和阶梯环，在散装填料中应用较多。

(8) 球形填料

球形填料一般采用塑料注塑而成，其结构有多种，如图6-41(j)、(k)所示。球形填料的特点是球体为空心，可以允许气体、液体从其内部通过。由于球体结构的对称性，填料装填密度均匀，不易产生空穴和架桥，所以气液分散性能好。球形填料一般只适用于某些特定的场合，工程上应用较少。

除上述几种较典型的散装填料外，近年来不断有构型独特的新型填料开发出来，如共轭环填料、海尔环填料、纳特环填料等。工业上常用的散装填料的特性数据可查有关手册。

（二）规整填料

规整填料是按一定的几何构形排列，整齐堆砌的填料。规整填料种类很多，根据其几何结构可分为格栅填料、波纹填料、脉冲填料等。

(1) 格栅填料

格栅填料是以条状单元体经一定规则组合而成的，具有多种结构形式。工业上应用最早的格栅填料为图6-42(a)所示的木格栅填料。目前应用较为普遍的有格里奇格栅填料、网孔格栅填料、蜂窝格栅填料等，其中以图6-42(b)所示的格里奇格栅填料最具代表性。

格栅填料的比表面积较低，主要用于要求压降小、负荷大及防堵等场合。

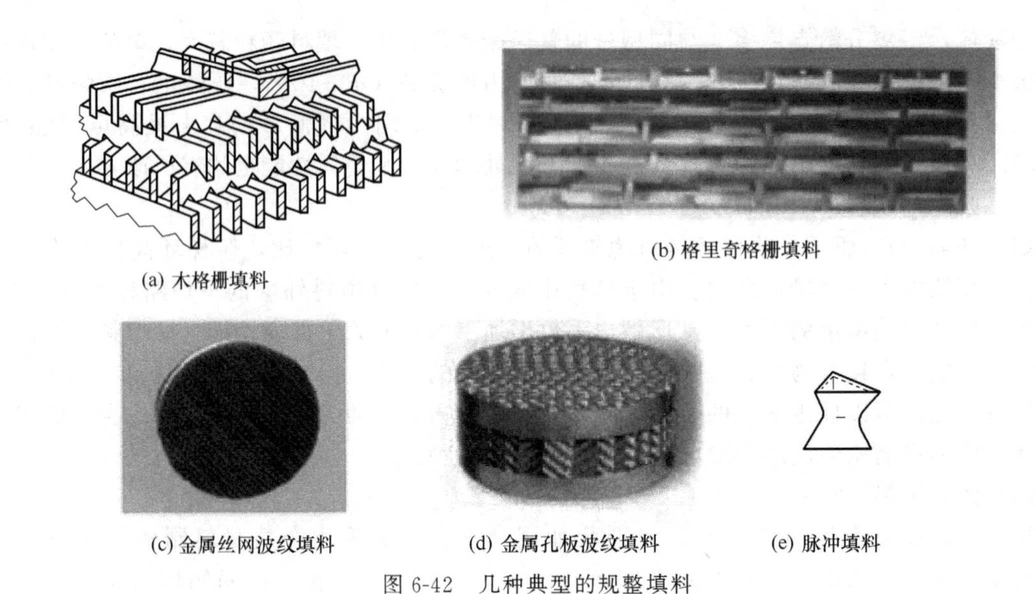

图 6-42　几种典型的规整填料

（2）波纹填料

目前工业上应用的规整填料绝大部分为波纹填料，它是由许多波纹薄板组成的圆盘状填料，波纹与塔轴的倾角有 30°和 45°两种，组装时相邻两波纹板反向靠叠。各盘填料垂直装于塔内，相邻的两盘填料间交错 90°排列。

波纹填料按结构可分为网波纹填料和板波纹填料两大类，其材质又有金属、塑料和陶瓷等。

如图 6-42（c）所示，金属丝网波纹填料是网波纹填料的主要形式，它是由金属丝网制成的。金属丝网波纹填料的压降低，分离效率很高，特别适用于精密精馏及真空精馏装置，为难分离物系、热敏性物系的精馏提供了有效的手段。尽管其造价高，但因其性能优良仍得到了广泛的应用。

如图 6-42（d）所示，金属板波纹填料是板波纹填料的一种主要形式。该填料的波纹板片上冲压有许多 Φ5mm 左右的小孔，可起到粗分配板片上的液体、加强横向混合的作用。波纹板片上轧成细小沟纹，可起到细分配板片上的液体、增强表面润湿性能的作用。金属孔板波纹填料强度高，耐腐蚀性强，特别适用于大直径塔及气液负荷较大的场合。

金属压延孔板波纹填料是另一种有代表性的板波纹填料。它与金属孔板波纹填料的主要区别在于板片表面不是冲压孔，而是刺孔，用碾轧方式在板片上碾出很密的孔径为 0.4～0.5mm 小刺孔。其分离能力类似于网波纹填料，但抗堵能力比网波纹填料强，并且价格便宜，应用较为广泛。

波纹填料的优点是结构紧凑、阻力小、传质效率高、处理能力大、比表面积大（常用的有 $125m^2/g$、$150m^2/g$、$250m^2/g$、$350m^2/g$、$500m^2/g$、$700m^2/g$ 等几种）。波纹填料的缺点是不适于处理黏度大、易聚合或有悬浮物的物料，且装卸、清理困难，造价高。

（3）脉冲填料

脉冲填料是由带缩颈的中空棱柱形个体，按一定方式拼装而成的一种规整填料，如图 6-42（e）所示。脉冲填料组装后，会形成带缩颈的多孔棱形通道，其纵面流道交替收缩和扩大，气液两相通过时产生强烈的湍动。在缩颈段，气速最高，湍动剧烈，从而强化传质。在扩大段，气速减到最小，实现两相的分离。流道收缩、扩大的交替重复，实现了“脉冲”传质过程。

脉冲填料的特点是处理量大、压降小，是真空精馏的理想填料。因其优良的液体分布性能使放大效应减少，故特别适用于大塔径的场合。

工业上常用规整填料的特性参数可参阅有关手册。

三、填料的性能评价

（一）填料的几何特性

填料的几何特性数据主要包括比表面积、空隙率、填料因子等，是评价填料性能的基本参数。

（1）比表面积

单位体积填料的填料表面积称为比表面积，以 a 表示，其单位为 m^2/m^3。填料的比表面积愈大，所提供的气液传质面积愈大。因此，比表面积是评价填料性能优劣的一个重要指标。

（2）空隙率

单位体积填料中的空隙体积称为空隙率，以 e 表示，其单位为 m^3/m^3，或以%表示。填料的空隙率越大，气体通过的能力越大且压降低。因此，空隙率是评价填料性能优劣的又一重要指标。

（3）填料因子

填料的比表面积与空隙率三次方的比值，即 a/e^3，称为填料因子，以 f 表示，其单位为 1/m。填料因子分为干填料因子与湿填料因子，填料未被液体润湿时的 a/e^3 称为干填料因子，它反映填料的几何特性；填料被液体润湿后，填料表面覆盖了一层液膜，a 和 e 均发生相应的变化，此时的 a/e^3 称为湿填料因子，它表示填料的流体力学性能，f 值越小，表明流动阻力越小。

（二）填料的综合性能

填料性能的优劣通常根据效率、通量及压降三要素衡量。在相同的操作条件下，填料的比表面积越大，气液分布越均匀，表面的润湿性能越好，则传质效率越高；填料的空隙率越大，结构越开敞，则通量越大，压降亦越低。采用模糊数学方法对九种常用填料的性能进行了评价，得出如表 6-3 所示的结论。可看出，丝网波纹填料综合性能最好，拉西环最差。

表 6-3 种填料综合性能评价

填料名称	评估值	语言描述	排序
丝网波纹填料	0.86	很好	1
孔板波纹填料	0.61	相当好	2
金属环矩鞍填料	0.59	相当好	3
金属鞍形环	0.57	相当好	4
金属阶梯环	0.53	一般好	5
金属鲍尔环	0.51	一般好	6
瓷环矩鞍填料	0.41	较好	7
瓷鞍形环	0.38	略好	8
瓷拉西环	0.36	略好	9

四、填料塔的流体力学性能

填料塔的流体力学性能主要包括填料层的持液量、填料层的压降、液泛、填料表面的润湿及返混等。

（一）填料层的持液量

填料层的持液量是指在一定操作条件下，在单位体积填料层内所积存的液体体积，以 m^3（液体）/m^3（填料）表示。持液量可分为静持液量 H_s、动持液量 H_o 和总持液量 H_t。静持液量是指当填料被充分润湿后，停止气液两相进料，并经排液至无滴液流出时存留于填料层中的液体量，其取决于填料和流体的特性，与气液负荷无关。动持液量是指填料塔停止气液两相进料时流出的液体量，它与填料、液体特性及气液负荷有关。总持液量是指在一定操作条件下存留于填料层中的液体总量。显然，总持液量为静持液量和动持液量之和，即

$$H_t = H_o + H_s \tag{6-44}$$

填料层的持液量可由实验测出，也可由经验公式计算。一般来说，适当的持液量对填料塔操作的稳定性和传质是有益的，但持液量过大，将减少填料层的空隙和气相流通截面，使压降增大，处理能力下降。

（二）填料层的压降

在逆流操作的填料塔中，从塔顶喷淋下来的液体，依靠重力在填料表面成膜状向下流动，上升气体与下降液膜的摩擦阻力形成了填料层的压降。填料层压降与液体喷淋量及气速有关，在一定的气速下，液体喷淋量越大，压降越大；在一定的液体喷淋量下，气速越大，压降也越大。将不同液体喷淋量下的单位填料层的压降 $\Delta p/Z$ 与空塔气速 u 的关系标绘在对数坐标纸上，可得到如图 6-43 所示的曲线簇。

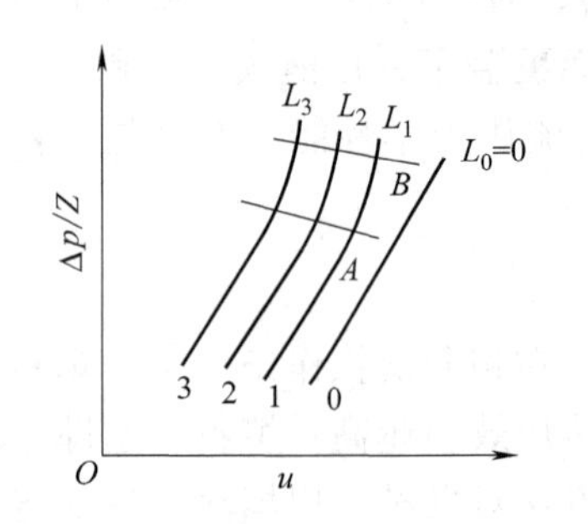

图 6-43 填料层的 $\Delta p/Z \sim u$ 关系

在图 6-43 中，直线 0 表示无液体喷淋（$L=0$）时，干填料的 $\Delta p/Z \sim u$ 关系，称为干填料压降线。曲线 1、2、3 表示不同液体喷淋量下，填料层的 $\Delta p/Z \sim u$ 关系，称为填料操作压降线。

从图中可看出，在一定的喷淋量下，压降随空塔气速的变化曲线大致可分为三段：当气速低于 A 点时，气体流动对液膜的曳力很小，液体流动不受气流的影响，填料表面上覆盖的液膜厚度基本不变，因而填料层的持液量不变，该区域称为恒持液量区。此时 $\Delta p/Z \sim u$ 为一直线，位于干填料压降线的左侧，且基本上与干填料压降线平行。当气速超过 A 点时，气体对液膜的曳力较大，对液膜流动产生阻滞作用，使液膜增厚，填料层的持液量随气速的增加而增大，此现象称为拦液。开始发生拦液现象时的空塔气速称为载点气速，曲线上的转折点 A，称为载点。若气速继续增大，到达图中 B 点时，由于液体不能顺利向下流动，填料层的持液量不断增大，填料层内几乎充满液体。气速增加很小便会引起压降的剧增，此现象称为液泛，开始发生液泛现象时的气速称为泛点气速，以 u_F 表示，曲线上的点 B 称为泛点。从载点到泛点的区域称为载液区，泛点以上的区域称为液泛区。

应予指出，在同样的气液负荷下，不同填料的 $\Delta p/Z \sim u$ 关系曲线有所差异，但其基本形状相近。对于某些填料，载点与泛点并不明显，故上述三个区域间无明显的界限。

（三）液泛

在泛点气速下，持液量的增多使液相由分散相变为连续相，而气相则由连续相变为分散相，此时气体呈气泡形式通过液层，气流出现脉动，液体被大量带出塔顶，塔的操作极不稳定，甚至会被破坏，此种情况称为淹塔或液泛。影响液泛的因素很多，如填料的特性、流体的物性及操作的液气比等。

填料特性的影响集中体现在填料因子上。填料因子 f 值越小，越不易发生液泛现象。

流体物性的影响体现在气体密度、液体的密度和黏度上。气体密度越小，液体的密度越大，黏度越小，则泛点气速越大。

操作的液气比愈大，则在一定气速下液体喷淋量愈大，填料层的持液量增加而空隙率减小，故泛点气速愈小。

（四）液体喷淋密度和填料表面的润湿

填料塔中气液两相间的传质主要是在填料表面流动的液膜上进行的。要形成液膜，填料表面必须被液体充分润湿，而填料表面的润湿状况取决于塔内的液体喷淋密度及填料材质的表面润湿性能。

液体喷淋密度是指单位塔截面积上，单位时间内喷淋的液体体积，以 U 表示，单位为 $m^3/(m^2 \cdot h)$。为保证填料层的充分润湿，必须保证液体喷淋密度大于某一极限值，该极限值称为最小喷淋密度，以 U_{min} 表示。最小喷淋密度通常采用下式计算，即

$$U_{min}=(L_W)_{min}a \tag{6-45}$$

最小润湿速率 $(L_W)_{min}$ 是指在塔的截面上，单位长度的填料周边的最小液体体积流量。其值可由经验公式计算，也可采用经验值。对于直径不超过 75mm 的散装填料，可取最小润湿速率 $(L_W)_{min}$ 为 $0.08m^3/(m \cdot h)$；对于直径大于 75mm 的散装填料，取 $(L_W)_{min}=0.12m^3/(m \cdot h)$；$a$ 为填料的比表面积。

填料表面润湿性能与填料的材质有关，就常用的陶瓷、金属、塑料三种材质而言，陶瓷填料的润湿性能最好，塑料填料的润湿性能最差。

实际操作时采用的液体喷淋密度应大于最小喷淋密度。若喷淋密度过小，可采用增大回流比或采用液体再循环的方法加大液体流量，以保证填料表面的充分润湿；也可采用减小塔径予以补偿；对于金属、塑料材质的填料，可采用表面处理方法，改善其表面的润湿性能。

（五）返混

在填料塔内，气液两相的逆流并不呈理想的平推流状态，而是存在着不同程度的返混。造成返混现象的原因很多，如：填料层内的气液分布不均；气体和液体在填料层内的沟流；液体喷淋密度过大时所造成的气体局部向下运动；塔内气液的湍流脉动使气液微团停留时间不一致等。填料塔内流体的返混使得传质平均推动力变小，传质效率降低。因此，按理想的活塞流设计的填料层高度，因返混的影响需适当加高，以保证预期的分离效果。

五、填料的选择

填料的选择包括确定填料的种类、规格及材质等。所选填料既要满足生产工艺的要求，又要使设备投资和操作费用最低。

（一）填料种类的选择

填料种类的选择要考虑分离工艺的要求，通常考虑以下几个方面：

① 传质效率要高。一般而言，规整填料的传质效率高于散装填料。

② 通量要大。在保证具有较高传质效率的前提下，应选择具有较高泛点气速或气相动能因子的填料。

③ 填料层的压降要低。

④ 填料抗污堵性能强，拆装、检修方便。

（二）填料规格的选择

填料规格是指填料的公称尺寸或比表面积。

① 散装填料规格的选择。工业塔常用的散装填料主要有 DN16mm、DN25mm、DN38mm、DN50mm、DN76mm 等几种规格。同类填料，尺寸越小，分离效率越高，但阻力增加，通量减少，填料费用也增加很多。而大尺寸的填料应用于小直径塔中，又会产生液体分布不良及严重的壁流，使塔的分离效率降低。因此，对塔径与填料尺寸的比值要有一规定，一般塔径与填料公称直径的比值应大于 8。

② 规整填料规格的选择。工业上常用规整填料的型号和规格的表示方法很多，国内习惯用比表面积表示，主要有 $125m^2/g$、$150m^2/g$、$250m^2/g$、$350m^2/g$、$500m^2/g$、$700m^2/g$ 等几种规格，同种类型的规整填料，其比表面积越大，传质效率越高，但阻力增加，通量减小，填料费用也明显增加。选用时应从分离要求、通量要求、场地条件、物料性质及设备投资、操作费用等方面综合考虑，使所选填料既能满足技术要求，又具有经济合理性。

需要指出的是，一座填料塔可以选用同种类型，同一规格的填料，也可选用同种类型不同规格的填料；可以选用同种类型的填料，也可以选用不同类型的填料；有的塔段可选用规整填料，而有的塔段可选用散装填料。设计时应灵活掌握，根据技术经济统一的原则来选择填料的规格。

（三）填料材质的选择

填料的材质分为陶瓷、金属和塑料三大类。

① 陶瓷填料。陶瓷填料具有很好的耐腐蚀性及耐热性，陶瓷填料价格便宜，具有很好的表面润湿性能，质脆、易碎是其最大缺点。在气体吸收、气体洗涤、液体萃取等过程中应用较为普遍。

② 金属填料。金属填料可用多种材质制成，选择时主要考虑腐蚀问题。碳钢填料造价低，且具有良好的表面润湿性能，对于无腐蚀或低腐蚀性物系应优先考虑使用；不锈钢填料耐腐蚀性强，一般能耐除 Cl 以外常见物系的腐蚀，但其造价较高，且表面润湿性能较差，在某些特殊场合（如极低喷淋密度下的减压精馏过程），需对其表面进行处理，才能取得良好的使用效果；钛材、特种合金钢等材质制成的填料造价很高，一般只在某些腐蚀性极强的物系下使用。

一般来说，金属填料可制成薄壁结构，它的通量大、气体阻力小，且具有很高的抗冲击性能，能在高温、高压、高冲击强度下使用，应用范围最为广泛。

③ 塑料填料。塑料填料的材质主要包括聚丙烯（PP）、聚乙烯（PE）及聚氯乙烯（PVC）等，国内一般多采用聚丙烯材质。塑料填料的耐腐蚀性能较好，可耐一般的无机酸、碱和有机溶剂的腐蚀。其耐温性良好，可长期在 100℃ 以下使用。

塑料填料质轻、价廉，具有良好的韧性，耐冲击、不易碎，可以制成薄壁结构。它的通量大、压降低，多用于吸收、解吸、萃取、除尘等装置中。塑料填料的缺点是表面润湿性能差，但可通过适当的表面处理来改善其表面润湿性能。

六、填料塔的内件

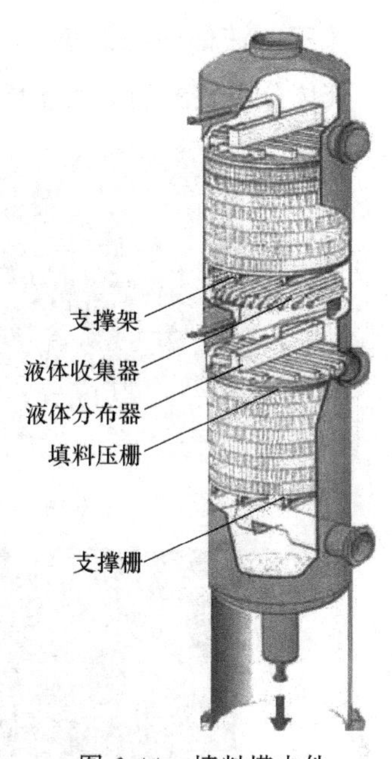

图 6-44　填料塔内件

塔内件是填料塔的组成部分，它与填料及塔体共同构成一个完整的填料塔。塔内件的作用是使气液在塔内更好地接触，以便发挥填料塔的最大效率和达到最大生产能力，因此塔内件设计的好坏直接影响填料性能的发挥和整个填料塔的性能。另外，填料塔的“放大效应”除填料本身因素外，塔内件对它的影响也很大。

填料塔的内件（图 6-44）主要有填料支承装置、填料压紧装置、液体分布装置、液体收集再分布装置等。合理地选择和设计塔内件，对保证填料塔的正常操作及优良的传质性能十分重要。

（一）填料支承装置

填料支承装置的作用是支承塔内的填料，常用的填料支承装置有如图 6-45 所示的栅板型、驼峰型等。支承装置的选择，主要的依据是塔径、填料种类及型号、塔体及填料的材质、气液流率等。

(a) 栅板型

(b) 驼峰型

图 6-45　两种填料支承装置

图 6-46　用于散装填料的填料压圈

（二）填料压紧装置

填料上方安装压紧装置可防止在气流的作用下填料床层发生松动和跳动。填料压紧装置分为填料压板和床层限制板两大类，每类又有不同的型式。如图 6-46 所示的填料压紧装置自由放置于填料层上端，靠自身重量将填料压紧。它适用于陶瓷、石墨等制成的易发生破碎的散装填料。床层限制板用于金属、塑料等制成的不易发生破碎的散装填料及所有规整填料。床层限制板要固定在塔壁上，为不影响液体分布器的安装和使用，不能采用连续的塔圈固定，对于小塔可用螺钉固定于塔壁，而大塔则用支耳固定。

规整填料一般不会发生流化，但在大塔中，分块组装的填料会移动，因此也必须安装由平行扁钢制造的填料限制圈。

（三）液体分布装置

液体分布装置的种类多样，有喷头式、盘式、管式、槽式及槽盘式等，如图 6-47 所示。

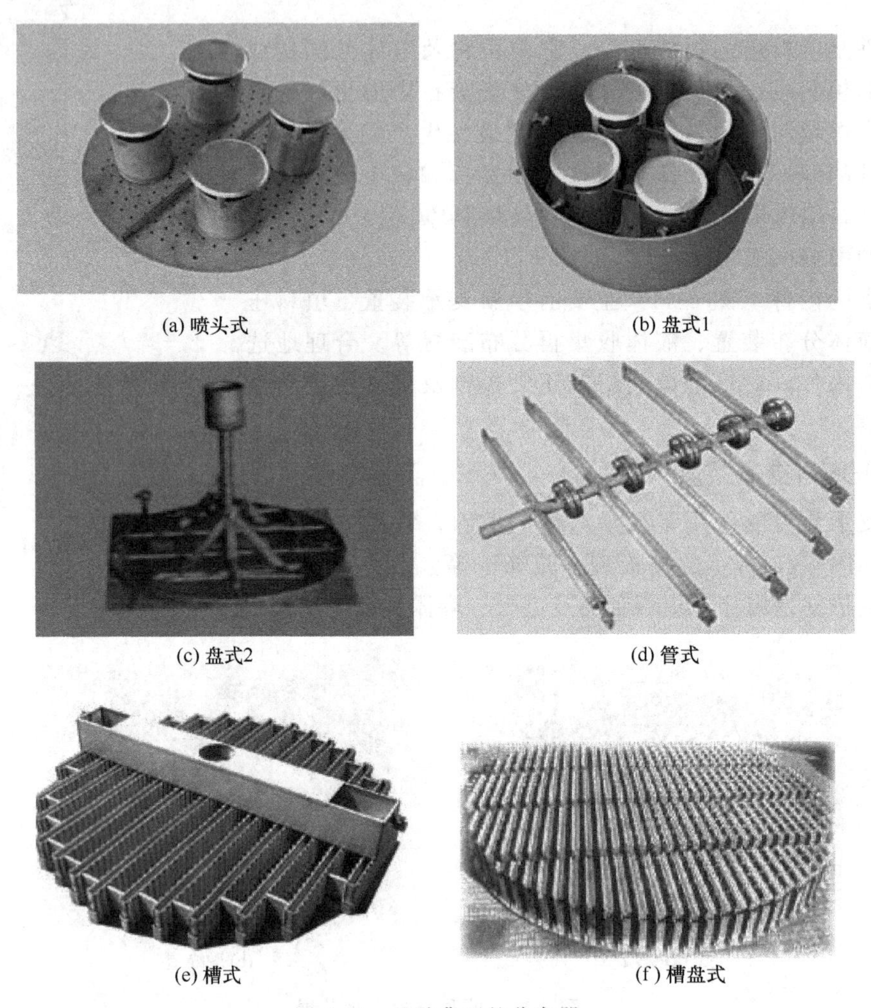

(a) 喷头式　(b) 盘式1　(c) 盘式2　(d) 管式　(e) 槽式　(f) 槽盘式

图 6-47　几种典型的分布器

喷头式分布器如图 6-47（a）所示。液体由半球形喷头的小孔喷出，小孔直径为 3～10mm，作同心圈排列，喷洒角≤80°，直径为（1/3～1/5）D。这种分布器结构简单，只适用于直径小于 600mm 的塔中。因小孔容易堵塞，一般应用较少。

盘式分布器有盘式筛孔型分布器、盘式溢流管式分布器等形式，如图 6-47（b）、(c) 所示。液体加至分布盘上，经筛孔或溢流管流下。分布盘直径为塔径的 0.6～0.8 倍，此种分布器用于 $D<800$mm 的塔中。

管式分布器［图 6-47（d）］由不同结构形式的开孔管制成。其突出的特点是结构简单，供气体流过的自由截面大，阻力小。但小孔易堵塞，弹性一般较小。管式液体分布器使用十分广泛，多用于中等以下液体负荷的填料塔中。在减压精馏及丝网波纹填料塔中，由于液体负荷较小故常用之。管式分布器有排管式、环管式等不同形状，根据液体负荷情况，可做成单排或双排。

槽式液体分布器通常是由分流槽（又称主槽或一级槽）、分布槽（又称副槽或二级槽）

构成的。一级槽通过槽底开孔将液体初分成若干流股，分别加入其下方的液体分布槽。分布槽的槽底（或槽壁）上设有孔道（或导管），将液体均匀分布于填料层上，如图 6-47（e）所示。

槽式液体分布器具有较大的操作弹性和极好的抗污堵性，特别适合于大气液负荷及含有固体悬浮物、黏度大的液体的分离场合。由于槽式分布器具有优良的分布性能和抗污堵性能，应用范围非常广泛。

槽盘式分布器［图 6-47（f）］是近年来开发的新型液体分布器，它将槽式及盘式分布器的优点有机地结合一体，兼有集液、分液及分气三种作用，结构紧凑，操作弹性高达 10∶1。气液分布均匀，阻力较小，特别适用于易发生夹带、易堵塞的场合。

分布器的种类比较多，选择的依据主要有分布质量、操作弹性、处理量、气体阻力、水平度等许多方面，见表 6-4。

表 6-4 分布器选择的依据

依据	梯形管式	喷洒式	盘式孔流	槽式孔流	盘式溢流	槽式溢流
动力	压力	压力	重力	重力	重力	重力
分布质量	中	低～中	高	高	中	中
操作弹性	低	低	中	中	中	高
处理范围/[$m^3/(m^2 \cdot h)$]	0.25～1.5	广	广	广	广	广
适用塔径/m	＞0.45	任意	通常＜1.2	通常＞1.2	任意	任意
易堵程度	高	低～中	高	中	低	低
气体阻力	低	低	高	低～中	高	高
对水平度要求	无	无	有	有	有	有
腐蚀的影响	高	低	高	高	低	低
受液面波动的影响	无	无	有	有	有	有
液沫夹带	有	有	无	无	无	无
重量	大	小	大	中	中	中

（四）液体收集及再分布装置

填料塔在操作过程中，气液流率的偏差会造成局部气液比不同，使塔截面出现径向浓度差，如不及时重新混合，就会越来越坏。为了消除塔径向浓度差，一般 15～20 个理论级需进行一次气液再分布，超过 20 个理论级，液体不均匀分布对效率的影响太大。收集再分布器占据很大的塔内空间，气液再分布过多会增加塔高，加大设备投资，填料塔内的气液再分布需合理安排。

填料塔各床层之间采用液体收集器将上一床层流下的液体完全收集并混合，再进入液体分布器，消除塔径向质与量的偏差。

液体收集器主要有斜板式液体收集器和盘式液体收集器两种，斜板式液体收集器（图 6-48、图 6-49）的特点是自由面积大、气体阻力小，一般低于 2.5mm 液柱，因此非常适于真空操作；盘式液体收集器（图 6-50）的气体阻力稍大，可作气体分布器。

图 6-48 用于大塔径的斜板式液体收集器

图 6-49　用于小塔径的斜板式液体收集器

图 6-50　Φ3800mm 液体收集再分布器

液体沿填料层向下流动时，有偏向塔壁流动的现象，这种现象称为壁流。壁流将导致填料层内气液分布不均，使传质效率下降。为减小壁流现象，可间隔一定高度在填料层内设置液体再分布装置。

最简单的液体再分布装置为截锥式再分布器。截锥式再分布器结构简单，安装方便，但它只起到将壁流向中心汇集的作用，无液体再分布的功能，一般用于直径小于 0.6m 的塔中。

在通常情况下，一般将液体收集器及液体分布器同时使用，构成液体收集及再分布装置。液体收集器的作用是将上层填料流下的液体收集，然后送至液体分布器进行液体再分布。常用的液体收集器为斜板式液体收集器。

前已述及，槽盘式液体分布器兼有集液和分液的功能，故槽盘式液体分布器是优良的液体收集及再分布装置。

任务七　精馏单元仿真实训

微课精讲

动画资源

行业前沿

一、实训任务

1. 借助虚拟仿真，了解精馏操作工艺组成和设备，将理论与实践认识相结合。

2. 全面地了解装置的工艺流程；熟练地掌握装置的操作步骤，并能更快速、准确地判断与处理事故。

3. 掌握开、停车步骤以及事故应对处理措施，为“1+X”取证打下基础。

二、基本原理

蒸馏是利用液体混合物中各组分挥发性的差异以实现分离的目的。由物理化学内容可知，纯液体物质的挥发性可以用其饱和蒸气压来表示。挥发性大的液体，其饱和蒸气压就高，而沸点较低；反之，挥发能力小的液体，其饱和蒸气压就低，而沸点较高。习惯上，将混合液中挥发性高的组分称为易挥发组分或轻组分，以 A 表示；把混合液中挥发性低的组分称为难挥发组分或重组分，以 B 表示。在一定设备中，将多次部分汽化和多次部分冷凝适当地组合起来，最终可以分别得到较纯的轻、重组分，此过程称为精馏。

三、工艺说明

（一）流程简述

本流程是利用精馏方法，在脱丁烷塔中将丁烷从脱丙烷塔釜混合物中分离出来。精馏是将液体混合物部分汽化，利用其中各组分相对挥发度的不同，通过液相和气相间的质量传递来实现对混合物的分离。本装置中将脱丙烷塔釜混合物部分汽化，由于丁烷的沸点较低，其挥发度较高，故丁烷易于从液相中汽化出来，再将汽化的蒸气冷凝，可得到丁烷组成高于原料的混合物，经过多次汽化冷凝，即可达到分离混合物中丁烷的目的。

原料为67.8℃的脱丙烷塔的釜液（主要有C_4、C_5、C_6、C_7等），由脱丁烷塔（DA405）的第16块板进料（全塔共32块板），进料量由流量控制器FIC101控制。调节器TC101通过调节再沸器加热蒸汽的流量，来控制提馏段灵敏板温度，从而控制丁烷的分离质量。

脱丁烷塔塔釜液（主要为C_5以上馏分）一部分作为产品采出，一部分经再沸器（EA408A/B）部分汽化为蒸气从塔底上升。塔釜的液位和塔釜产品采出量由LC101和FC102组成的串级控制器控制。再沸器采用低压蒸气加热。塔釜蒸气缓冲罐（FA414）液位由液位控制器LC102调节底部采出量控制。

塔顶的上升蒸气（C_4馏分和少量C_5馏分）经塔顶冷凝器（EA419）全部冷凝成液体，该冷凝液靠位差流入回流罐（FA408）。塔顶压力PC102采用分程控制：在正常的压力波动下，通过调节塔顶冷凝器的冷却水量来调节压力，当压力超高时，压力报警系统发出报警信号，PC102调节塔顶至回流罐的排气量来控制塔顶压力调节气相出料。操作压力4.25atm（表压），高压控制器PC101将通过调节回流罐的气相排放量，来控制塔内压力稳定。冷凝器以冷却水为热载体。回流罐液位由液位控制器LC103调节塔顶产品采出量来维持恒定。回流罐中的液体一部分作为塔顶产品送下一工序，另一部分液体由回流泵（GA412A/B）送回塔顶作为回流，回流量由流量控制器FC104控制。

（二）工艺流程图

工艺流程如图6-51所示。

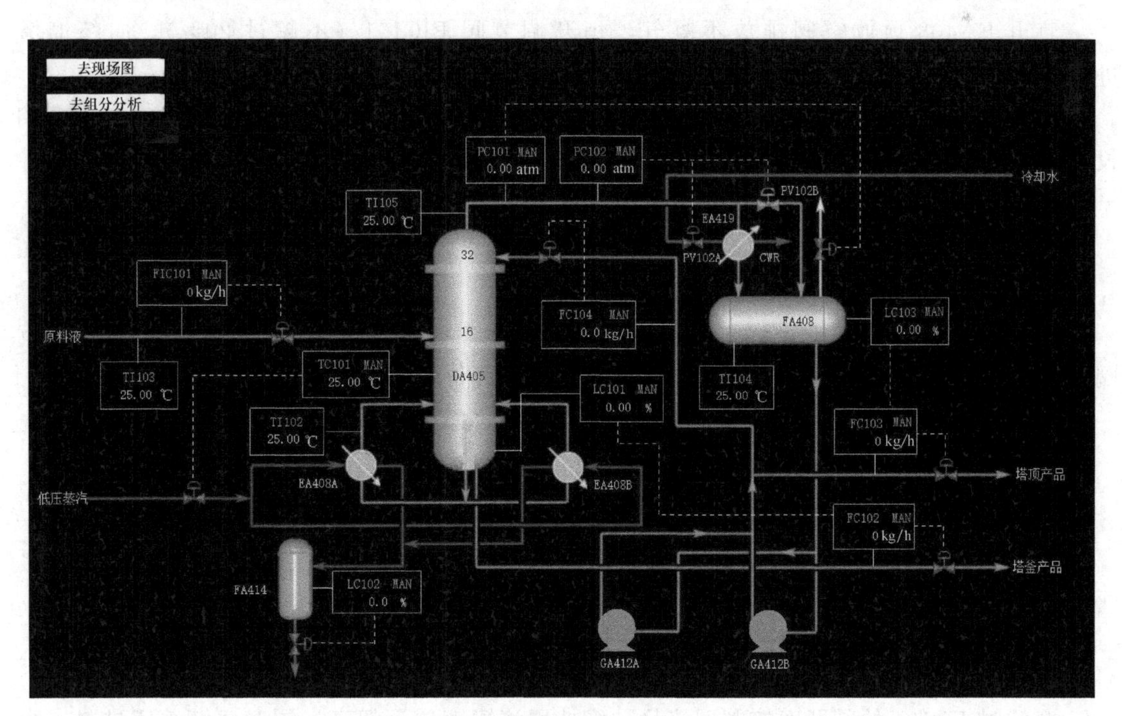

(a) 精馏塔DCS图

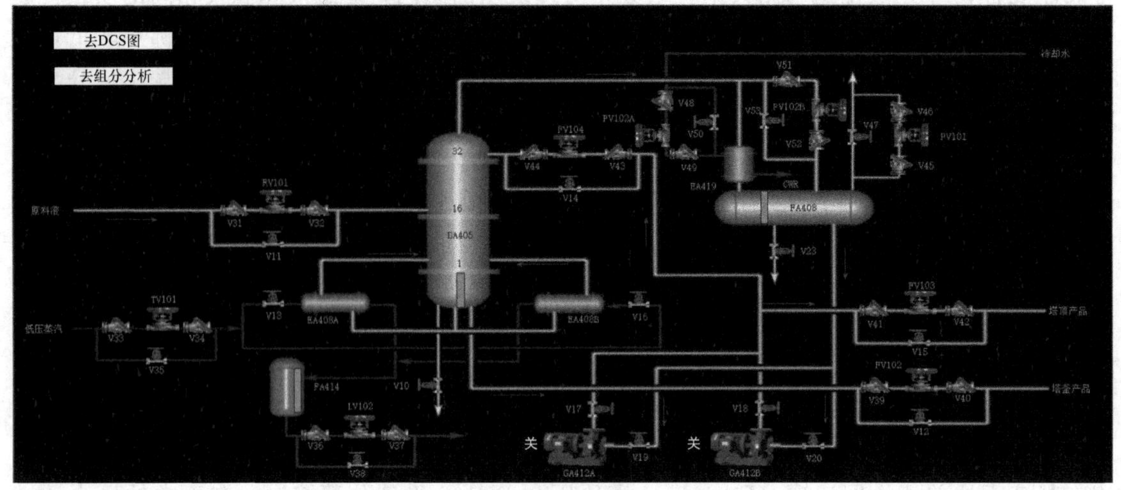

(b) 精馏塔现场图

图 6-51　工艺流程图

四、仿真操作规程

（一）冷态开车操作规程

装置冷态开工状态为精馏塔单元处于常温、常压氮吹扫完毕后的氮封状态，所有阀门、机泵处于关停状态。

1. 进料过程

① 开 FA408 顶放空阀排放不凝气，稍开调节阀 FIC101（不超过 20%），向精馏塔进料。

② 进料后，塔内温度略升，压力升高。当 PC101 压力升至 0.5atm 时，关闭 PC101 调节阀投自动，并控制塔压不超过 4.25atm（如果塔内压力大幅波动，改回手动调节稳定压力）。

2. 启动再沸器

① 当 PC101 压力升至 0.5atm 时，打开冷凝水调节阀至 50%。塔压基本稳定在 4.25atm 后，可加大塔进料（FIC101 开至 50%左右）。

② 待塔釜液位 LC101 升至 20%以上时，开加热蒸汽入口阀 V13，再稍开 TC101 调节阀，使再沸器缓慢加热，并调节 FIC101 开度使塔釜液位 LC101 维持在 40%～60%。

待 FA414 液位 LC102 升至 50%时，并投自动，设定值为 50%。

3. 建立回流

随着精馏塔进料增加和再沸器、冷凝器投用，塔压会有所升高。回流罐逐渐积液。

① 塔压升高时，通过开大 PC102 的输出，改变塔顶冷凝器冷却水量和旁路量来控制塔压稳定。

② 当回流罐液位 LC103 升至 20%以上时，先开回流泵 GA412A/B 的入口阀 V19，再启动回流泵，再开出口阀 V17。

③ 通过 FC104 的阀开度控制回流量，维持回流罐液位不超高，同时逐渐关闭进料，全回流操作。

4. 调整至正常

① 当各项操作指标趋近正常值时，打开调节阀 FIC101。

② 逐步调整进料量至正常值。

③ 通过调节再沸器加热量使 TC101（灵敏板温度）达到正常值。

④ 逐步调整 FC104（回流量）至正常值。

⑤ 开 FC103 和 FC102 出料，注意塔釜、回流罐液位。

⑥ 将各控制回路投自动，各参数稳定并与工艺设计值吻合后，投产品采出串级。

（二）正常操作规程

1. 正常工况下的工艺参数

① FIC101（进料流量）设为自动，设定值为 14056kg/h。

② FC102（塔釜采出量）设为串级，设定值为 7349kg/h，LC101 设自动，设定值为 50%。

③ FC103（塔顶采出量）设为串级，设定值为 6707kg/h。

④ FC104（塔顶回流量）设为自动，设定值为 9664kg/h。

⑤ PC102（塔顶压力）设为自动，设定值为 4.25atm，PC101 设自动，设定值为 5.0atm。

⑥ TC101（灵敏板温度）设为自动，设定值为 89.3℃。

⑦ LC102（FA414 液位）设为自动，设定值为 50%。

⑧ LC103（回流罐液位）设为自动，设定值为 50%。

2. 主要工艺生产指标的调整方法

① 质量调节。本系统的质量调节以提馏段灵敏板温度作为主参数，以再沸器和加热蒸汽流量的调节系统实现对塔的分离质量控制。

② 压力控制。在正常的压力情况下，由塔顶冷凝器的冷却水量调节压力，当压力高于操作压力 4.25atm（表压）时，压力报警系统发出报警信号，同时调节器 PC101 将调节回流罐的气相出料，为了保持同气相出料的相对平衡，该系统采用压力分程调节。

③ 液位调节。塔釜液位通过调节塔釜的产品采出量来维持恒定，设有高低液位报警。回流罐液位通过调节塔顶产品采出量来维持恒定，设有高低液位报警。

④ 流量调节。进料量和回流量都采用单回路的流量控制；再沸器加热介质流量，由灵敏板温度调节。

（三）停车操作规程

1. 降负荷

① 逐步关小调节阀 FIC101，降低进料至正常进料量的 70%。

② 在降负荷过程中，保持 TC101（灵敏板温度）的稳定和 PC102（塔压）的稳定，使精馏塔分离出合格产品。

③ 在降负荷过程中，尽量通过 FC103 排出回流罐中的液体产品，至 LC103（回流罐液位）在 20%左右。

④ 在降负荷过程中，尽量通过 FC102 排出塔釜产品，使 LC101 降至 30%左右。

2. 停进料和再沸器

在负荷降至正常的 70%，且产品已大部采出后，停进料和再沸器。

① 关调节阀 FIC101，停精馏塔进料。

② 关调节阀 TC101 和低压蒸汽阀，停再沸器的加热蒸汽。

③ 关调节阀 FC102 和 FC103，停止产品采出。

④ 打开塔釜泄液阀 V10，排不合格产品，并控制塔釜降低液位。

⑤ 手动打开调节阀 LC102，对 FA414 进行泄液。

3. 停回流

① 停进料和再沸器后，回流罐中的液体全部通过回流泵打入塔，以降低塔内温度。

② 当回流罐液位至 0 时，关调节阀 FC104，关回流泵出口阀 V17（或 V18），停回流泵 GA412A（或 GA412B），关入口阀 V19（或 V20），停回流。

③ 开塔釜泄液阀 V10 排净塔内液体。

4. 降压、降温

① 打开调节阀 PC101，将塔压降至接近常压后，关调节阀 PC101。

② 全塔温度降至 50℃左右时，关塔顶冷凝器的冷却水（PC102 的输出至 0）。

任务八 化工总控工精馏培训与竞赛

动画资源

铸魂育人

一、工业背景

精馏是分离液体混合物最常用的一种操作，在化工、医药、炼油等领域得到了广泛的应用。精馏是同时进行传热和传质的过程，为实现精馏过程，需要为该过程提供物料的贮存、输送、传热、分离、控制等设备和仪表。

本装置根据教学特点，为降低学生实训过程中的危险性，采用水-乙醇作为精馏体系。

二、工艺说明

工艺流程图如图 6-52 所示。

（一）常压精馏流程

原料槽 V703 内约 20%的水-乙醇混合液，经原料泵 P702 输送至原料预热器 E701，预热后，由精馏塔中部进入精馏塔 T701，进行分离，气相由塔顶馏出，经冷凝器 E702 冷却后，进入冷凝液槽 V705，经产品泵 P701，一部分送至精馏塔上部第一块塔板作回流用，一部分送至塔顶产品槽 V702 作产品采出。塔釜残液经塔底换热器 E703 冷却后送到残液槽 V701，也可不经换热，直接到残液槽 V701。

（二）真空精馏流程

本装置配置了真空流程，主物料流程同常压精馏流程。在原料槽 V703、冷凝液槽 V705、产品槽 V702、残液槽 V701 均设置抽真空阀，被抽出的系统物料气体经真空总管进入真空缓冲罐 V704，然后由真空泵 P703 抽出放空。

三、工艺操作指标

温度控制：预热器出口温度（TICA712）为 75～85℃，高限报警 $H=85$℃（具体根据

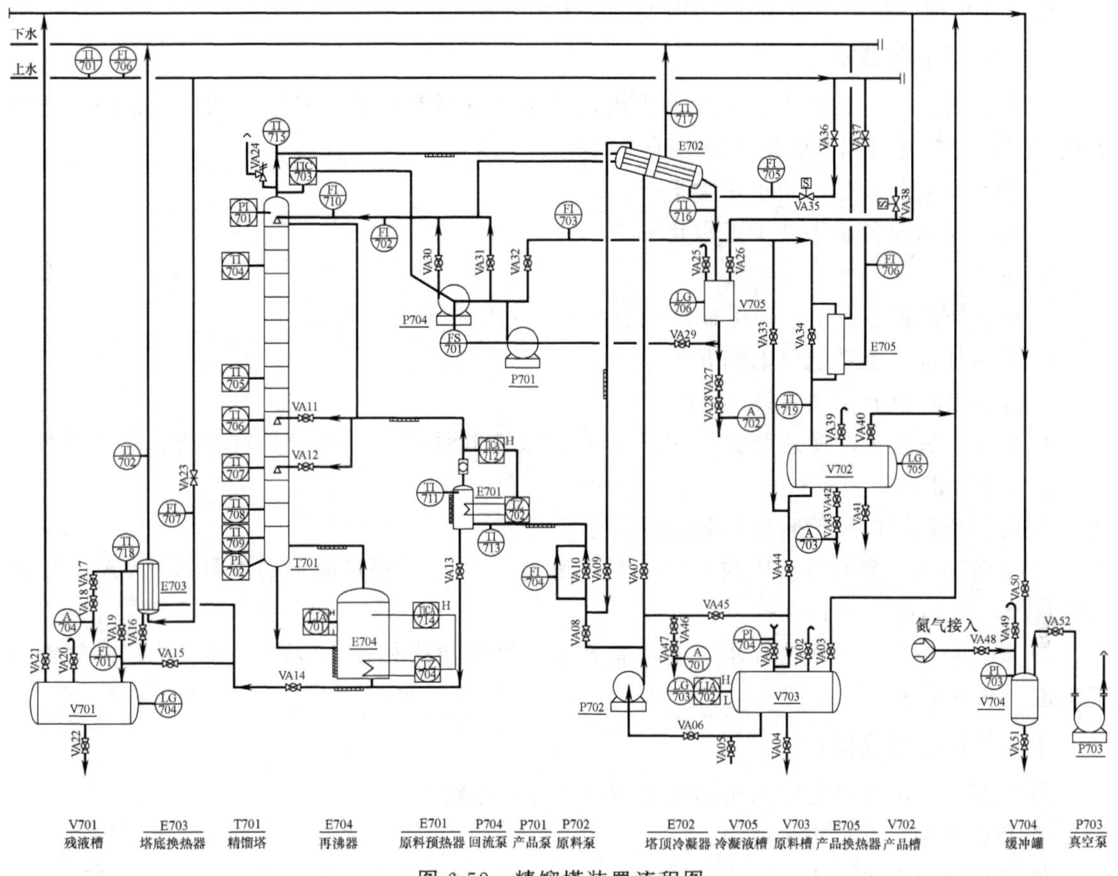

图 6-52 精馏塔装置流程图

原料的浓度来调整)。

再沸器温度(TICA714):80～100℃;高限报警 $H=100$℃(具体根据原料的浓度来调整)。

塔顶温度(TIC703):78～80℃(具体根据产品的浓度来调整)。

流量控制:冷凝器上冷却水流量为 600L/h。

进料流量:约为 40L/h。

回流流量与塔顶产品流量由塔顶温度控制。

液位控制:再沸器液位为 0～280mm,高限报警 $H=196$mm,低限报警 $L=84$mm。

原料槽液位:0～800mm,高限报警 $H=800$mm,低限报警 $L=100$mm。

压力控制:系统压力为－0.04～0.02MPa。

质量浓度控制:原料中乙醇含量约为 20%。

塔顶产品乙醇含量:约 90%。

塔底产品乙醇含量:＜5%。

以上浓度分析指标是指用酒精比重计在样品冷却后进行粗测定的值,若分析方法改变,则应进行相应换算。

四、实训操作

实训操作之前,请仔细阅读实验装置操作规程,以便完成实训操作。

注：开车前应检查所有设备、阀门、仪表所处状态。

（一）开车前准备

① 由相关操作人员组成装置检查小组，对本装置所有设备、管道、阀门、仪表、电器等按工艺流程图要求和专业技术要求进行检查。

② 检查所有仪表是否处于正常状态。

③ 检查所有设备是否处于正常状态。

④ 试电。

a. 检查外部供电系统，确保控制柜上所有开关均处于关闭状态。

b. 开启外部供电系统总电源开关。

c. 打开控制柜上空气开关（1QF）。

d. 打开装置仪表电源总开关（2QF），打开仪表电源开关（SA1），查看所有仪表是否上电，指示是否正常。

⑤ 将各阀门顺时针旋转操作到关的状态。

⑥ 准备原料。配制质量比约为20%的乙醇溶液200L，通过原料槽进料阀（VA01），加入原料槽，到其容积的1/2～2/3。

⑦ 开启公用系统。将冷却水管进水总管和自来水龙头相连，冷却水出水总管接软管到下水道，准备待用。

（二）常压精馏操作

① 配制一定浓度的乙醇与水的混合溶液，加入原料槽。

② 开启控制台、仪表盘电源。

③ 开启原料泵进、出口阀门（VA06、VA08），精馏塔原料液进口阀（VA10、VA11）。

④ 开启塔顶冷凝液槽放空阀（VA25）。

⑤ 关闭预热器和再沸器排污阀（VA13和VA15）、再沸器至塔底冷却器连接阀门（VA14）、塔顶冷凝液槽出口阀（VA29）。

⑥ 启动原料泵（P702），开启原料泵出口阀（VA10）快速进料，当原料预热器充满原料液后，可缓慢开启原料预热器加热器，同时继续往精馏塔塔釜内加入原料液，调节好再沸器液位，并酌情停原料泵。

⑦ 启动精馏塔再沸器加热系统，系统缓慢升温，开启精馏塔塔顶冷凝器冷却水进水阀（VA36），调节好冷却水流量，关闭冷凝液槽放空阀（VA25）。

⑧ 当冷凝液槽液位达到1/3时，开产品泵（P701）阀门（VA29、VA31），启动产品泵（P701），系统进行全回流操作，控制冷凝液槽液位稳定，控制系统压力、温度稳定。当系统压力偏高时可通过冷凝液槽放空阀（VA25）适当排放不凝性气体。

⑨ 当系统稳定后，开塔底换热器冷却水进口阀（VA23），开再沸器至塔底换热器阀门（VA14），开塔顶冷凝器至产品槽阀门（VA32）。

⑩ 手动或自动［开启回流泵（P704）］调节回流量，控制塔顶温度，当产品符合要求时，可转入连续精馏操作，通过调节产品流量控制塔顶冷凝液槽液位。

⑪ 当再沸器液位开始下降时，可启动原料泵，将原料打入原料预热器预热，调节加热功率，原料达到要求温度后，送入精馏塔，或开原料至塔顶换热器的阀门，让原料与塔顶产品换热回收热量后进入原料预热器预热，再送入精馏塔。

⑫ 调整精馏系统各工艺参数稳定，建立塔内平衡体系。

⑬ 按时做好操作记录。

（三）减压精馏操作

① 配制一定浓度的乙醇与水的混合溶液，加入原料槽。

② 开启控制台、仪表盘电源。

③ 开启原料泵进出、口阀（VA06、VA08），精馏塔原料液进口阀（VA10、VA11）。

④ 关闭预热器和再沸器排污阀（VA13 和 VA15）、再沸器至塔底冷凝器连接阀门（VA14）、塔顶冷凝液槽出口阀（VA29）。

⑤ 启动原料泵快速进料，当原料预热器充满原料液后，可缓慢开启原料预热器加热，同时继续往精馏塔塔釜内加入原料液，调节好再沸器液位，并酌情停原料泵。

⑥ 开启真空缓冲罐进、出口阀（VA50、VA52），开启各储槽的抽真空阀门（除原料罐外，原料罐始终保持放空），关闭其他所有放空阀门。

⑦ 启动真空泵，精馏系统开始抽真空，当系统真空压力达到−0.05MPa 左右时，关真空缓冲槽出口阀（VA50），停真空泵。

⑧ 启动精馏塔再沸器加热系统，系统缓慢升温，开启精馏塔塔顶换热器冷却水进、出水阀，调节好冷却水流量。

⑨ 当冷凝液槽液位达到 1/3 时，开启回流泵进出口阀，启动回流泵，系统进行全回流操作，控制冷凝液槽液位稳定，控制系统压力、温度稳定。当系统压力偏高时可通过真空泵适当排放不凝性气体，控制好系统真空度。

⑩ 当系统稳定后，开塔底换热器冷却水进口阀（VA23），开再沸器至塔底换热器阀门（VA14），开塔顶冷凝器至产品槽阀门（VA32）。

⑪ 手动或自动［开启回流泵（P704）］调节回流量，控制塔顶温度，当产品符合要求时，可转入连续精馏操作，通过调节产品流量控制塔顶冷凝液槽液位。

⑫ 当再沸器液位开始下降时，可启动原料泵，将原料打入原料预热器预热，调节加热功率，原料达到要求温度后，送入精馏塔，或开原料至塔顶换热器的阀门，让原料与塔顶产品换热回收热量后进入原料预热器预热，再送入精馏塔。

⑬ 调整精馏系统各工艺参数稳定，建立塔内平衡体系。

⑭ 按时做好操作记录。

（四）常压精馏停车

① 系统停止加料，停止原料预热器加热，关闭原料液泵进出、口阀（VA06、VA08），停原料泵。

② 根据塔内物料情况，停止再沸器加热。

③ 当塔顶温度下降，无冷凝液馏出后，关闭塔顶冷凝器冷却水进水阀（VA36），停冷却水，停产品泵和回流泵，关泵进、出口阀（VA29、VA30、VA31 和 VA32）。

④ 当再沸器和预热器物料冷却后，开再沸器和预热器排污阀（VA13、VA14、VA15），放出预热器及再沸器内物料，开塔底冷凝器排污阀（VA16）、塔底产品槽排污阀（VA22），放出塔底冷凝器内物料、塔底产品槽内物料。

⑤ 停控制台、仪表盘电源。

⑥ 做好设备及现场的整理工作。

（五）减压精馏停车

① 系统停止加料，停止原料预热器加热，关闭原料液泵进出、口阀（VA06、VA08），停原料泵。

② 根据塔内物料情况，停止再沸器加热。

③ 当塔顶温度下降，无冷凝液馏出后，关闭塔顶冷凝器冷却水进水阀（VA36），停冷却水，停回流泵产品泵，关泵进、出口阀（VA29、VA30、VA31 和 VA32）。

④ 当系统温度降到 40℃左右，缓慢开启真空缓冲罐放空阀门（VA49），破除真空，然后开精馏系统各处放空阀（开阀门速度应缓慢），破除系统真空，系统回复至常压状态。

⑤ 当再沸器和预热器物料冷却后，开再沸器和预热器排污阀（VA13、VA14 和 VA15），放出预热器及再沸器内物料，开塔底冷凝器排污阀（VA16），塔底产品槽排污阀（VA22），放出塔底冷凝器内物料、塔底产品槽内物料。

⑥ 停控制台、仪表盘电源。

⑦ 做好设备及现场的整理工作。

（六）正常操作注意事项

① 精馏塔系统采用自来水进行试漏检验时，系统加水速度应缓慢，系统高点排气阀应打开，密切监视系统压力，严禁超压。

② 再沸器内液位高度一定要超过 100mm，才可以启动再沸器电加热器进行系统加热，严防干烧损坏设备。

③ 原料加热器启动时应保证液位满罐，严防干烧损坏设备。

④ 精馏塔釜加热应逐步增加加热电压，使塔釜温度缓慢上升，升温速度过快，易造成塔视镜破裂（热胀冷缩），大量轻、重组分同时蒸发至塔釜内，延长塔系统达到平衡的时间。

⑤ 精馏塔塔釜初始进料时进料速度不宜过快，防止塔系统进料速度过快、满塔。

⑥ 系统全回流时应控制回流流量和冷凝流量基本相等，保持回流液槽一定液位，防止回流泵抽空。

⑦ 系统全回流流量控制在 50L/h，保证塔系统气液接触效果良好，塔内鼓泡明显。

⑧ 减压精馏时，系统压力不宜过高，控制在－0.02～－0.04MPa，系统压力控制采用间歇启动真空泵方式，当系统压力高于－0.04MPa 时，停真空泵；当系统压力低于－0.02MPa 时，启动真空泵。

⑨ 减压精馏采样为双阀采样，操作方法为：先开上端采样阀，当样液充满上端采样阀和下端采样阀间的管道时，关闭上端采样阀，开启下端采样阀，用量筒接取样液，采样后关下端采样阀。

⑩ 在系统进行连续精馏时，应保证进料流量和采出流量基本相等，各处流量计操作应互相配合，默契操作，保持整个精馏过程的操作稳定。

⑪ 塔顶冷凝器的冷却水流量应保持在 400～600L/h 间，保证出冷凝器塔顶液相在 30～40℃、塔底冷凝器产品出口保持在 40～50℃。

⑫ 分析方法可以为酒精比重计分析或色谱分析。

五、安全生产技术

（一）异常现象及处理

精馏操作异常现象及处理见表 6-5。

表 6-5　精馏操作异常现象及处理

异常现象	原因分析	处理方法
精馏塔液泛	塔负荷过大 回流量过大 塔釜加热过猛	调整负荷/调节加料量，降低釜温 减少回流，加大采出 减小加热量
系统压力增大	不凝气积聚 采出量少 塔釜加热功率过大	排放不凝气 加大采出量 调整加热功率
系统压力负压	冷却水流量偏大 进料温度低于进料塔节温度	减小冷却水流量 调节原料加热器加热功率
塔压差大	负荷大 回流量不稳定 液泛	减少负荷 调节回流比 按液泛情况处理

（二）正常操作中的故障扰动（故障设置实训）

在精馏正常操作中，由教师给出隐蔽指令，通过不定时改变某些阀门的工作状态来扰动精馏系统正常的工作状态，分别模拟出实际精馏生产过程中的常见故障，学生根据各参数的变化情况、设备运行异常现象，分析故障原因，找出故障并动手排出故障，以提高学生对工艺流程的认识度和实际动手能力。

① 塔顶冷凝器无冷凝液产生。在精馏正常操作中，教师给出隐蔽指令，（关闭塔顶冷却水入口的电磁阀 VA35）停通冷却水，学生通过观察温度、压力及冷凝器冷凝量等的变化，分析系统异常的原因并进行处理，使系统恢复到正常操作状态。

② 真空泵全开时系统无负压。在减压精馏正常操作中，教师给出隐蔽指令，（打开真空管道中的电磁阀 VA38）使管路直接与大气相通，学生通过观察压力、塔顶冷凝器冷凝量等的变化，分析系统异常的原因并进行处理，使系统恢复到正常操作状态。

知识技能检测

一、选择题

1. 蒸馏或回流易燃低沸点液体时操作错误的是（　　）。

A. 在烧瓶内加数粒沸面防止液体暴沸　　B. 加热速度宜慢不宜快

C. 用明火直接加热烧瓶　　D. 烧瓶内液体不宜超过 1/2 体积

2. 塔板上布置安定区的目的是（　　）。

A. 防止雾沫夹带量过高　　B. 防止越堰液体的气体夹带量过高

C. 防止漏液量过大　　D. 液体分布不均匀

3. 不影响理论塔板数的是进料的（　　）。

A. 位置　　B. 热状态　　C. 组成　　D. 进料量

4. 精馏塔中自上而下（　　）。

A. 分为提馏段、加料板和精馏段三个部分　B. 温度依次降低

C. 易挥发组分浓度依次降低　　D. 蒸气质量依次减少

5. 最小回流比（　　）。

A. 回流量接近于零　　B. 在生产中有一定应用价值

C. 不能用公式计算　　D. 是一种极限状态，可用来计算实际回流比

6. 由气体和液体流量过大两种原因共同造成的现象是（　　）。

A. 漏夜　　B. 液沫夹带　　C. 气泡夹带　　D. 液泛

7. 其他条件不变的情况下，增大回流比能（　　）。

A. 减少操作费用　　B. 增大设备费用　　C. 提高产品纯度　　D. 增大塔的生产能力

8. 在温度-组成（$t \sim x \sim y$）图中的气液共存区内，当温度增加时，液相中易挥发组分的含量会（　　）。

A. 增大　　B. 增大及减少　　C. 减少　　D. 不变

9. 只要求从混合液中得到高纯度的难挥发组分，采用只有提馏段的半截塔，则进料口应位于塔的（　　）部。

A. 顶　　B. 中　　C. 中下　　D. 底

10. 在四种典型塔板中，操作弹性最大的是（　　）型。

A. 泡罩　　B. 筛孔　　C. 浮阀　　D. 舌

11. 从节能观点出发，适宜回流比 R 应取（　　）倍最小回流比 R_{min}。

A. 1.1　　B. 1.3　　C. 1.7　　D. 2

12. 二元溶液连续精馏计算中，物料的进料状态变化将引起（　　）的变化。

A. 相平衡线　　B. 进料线和提馏段操作线

C. 精馏段操作线　　D. 相平衡线和操作线

13. 加大回流比，塔顶轻组分组成将（　　）。

A. 不变　　B. 变小　　C. 变大　　D. 忽大忽小

14. 下述分离过程中不属于传质分离过程的是（　　）。

A. 萃取分离　　B. 吸收分离　　C. 精馏分离　　D. 离心分离

15. 若要求双组分混合液分离成较纯的两个组分，则应采用（　　）。

A. 平衡蒸馏　　B. 一般蒸馏　　C. 精馏　　D. 无法确定

16. 以下说法正确的是（　　）。

A. 冷液进料 $q=1$　　B. 汽液混合进料 $0<q<1$

C. 过热蒸气进料 $q=0$　　D. 饱和液体进料 $q<1$

17. 某精馏塔的馏出液量是50kmol/h，回流比是2，则精馏段的回流量是（　　）。

A. 100kmol/h　　B. 50kmol/h　　C. 25kmol/h　　D. 125kmol/h

18. 当分离沸点较高，而且又是热敏性混合液时，精馏操作压力应采用（　　）。

A. 加压　　B. 减压　　C. 常压　　D. 不确定

19. 某二元混合物，若液相组成 x_A 为0.45，相应的泡点温度为 t_1；气相组成 y_A 为0.45，相应的露点温度为 t_2，则（　　）。

A. $t_1<t_2$　　B. $t_1=t_2$　　C. $t_1>t_2$　　D. 不能判断

20. 两组分物系的相对挥发度越小，则表示分离该物系越（　　）。

A. 容易　　B. 困难　　C. 完全　　D. 不完全

21. 在再沸器中溶液（　　）而产生上升蒸气，是精馏得以连续稳定操作的一个必不可少条件。

A. 部分冷凝　　B. 全部冷凝　　C. 部分汽化　　D. 全部汽化

22. 正常操作的二元精馏塔，塔内某截面上升气相组成 y_{n+1} 和下降液相组成 x_n 的关系是（　　）。

A. $y_{n+1}>x_n$　　B. $y_{n+1}<x_n$　　C. $y_{n+1}=x_n$　　D. 不能确定

23. 精馏过程设计时，增大操作压力，塔顶温度将（　　）。

A. 增大　　B. 减小　　C. 不变　　D. 确定

24. 某精馏塔的理论板数为17块（包括塔釜），全塔效率为0.5，则实际塔板数为（　　）块。

A. 34　　B. 31　　C. 33　　D. 32

25. 若仅仅加大精馏塔的回流量，会引起的结果是（　　）。

A. 塔顶产品中易挥发组分浓度提高　　B. 塔底产品中易挥发组分浓度提高

C. 塔顶产品的产量提高　　D. 塔釜重组分浓度降低

26. 冷凝器的作用是提供（　　）产品及保证有适宜的液相回流。

A. 塔顶气相　　B. 塔顶液相　　C. 塔底气相　　D. 塔底液相

27. 连续精馏中，精馏段操作线随（　　）而变。

A. 回流比　　B. 进料热状态　　C. 残液组成　　D. 进料组成

28. 精馏塔塔顶产品纯度下降，可能是（　　）。

A. 提馏段板数不足　B. 精馏段板数不足　C. 塔顶冷凝量过多　D. 塔顶温度过低

29. 精馏塔操作时，回流比与理论塔板数的关系是（　　）。

A. 回流比增大时，理论塔板数也增多

B. 回流比增大时，理论塔板数减少

C. 全回流时，理论塔板数最多，但此时无产品

D. 全回流时，理论塔板数最多，此时产品很少

30. 操作中的精馏塔，若选用的回流比小于最小回流比，则（　　）。

A. 不能操作　　B. x_D、x_W 均增加

C. x_D、x_W 均不变　　D. x_D 减少，x_W 增加

31. 在常压下苯的沸点为80.1℃，环乙烷的沸点为80.73℃，欲使该两组分混合物得到分离，则宜采用（　　）。

A. 恒沸精馏　　B. 普通精馏　　C. 萃取精馏　　D. 水蒸气蒸馏

32. 精馏塔的下列操作中先后顺序正确的是（　　）。

A. 先通加热蒸汽再通冷凝水　　B. 先全回流再调节回流比

C. 先停再沸器再停进料　　D. 先停冷却水再停产品产出

33. 精馏塔的操作压力增大则（　　）。

A. 气相量增加　　B. 液相和气相中易挥发组分的浓度都增加

B. 塔的分离效率增大　　D. 塔的处理能力减小

34. 塔板上造成气泡夹带的原因是（　　）。

A. 气速过大　　B. 气速过小　　C. 液流量过大　　D. 液流量过小

35. 有关灵敏板的叙述，正确的是（　　）。

A. 是操作条件变化时，塔内温度变化最大的那块板

B. 板上温度变化，物料组成不一定都变

C. 板上温度升高，反应塔顶产品组成下降

D. 板上温度升高，反应塔底产品组成增大

36. 下列叙述错误的是（　　）。

A. 板式塔内以塔板作为气、液两相接触传质的基本构件

B. 安装出口堰是为了保证气、液两相在塔板上有充分的接触时间

C. 降液管是塔板间液流通道，也是溢流液中所夹带气体的分离场所

D. 降液管与下层塔板的间距应大于出口堰的高度

37. 精馏塔中由塔顶向下的第 $n-1$、n、$n+1$ 层塔板，其气相组成关系为（　　）。

A. $y_{n+1}>y_n>y_{n-1}$　　B. $y_{n+1}=y_n=y_{n-1}$

C. $y_{n+1}<y_n<y_{n-1}$　　D. 不确定

38. 若进料量、进料组成、进料热状况都不变，要提高 x_D，可采用（　　）。

A. 减小回流比　　B. 增加提馏段理论板数

C. 增加精馏段理论板数　　D. 塔釜保温良好

39. 在一定操作压力下，塔釜、塔顶温度可以反映出（　　）。

A. 生产能力　　B. 产品质量　　C. 操作条件　　D. 不确定

40. 蒸馏生产要求控制压力在允许范围内稳定，大幅度波动会破坏（　　）。

A. 生产效率　　B. 产品质量　　C. 气液平衡　　D. 不确定

41.（　　）是保证精馏过程连续稳定操作的必要条件之一。

A. 液相回流　　B. 进料　　C. 侧线抽出　　D. 产品提纯

42.（　　）是指离开这种板的气液两相相互成平衡，而且塔板上的液相组成也可视为均匀的。

A. 浮阀板　　B. 喷射板　　C. 理论板　　D. 分离板

43. 回流比的（　　）值为全回流。

A. 上限　　B. 下限　　C. 平均　　D. 混合

44. 某二元混合物，进料量为 100kmol/h，$x_F=0.6$，要求塔顶 x_D 不小于 0.9，则塔顶最大产量为（　　）。

A. 60kmol/h　　B. 66.7kmol/h　　C. 90kmol/h　　D. 100kmol/h

45. 下列选项不属于精馏设备的主要部分的是（　　）。

A. 精馏塔　　B. 塔顶冷凝器　　C. 再沸器　　D. 馏出液贮槽

46. 在多数板式塔内气、液两相的流动，从总体上是（　　）流，而在塔板上两相为（　　）流流动。

A. 逆、错　　B. 逆、并　　C. 错、逆　　D. 并、逆

47. 下列情况不是诱发降液管液泛的原因的是（　　）。

A. 液、气负荷过大　B. 过量雾沫夹带　　C. 塔板间距过小　　D. 过量漏液

48. 某精馏塔精馏段理论塔板数为 N_1 层，提馏段理论板数为 N_2 层，现因设备改造，精馏段理论板数增加，提馏段理论板数不变，且 F、x_F、q、R、V 等均不变，则此时（　　）。

A. x_D 增加，x_W 不变　　B. x_D 增加，x_W 减小

C. x_D 增加，x_W 增加　　D. x_D 增加，x_W 的变化视具体情况而定

49. 某常压精馏塔，塔顶设全凝器，现测得其塔顶温度升高，则塔顶产品中易挥发组分的含量将（　　）。

A. 升高　　B. 降低　　C. 不变　　D. 以上答案都不对

50. 在精馏过程中，当 x_W、x_D、x_F、q 和回流液量一定时，只增大进料量（不引起液泛）则回流比 R 将（　　）。

A. 增大　　B. 减小　　C. 不变　　D. 以上答案都不对

二、判断题

1. 实现规定的分离要求，所需实际塔板数比理论塔板数多。（　　）
2. 根据恒摩尔流的假设，精馏塔中每层塔板液体的摩尔流量和蒸气的摩尔流量均相等。（　　）
3. 实现稳定的精馏操作必须保持全塔系统的物料平衡和热量平衡。（　　）
4. 回流是精馏稳定连续进行的必要条件。（　　）
5. 在对热敏性混合液进行精馏时必须采用加压分离。（　　）
6. 连续精馏预进料时，先打开放空阀，充氮置换系统中的空气，以防在进料时出现事故。（　　）
7. 连续精馏停车时，先停再沸器，后停进料。（　　）
8. 在精馏塔中从上到下，液体中的轻组分逐渐增大。（　　）
9. 精馏操作中，操作回流比小于最小回流比时，精馏塔不能正常工作。（　　）
10. 精馏塔板的作用主要是为了支承液体。（　　）
11. 筛板塔板结构简单，造价低，但分离效率较泡罩低，因此已逐步淘汰。（　　）
12. 最小回流比状态下的理论塔板数为最少理论塔板数。（　　）
13. 雾沫夹带过量是造成精馏塔液泛的原因之一。（　　）
14. 精馏塔操作过程中主要通过控制温度、压力、进料量和回流比来实现对气、液负荷的控制。（　　）
15. 与塔底相比，精馏塔的塔顶易挥发组分浓度最大，且气、液流量最少。（　　）
16. 在精馏操作中，严重的雾沫夹带将导致塔压的增大。（　　）
17. 用某精馏塔分离二元混合物，规定产品组成 x_D、x_W。当进料为 x_{F1} 时，相应的回流比为 R_1；进料为 x_{F2} 时，相应的回流比为 R_2。若 $x_{F1}<x_{F2}$，进料热状态不变，则 $R_1<R_2$。（　　）
18. 精馏塔的操作弹性越大，说明保证该塔正常操作的范围越大，操作越稳定。（　　）
19. 在二元溶液的 $y \sim x$ 图中，平衡线与对角线的距离越远，则该溶液就越易分离。（　　）
20. 分离任务要求一定，当回流比一定时，在五种进料状况中，冷液进料的 q 值最大，提馏段操作线与平衡线之间的距离最小，分离所需的总理论塔板数最多。（　　）
21. 混合液的沸点只与外界压力有关。（　　）
22. 对乙醇-水系统，用普通精馏方法进行分离，只要塔板数足够，可以得到纯度为0.98（摩尔分数）以上的纯乙醇。（　　）
23. 精馏操作时，塔釜温度偏低，其他操作条件不变，则馏出液的组成变低。（　　）
24. 精馏操作中，操作回流比必须大于最小回流比。（　　）
25. 控制精馏塔时加大加热蒸汽量，则塔内温度一定升高。（　　）
26. 控制精馏塔时加大回流量，则塔内压力一定降低。（　　）
27. 理想的进料板位置是其气体和液体的组成与进料的气体和液体组成最接近。（　　）
28. 精馏操作时，若 F、D、x_F、q、R、加料板位置都不变，而将塔顶泡点回流改为

冷回流，则塔顶产品组成 x_D 变大。 (　　)

29. 填料的等板高度越高，表明其传质效果越好。 (　　)

30. 精馏塔内的温度随易挥发组分浓度增大而降低。 (　　)

31. 间歇蒸馏塔塔顶馏出液中的轻组分浓度随着操作的进行逐渐增大。 (　　)

32. 已知某精馏塔操作时的进料线（q 线）方程为 $y=0.6$，则该塔的进料热状况为饱和液体进料。 (　　)

33. 含50%乙醇和50%水的溶液，用普通蒸馏的方法不能获得98%的乙醇水溶液。

(　　)

34. 精馏塔的不正常操作现象有液泛、泄漏和气体的不均匀分布。 (　　)

35. 筛孔塔板易于制造，易于大型化，压降小，生产能力高，操作弹性大，是一种优良的塔板。 (　　)

三、简答题

1. 为什么说为完成一定分离任务，采用最小回流比进行精馏操作时，所需理论板层数为无穷多？

2. 简述精馏塔的精馏段和提馏段的作用。

3. 简述冷凝器和再沸器的作用。

4. 蒸馏操作分离的依据是什么？

5. 原料液的进料状态有哪几种？其进料热状态参数的大小范围如何？

6. 进料状态改变对精馏操作线有什么影响？

7. 简述恒摩尔流假定的内容。

8. 什么是负荷性能图？对精馏操作及设计有何指导意义？

9. 什么理论板？在精馏计算中的作用是什么？

10. 一操作中的常压连续精馏塔分离某混合液。现保持回流液量和进料状况（F、x_F、q）不变，而减小塔釜加热蒸汽量，试分析 x_D、x_W 如何变化。

四、计算题

1. 对某两组分理想溶液进行简单蒸馏，已知 $x_F=0.5$（摩尔分数），若汽化率为60%。试求釜残液的组成和馏出液的平均组成。已知常压下该混合液的平均相对挥发度为2.16。

2. 在一连续精馏塔中分离某混合液，混合液流量为5000kg/h，其中轻组分含量为30%（摩尔分数，下同），要求馏出液中能回收原料液中88%的轻组分，釜液中轻组分含量不高于5%，试求馏出液的摩尔流量及摩尔分数。已知 $M_A=114\text{kg/kmol}$，$M_B=128\text{kg/kmol}$。

3. 在一连续精馏塔中分离苯-甲苯混合液，要求馏出液中苯的含量为0.97（摩尔分数），馏出液量6000kg/h，塔顶为全凝器，平均相对挥发度为2.46，回流比为2.5，试求：①第一块塔板下降的液体组成 x_1；②精馏段各板上升的蒸气量及下降液体量。

4. 连续精馏塔的操作线方程如下：

精馏段：$y=0.75x+0.205$

提馏段：$y=1.25x-0.020$

试求泡点进料时，原料液、馏出液、釜液组成及回流比。

5. 用精馏塔分离某二元混合液。已知进料中易挥发组分的含量为0.6（摩尔分数），泡点进料，操作回流比为2.5，提馏段操作线的斜率为1.18，截距为−0.0054，试写出精馏段操作线方程。

6. 一常压操作的连续精馏塔中分离某理想溶液，原料液组成为 0.4，馏出液组成为 0.95（均为轻组分摩尔分数），操作条件下物系的相对挥发度 $\alpha=2.0$，若操作回流比 $R=1.5R_{min}$，进料热状况参数 $q=1.5$，塔顶为全凝器，试计算第二块理论板上升的气相组成和下降液体的液相组成。

7. 一连续精馏操作的常压精馏塔用于分离双组分混合物。已知原料液中含易挥发组分 $x_F=0.40$（摩尔分数，下同）进料状况为气液混合物，其摩尔比为气/液=3/2，所达分离结果为塔顶产品 $x_D=0.97$，塔釜残液 $x_W=0.02$，若该物系的相对挥发度 $\alpha=2$，操作时采用的回流比 $R=1.6R_{min}$，试计算：

（1）易挥发组分的回收率；

（2）最小回流比 R_{min}；

（3）提馏段操作线方程；

（4）若在饱和液相组成 $x_\theta=0.72$ 的塔板处抽侧线，其量又和有侧线时获得的塔顶产品量相等，减少采出率，回流比不变，$N_T=\infty$，求 $x_{D_{max}}$。

8. 用一常压连续精馏塔分离苯-甲苯混合液。进料液中含苯 0.4，要求馏出液中含苯 0.97，釜液中含苯 0.02（以上均为苯的质量分数），操作回流比为 2，泡点进料，平均相对挥发度为 2.5。试用简捷算法确定所需的理论塔板数。

9. 用一连续精馏塔分离苯-甲苯混合溶液。原料液中含苯 0.4，塔顶馏出液中含苯 0.95（以上均为摩尔分数）。原料液为气液混合进料，其中蒸气占 1/3（摩尔比）。苯-甲苯的平均相对挥发度为 2.5，回流比为最小回流比的 2 倍。试求：

（1）原料液中气相及液相的组成；

（2）最小回流比；

（3）若塔顶采用全凝器，求从塔顶往下数第二块理论板下降的液体组成。

10. 在常压连续精馏塔中分离两组分理想溶液，该物系的平均相对挥发度为 2.5，原料液组成为 0.35（易挥发组分摩尔分数，下同），饱和蒸气加料，塔顶采出率 D/F 为 40%，且已知精馏段的操作线方程为 $y=0.75x+0.20$。试求提馏段操作线方程。

11. 欲设计一连续精馏塔用以分离含苯与甲苯各 0.5 的料液，要求馏出液中含苯 0.96，残液中含苯不高于 0.05（以上均为摩尔分数），泡点进料，选用的回流比是最小回流比的 1.2 倍，物系的相对挥发度为 2.5，试用逐板计算法求取所需的理论板数及加料板的位置。

参考答案

一、选择题

1～5	CBDCD	6～10	DCCAC	11～15	ABCDC	16～20	BABAB
21～25	CAADA	26～30	BABBD	31～35	CBBCA	36～40	DCCBC
41～45	ACABD	46～50	ADBBB				

二、判断题

1～5	√×√√×	6～10	√××√×	11～15	××√√×
16～20	√×√√×	21～25	×××√×	26～30	×√√×√

31～35 ××√××

三、简答题

略

四、计算题

1. 0.328，0.614
2. $D=11.3\text{kmol/h}$，$x_D=0.943$
3. $x_1=0.929$，$L=191.28\text{kmol/h}$，$V=267.79\text{kmol/h}$
4. $x_F=0.45$，$x_D=0.82$，$x_W=0.08$，$R=3$
5. $y_{n+1}=\frac{R}{R+1}x_n+\frac{1}{R+1}x_D=0.714x_n+0.274$
6. $x_2=0.848$；$y_2=0.918$
7. （1）$\eta=0.97$；（2）$R_{\min}=3.12$；（3）$y=1.33x-0.0067$；（4）$x_{D_{\max}}=0.856$
8. $N=13.7$（不包括再沸器）
9. （1）$V=0.326$，$L=0.548$；（2）$R_{\min}=1.8$；（3）$x_2=0.781$
10. $y_{m+1}=2x_m-0.5$
11. 理论板的层数为 16（包括再沸器）；加料板为第 8 块板

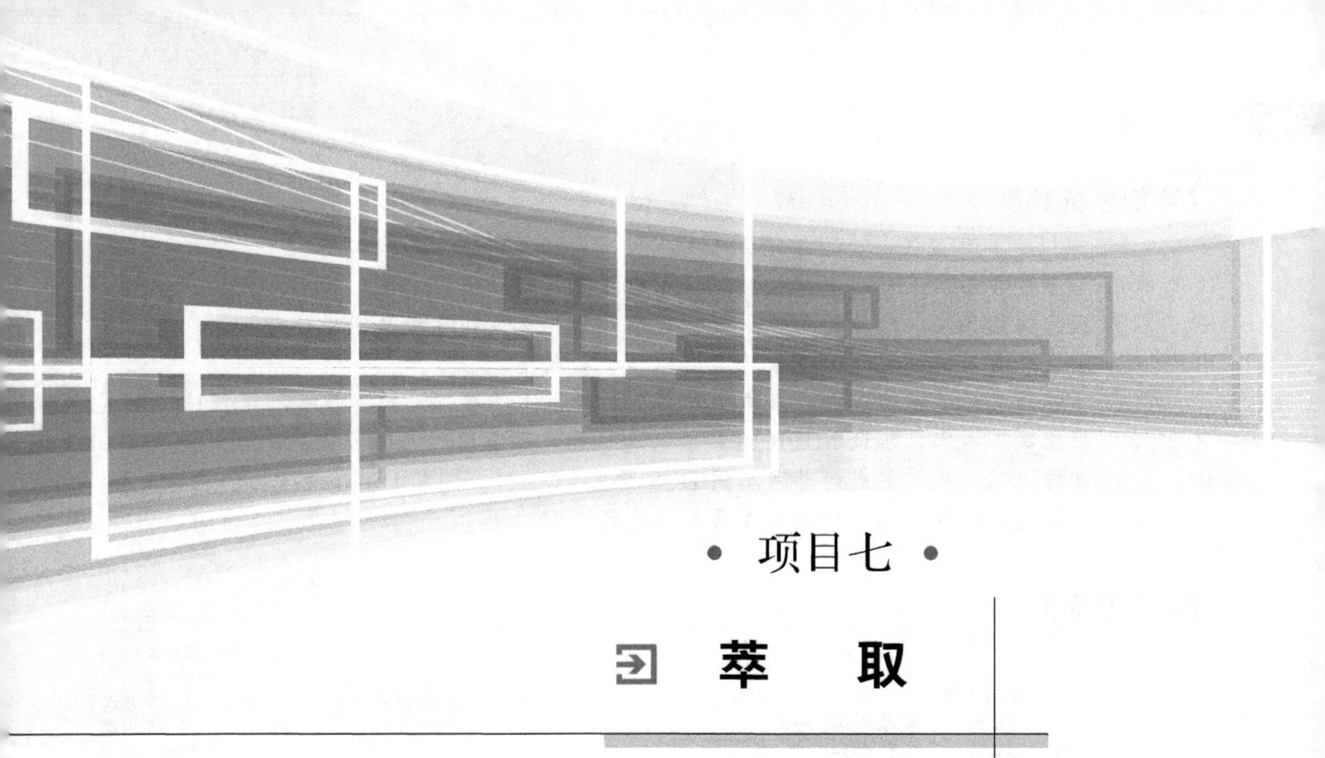

· 项目七 ·

萃　取

【案例导入】

丙烯酸丁酯（$C_7H_{12}O_2$）为无色液体，沸点145-148℃，不溶于水，由丙烯酸与正丁醇酯化制得，广泛用作高分子单体及有机合成中间体，适用于涂料、胶粘剂、纺织助剂等领域。某化工厂在生产丙烯酸丁酯过程中使用催化剂对苯磺酸，产生含有对苯磺酸（浓度3% wt）的废水，处理量为$15m^3/h$，要求通过液液萃取工艺将对苯磺酸浓度降至≤0.05% wt以下。萃取剂选用水，对苯磺酸在水中与丙烯酸丁酯体系的分配系数K=15（对苯磺酸在水中的溶解度远高于丙烯酸丁酯体系），现该化工厂新建了一套连续逆流萃取系统进行对苯磺酸废水处理，萃取塔为转盘塔（RDC），塔高13.5m，塔径0.8m。进料废水组成：对苯磺酸3%，丙烯酸丁酯相关物质97%（质量分数），要求操作时控制萃取剂水的流量为$4m^3/h$；温度30℃，萃取完成后萃余相（丙烯酸丁酯相关物质）中对苯磺酸浓度≤0.05%，萃取相（水）中对苯磺酸酚回收率≥99%。

项目生产流程图如下：

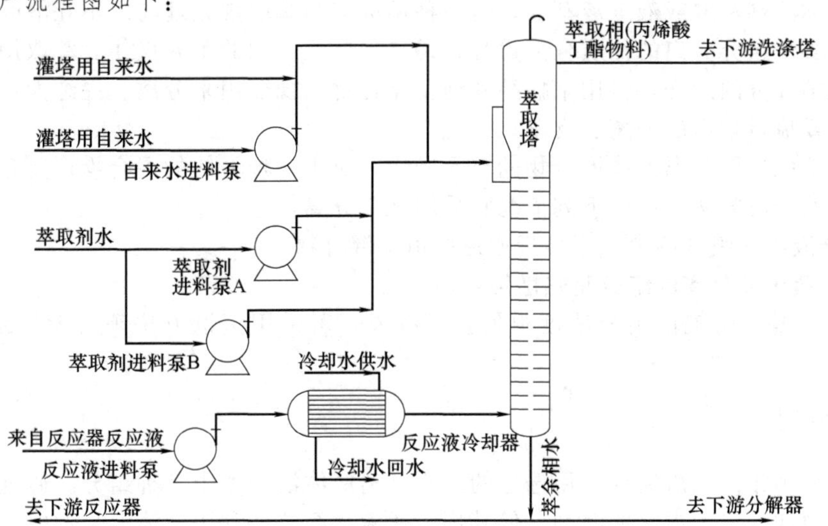

萃取工程案例流程图

【案例分析】

要完成以上的萃取任务，需解决以下关键问题：

(1) 结合流程图，正确认识萃取过程，理解液液萃取原理；

(2) 根据案例条件，能通过物料平衡计算萃取相和萃余相流量及组成；

(3) 结合转盘塔设计规范，掌握转盘塔操作参数调整；

(4) 了解转盘塔的结构和特点，根据物料的特性、工艺要求，核算塔高和塔径；

(5) 根据案例内容，验证 MIBK 对苯酚的选择性，了解萃取剂回收方法；

(6) 掌握工艺流程，完成对萃取单元 DCS 操控；

(7) 能够完成萃取单元开停车操作及故障处置。

【学习指南】

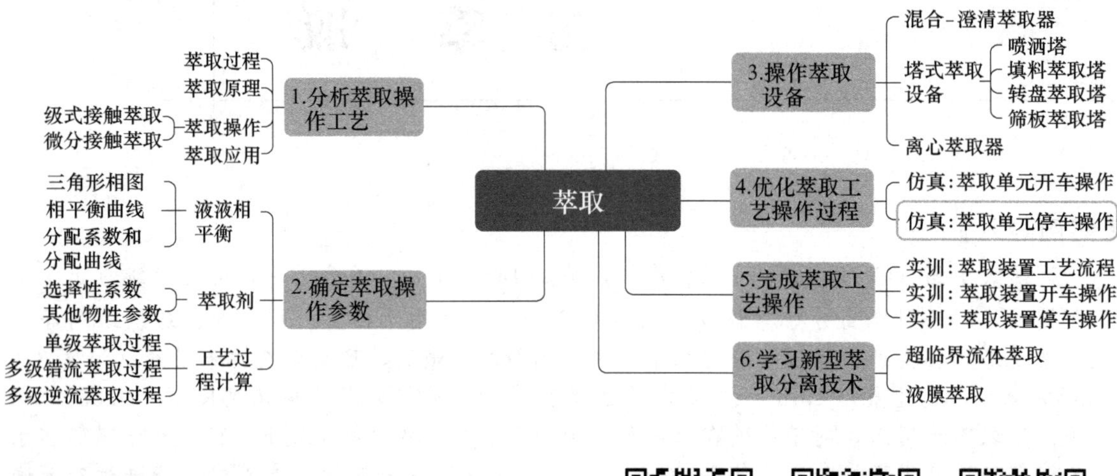

任务一 认识萃取过程

微课精讲

动画资源

铸魂育人

一、萃取过程

萃取又称溶剂萃取或液一液萃取，是一种用液态的萃取剂处理与之不互溶的双组分或多组分溶液，实现组分分离的传质分离过程，是一种广泛应用的单元操作。萃取操作过程并不造成物质化学成分的改变，常用来提纯和纯化化合物，既能用来分离、提纯大量的物质，也适合于微量或痕量物质的分离、富集。

蒸馏和萃取均属分离液体混合物的单元操作，对于一种具体的混合物，要会经济合理化地选择适宜的分离方法。一般下列情况宜采用萃取分离：

① 混合液中各组分的沸点很接近或形成恒沸混合物。

② 原料液中需分离的组分是热敏性物质。

③ 原料液中需分离的组分浓度很低且难挥发，若采用蒸馏方法须将大量原溶剂汽化，能耗较大。

二、萃取原理

萃取是利用相似相溶原理，用选定的溶剂分离液体混合物中某种组分。通过在欲分离的液体混合物中加入一种适宜的溶剂，使其形成两液相系统，利用液体混合物中各组分在两相中分配差异的性质，易溶组分较多地进入溶剂相，从而实现混合液的分离。

一般地，液体混合物（原料液以 F 表示）中，易溶于溶剂的组分称为溶质（以 A 表示），难溶于溶剂的组分称为原溶剂或稀释剂（以 B 表示），选定的溶剂为萃取剂（以 S 表示），萃取剂对原料液中的溶质应具有尽可能大的溶解度，而对原溶剂应完全不互溶或部分互溶。

① 若萃取剂对原溶剂完全不互溶，则萃取剂与原料液混合后会成为两相，其中一相以萃取剂为主，溶有较多的溶质，称为萃取相（以 E 表示）；另一相以原溶剂为主，溶有未被萃取的溶质，称为萃余相（以 R 表示）。

② 若萃取剂对原溶剂部分互溶，则萃取相中还含有原溶剂，萃余相中亦含有萃取剂。若将 E 和 R 中的萃取剂 S 设法除去，则萃取相中的萃取剂被除去后得到的液体称为萃取液（以 E′表示）；萃余相中的萃取剂被除去后得到的液体称为萃余液（以 R′表示）。

一般工业萃取过程分为如下三个基本阶段，如图 7-1 所示。

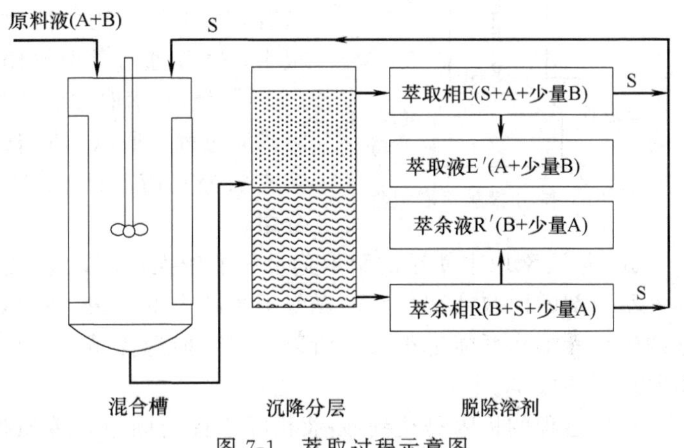

图 7-1　萃取过程示意图

① 混合过程。将一定量的溶剂加入原料液中，采取措施使之充分混合，以实现溶质由原料液向溶剂转移的过程。

② 沉降分层。分离出萃取相与萃余相。

③ 脱除溶剂。获得萃取液与萃余液，回收的萃取剂循环使用。

三、萃取操作及其特点

（一）萃取方式

萃取操作根据原料液和萃取剂的接触方式，可分为两类。

1. 级式接触萃取

图 7-1 所示的是一单级接触式萃取流程。将由溶质 A 和原溶剂 B 组成的原料液 F 和萃取剂 S 一起加入混合槽内，然后搅拌使原料液 F 与萃取剂 S 充分混合，使溶质 A 从原料液进入萃取剂。将混合液送入分层器，两液相因密度不同静置分层得到萃取相 E 和萃余相 R。若单级萃取得到的萃余相中还有部分溶质需要进一步提取，可采用多级接触式萃取流程。多级接触式萃取流程主要分为多级错流萃取和多级逆流萃取（详见项目七任务二），最终萃取相 E 经分离后得到萃取剂 S 和萃取液 E′，萃余相 R 经分离后得到萃取剂 S 和萃余液 R′，萃取剂 S 送入混合器循环使用。

2. 微分接触萃取

微分接触逆流萃取主要在塔式萃取设备内进行，如图 7-2 所示。由溶质 A 和原溶剂 B 组成的原料液 F 从塔顶进入塔中，在重力作用下从上向下流动，与自下向上流动的萃取剂 S 逆流连续接触，进行传质，萃取结束后，萃取相 E 从塔顶流出，最终的萃余相 R 从塔底流出。

微分接触逆流萃取操作两液相连续逆向流过设备，没有沉降分离时间，因而传质未达平

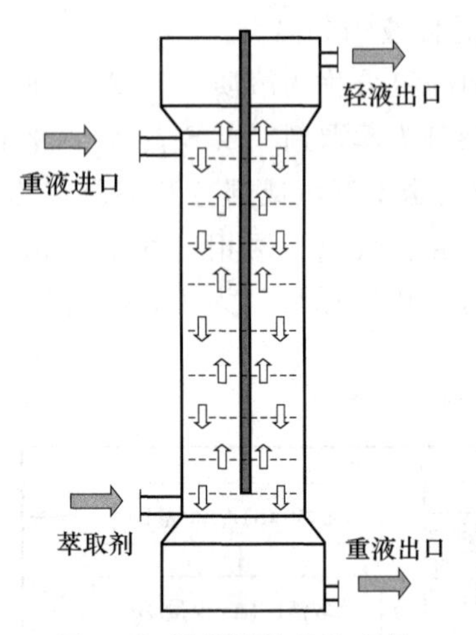

图 7-2 微分接触萃取流程

衡状态，其浓度沿塔高呈连续微分变化。微分萃取适用于两液相有较大密度差的场合，是工业上常用的萃取方法。

（二）萃取特点

萃取操作具有以下几个特点。

① 液-液萃取过程的依据是混合液中各组分在所选萃取剂中溶解度的差异。因此萃取剂选择是否适宜，是萃取过程能否采用的关键之一。也就是说，萃取剂必须对所萃取的溶质有较大的溶解力，而对原料液中其他组分的溶解能力必须很小，才能通过萃取操作达到混合液分离的目的。

② 液-液萃取过程是溶质从一个液相转移到另一液相的相际传质过程，所以萃取剂与原溶剂必须在操作条件下互不相溶或部分互溶，且应有一定的密度差，以利于相对流动与分层。

③ 液-液萃取中使用的萃取剂量一般较大，所以萃取剂应是价廉易得、易回收循环使用的。萃取剂的回收往往是萃取操作不可缺少的部分。回收溶剂的方法，通常有蒸发和蒸馏，这两个单元操作耗能都很大，所以应尽可能选择易于回收且回收费用较低的萃取剂，以降低萃取过程的成本。

萃取过程的极限是达到液-液相际平衡。同时，传质推动力的计算也要通过相平衡来表达，因此，同吸收、蒸馏一样必须先熟悉萃取过程相平衡关系的表达和计算方法。

四、萃取在工业生产中的应用

随着近代分析化学分离技术的发展，液-液萃取与光度法、原子吸收法、电化学法等相结合，广泛应用于石油、化工、医药、有色金属冶炼等工业领域。

（一）在石油化工中的应用

随着石油化工的发展，液-液萃取已广泛应用于分离各种有机物质。如从催化重整和经裂解得到的汽油中回收轻质芳烃（苯、甲苯、二甲苯），由于轻质芳烃与相近碳原子数的非芳烃沸点相差很小（如苯的沸点为 80.1℃，环己烷的沸点为 80.74℃，2,2,3-三甲基丁烷的沸点为 80.88℃），有时还会形成共沸物，因此，不能用普通精馏方法分离。此时可采用二乙二醇（二甘醇）、环丁砜等作萃取剂，用液-液萃取方法回收得到纯度很高的芳烃。

（二）在生物化工和精细化工中的应用

在生化药物制备过程中，生成很复杂的有机液体混合物。这些物质大多为热敏性物质。对于热敏性物料的混合液，如果用普通蒸馏方法容易受热分解、聚合或发生其他化学变化，可采取液-液萃取方法进行分离。例如青霉素的生产，用玉米发酵得到含青霉素的发酵液，以醋酸丁酯为溶剂，经过多次萃取可得到青霉素的浓溶液。再比如香料工业中用正丙醇从亚硫酸纸浆废水中提取香兰素，食品工业中用磷酸三丁酯（TBP）从发酵液中萃取柠檬酸也得到了广泛应用。可以说，萃取操作已在制药工业、精细化工中占有重要的地位。

（三）在湿法冶金中的应用

近 20 年来，由于有色金属使用量剧增，而开采的矿石品位又逐年降低，萃取法在这一领域迅速发展起来。如矿物浸取液的分离和精制：锆和铪、钽和铌等性质相近、极难分离的金属离子混合物的分离等。

任务二 分析选择原理选择萃取工艺

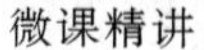
微课精讲

动画资源

行业前沿

一、液-液相平衡

液-液相平衡是指在确定的萃取体系内和一定的条件下，被萃取组分在两相之间所具有的平衡分配关系。在达到萃取平衡之后，这一分配关系并不随两相接触时间的加长而变化，即萃取过程是以此平衡分配关系作为过程的极限。

若是萃取剂与原溶剂部分互溶，在萃取相和萃余相中都含有三个组分。此时为了既可以表示出被萃取组分在两相间的平衡分配关系，又可以表示出萃取剂和原溶剂两相的相对数量关系和互溶状况，通常在三角形坐标图中表示其平衡关系，即三角形相图。下面介绍这种相图。

（一）三角形相图

三元物系的组成可以用等边三角形坐标图、等腰直角三角形坐标图和非等腰直角三角形坐标图等来表示。其中，以等腰直角三角形坐标图最为常用，本项目主要介绍等腰直角三角形坐标图。

1. 溶液组成的表示方法

三元混合溶液的组成可以用质量分数、体积分数和摩尔分数表示。常用的为质量分数，如图 7-3 所示。

图 7-3 中，三角形的三个顶点 A、B、S 各代表一种纯组分。习惯上以上方顶点表示纯溶质 A、左下方顶点表示纯原溶剂 B、右下方顶点表示纯萃取剂 S，其质量分数为 1.0。三角形各边上的任一点均代表一个二元混合物系的组成，此时第三种组分的含量为零。例如 SA 边上的 D 点，表示由 A、S 组成的二元混合物系，由图可读得 A、S 的组成分别为 $w_{DA}=0.4$，$w_{DS}=0.6$。

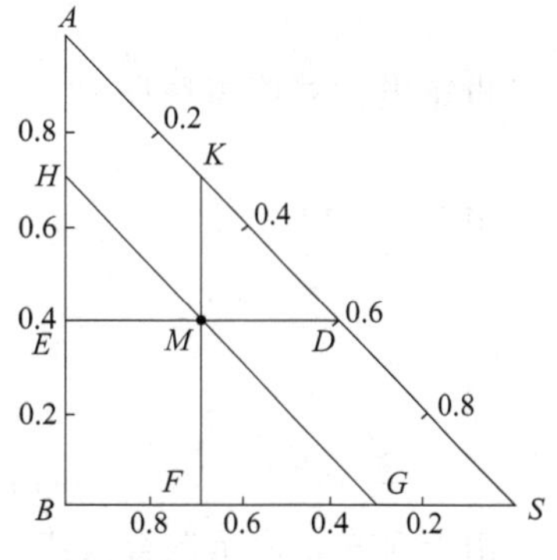

图 7-3 等腰直角三角形相图表示方法

三角形内任一点则代表一个三元混合物系的组成。例如图中点 M，其中含有 A、B、S 三组分的质量分数分别以 w_{MA}、w_{MB}、w_{MS} 表示。先过 M 点分别作三个边的平行线 DE、FK 和 GH，因为在与 BS 边平行的 DE 线上，所有组成均含有 40%的组分 A，同理在 FK 线上均含有 30%的组分 S，在 GH 线上均含有 30%的 B，而 DE、FK、GH 三直线相交于一点 M，故 M 点的组成分别为：

$$w_{MA}=\overline{BE}=0.4$$

$$w_{MB}=\overline{SG}=0.3$$

$$w_{MS}=\overline{AK}=0.3$$

且有：

$$w_{MA}+w_{MB}+w_{MS}=0.4+0.3+0.3=1$$

故三角形相图上任一点的总组成必满足组成归一性方程。

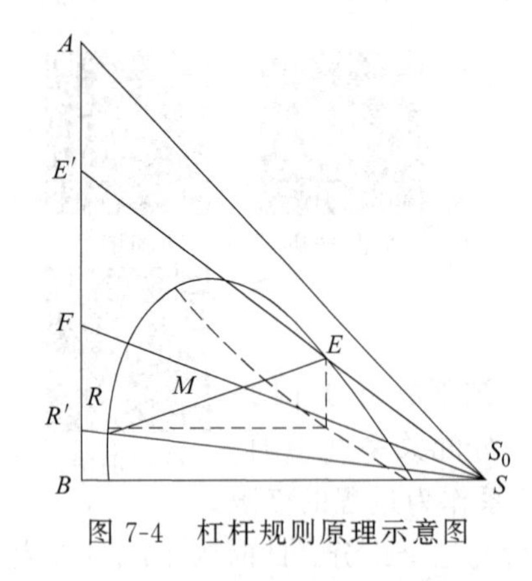

图 7-4 杠杆规则原理示意图

2. 萃取过程在三角形相图上的表示

萃取过程的三个基本阶段可在三角形相图上清晰地表达出来，如图 7-4 所示。

① 混合过程。将质量为 S 的萃取剂加到质量为 F 的料液中并混匀，即得到总量为 M 的混合液，其组成由点 M 的坐标位置读取。

$$F+S=M$$

$$Mw_{MA}=Fw_{FA}+Sw_{SA}$$

式中，F 为料液量，kg 或 kg/s；S 为萃取剂的量，kg 或 kg/s；M 为混合液的总量，kg 或 kg/s；w_{FA} 为原料液中溶质的质量分数；w_{SA} 为溶剂中溶质的质量分数，对于纯溶剂，$w_{SA}=0$；w_{MA} 为混合液中溶质的质量分数。

② 沉降分层。混合液沉降分层后，得到平衡的两液相 E、R，其总物料衡算式为：

$$E+R=M \tag{7-1}$$

式中，E 为萃取相的量，kg 或 kg/s；R 为萃余相的量，kg 或 kg/s。

根据总物料衡算式，做溶质 A 的衡算得

$$Mw_{MA}=Rw_{RA}+Ew_{EA} \tag{7-2}$$

再做组分 S 的衡算得

$$Mw_{MS}=Rw_{RS}+Ew_{ES} \tag{7-3}$$

由式（7-1）、式（7-2）、式（7-3）可推得

$$\frac{E}{R}=\frac{w_{MA}-w_{RA}}{w_{EA}-w_{MA}}=\frac{w_{MS}-w_{RS}}{w_{ES}-w_{MS}} \tag{7-4}$$

$$\frac{E}{R}=\frac{\overline{RM}}{\overline{EM}} \tag{7-5}$$

由上可知，表示混合液组成的 M 点的位置必在 R 点与 E 点的连线上，且线段 RM 与 EM 之比与混合前两个三元混合液的质量成反比，即为杠杆定律。根据杠杆定律，可较方便地在图上定出 M 点的位置，从而确定混合液的组成。

相图中的 M 点可表示溶液 R 与溶液 E 的质量与组成，称为 R、E 两溶液的和点。反之，当从混合物 M 中移去一定量组成为 E 的液体，表示余下的溶液组成的 R 点必在 EM 连线的延长线上，其具体位置可由杠杆定律确定：

$$\frac{E}{M}=\frac{\overline{RM}}{\overline{ER}}$$

因点 R 可表示余下溶液的质量和组成，故称为溶液 M 与溶液 E 的差点。

③ 脱除溶剂。若将得到的萃取相及萃余相完全脱除溶剂，则得到萃取液 E′和萃余液 R′，其间的质量与组成的关系也同样可以证明服从杠杆定律，即

$$\frac{E'}{E}=\frac{\overline{SE}}{\overline{SE'}} \tag{7-6}$$

或

$$\frac{E'}{F}=\frac{\overline{FR'}}{\overline{R'E'}} \tag{7-7}$$

杠杆定律是物料衡算过程的图解表示方法。萃取过程在三角形相图上的表示和计算，关键在于熟练地运用杠杆定律。

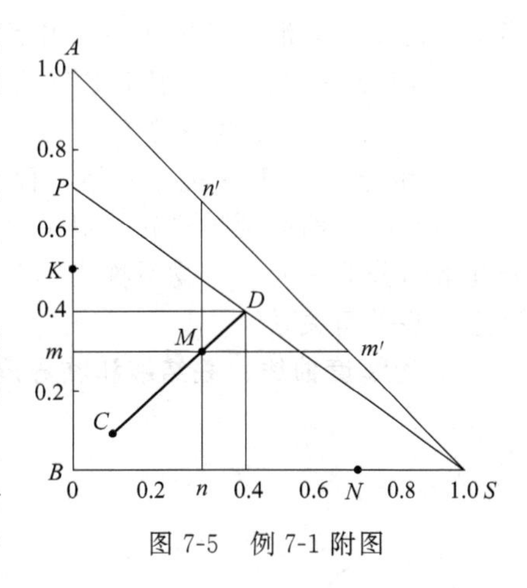

图 7-5　例 7-1 附图

【例 7-1】　如图 7-5 所示，试求：①K、N、M 点的组成；②若组成为 C 和 D 的三元溶液的和点为 M，质量为 90kg，求 C 与 D 各为多少千克？

解：①由图 7-5 可知，K 点在$\overline{AB}$边上，故 K 点表示由 A、B 组成的双组分混合液，其中 $w_{KA}=0.5$，则 $w_{KB}=1-w_{KA}=0.5$。

同理，N 点在$\overline{BS}$边上，表示由 B、S 组成的双组分混合液，其中 $w_{NS}=0.7$，所以 $w_{NB}=1-w_{NS}=1-0.7=0.3$。

M 点在三角形内，它是由 A、B、S 组成的三元混合液。过 M 点作$\overline{BS}$边的平行线，分别与$\overline{AB}$和$\overline{AS}$边交于 m、m'点，可得 $w_{MA}=0.3$；再过 M 点作$\overline{AB}$边的平行线，分别与$\overline{BS}$和$\overline{AS}$边交于 n、n'点，得 $w_{MS}=0.3$，则 $w_{MB}=1-w_{MA}-w_{MS}=1-0.3-0.3=0.4$。

② 由图 7-5 可以量$\overline{CM}=2\overline{MD}$，根据杠杆定律可得

$$\frac{C}{D}=\frac{\overline{MD}}{\overline{CM}}=\frac{\overline{MD}}{2\overline{MD}}=\frac{1}{2}$$

而

$$M=C+D=90$$

由上述两式可得

$$C=30\text{kg},\ D=60\text{kg}$$

【例 7-2】　已知三元均相混合液 D 的组成如图 7-5 所示，量为 60kg，其中 $w_{DA}=0.4$，$w_{DS}=0.4$，$w_{DB}=0.2$（均为质量分数），若将 D 中的萃取剂 S 全部脱除，问可得到只含（A+B）的双组分溶液的量和组成各为多少？

解：连接 S、D 并延长交于$\overline{AB}$边的 P 点，按杠杆定律知 P 点为 D 与 S 的差点，即可得

$$P=D-S=60-S$$

量线段根据长度比可得

$$\frac{P}{S}=\frac{\overline{DS}}{\overline{PD}}=\frac{0.6}{0.4}=\frac{3}{2}$$

由上述两式解得

$$P=36\text{kg}$$

P 点表示脱除 S 以后的（A+B）混合液，由于其中 A 和 B 的比例并没有发生变化，仍为

$$\frac{w_{PA}}{w_{PB}}=\frac{w_{DA}}{w_{DB}}=\frac{0.4}{0.2}=2$$

因此，P 点的 A、B 组成为

$$w_{PA}=2w_{PB}$$

且有

$$w_{PA}+w_{PB}=1.0$$

由上可得

$$w_{PA}=0.667,\ w_{PB}=0.333$$

（二）部分互溶物系的相平衡

在萃取操作中常按由溶质 A、原溶剂 B、萃取剂 S 组成的三元混合液中各组分互溶度的

不同，而将三元混合液分成下述几种类型。

① 组分 A 可完全溶解于 B 和 S 中，但 B 与 S 不互溶；

② 组分 A 可完全溶解于 B 及 S 中，而 B 与 S 为一对部分互溶的组分；

③ 组分 A 与 B 可完全互溶，而 B 与 S 及 A 与 S 为两对部分互溶组分。

通常，将前面两种只有一对部分互溶组分的三分物系称为第Ⅰ类物质，而将具有两对部分互溶组分的三元混合物系称为第Ⅱ类物系，第Ⅰ类物质在萃取操作中较为常见，以下主要讨论这些平衡关系。

1. 溶解度曲线、联结线和临界混溶点

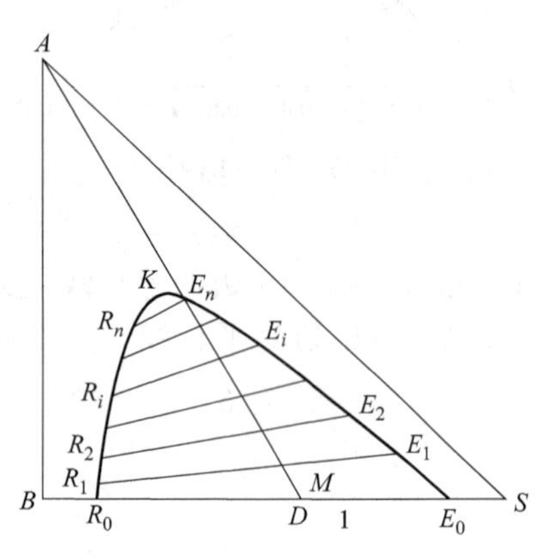

图 7-6 溶解度曲线和联结线

第Ⅰ类物系的相平衡关系用溶解度曲线来表示，其溶解度曲线在恒定压力和温度下由实验测定。如图 7-6 所示，图中曲线 $R_0R_1R_2R_iR_nKE_nE_iE_2E_1E_0$ 称为溶解度曲线，该曲线将三角形相图分成两个部分：单相区 ABR_0KE_0SA 和两液相区 $R_0KE_0R_0$。单相区内的点代表该三元混合物是相互完全溶解的单一液相；两相区内的点代表组分达到平衡呈现两个液相，这两个液相称为共轭相，连接两共轭液相相点的直线称为联结线，如图中的 R_iE_i 线（$i=0, 1, 2, \cdots, n$）。萃取操作只能在两相区内进行。

两个共轭相组成相同时的混溶点，称为临界混溶点，如图中 K 点。临界混溶点将溶解度曲线分为萃取相区域与萃余相区域。值得注意的是，临界混溶点并不是溶解度曲线的最高点。

2. 辅助曲线

一定温度下，测定体系的溶解度曲线时，实验测出的连接线的条数（即共轭相的组成数据）是有限的，为了得到任何已知平衡液相的共轭相的数据，常采用辅助曲线（亦称共轭曲线）的方法。

如图 7-7 所示，通过已知点 R_1，R_2，…分别作边 BS 的平行线，再通过相应连接线的另一端点 E_1，E_2，…分别作边 AB 的平行线，各平行线分别交于 F，G，…点，连接这些交点所得平滑曲线即为辅助曲线。利用辅助曲线可以求任一已知平衡液相的共轭相。

通常，一定温度下的三元物系溶解度曲线、联结线、辅助曲线及临界混溶点的数据均由实验测得，有时也可从手册或有关专著中查得。

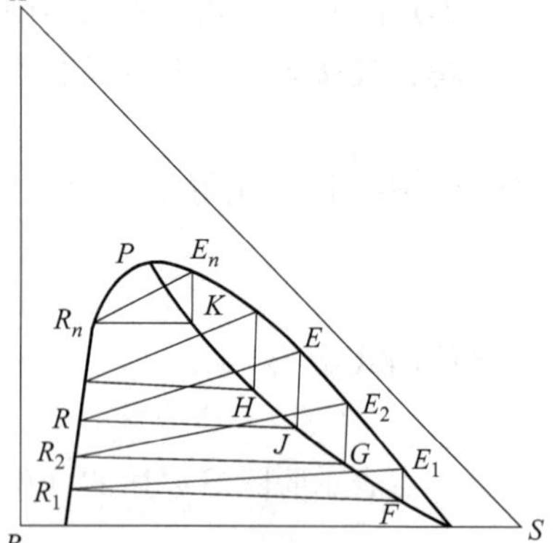

图 7-7 辅助线示意图

（三）分配系数和分配曲线

1. 分配系数

在一定温度下，当三元混合液的两个液相达到平衡时，某组分在互成相平衡的两相中的浓度比称为该组分的分配系数，以 k 表示。溶剂 A 在萃取相 E 与萃余相 R 中的分配系数 k_A 为：

$$k_A=\frac{w_{EA}}{w_{RA}}=\frac{y}{x} \tag{7-8}$$

式中，$y=w_{EA}$ 为组分 A 在萃取相 E 中的质量分数；$x=w_{RA}$ 为组分 A 在萃余相 R 中的质量分数。

同样，对于组分 B 也可写出相应的表达式：

$$k_B = \frac{w_{EB}}{w_{RB}} \tag{7-9}$$

分配系数表达了组分在两个平衡液相中的分配关系。它一般不是常数，其值随组成和温度而变，不同物系具有不同的分配系数 k_A 值，同一物系 k_A 值随温度而变。在恒定温度下，对 S 与 B 部分互溶的物系，k_A 与联结线的斜率有关。显然，联结线的斜率愈大，k_A 愈大，愈有利于萃取的分离。

2. 分配曲线

若将三角形相图上各组相对应的平衡液层中溶质 A 的浓度若转移到 $y \sim x$ 直角坐标上，即可得到分配曲线。如图 7-8（b）所示，曲线 ONP 即为有一对组分部分互溶时的分配曲线，图中 P 点为临界混溶点，此时两相组成相同。

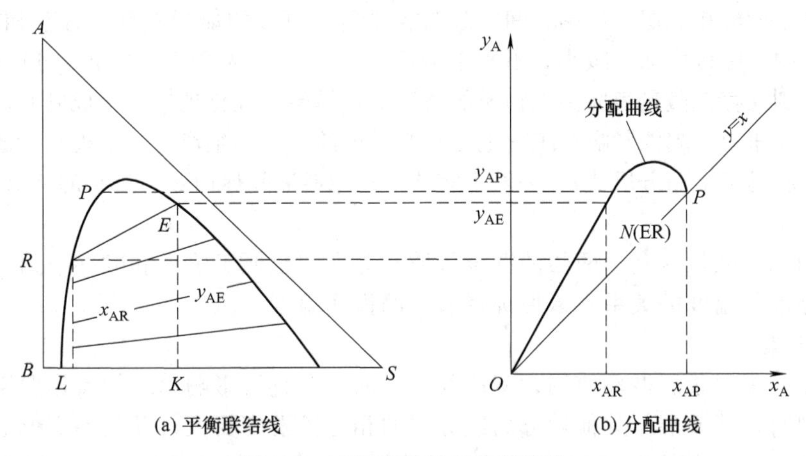

图 7-8　平衡联结线与分配曲线

分配曲线表示溶质在互成平衡的萃取相 E 与萃余相 R 中的分配系数，即相平衡关系。若已知 x_A，则可根据分配曲线求出其共轭相组成 y_A。

二、萃取剂的选择

萃取剂的选择，是萃取操作能否合理、经济进行的关键。萃取剂的选择一般从以下几个方面进行衡量。

（一）选择性系数

选择性是指萃取剂 S 对原料液中 A、B 组分的溶解度差异，萃取剂的选择性可用选择性系数 β 表示。两相平衡时，萃取相 E 中 A、B 组成之比与萃余相 R 中 A、B 组成之比的比值称为选择性系数，用 β 表示，即：

$$\beta = \frac{w_{EA}/w_{EB}}{w_{RA}/w_{RB}} = \frac{y_A/y_B}{x_A/x_B} = \frac{y_A/x_A}{y_B/x_B}\frac{k_A}{k_B} \tag{7-10}$$

选择性系数反映了萃取剂 S 对原料液中两个组分溶解能力的差异，即 A、B 的分离程度。β 值大，表示萃取分离效果越好。

若 $\beta > 1$，说明组分 A 在萃取相中的相对含量比萃余相中的高，即组分 A、B 得到了一定程度的分离；若 $\beta = 1$，则组分 A 在萃取相和萃余相具有相同的组成，并且等于原料液的组成，即 A、B 两组分不能用此萃取剂分离。

在所有工业的萃取操作中，β值均大于1，且β值越大，萃取分离效果越好。β值直接与k_A有关，β值大，k_A值也越大，即影响k_A的因素也影响β值，比如物系的温度、浓度等。

（二）萃取剂的其他物性

1. 密度

萃取过程要求两液相能相互充分接触，又要求在接触传质之后迅速分层，这就要求两相间有较大的密度差，以提高设备的生产能力。对于依靠密度差使两相发生分散、混合和相对运动的萃取设备（如填料塔和筛板塔），密度差的增大也有利于传质，故在选择萃取剂时，应考虑其密度的相对大小，以保证与原溶剂间有适宜的密度差。

2. 界面张力

两液层间的界面张力同时取决于两种液体的物性，物系的界面张力越大，细小液滴越易于聚结，越有利于两液相分层。但两相间的分散需要消耗更多的能量，且使分散相的液滴增大，单位体积液体内相际传质面积减小，不利于传质。反之，若界面张力过小，分散相液滴减小，而且物料（特别在存在微量表面活性物质的条件下）易产生乳化现象而形成乳状液，导致分层困难。因此界面张力引起的影响在工程上是相互矛盾的。实际生产中，从提高设备的生产能力考虑（要求液滴易聚结而分层快），一般不宜选择与原料液间界面张力过小的萃取剂。

3. 黏度

萃取剂的黏度低，有利于两相的混合传质和分离，也便于输送和贮存。因此，也应当考虑萃取剂的黏度与温度的关系，以便选择适宜的操作温度。

4. 其他因素

萃取剂通常需回收后循环使用，萃取剂回收的难易直接影响萃取的操作费用。用蒸馏方法回收萃取剂时，萃取剂与其他被分离组分间的相对挥发度要大，并且不应形成恒沸物。若被萃取的溶质A是不挥发的或挥发度很低的物质，可采用蒸发或闪蒸方法回收萃取剂，此时希望萃取剂的比汽化焓较低，以减少热量消耗。

此外，所选用的萃取剂还应满足化学稳定性好、腐蚀性小、无毒、不易燃易爆、价廉易得、蒸气压低（以减小汽化损失）等要求。这些也和选择吸收剂的要求类似，应根据实际物系的情况、分离要求和技术经济比较来做出合理的选择。

三、萃取的工艺计算

萃取操作可在分级接触式或微分接触式设备中进行。在分级接触式萃取过程计算中，无论是单级还是多级萃取操作，均假设各级为理论级，离开每级的E相和R相互为平衡。萃取操作中的理论级概念和蒸馏中的理论板相当。通常情况下，一个实际萃取级的分离能力达不到一个理论级，两者的差异用级效率校正。本部分重点讨论单级接触式萃取过程的计算，对其他萃取过程仅做简要介绍。

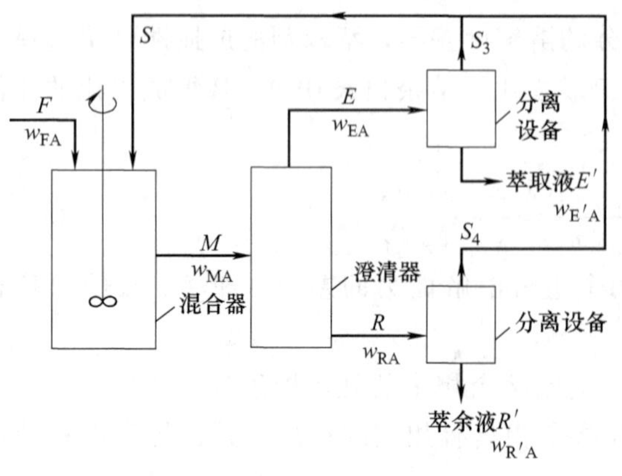

图7-9 单级萃取流程示意图

（一）单级萃取过程

单级萃取流程如图7-9所示。一般多用于间歇操作，也可用于连续萃取。该流程中含有一个混合器、一个澄清器和两个萃取剂的分离设备。

单级萃取操作中，通常有以下两种计算类型。

（1）设计型计算

已知原料液组成 x_{FA} 及其处理量 F，规定萃余相 R 组成 w_{RA}（或萃余液 R′中的 $w_{R'A}$），要求计算萃取剂用量 S、萃取相的量 E 及其组成 w_{EA}（或萃取液量 E' 及其组成余 $w_{E'A}$）。

对于物理过程，独立的物料衡算式的数目应等于系统的组分数。对于三元物系，可写出三个独立衡算方程：

总物料衡算（不包括分离设备）：

$$F+S=R+E=M \tag{7-11}$$

A 组分物料衡算（设进入混合器的为纯萃取剂 S，故 $w_{SA}=0$）：

$$Fw_{FA}+S\times0=Rw_{RA}+Ew_{EA}=Mw_{MA} \tag{7-12}$$

S 组分物料衡算：

$$F\times0+S\times1.0=Rw_{RS}+Ew_{ES} \tag{7-13}$$

即

$$S=Rw_{RS}+Ew_{ES} \tag{7-14}$$

式中，F 为料液量，kg 或 kg/s；w_{FA} 为原料液中溶质 A 的质量分数；S 为萃取剂的量，kg 或 kg/s；M 为混合液的总量，kg 或 kg/s；w_{MA} 为混合液中溶质的质量分数；E 为萃取相的量，kg 或 kg/s；w_{EA} 为萃取相中溶质 A 的质量分数；R 为萃余相的量，kg 或 kg/s；w_{RA} 为萃余相中溶质 A 的质量分数。

三元物系的液-液相平衡关系与物料衡算关系用数学式表述和计算比较繁杂，故常在三角形相图上用图解法求取未知量。

图解计算时，可首先由规定的萃余相浓度 w_{RA} 在溶解度曲线上找到萃余相的组成点 R，过点 R 用内插法作一平衡联结线 RE 与溶解度曲线相交，进而定出萃取相的组成点 E。然后根据已知的原料组成与溶剂组成，可以确定原料与溶剂的组成点 F 及 S（S 点为纯溶剂）。

由物料衡算可知，进入萃取器的总物料量及其总组成应等于流出萃取器的总物料量及其总组成。因此，总物料的组成点 M 必同时位于 FS 和 RE 两条联结线上，即为两联结线之交点。

各股物流由杠杆定律求得：

根据杠杆定律，溶剂用量 S 与料液流量 F 之比为

$$\frac{S}{F}=\frac{\overline{FM}}{\overline{MS}}$$

此比值称为溶剂比。根据溶剂比可由已知料液流量 F 求出溶剂流量 S。

进入萃取器的总物料量与溶剂流量之和，即

$$M=F+S$$

萃取相流量为

$$E=M\times\frac{\overline{MR}}{\overline{ER}}$$

萃取相流量为

$$R=M-E$$

萃取相的组成 w_{EA} 可由其坐标位置从图上读得。

（2）求解单级萃取的分离范围

如图 7-10 所示，对于一定的料液流量 F 及组成 x_{FA}，溶剂的用量越大，混合点 M 越靠近 S 点，但以 E_1 点为限。相当于 E_1 点的溶剂用量为最大溶剂用量，超过此用量，混合物将进入均相区而无法实现萃取操作。与过 E_1 点的联结线可得到 R_1，将 R_1 中的 S 脱除即得到萃余液 R'_{min}，其中 A 的组成达到最小值。

从 S 点作平衡溶解度曲线的切线（切点为 E_{max}）并延长至 AB 边，交点即为脱除 S 后所得的最大的萃取液量 E'_{max}，其中溶质 A 的浓度达到最大，和点为 M_m，平衡联结线为 $R_mM_mE_{max}$。

【例 7-3】 25℃时丙酮-水-三氯乙烷系统的溶解度曲线如图 7-11 所示。已知原料液（丙酮-水溶液）中含丙酮 50%，总料液量为 100kg，用三氯乙烷作萃取剂。试求加入多少千克三氯乙烷后混合液中 M 中三氯乙烷总组成为 32%？混合液 M 中丙酮与水的总组成是多少？

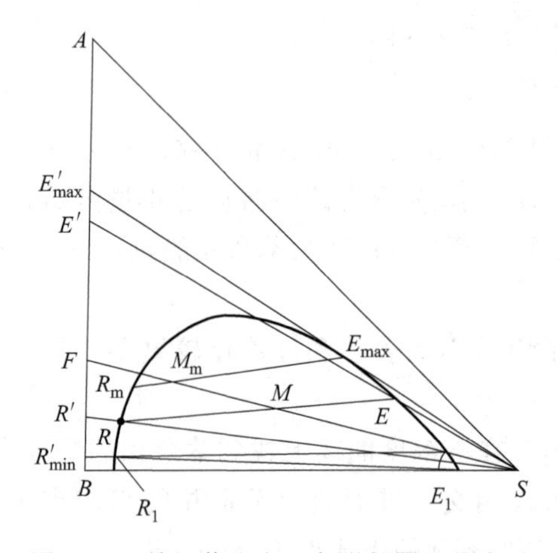

图 7-10 单级萃取在三角形相图上的表示

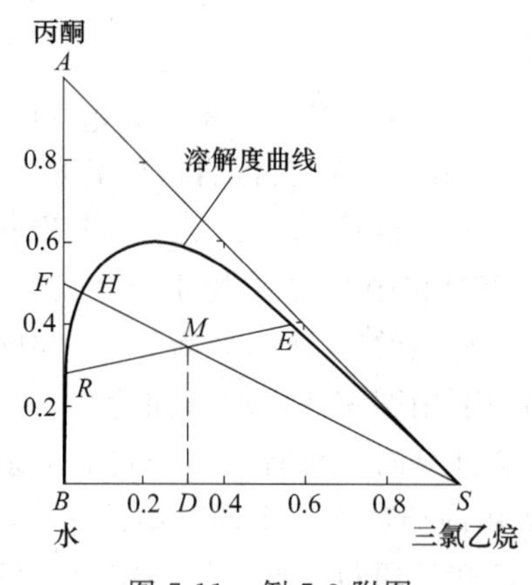

图 7-11 例 7-3 附图

解： 根据杠杆定律可知 $\dfrac{S}{F}=\dfrac{\overline{FM}}{\overline{MS}}$

当混合液 M 中三氯乙烷总组成为 32%，由三角形相图得

$$\frac{\overline{FM}}{\overline{MS}}=\frac{0.32}{1-0.32}=0.47$$

即应加入的三氯乙烷量为

$$S=F\times\frac{\overline{FM}}{\overline{MS}}=100\times0.47=47\text{kg}$$

由于 M 中 A 和 B 的组成比应与原溶液相同，即有

$$\frac{w_{MA}}{w_{MB}}=\frac{w_{FA}}{w_{FB}}=\frac{0.5}{0.5}=1$$

按组成归一性方程：$w_{MA}+w_{MB}+w_{MS}=1$

得

$$w_{MA}=w_{MB}=\frac{1-0.32}{2}=0.34=34\%$$

【例 7-4】 某三元物系的溶解度曲线与平衡联结线如图 7-12 所示。用纯溶剂对 100kg 进料进行单级萃取，$w_{FA}=0.3$（质量分数），试求：

（1）萃取液可达到的最大浓度为多少？

（2）为使萃取液浓度达到最大，溶剂用量应为多少？

解：（1）如图 7-13 作切线，得 $w'_{EAmax}=0.91$。

（2）连接 FS，与 ER 交于 M 点，根据杠杆定律得

$$\frac{S}{F}=\frac{\overline{FM}}{\overline{MS}}=\frac{86}{278}=0.31$$

$$S=0.31F=0.31\times100=31\text{kg}$$

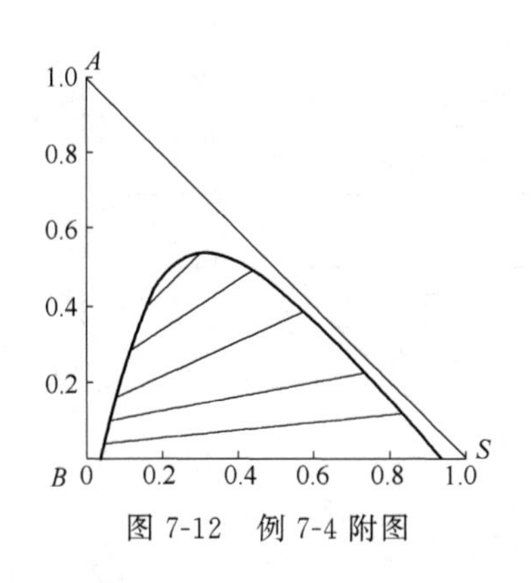

图 7-12　例 7-4 附图

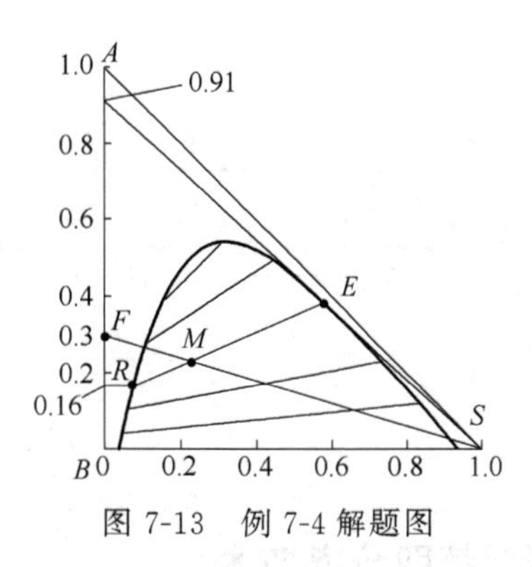

图 7-13　例 7-4 解题图

（二）多级错流萃取过程

当单级萃取得到的萃余相中的溶质 A 的组成高于要求值时，为了充分回收溶质，可再次在萃余相中加入新鲜萃取剂进行萃取，即将若干个单级萃取器按萃余相流向串联起来，得到如图 7-14 所示的多级错流萃取流程（图中为 4 级）。原料液 F 从第 1 级中加入，各级中均加入新鲜萃取剂 S，由第 1 级中分出的萃余相 R_1 引入第 2 级，由第 2 级中分出的萃余相 R_2 再引入第 3 级，由第 3 级中分出的萃余相 R_3 再引入第 4 级，分出萃余相 R_4 进入溶剂回收装置，得到萃余液 R′，各级分出的萃取相 E_1、E_2、E_3、E_4 汇集后送到相应的溶剂回收设备，得到萃取液 E′，回收的萃取剂循环使用。

多级错流萃取流程操作中只要采用的级数足够，就可获得含 A 很少的萃余液 R′，提高萃取效率。但萃取剂耗用量大，回收费用高，使其在工业上的应用受到限制，只有当萃取剂为水而无需回收时较为适用。

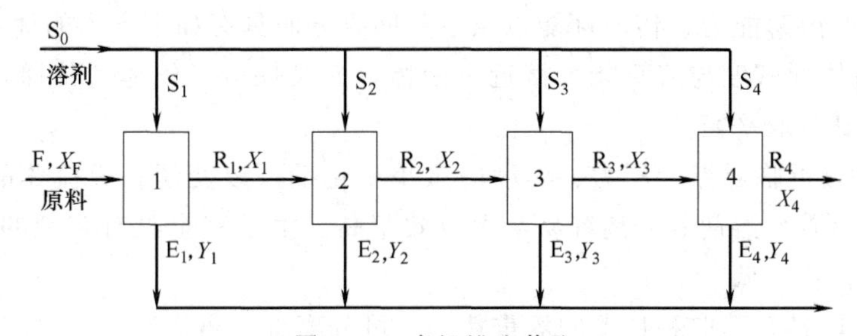

图 7-14　多级错流萃取

（三）多级逆流萃取过程

当原料液中的两个组分均为过程的目的产物，并希望较充分地加以分离时，一般采用如

图 7-15 所示操作，原料液 F 从第 1 级加入，顺次通过 2，3，…，W，最终萃余相 R_N 由最后一级，即第 N 级排出，进入溶剂回收设备中，所得到的萃余液 R′作为产品或送入下一工序处理。萃取剂 S 从最后 1 级加入，与原料液反方向顺次通过各级，最终萃取相 E_1 由第 1 级排出，所得的萃取液 E′作为产品或送入下一工序处理。

多级逆流接触萃取操作一般是连续的，其分离效率高，溶剂用量少，萃取剂一般是循环使用的，其中常含有少量的组分 A 和 B，故最终萃余相中可达到的溶质最低组成受溶剂中溶质组成限制，最终萃取相中溶质的最高组成受原料液中溶质组成的制约，故在工业中得到广泛的应用。

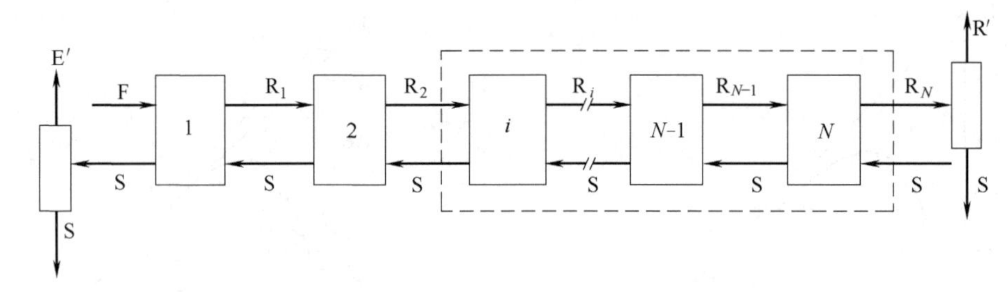

图 7-15 多级逆流萃取操作

四、新型萃取分离技术

（一）超临界流体萃取

超临界流体萃取是一种新型萃取分离技术。它利用超临界流体，即处于温度高于临界温度、压力高于临界压力的热力学状态的流体作为萃取剂，从液体或固体中萃取所需组分，然后采用等压变温或等温变压等方法，将溶质与溶剂分离的单元操作。其中，二氧化碳（CO_2）是最常用的超临界流体，由于其无毒害、残留少、价格低廉又可在常温下操作，在食品和医药领域得到广泛应用。

超临界流体萃取分离技术是利用超临界流体的溶解能力与其密度密切相关，通过改变压力或温度使超临界流体的密度大幅改变。在超临界状态下，将超临界流体与待分离的物质接触，使其有选择性地依次把极性大小、沸点高低和分子量大小不同的成分萃取出来，即此过程同时利用了蒸馏和萃取现象——蒸气压和相分离均起作用。

超临界萃取在溶解能力、传质性能以及溶剂回收方面具有如下突出的优点：

① 超临界流体的密度与溶解能力接近于液体，而又保持了气体的传递特性，故传质速率高，可更快达到萃取平衡。

② 操作条件接近临界点，压力、温度的微小变化都可改变超临界流体的密度与溶解能力，易于调控。溶质与溶剂的分离容易，萃取效率高。由于完全没有溶剂的残留，污染小，不需要溶剂回收，费用低。

③ 超临界萃取具有萃取和精馏的双重特性，可分离难分离物质。

④ 超临界流体一般具有化学性质稳定、无毒、无腐蚀性、萃取操作温度不高等特点，能避免天然产物中有效成分的分解，因此特别适用于医药、食品等工业。

但是，超临界流体萃取技术也有其缺点，主要是在高压下进行，设备一次性投资较大，操作条件严格，控制难度大，对操作人员的要求高等。

（二）液膜萃取

液膜萃取，也称液膜分离，是将第三种液体展成膜状以隔开两个液相，使料液中的某些组分透过液膜进入接收液，从而实现料液组分的分离。

液膜萃取是萃取和反萃取同时进行的过程。原液相（待分离的液一液混合物）中的溶质首先溶解于液膜相（主要组成为溶剂），经过液膜相又传递至回收相，并溶解于其中。溶质从原液相向液膜相传递的过程即为萃取过程；溶质从液膜相向回收相传递的过程即为反萃取过程。通常，当原液相为水相时，液膜相为油相，回收相为水相；当原液相为油相时，液膜相为水相，回收相为油相。

液膜萃取与溶剂萃取其相同之处都是由萃取与反萃取两个步骤组成；不同点在于前者萃取与反萃取分别发生在膜的两侧界面，相当于同时进行，萃取与反萃取内耦合，而后者萃取与反萃取分步进行，它们之间的耦合是通过外部设备实现的。

与传统的溶剂萃取相比，液膜萃取在工业中具有如下突出的优点：

① 传质推动力大，所需分离级数少。理论上讲，只需一级即可实现完全萃取。

② 试剂消耗量少，其试剂消耗量比溶剂萃取低一个数量级。流动载体（萃取剂）在膜的一侧与溶质配合，在膜的另一侧将其释放，相当于萃取剂不断得到再生。

③ 逆浓度梯度传递效应，同步分离与浓缩。通过供能离子与传递载体共同作用，目标产物可由低浓度区向高浓度区运输。

④ 萃取与反萃取同时一步进行。

⑤ 传递速率高。目标产物在液膜中传递距离短，很快达到萃取平衡。

⑥ 选择性好。膜只允许某一个或某一类离子通过。

任务三 认识及选用萃取设备

微课精讲

动画资源

铸魂育人

一、萃取设备的分类

和气液传质过程相类似，在液-液萃取过程中，要求萃取相和萃余相在设备内密切接触，以实现有效的质量传递。然后，又能使两相快速、完善分离，以提高分离效率。由于萃取操作两相密度差较小，在实现两相的密切接触和快速分离时较为困难，为了适应这种特点，出现了多种型式的结构设备。

① 根据萃取设备的构造特点，萃取设备可分为单件组合式、塔式和离心式三类。

② 根据两相接触方式的不同，萃取设备可分为逐级接触式和微分接触式两类。

③ 根据外界是否输入机械能，萃取设备又可分为有外加能量和无外加能量两类。

工业上常用的萃取设备分类情况见表 7-1，本部分主要介绍一些典型的萃取设备及其操作特性。

表 7-1 萃取设备分类

液体分散的动力	逐级接触式	微分接触式
重力差	筛板塔	喷洒塔
		填料塔

续表

液体分散的动力		逐级接触式	微分接触式
外加能量	脉冲	脉冲混合-澄清器	脉冲填料塔
			液体脉冲筛板塔
	旋转搅拌	夏贝尔(Scheibel)塔	转盘塔(RDC)
			偏心转盘塔(ARDC)
			库尼塔
	往复筛板塔	—	往复筛板塔
	离心力	卢威离心萃取机	POD离心萃取机

(一)混合-澄清萃取器

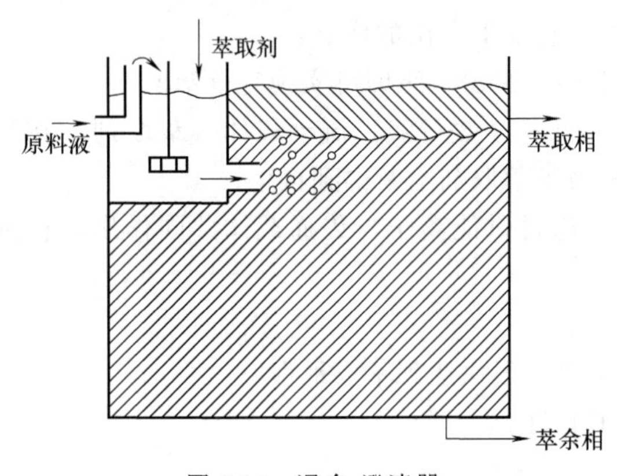

图 7-16　混合-澄清器

混合-澄清萃取器（简称混合-澄清器）是使用最早，目前仍广泛应用的一种萃取设备，它由混合器与澄清器组成，如图 7-16 所示。在混合器中，原料液与萃取剂借助搅拌装置的作用使其中一相破碎成液滴而分散于另一相中，以加大相际接触面积并提高传质速率。两相分散体系在混合器内停留一定时间后，流入澄清器。在澄清器中，轻、重两相依靠密度差进行重力沉降（或升浮），并在界面张力的作用下凝聚分层，形成萃取相和萃余相。

根据分离要求，混合澄清器可以单级使用，也可以组合成多级错流或多级逆流流程，可以间歇操作也可以连续操作。

混合澄清萃取器的主要优点是：处理量大，传质效率高（一般单级效率可达 80%以上）；两液相流量比范围大（流量比达到 1/10 时仍能正常操作）；设备结构简单，操作方便，运转稳定可靠，适应性强；易实现多级连续操作，便于调节级数。其缺点是：水平排列的设备占地面积大；设备内持液量较大；每级内都设有搅拌装置，液体在级间流动需输送泵，设备费和操作费都较高。

(二)塔式萃取设备

通常将高径比较大的萃取装置统称为塔式萃取设备，简称萃取塔。根据两相混合和分散的措施不同，萃取塔的结构型式也多种多样。工业上常用的萃取塔有喷洒塔、填料萃取塔、转盘萃取塔、筛板萃取塔等。

1. 喷洒塔

在塔式萃取设备中，喷洒塔是结构最简单的一种。喷洒塔又称喷淋塔，是一个空心圆筒体，顶部装有液体喷淋器，使液体分散成细小液滴下降，轻、重两相分别从塔底和塔顶进入，以逆流接触方式进行传质，如图 7-17 所示。

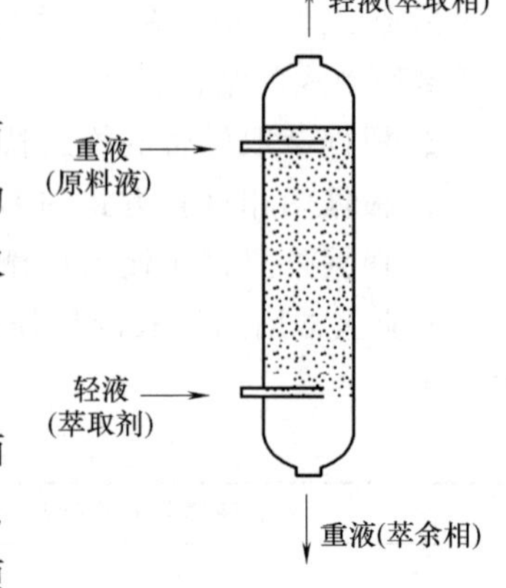

图 7-17　喷洒塔

喷洒塔的优点是结构简单、造价低廉、气体压降小，缺点是液体喷洒动力消耗大，出口气体中雾沫夹带多，设备内气体返混较严重。它多用于易溶气体的吸收，也可用于气体洗涤。

2. 填料萃取塔

填料萃取塔结构与精馏或者吸收作用的填料塔基本相同，塔内装合适的填料，轻液相由塔底进入，从塔顶排出；重液相由塔顶进入，由塔底排出。如图 7-18 所示，萃取操作时连续相充满整个塔中，分散相由分布器分散成液滴进入填料层，并与连续液相接触传质。填料的作用是使分散相液滴不断破裂与再生，使溶液表面不断更新；减少连续相的纵向混合，并使连续相在塔截面上的速度分布比较均匀。常用的填料有拉西环、鲍尔环以及鞍形填料等。

填料萃取塔的优点是结构简单、操作方便、造价低廉，适宜处理腐蚀性液体，对处理量比较小、要求理论级数不多（<3）时，工业上仍在使用。其缺点是级效率较低，不能处理含固体颗粒的悬浮液，两相通过的能力有限。

3. 转盘萃取塔

转盘塔是装有回旋搅拌圆盘的萃取设备，结构如图 7-19 所示。塔体呈圆筒形，在塔体内壁面上按一定间距装有若干个环形挡板（称为固定环），将塔分隔成许多小室，在塔的中心处，从塔顶插入一根转轴，转盘即装在其上，塔的上、下两端分别设有上澄清段和下澄清段，运行时两相界面的位置取决于连续相及分散相的选择。

萃取操作时，转盘随中心轴高速旋转，其在液体中产生的剪应力将分散相破裂成许多细小的液滴，在液相中产生强烈的涡旋运动，增大了相际接触面积和传质系数。轻相和重相分别进入澄清区，通过格栅与塔中段的萃取区相隔。在操作过程中，固定环的存在在一定程度上抑制了轴向返混。

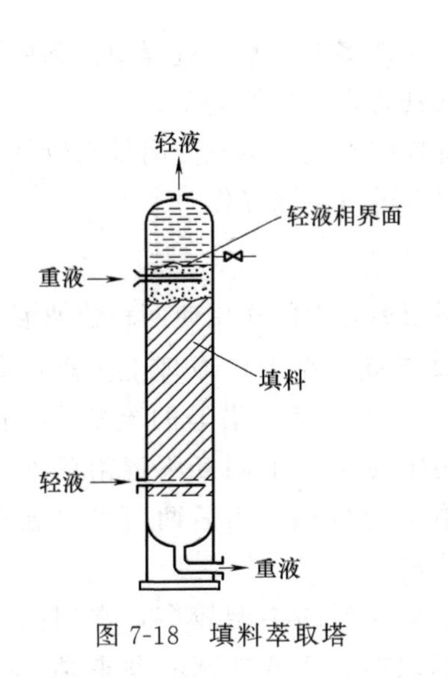

图 7-18　填料萃取塔

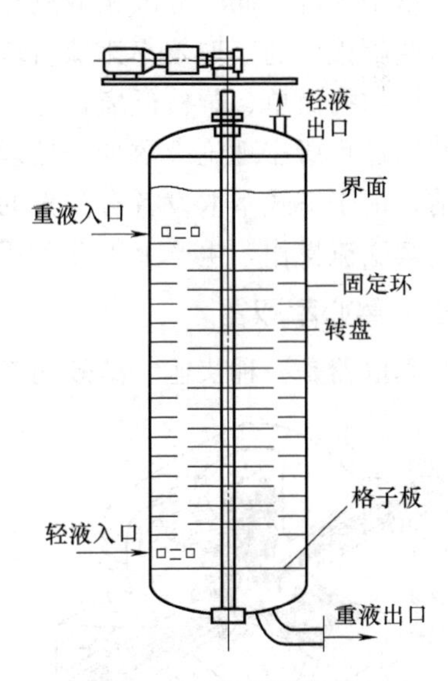

图 7-19　转盘萃取塔

转盘萃取塔结构简单，传质效率高，生产能力大，因而在石油化工中应用比较广泛。近年来开发的不对称转盘塔（又称偏心转盘塔）由于其对物系的适应性强，萃取效率高，得到了广泛的应用。

4. 筛板萃取塔

筛板萃取塔与筛板蒸馏塔的结构相似，依靠两相密度差，在重力作用下两相进行分散、逆向流动，但是筛板的孔径要比蒸馏塔的小，筛板间距也和蒸馏塔稍有不同。

① 如果轻液为分散相，则如图 7-20（a）所示，轻液由底部进入，经筛孔板分散成液滴，在塔板上与连续相密切接触后分层凝聚，并积聚在上一层筛板的下面，然后借助压力的推动再经孔板分散，最后由塔顶排出。重液连续地由上部进入，经降液管至筛板后通过溢流堰流入降液管进入下面一块筛板。依次反复，最后由塔底排出。

② 如果重液是分散相，则如图 7-20（b）所示，则塔板上的降液管须改为升液管，连续相（轻液）通过升液管进入上一层塔板。

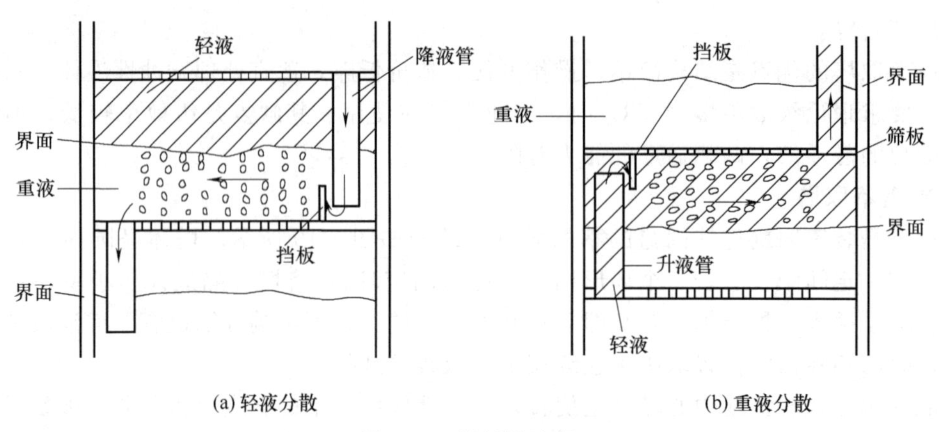

(a) 轻液分散　　(b) 重液分散

图 7-20　筛板塔流程

与填料塔相比，在筛板塔内，由于连续相的轴向混合被限制在板与板之间范围内，而没有扩展至整个塔内，同时分散相液滴在每一块塔板上进行凝聚和再分散，使液滴的表面得以更新，因此筛板塔的萃取效率比填料塔有所提高。

筛板塔结构简单、价格低廉，尽管级效率较低，仍在许多工业萃取过程中得到应用，尤其是在萃取过程所需理论级数少、处理量较大以及物系具有腐蚀性的场合。

目前，由于塔式萃取设备有较大的生产能力，设备投资不大，萃取分离效果较好，两相可实现连续逆流操作，生产上大多采用各种类型的萃取塔进行萃取操作。

（三）离心萃取器

离心萃取器是一种快速、高效的萃取设备，它是利用离心力的作用使两相快速混合、分离的萃取装置。在工作原理上，离心萃取器与混合-澄清器、萃取塔等的差别是，前者在离心力场中使密度不同互不混溶的两种液体的混合液实现分相，而后两者都是在重力场中进行分相。

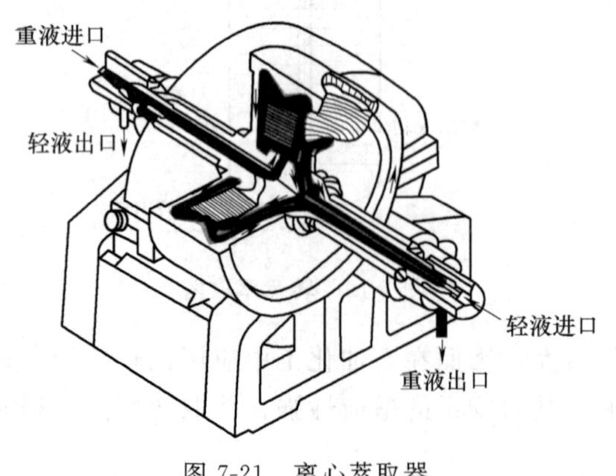

图 7-21　离心萃取器

离心萃取器的类型较多，常用的有转筒式离心萃取器、卢威式离心萃取器、波德式离心萃取器等。图 7-21 为其中一种类型。它由一水平转轴、圆柱形转鼓以及固定外壳组成。操作时两相在压力作用下分别通过带机械密封装置的套管式空心转轴的一端进入，重相引入转鼓内侧，轻相则引至转鼓外侧，在离心力场作用下，轻相由外向内、重相由内向外，两相沿径向逆流通过各层圆筒的筛孔分散并进行相际的密切接触和传质。得到的萃取相和萃余相，又分别引到套管式空心转轴的另一端流出。

离心萃取器适用于两相密度差很小或界面张力甚小而易乳化，或黏度很大仅依靠重力的作用难以使两相很好地混合或澄清的物系。

离心萃取器的优点是结构紧凑，物料停留时间短，处理能力大。其缺点是构造复杂、制造困难、造价与维修费用高、能耗大，故其应用受到一定限制。目前，离心萃取器主要用于制药、染料、石油化工、冶金及特种废水处理、核工业等处理量不高但物料的经济价值或分离的社会效益很高的场合。

二、萃取设备的选用

萃取设备的种类很多，不同的萃取设备具有不同的特性，而且萃取过程中物系性质对萃取的影响因素错综复杂。因此，选择适当的萃取设备考虑的原则主要是：满足生产的工艺要求和条件；经济上确保生产成本最低。然而，目前为止，人们对各种萃取设备的性能研究得还很不充分，在选择时往往要凭经验，通常情况下会考虑以下因素：

① 物系的稳定性和停留时间。对生产要考虑物料的稳定性，萃取要求停留时间短可选择离心萃取器，停留时间长可选用混合-澄清器。

② 所需理论级数。所需理论级数多时，应选择传质效率高的萃取塔；所需理论级数少，可采用结构与操作比较简单的设备。

③ 处理量。处理量大可选用混合-澄清器、转盘塔和筛板塔，处理量小可选用填料塔等。

④ 物系的物性。对于易乳化、密度差小的物系宜选用离心萃取设备；对于有固体悬浮物的物系可选用转盘塔或混合-澄清器；对于腐蚀性强的物系宜选用简单的填料塔。

⑤ 其他。在选用设备时，还需考虑其他一些因素，如能源供应状况，在缺电的地区应尽可能选用依重力流动的设备；当厂房地面受到限制时，宜选用塔式设备，而当厂房高度受到限制时，应选用混合-澄清槽。

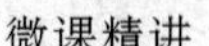

动画资源

任务四　催化剂萃取控制单元仿真实训

萃取塔能否实现正常操作，将直接影响产品的质量、原料的利用率和经济效益。尽管一个工艺过程及设备设计得很完善，但由于操作不当，还是得不到合格产品。因此，萃取塔的正确操作是生产中的重要一环。

行业前沿

一、实训任务

1. 借助虚拟仿真，了解萃取操作工艺组成和设备，将理论与实践认识相结合。

2. 全面地了解装置的工艺流程；熟练地掌握装置的操作步骤，并能更快速、准确地判断与处理事故。

3. 掌握开停车步骤以及事故应对处理措施。

二、基本原理

萃取是利用化合物在两种互不相溶（或微溶）的溶剂中溶解度或分配系数的不同，使化合物从一种溶剂内转移到另外一种溶剂中。经过反复多次萃取，可将绝大部分的化合物提取出来。再根据前面所学的分配定律，可以算出经过萃取后化合物的剩余量、萃余液中溶质的质量分数。

此外，由于有机化合物在有机溶剂中的溶解度一般比在水中溶解度大，用有机溶剂提取溶解于水的化合物是萃取的典型实例。在萃取时，若在水溶液中加入一定量的电解质（如氯化钠），利用盐析效应以降低有机物和萃取溶剂在水溶液中的溶解度，常可改善萃取效果。

三、工艺说明

（一）流程简述

该单元是通过萃取剂（水）来萃取丙烯酸丁酯（BA）生产过程中的催化剂（对甲苯磺酸）。具体工艺如下：

将自来水（FCW）通过阀 V4001 或者通过进水泵 P425 及阀 V4002 送进催化剂萃取塔 C-421，当液位调节器 LIC4009 为 50%时，关闭阀 V4001 或者泵 P425 及阀 V4002；开启主物流进料泵 P413 将含有产品和催化剂的 R412B 的流出物在被 E-415 冷却后送入催化剂萃取塔 C-421 的塔底；开启泵 P412A，将来自 D411 作为溶剂的水从顶部加入。主物流进料泵 P413 的流量由 FIC4020 控制在 21126. 6kg/h；P412 的流量由 FIC4021 控制在 2112. 7kg/h；萃取后的丙烯酸丁酯主物流从塔顶排出，进入洗涤塔 C-422；塔底排出的水相中含有大部分的催化剂及未反应的丙烯酸，一路返回反应器 R-411A 循环使用，一路去重组分分解器 R-460 作为分解用的催化剂。

（二）工艺流程图

工艺流程图如图 7-22 所示。

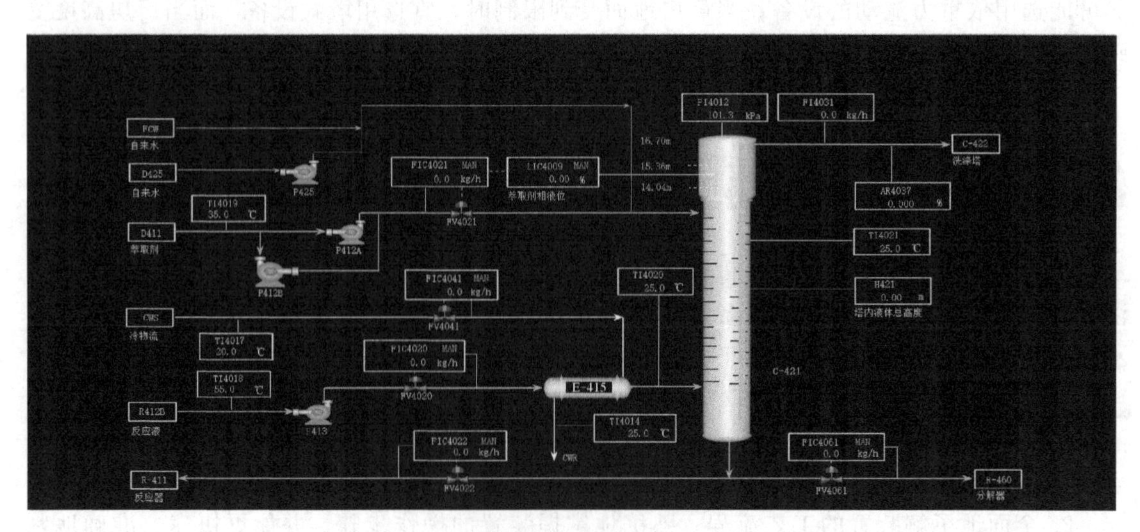

(a) 催化剂萃取控制DCS图

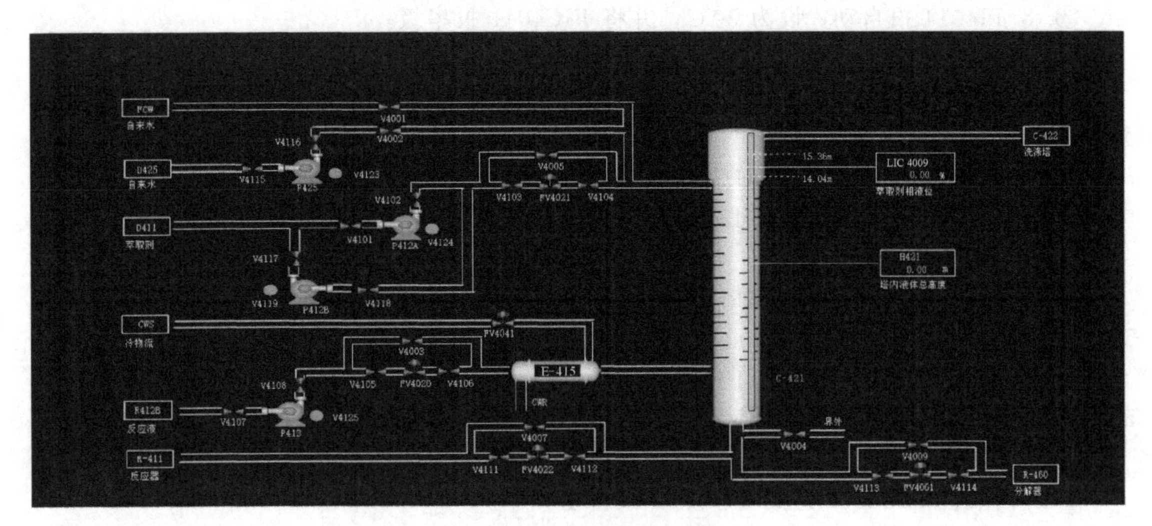

(b) 催化剂萃取控制现场图

图 7-22　催化剂萃取控制单元流程图

（三）设备一览表

设备一览表见表 7-2。

表 7-2　设备一览表

位号	名称	位号	名称
P425	进水泵	E-415	冷却器
P412A/B	溶剂进料泵	C-421	萃取塔
P413	主物流进料泵		

四、仿真操作规程

（一）开车操作规程

进料前确认所有调节器为手动状态，调节阀和现场阀均处于关闭状态，机泵处于关停状态。

1. 灌水

① 全开进水泵 P425 的前后阀 V4115 和 V4116，启动 P425。

② 打开手阀 V4002，使其开度为 50%，对萃取塔 C-421 进行罐水。

③ 当 C-421 界面液位 LIC4009 的显示值接近 50%，关闭阀门 V4002。

④ 依次关闭进水泵 P425 的后阀 V4116、开关阀 V4123、前阀 V4115。

2. 启动换热器

开启调节阀 FV4041，使其开度为 50%，对换热器 E-415 通冷物料。

3. 引反应液

① 依次开启主物流进料泵 P413 的前阀 V4107、开关阀 V4125、后阀 V4108，启动主物流进料泵 P413。

② 全开调节器 FIC4020 的前后阀 V4105 和 V4106，开启调节阀 FV4020，使其开度为 50%，将 R412B 出口液体经热换器 E-415，送至 C-421。

③ 将 TI4014 投自动，设为 30℃，并将 FIC4041 投串级。

4. 引溶剂

① 打开溶剂进料泵 P412A 的前阀 V4101、开关阀 V4124、后阀 V4102，启动溶剂进料泵 P412A。

② 全开调节器 FIC4021 的前后阀 V4103 和 V4104，开启调节阀 FV4021，使其开度为 50%，将 D411 出口液体送至 C-421。

5. 引 C-421 萃取液

① 全开调节器 FIC4022 的前后阀 V4111 和 V4112，开启调节阀 FV4022，使其开度为 50%，将 C-421 塔底的部分液体返回 R-411 中。

② 全开调节器 FIC4061 的前后阀 V4113 和 V4114，开启调节阀 FV4061，使其开度为 50%，将 C-421 塔底的另外部分液体送至重组分分解器 R-460 中。

6. 调至平衡

① 界面液位 LIC4009 达到 50%时，投自动。

② FIC4021 达到 2112.7kg/h 时，投串级。

③ FIC4020 的流量达到 21126.6kg/h 时，投自动。

④ FIC4022 的流量达到 1868.4kg/h 时，投自动。

⑤ FIC4061 的流量达到 77.1kg/h 时，投自动。

（二）正常操作规程

熟悉工艺流程，维持各工艺参数稳定；密切注意各工艺参数的变化情况，发生突发事故时，应先分析事故原因，并做正确处理。

（三）停车操作规程

1. 停主物料进料

① 关闭调节阀 FV4020 的前后阀 V4105 和 V4106，将 FV4020 的开度调为 0。

② 关闭主物流进料泵 P413 的后阀 V4108、开关阀 V4125、前阀 V4107。

2. 灌自来水

① 打开进自来水阀 V4001，使其开度为 50%。

② 当罐内物料相中的 BA 的含量小于 0.9%时，关闭 V4001。

3. 停萃取剂

① 将控制阀 FV4021 的开度调为 0，关闭 V4103 和 V4104。

② 关闭溶剂进料泵 P412A 的后阀 V4102、开关阀 V4124、前阀 V4101。

4. 萃取塔 C-421 泄液

① 打开阀 V4107，使其开度为 50%，同时将 FV4022 的开度调为 100%。

② 打开阀 V4109，使其开度为 50%，同时将 FV4061 的开度调为 100%。

③ 当 FIC4022 的值小于 0.5kg/h 时，关闭 V4107，将 FV4022 的开度置 0，关闭其前后阀 V4111 和 V4112；同时关闭 V4109，将 FV-4061 的开度置 0，关闭其前后阀 V4113 和 V4114。

五、事故处理

1. P412A 泵坏

主要现象：① P412A 泵的出口压力急剧下降。

② FIC4021 的流量急剧减小。

处理方法：① 停泵 P412A。

② 换用泵 P412B。

2. 调节阀 FV4020 卡

主要现象：FIC4020 的流量不可调节。

处理方法：① 打开旁通阀 V4003。

② 关闭 FV4020 的前后阀。

任务五　萃取单元操作实训

微课精讲

动画资源

一、实训目标

1. 了解萃取操作基本原理和基本工艺流程，了解萃取塔等主要设备的结构特点、工作原理和性能参数，了解液位、流量、压力、温度等工艺参数的测量原理和操作方法。

2. 能够根据工艺要求进行萃取生产装置的间歇或连续操作；能够在操作进行中熟练调控仪表参数，保证生产维持在工艺条件下正常进行。能实现手动和自动无扰切换操作。

3. 能根据异常现象分析判断故障种类、产生原因并排除处理。

4. 能够完成萃取过程的性能测定。

5. 培养学生安全、规范、环保、节能的生产意识及敬业爱岗、严格遵守操作规程的职业道德和团队合作精神。

二、实训工艺说明

（一）实训流程图

实训流程图如图 7-23 所示。

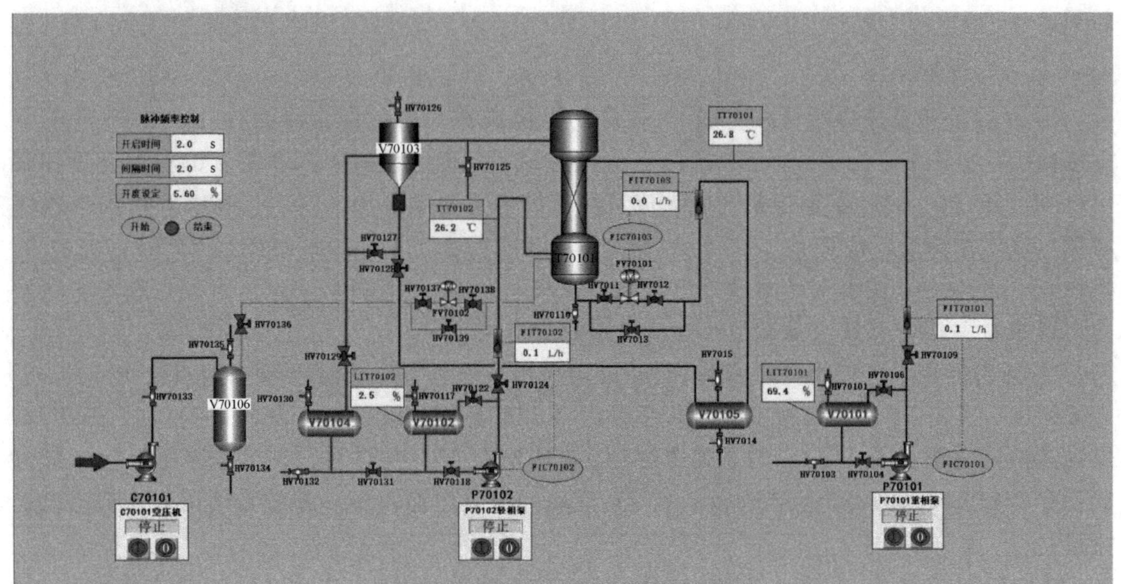

图 7-23　实训工艺流程图

（二）工艺设备清单

工艺设备清单见表 7-3。

表 7-3 工艺设备清单

序号	位号	设备名称	规格尺寸
1	V70101	重相液储罐	304 不锈钢,Φ377mm×500mm
2	V70102	轻相液储罐	304 不锈钢,Φ377mm×500mm,带加料漏斗
3	V70103	萃余分相罐	304 不锈钢,Φ273mm×500mm,底部锥形
4	V70104	萃余相储罐	304 不锈钢,Φ377mm×500mm
5	V70105	萃取相储罐	304 不锈钢,Φ377mm×500mm
6	V70106	空气缓冲罐	304 不锈钢,Φ377mm×500mm
7	T70101	脉冲萃取塔	玻璃主体,硬质玻璃 Φ125mm×1200mm;上、下扩大段不锈钢 Φ219mm×200mm;填料为不锈钢鲍尔环填料
8	P70101	重相泵	南方水泵,MS60,电压 380V,功率 550W
9	P70102	轻相泵	磁力驱动泵,25CQ-15P,电压 380V,功率 1.1kW,防爆电机
10	C70101	空压机	功率 1.1W,容积 65L,排气量 0.18m^3/min,最大压力 0.7MPa,电压 220V

三、实训操作

（一）开车前准备

① 将煤油从原料桶里倒进塑料量杯（3L）中，加入 50g 苯甲酸固体，充分搅拌，后加入轻相液储罐 V70102，继续将原料桶中剩下的煤油也全部加入轻相液储罐 V70102，共计加入煤油 25L、苯甲酸 50g。

② 向重相液储罐 V70101 中加满纯水，备用。

③ 检查工艺管路上的阀门，调整阀门开关，如打开罐体上放空阀门，关闭下部排尽阀门等。

（二）开车操作

① 开启重相泵进口阀（HV70103），启动重相泵 P70101（组态界面右边点击 P70101 下方按钮①，点击 FIC70101 按钮，选择手动，在 MV 后面的设置中，设置 100），打开重相泵出口阀（HV70109），以重相泵的较大流量从萃取塔顶向系统加入清水，当水位达到萃取塔塔顶（玻璃视镜段）位置时，打开 HV70106，逐渐关小 HV70109，使流量计 FIT70101 读数在 60L/h 左右。在组态界面设置流量为 50L/h（点击 FIC70101，点击自动，在 SV 后面的设置中输入 50，系统自动调节，到达设定流量）。

② 开启轻相泵进口阀（HV70118），启动轻相泵 P70102（组态界面右边点击 P70102 下方按钮①，点击 FIC70102 按钮，选择手动，在 MV 后面的设置中，设置 100）加入苯甲酸-煤油溶液，逐渐关小 HV70124，使 FIT70102 流量在 60L/h 左右。在组态界面设置流量为 30L/h（点击 FIC70102，点击自动，在 SV 后面的设置中输入 30，系统自动调节，到达设定流量）。

③ 打开空气缓冲罐入口阀（HV70133），启动气泵，关闭空气缓冲罐放空阀（HV70134），打开空气缓冲罐气体出口阀（HV70136）、调节阀 FV70102 的前后阀门，在

组态界面左上角设定鼓泡开启时间、间隔时间、开度（开度一般不大于9%，太大会造成鼓泡太剧烈，导致物料冲出萃取塔等不可控因素），设置完成后开始鼓泡。

④ 观察萃取塔内气液运行情况，调节萃取塔出口流量（HV7013手动调节，略小于重相泵出口流量），保持塔内物料平衡。

⑤ 轻相逐渐上升，由塔顶出液管溢出至萃余分相罐，在萃余分相罐内油-水再次分层，轻相层经萃余分相罐轻相出口管道流出至萃余相储槽，重相经萃余分相罐底部出口阀后进入萃取相储槽。

⑥ 当萃取系统稳定运行20min后，在萃取塔出口处取样口采样分析。

⑦ 改变鼓泡空气、轻相、重相流量，获得3～4组实验数据，做好操作记录。

（三）停车操作

① 停止轻相泵，关闭轻相泵进出口阀门。

② 将重相泵流量调整至最大，使萃取塔及分相器内轻相全部排入萃余相储槽。

③ 当萃取塔内、萃余分相罐内轻相均排入萃余相储槽后，停止重相泵，关闭重相泵出口阀，将萃余分相罐内重相、萃取塔内重相排空。

④ 进行现场清理，保持各设备、管路的洁净。

⑤ 做好操作记录。

⑥ 切断控制台、仪表盘电源。

四、装置异常及应急处理

（一）异常现象处理

① 轻相从塔底混入重相储槽：减小轻相流量，加大重相流量并减小采出量。

② 重相从塔底混入轻相储槽：减小重相流量，加大轻相流量并减小采出量。

③ 重相由分相器内带入轻相储槽：及时将分相器内重相排入重相储槽。

④ 分相不清晰、溶液乳化、萃取塔液泛：进塔空气流量过大，减小空气流量。

⑤ 油相、水相传质不好：进塔空气流量过小，加大空气流量；油相加入量过大，减小油相加入量或增加水相加入量。

⑥ 能处理压力、流量、流量波动时引起的系统异常。

（二）应急预案

停电后，按照重、轻相泵操作说明停泵，依次打开各个阀门，将管路、储罐和萃取塔中的水和煤油排出设备外。

五、实训注意事项

① 按照要求巡查各界面、温度、压力、流量液位值并做好记录。

② 注意控制塔顶和塔底相界面在正常范围以内，控制合适的轻相和重相流量以及塔底采出量。

③ 分析萃取相、萃余相的浓度并做好记录，能及时判断各指标否正常；能及时排污。

④ 控制进、出塔重相流量相等，控制油-水界面稳定在玻璃视镜段1/3处位置。

⑤ 控制好进塔空气流量，防止引起液泛，又保证良好的传质效果。

⑥ 当停车操作时，要注意及时开启分凝器的排水阀，防止重相进入轻相储槽。

⑦ 用酸碱滴定法分析苯甲酸浓度。

⑧ 经常检查设备运行情况，如发现异常现象应及时处理或通知老师处理。

知识能力检测

一、选择题

1. 萃取是分离（　　）。

A. 固液混合物的一种单元操作　　B. 气液混合物的一种单元操作

C. 固固混合物的一种单元操作　　D. 均相液体混合物的一种单元操作

2. 萃取操作的依据是（　　）。

A. 溶解度不同　　B. 沸点不同　　C. 蒸气压不同

3. 萃取操作包括若干步骤，除了（　　）。

A. 原料预热　　B. 原料与萃取剂混合

C. 澄清分离　　D. 萃取剂回收

4. 萃取操作应包括（　　）。

A. 混合-澄清　　B. 混合-蒸发　　C. 混合-蒸馏　　D. 混合-水洗

5. 萃取操作中，选择混合-澄清槽的优点有多个，除了（　　）。

A. 分离效率高　　B. 操作可靠　　C. 动力消耗低　　D. 流量范围大

6. 萃取剂的加入量应使原料与萃取剂的交点 M 位于（　　）。

A. 溶解度曲线上方区　　B. 溶解度曲线下方区

C. 溶解度曲线上　　D. 任何位置均可

7. 萃取剂的温度对萃取蒸馏影响很大，当萃取剂温度升高时，塔顶产品（　　）。

A. 轻组分浓度增加　　B. 重组分浓度增加

C. 轻组分浓度减小　　D. 重组分浓度减小

8. 萃取剂的选用，首要考虑的因素是（　　）。

A. 萃取剂回收的难易　　B. 萃取剂的价格

C. 萃取剂溶解能力的选择性　　D. 萃取剂的稳定性

9. 萃取剂的选择性系数是溶质和原溶剂分别在两相中的（　　）。

A. 质量浓度之比　　B. 物质的量浓度之比

C. 溶解度之比　　D. 分配系数之比

10. 萃取中当出现（　　）时，说明萃取剂选择的不适宜。

A. $k_A<1$　　B. $k_A=1$　　C. $\beta>1$　　D. $\beta\leqslant 1$

11. 分配曲线能表示（　　）。

A. 萃取剂和原溶剂两相的相对数量关系

B. 两相互溶情况

C. 被萃取组分在两相间的平衡分配关系

D. 都不是

12. 多级逆流萃取与单级萃取比较，如果溶剂比、萃取相浓度一样，则多级逆流萃取可使萃余相浓度（ ）。

A. 变大 B. 变小 C. 基本不变 D. 不确定

13. 能获得含溶质浓度很少的萃余相，但得不到含溶质浓度很高的萃取相的是（ ）。

A. 单级萃取流程 B. 多级错流萃取流程

C. 多级逆流萃取流程 D. 多级错流或逆流萃取流程

14. 三角形相图内任一点，代表混合物的（ ）个组分含量。

A. 一 B. 二 C. 三 D. 四

15. 维持萃取塔正常操作要注意的事项不包括（ ）。

A. 减少返混 B. 防止液泛

C. 防止漏液 D. 两相界面高度要维持稳定

16. 用纯溶剂S对A、B混合液进行单级萃取，F、x_F不变，加大萃取剂用量，通常所得萃取液的组成y_A将（ ）。

A. 提高 B. 减小 C. 不变 D. 不确定

17. 与精馏操作相比，萃取操作不利的是（ ）。

A. 不能分离组分相对挥发度接近于1的混合液

B. 分离低浓度组分消耗能量多

C. 不易分离热敏性物质

D. 流程比较复杂

18. 萃取操作停车步骤是（ ）。

A. 关闭总电源开关，关闭轻相泵开关，关闭重相泵开关，关闭空气比例控制开关

B. 关闭总电源开关，关闭重相泵开关，关闭空气比例控制开关，关闭轻相泵开关

C. 关闭重相泵开关，关闭轻相泵开关，关闭空气比例控制开关，关闭总电源开关

D. 关闭重相泵开关，关闭轻相泵开关，关闭总电源开关，关闭空气比例控制开关

19. 将原料加入萃取塔的操作步骤是（ ）。

A. 检查离心泵流程，设置好泵的流量，启动离心泵，观察泵的出口压力和流量

B. 启动离心泵，观察泵的出口压力和流量显示，检查离心泵流程，设置好泵的流量

C. 检查离心泵流程，启动离心泵，观察泵的出口压力和流量显示，设置好泵的流量

D. 检查离心泵流程，设置好泵的流量，观察泵的出口压力和流量显示，启动离心泵

20. 下列不属于超临界萃取特点的是（ ）。

A. 萃取和分离分步进行 B. 分离效果好

C. 传质速率快 D. 无环境污染

二、判断题

1. 萃取剂对原料液中的溶质组分要有显著的溶解能力，对稀释剂必须不溶。（ ）

2. 在一个既有萃取段，又有提浓段的萃取塔内，往往是萃取段维持较高温度，而提浓段维持较低温度。（ ）

3. 萃取中，萃取剂的加入量应使和点的位置位于两相区。（ ）

4. 分离过程可以分为机械分离和传质分离过程两大类，萃取是机械分离过程。（ ）

5. 含A、B两种成分的混合液，只有当分配系数大于1时，才能用萃取操作进行分离。（ ）

6. 均相混合液中有热敏性组分，采用萃取方法可避免物料受热破坏。（ ）

7. 萃取操作设备不仅需要混合能力，而且还应具有分离能力。 ( )

8. 利用萃取操作可分离煤油和水的混合物。 ( )

9. 一般萃取操作中，选择性系数$\beta>1$。 ( )

10. 萃取操作时选择性系数的大小反映了萃取剂对原溶液分离能力的大小，选择性系数必须是大于1，并且越大越有利于分离。 ( )

11. 萃取塔正常操作时，两相的速度必须高于液泛速度。 ( )

12. 分配系数k值越大，对萃取越有利。 ( )

13. 萃取温度越低萃取效果越好。 ( )

14. 在填料萃取塔正常操作时，连续相的适宜操作速度一般为液泛速度的50%～60%。 ( )

15. 超临界二氧化碳萃取主要用来萃取热敏水溶性物质。 ( )

16. 在体系与塔结构已定的情况下，两相的流速及振动、脉冲频率或幅度的增大，将会使分散相轴向返混严重，导致萃取效率的下降。 ( )

17. 萃取塔操作时，流速过大或振动频率过快易造成液泛。 ( )

18. 萃取塔开车时，应先注满连续相，后进分散相。 ( )

19. 在连续逆流萃取塔操作时，为增加相际接触面积，一般应选流量小的一相作为分散相。 ( )

20. 单级萃取中，在维持料液组成x_F、萃取相组成y_A不变条件下，若用含有一定溶质A的萃取剂代替纯溶剂，所得萃余相组成x_A将提高。 ( )

21. 萃取操作中，返混随塔径增加而增强。 ( )

22. 填料塔不可以用来作萃取设备。 ( )

23. 通常，物系的温度升高，组分B、S的互溶度加大，两相区面积减小，利于萃取分离。 ( )

24. 在多级逆流萃取中，欲达到同样的分离程度，溶剂比愈大则所需理论级数愈少。 ( )

25. 液-液萃取中，萃取剂的用量无论多少，均能使混合物出现两相而达到分离的目的。 ( )

三、解答题

1. 如何确定三角形相图上各点的组成？为什么在三角形相图中可以利用杠杆定律？

2. 比较蒸馏和萃取的区别有哪些？

3. 试讨论温度、压力、两液相密度差、界面张力和黏度对液-液相平衡关系、萃取速率和分离速率的影响。

4. 试说明下列萃取设备的优缺点有哪些。

混合澄清器、喷洒塔、填料萃取塔、转盘萃取塔、筛板萃取塔、离心萃取器

5. 萃取实训开车操作中的注意事项有哪些？

6. 萃取塔操作时，造成液泛的原因有哪些？造成返混的原因有哪些？

四、计算题

1. 以异丙醚为萃取剂，从组成为50%（质量分数）的醋酸水溶液中萃取醋酸。在单级萃取器中，用600kg异丙醚萃取500kg醋酸水溶液。试求：①在三角形相图上绘出溶解度曲线与辅助线；②确定原料液与萃取剂混合后，其混合液组成点的位置；③由三角形相图求

出此混合液分为两个平衡液层——萃取相 E 和萃余相 R 的组成与量。

醋酸 (A)-水 (B)-异丙醚 (S) 的平衡数据如下：

萃余相组成（质量分数）			萃余相组成（质量分数）		
醋酸（A）	水（B）	异丙醚（S）	醋酸（A）	水（B）	异丙醚（S）
0.0069	0.981	0.012	0.0018	0.005	0.993
0.0140	0.971	0.015	0.0037	0.007	0.989
0.0269	0.957	0.016	0.0079	0.008	0.984
0.0642	0.917	0.019	0.0193	0.010	0.971
0.1330	0.844	0.023	0.0482	0.019	0.933
0.2550	0.711	0.034	0.1140	0.039	0.847
0.3700	0.586	0.044	0.2160	0.069	0.715
0.4430	0.451	0.106	0.3110	0.108	0.581
0.4640	0.371	0.102	0.212	0.118	0.670

2. 同上题物系，试求：①两平衡液层 E 与 R 中溶质的分配系数 k 及萃取剂的选择性系数 β；②若用 600kg 异丙醚对上题中所得到的萃余相 R 再进行一次萃取，在最终萃余相中醋酸的组成可为多少？

3. 在单级接触式萃取器内，用 800kg 水为萃取剂，从醋酸与氯仿的混合液中萃取醋酸，已知原料液量为 800kg，其中醋酸的组成为 35%，试求：①萃取相 E 与萃余相 R 中醋酸的组成及两相的量；②将 E 和 R 相中的萃取剂脱除后，萃取液 E′与萃余液 R′的组成及量；③醋酸萃出的比例（%）。

操作条件下的平衡数据如下：

氯仿层（质量分数）		水层（质量分数）	
醋酸（A）	水（S）	醋酸（A）	水（S）
0.00	0.0099	0.00	0.9916
0.0677	0.0138	0.2510	0.7369
0.1772	0.0238	0.4412	0.4856
0.2572	0.0415	0.5018	0.3471
0.2765	0.0520	0.5056	0.3111
0.3208	0.0793	0.4941	0.2539
0.3416	0.1003	0.4787	0.2328
0.4250	0.1650	0.4250	0.1650

参考答案

一、选择题

1～5 DAAAC 6～10 BACDD 11～15 CBBCC 16～20 DDDAA

二、判断题

1～5　×√√××　6～10　√√×√√　11～15　×√×√×

16～20　√√√××　21～25　√×√√×

三、解答题

略

四、计算题

1. ①图略；②M 点的位置：$w_{MA}=0.23$，$w_{MB}=0.23$，$w_{MS}=0.54$；③$E=773$kg，$w_{EA}=0.18$，$w_{EB}=0.048$；$R=327$kg，$w_{RA}=0.32$，$w_{RB}=0.645$

2. ①$k_A=0.563$，$\beta=7.6$；②$w_{RA}=0.19$

3. ①$E=1053$kg，$w_{EA}=0.24$，$w_{EB}=0.745$，$R=547$kg，$w_{RA}=0.06$，$w_{RB}=0.01$；②$E'=267$kg，$w_{EA}'=0.94$，$w_{EB}'=0.06$，$R'=539$kg，$w_{RA}'=0.062$，$w_{RB}'=0.938$；③89.6%

附　录

附录一　法定计量单位及单位换算

1. SI 基本单位

量的名称	单位名称	单位符号
长度	米	m
质量	千克(公斤)	kg
时间	秒	s
电流	安[培]	A
热力学温度	开[尔文]	K
物质的量	摩[尔]	mol
光强度	坎[德拉]	cd

2. 常用物理量及单位

量的名称	量的符号	单位符号	量的名称	量的符号	单位符号
质量	m	kg	黏度	μ	Pa·s
力(重量)	F	N	功、能、热	W、E、Q	J
压力(压强)	p	Pa	功率	P	W
密度	ρ	kg/m^3			

3. 基本常数与单位

名称	符号	数值
重力加速度(标)	g	$9.80665m/s^2$
玻尔兹曼常数	k	$1.38044\times10^{-25}J/K$
摩尔气体常数	R	$8.314J/(mol\cdot K)$
气体标准摩尔体积	V_0	$22.4136m^3/kmol$
阿伏伽德罗常数	N_A	$6.02296\times10^{23}mol^{-1}$
斯蒂芬-玻尔兹曼常数	σ	$5.669\times10^{-8}W/(m^2\cdot K^4)$
光速(真空中)	c	$2.997930\times10^8m/s$

4. 单位换算

(1) 质量

千克(kg)	吨(t)	磅(lb)
1000	1	2204.62
0.4536	4.536×10^{-4}	1

(2) 长度

米(m)	英寸(in)	英尺(ft)	码(yd)
0.30480	12	1	0.33333
0.9144	36	3	1

(3) 面积

米^2(m^2)	厘米^2(cm^2)	英寸^2(in^2)	英尺^2(ft^2)
6.4516×10^{-4}	6.4516	1	0.006944
0.9290	929.030	144	1

注：1 平方公里=100 公顷=10000 公亩=10^6 平方米。

(4) 体积

米^3(m^3)	升(L)	英尺^3(ft^3)	英加仑(UKgal)	美加仑(USgal)
0.02832	28.3161	1	6.2288	7.48048
0.004546	4.5459	0.16054	1	1.20095
0.003785	3.7853	0.13368	0.8327	1

(5) 流量

米^3/秒 (m^3/s)	升/秒 (L/s)	米^3/时 (m^3/h)	美加仑/分 (USgal/min)	英尺^3/时 (ft^3/h)	英尺^3/秒 (ft^3/s)
6.309×10^{-5}	0.06309	0.2271	1	8.021	0.002228
7.866×10^{-6}	7.866×10^{-3}	0.02832	0.12468	1	2.788×10^{-4}
0.02832	28.32	101.94	448.8	3600	1

(6) 力（重量）

牛顿(N)	公斤(kgf)	磅力(lbf)	达因(dyn)
4.448	0.4536	1	4.448×10^5
10^{-5}	1.02×10^{-6}	2.248×10^{-6}	1
0.1383	0.01410	0.03310	13825

(7) 密度

千克/米^3(kg/ m^3)	克/厘米^3(g/ cm^3)	磅/英尺^3(lb/ft^3)	磅/加仑(lb/USgal)
16.02	0.01602	1	0.1337
119.8	0.1198	7.481	1

(8) 压力

帕 (Pa)	巴 (bar)	公斤(力)/厘米^2 (kgf/cm^2)	磅力/英寸^2 (lbf/in^2)	标准大气压 (atm)	水银柱		水柱	
					毫米 (mm)	英寸 (in)	米 (m)	英寸 (in)
10^5	1	1.0197	14.50	0.9869	750.0	29.53	10.197	401.8
9.807×10^4	0.9807	1	14.22	0.9678	735.5	28.96	10.01	394.0
6895	0.06895	0.07031	1	0.06804	51.71	2.036	0.7037	27.70
1.0133×10^5	1.0133	1.0332	14.7	1	760	29.92	10.34	407.2
1.333×10^5	1.333	1.360	19.34	1.316	1000	39.37	13.61	535.67
3.386×10^5	0.03386	0.03453	0.4912	0.03342	25.40	1	0.3456	13.61
9798	0.09798	0.09991	1.421	0.09670	73.49	2.893	1	39.37
248.9	0.002489	0.002538	0.03609	0.002456	1.867	0.07349	0.0254	1

注：1bar (巴)$=10^6$dyn/cm^2 (达因/厘米^2)；1kgf/cm^2=98100N/m^2。mmHg亦称托 (Torr)。

(9) 动力黏度 (通称黏度)

帕·秒 (Pa·s)	泊 (P)	厘泊 (cP)	千克/(米·秒) [kg/(m·s)]	千克/(米·时) [kg/(m·h)]	磅/(英尺·秒) [lb/(ft·s)]	公斤(力)·秒/米^2 (kgf·s/m^2)
0.1	1	100	0.1	360	0.06720	0.0102
10^{-3}	0.01	1	0.001	3.6	6.720×10^{-4}	0.102×10^{-3}
1	10	1000	1	3600	0.6720	0.102
2.778×10^{-4}	2.778×10^{-3}	0.2778	2.778×10^{-4}	1	1.8667×10^{-4}	0.283×10^{-4}
1.4881	14.881	1488.1	1.4881	5357	1	0.1519
9.81	98.1	9810	9.81	0.353×10^5	6.59	1

(10) 运动黏度

米^2/秒 (m^2/s)	(斯托克) 厘米^2/秒(cm^2/s)	米^2/时 (m^2/h)	英尺^2/秒 (ft^2/s)	英尺^2/时 (ft^2/h)
10^{-4}	1	0.360	1.076×10^{-3}	3.875
2.778×10^{-4}	2.778	1	2.990×10^{-3}	10.76
9.29×10^{-2}	929.0	334.5	1	3600
0.2581×10^{-4}	0.2581	0.0929	2.778×10^{-4}	1

注：1斯托克$=10^{-4}$米^2/秒，即1St$=10^{-4}$m^2/s，1St=0.01cSt。

(11) 能量 (功)

焦 (J)	公斤(力)·米 (kgf·m)	千瓦·时 (kW·h)	马力·时 (hp·h)	千卡 (kcal)	英热单位 (Btu)	英尺·磅 (ft·lb)
9.8067	1	2.724×10^{-6}	3.653×10^{-6}	2.342×10^{-3}	9.296×10^{-3}	7.233
3.6×10^6	3.671×10^5	1	1.3410	860.0	3413	2.655×10^6
2.685×10^6	273.8×10^3	0.7457	1	641.33	2544	1.981×10^6
4.1868×10^3	426.9	1.1622×10^{-3}	1.5576×10^{-3}	1	3.968	3087
1.055×10^3	107.58	2.930×10^{-4}	3.926×10^{-4}	0.2520	1	778.1
1.3558	0.1383	0.3766×10^{-6}	0.5051×10^{-6}	3.239×10^{-4}	1.285×10^{-3}	1

注：1erg=1dyn·cm$=10^{-7}$J。

(12) 功率

瓦 (W)	千瓦 (kW)	公斤(力)·米/秒 (kgf·m/s)	英尺·磅力/秒 (ft·lbf/s)	马力 (hp)	千卡/秒 (kcal/s)	英热单位/秒 (Btu/s)
10^3	1	101.97	735.56	1.3410	0.2389	0.9486
9.8067	0.0098067	1	7.23314	0.01315	0.002342	0.009293
1.3558	0.0013558	0.13825	1	0.0018182	0.0003289	0.0012851
745.69	0.74569	76.0375	550	1	0.17803	0.70675
4186	4.1860	426.85	3087.44	5.6135	1	3.9683
1055	1.0550	107.58	778.168	1.4148	0.251996	1

(13) 比热容

焦/(克·摄氏度) [J/(g·℃)]	千卡/(公斤·摄氏度) [kcal/(kg·℃)]	英热单位/(磅·华氏度) [Btu/(lb·°F)]
1	0.2389	0.2389
4.186	1	1

(14) 热导率(导热系数)

瓦/(米·开) [W/(m·K)]	焦/(厘米·秒·摄氏度) [J/(cm·s·℃)]	卡/(厘米·秒·摄氏度) [cal/cm·s·℃]	千卡/(米·时·摄氏度) [kcal/(m·h·℃)]	英热单位/(英尺·时·华氏度) [Btu/(ft·h·°F)]
10^2	1	0.2389	86.00	57.79
418.6	4.186	1	360	241.9
1.163	0.1163	0.002778	1	0.6720
1.73	0.01730	0.004134	1.488	1

(15) 传热系数

瓦/(米^2·开) [W/(m^2·K)]	千卡/(米^2·时·摄氏度) [kcal/(m^2·h·℃)]	卡/(厘米^2·秒·摄氏度) [cal/(cm^2·s·℃)]	英热单位/(英尺^2·时·华氏度) [Btu/(ft^2·h·°F)]
1.163	1	2.778×10^{-5}	0.2048
4.186×10^4	3.6×10^4	1	7374
5.678	4.882	1.3562×10^{-4}	1

(16) 分子扩散系数

米^2/秒 (m^2/s)	厘米^2/秒 (cm^2/s)	米^2/时 (m^2/h)	英尺^2/时 (ft^2/h)	英寸^2/秒 (in^2/s)
10^{-4}	1	0.360	3.875	0.1550
2.778×10^{-4}	2.778	1	10.764	0.4306
0.2581×10^{-4}	0.2581	0.09290	1	0.040
6.452×10^{-4}	6.452	2.323	25.000	1

(17) 表面张力

牛/米 (N/m)	达因/厘米 (dyn/cm)	克/厘米 (g/cm)	公斤(力)/米 (kgf/m)	磅力/英尺 (lbf/ft)
10^{-3}	1	0.001020	1.020×10^{-4}	6.854×10^{-5}
0.9807	980.7	1	0.1	0.06720
9.807	9807	10	1	0.6720
14.592	14592	14.88	1.488	1

(18) 温度

① K=273+℃,℃=(°F−32)/1.8

② °R=460+°F,°R=5/9K

(19) 摩尔气体常数

R =8.314kJ/(kmol·K)=1.987kcal/(kmol·K)=848kgf·m/(kmol·K)

=82.06atm·cm^3/(mol·K)=1.987Btu/(lbmol·°R)=1544lbf·ft/(lbmol·°R)

附录二 常用数据表

1. 水的物理性能

温度 t /℃	饱和蒸气压 p /kPa	密度 ρ/ (kg/m^3)	焓 I/ (J/kg)	比热容 $c_p\times10^{-3}$ /[J/(kg·K)]	热导率 $\lambda\times10^2$/ [W/(m·K)]	导温系数 $a\times10^7$ /(m^2/s)	黏度 $\mu\times10^5$/ Pa·s	运动黏度 $\nu\times10^6$ /(m^2/s)	体积膨胀系数 $\beta\times10^4$ /(1/K)	表面张力 $\sigma\times10^3$ /(N/m)	普朗特数 Pr
0	0.608	999.9	0	4.212	55.08	1.31	178.78	1.789	−0.63	75.61	13.67
10	1.226	999.7	42.04	4.191	57.41	1.37	130.53	1.306	0.70	74.14	9.52
20	2.335	998.2	83.90	4.183	59.85	1.43	100.42	1.006	1.82	72.67	7.02
30	4.247	995.7	125.69	4.174	61.71	1.49	80.12	0.805	3.21	71.20	5.42
40	7.377	992.2	165.71	4.174	63.33	1.53	65.32	0.659	3.87	69.63	4.31
50	12.31	988.1	209.30	4.174	64.73	1.57	54.92	0.556	4.49	67.67	3.54
60	19.92	983.2	211.12	4.178	65.89	1.61	46.98	0.478	5.11	66.20	2.98
70	31.16	977.8	292.99	7.167	66.70	1.63	40.06	0.415	5.70	64.33	2.55
80	47.38	971.8	334.94	4.195	67.40	1.66	35.50	0.365	6.32	62.57	2.21
90	70.14	965.3	376.98	4.208	67.98	1.68	31.48	0.326	6.95	60.71	1.95
100	101.3	958.4	419.19	4.220	68.21	1.69	28.24	0.295	7.52	58.84	1.75
110	143.3	951.0	461.34	4.233	68.44	1.70	25.89	0.272	8.08	56.88	1.60
120	198.6	943.1	503.67	4.250	68.56	1.71	23.73	0.252	8.64	54.82	1.47
130	270.3	934.8	546.38	4.266	68.56	1.72	21.77	0.233	9.17	52.86	1.36
140	361.5	926.1	589.08	4.287	68.44	1.73	20.10	0.217	9.72	50.70	1.26
150	476.2	917.0	632.20	4.312	68.33	1.73	18.63	0.203	10.3	48.64	1.17
160	618.3	907.4	675.33	4.346	68.21	1.73	17.36	0.191	10.7	46.58	1.10
170	792.6	897.3	719.29	4.379	67.86	1.73	16.28	0.181	11.3	44.33	1.05
180	1003.5	886.9	763.25	4.417	67.40	1.72	15.30	0.173	11.9	42.27	1.00

2. 水在不同温度下的黏度

温度/℃	黏度/mPa·s	温度/℃	黏度/mPa·s	温度/℃	黏度/mPa·s
0	1.7921	33	0.7523	67	0.4223
1	1.7313	34	0.7371	68	0.4174
2	1.6728	35	0.7225	69	0.4117
3	1.6191	36	0.7085	70	0.4061
4	1.5674	37	0.6947	71	0.4006
5	1.5188	38	0.6814	72	0.3952
6	1.4728	39	0.6685	73	0.3900
7	1.4284	40	0.6560	74	0.3849
8	1.3860	41	0.6439	75	0.3799
9	1.3462	42	0.6321	76	0.3750
10	1.3077	43	0.6207	77	0.3702
11	1.2713	44	0.6097	78	0.3655
12	1.2363	45	0.5988	79	0.3610
13	1.2028	46	0.5883	80	0.3565
14	1.1709	47	0.5782	81	0.3521
15	1.1403	48	0.5693	82	0.3478
16	1.1110	49	0.5588	83	0.3436
17	1.0828	50	0.5494	84	0.3395
18	1.0559	51	0.5404	85	0.3355
19	1.0299	52	0.5315	86	0.3315
20	1.0050	53	0.5229	87	0.3276
20.2	1.0000	54	0.5146	88	0.3239
21	0.9810	55	0.5064	89	0.3202
22	0.9579	56	0.4985	90	0.3165
23	0.9359	57	0.4907	91	0.3130
24	0.9142	58	0.4832	92	0.3095
25	0.8973	59	0.4759	93	0.3060
26	0.8737	60	0.4688	94	0.3027
27	0.8545	61	0.4618	95	0.2994
28	0.8360	62	0.4550	96	0.2962
29	0.8180	63	0.4463	97	0.2930
30	0.8007	64	0.4418	98	0.2899
31	0.7840	65	0.4355	99	0.2868
32	0.7679	66	0.4293	100	0.2838

3. 干空气的物理性质（$p=0.101$MPa）

温度 t/℃	密度 ρ/(kg/m^3)	比热容 $c_p\times10^{-3}$/[J/(kg·K)]	热导率 $\lambda\times10^3$/[W/(m·K)]	导温系数 $a\times10^5$/(m^2/s)	黏度 $\mu\times10^5$/Pa·s	运动黏度 $\nu\times10^5$/(m^2/s)	普朗特数 Pr
−50	1.584	1.013	2.304	1.27	1.46	9.23	0.728
−40	1.515	1.013	2.115	1.38	1.52	10.04	0.728
−30	1.453	1.013	2.196	1.49	1.57	10.80	0.723
−20	1.395	1.009	2.278	1.62	1.62	11.60	0.716
−10	1.342	1.009	2.359	1.74	1.67	12.43	0.712
0	1.293	1.005	2.440	1.88	1.72	13.28	0.707
10	1.247	1.005	2.510	2.01	1.77	14.16	0.705
20	1.205	1.005	2.591	2.14	1.81	15.06	0.703

续表

温度 t /℃	密度 ρ /(kg/m³)	比热容 $c_p \times 10^{-3}$ /[J/(kg·K)]	热导率 $\lambda \times 10^3$ /[W/(m·K)]	导温系数 $a \times 10^5$ /(m²/s)	黏度 $\mu \times 10^5$ /Pa·s	运动黏度 $\nu \times 10^5$ /(m²/s)	普朗特数 Pr
30	1.165	1.005	2.673	2.29	1.85	16.00	0.701
40	1.128	1.005	2.754	2.43	1.91	16.96	0.699
50	1.093	1.005	2.824	2.57	1.96	17.95	0.698
60	1.060	1.005	2.893	2.72	2.01	18.97	0.696
70	1.029	1.009	2.963	2.86	2.06	20.02	0.694
80	1.000	1.009	3.044	3.02	2.11	21.09	0.692
90	0.972	1.009	3.126	3.19	2.15	22.10	0.690
100	0.946	1.009	3.207	3.36	2.19	23.13	0.688
120	0.898	1.009	3.335	3.68	2.29	25.45	0.686
140	0.854	1.013	3.186	4.03	2.37	27.80	0.684
160	0.815	1.017	3.637	4.39	2.45	30.09	0.682
180	0.779	1.022	3.777	4.75	2.53	32.49	0.681
200	0.746	1.026	3.928	5.14	2.60	34.85	0.680
250	0.674	1.038	4.625	6.10	2.74	40.61	0.677
300	0.615	1.047	4.602	7.16	2.97	48.33	0.674
350	0.556	1.059	4.904	8.19	3.14	55.46	0.676
400	0.524	1.068	5.206	9.31	3.31	63.09	0.678
500	0.456	1.093	5.740	11.53	3.62	79.38	0.687
600	0.404	1.114	6.217	13.83	3.91	96.89	0.699
700	0.362	1.135	6.700	16.34	4.18	115.4	0.706
800	0.329	1.156	7.170	18.88	4.43	134.8	0.713
900	0.301	1.172	7.623	21.62	4.67	155.1	0.717
1000	0.277	1.185	8.064	24.59	4.90	177.1	0.719
1100	0.257	1.197	8.494	27.63	5.12	199.3	0.722
1200	0.239	1.210	9.145	31.65	5.35	233.7	0.724

4. 饱和水蒸气表（以温度为准）

温度 t /℃	压力 p /kPa	蒸汽的比热容 c_p /(m³/kg)	蒸汽的密度 ρ /(kg/m³)	焓 I/(kJ/kg)		汽化热 r /(kJ/kg)
				液体	蒸汽	
0	0.6082	206.5	0.00484	0	2491.3	2491.3
5	0.8730	147.1	0.00680	20.94	2500.9	2480.0
10	1.226	106.4	0.00940	41.87	2510.5	2468.6
15	1.707	77.9	0.01283	62.81	2520.6	2457.8
20	2.335	57.8	0.01719	83.74	2530.1	2446.3
25	3.168	43.40	0.02304	104.68	2538.6	2433.9
30	4.247	32.93	0.03036	125.60	2549.5	2423.7
35	5.621	25.25	0.03960	146.55	2559.1	2412.6
40	7.377	19.55	0.05114	167.47	2568.7	2401.1
45	9.584	15.28	0.06543	188.42	2577.9	2389.5
50	12.34	12.054	0.0830	209.34	2587.6	2378.1
55	15.74	9.589	0.1043	230.29	2596.8	2366.5
60	19.92	7.687	0.1301	251.21	2606.3	2355.1
65	25.01	6.209	0.1611	272.16	2615.6	2343.4
70	31.16	5.052	0.1979	293.08	2624.4	2331.2

续表

温度 t /℃	压力 p /kPa	蒸汽的比热容 c_p /(m³/kg)	蒸汽的密度 ρ /(kg/m³)	焓 I/(kJ/kg)		汽化热 r /(kJ/kg)
				液体	蒸气	
75	38.55	4.139	0.2416	314.03	2629.7	2315.7
80	47.38	3.414	0.2929	334.94	2642.4	2307.3
85	57.88	2.832	0.3531	355.90	2651.2	2295.3
90	70.14	2.365	0.4229	376.81	2660.0	2283.1
95	84.56	1.985	0.5039	397.77	2668.8	2271.0
100	101.33	1.675	0.5970	418.68	2677.2	2258.4
105	120.85	1.421	0.7036	439.64	2685.1	2245.5
110	143.31	1.212	0.8254	460.97	2693.5	2232.4
115	169.11	1.038	0.9635	481.51	2702.5	2221.0
120	198.64	0.893	1.1199	503.67	2708.9	2205.2
125	232.19	0.7715	1.296	523.38	2716.5	2193.1
130	270.25	0.6693	1.494	546.38	2723.9	2177.6
135	313.11	0.5831	1.715	565.25	2731.2	2166.0
140	361.47	0.5096	1.962	589.08	2737.8	2148.7
145	415.72	0.4469	2.238	607.12	2744.6	2137.5
150	476.24	0.3933	2.543	632.21	2750.7	2118.5
160	618.28	0.3075	3.252	675.75	2762.9	2087.1
170	792.59	0.2431	4.113	719.29	2773.3	2054.0
180	1003.5	0.1944	5.145	763.25	2782.6	2019.3

5. 饱和水蒸气表（以压力为准）

压力 p /Pa	温度 t /℃	蒸汽的比热容 c_p /(m³/kg)	蒸气的密度 ρ /(kg/m³)	焓 I/(kJ/kg)		汽化热 r /(kJ/kg)
				液体	蒸气	
1000	6.3	129.37	0.00773	26.48	2503.1	2476.8
1500	12.5	88.26	0.01133	52.26	2515.3	2463.0
2000	17.0	67.29	0.01486	71.21	2524.2	2452.9
2500	20.9	54.47	0.01836	87.45	2531.8	2444.3
3000	23.5	45.52	0.02179	98.38	2536.8	2438.4
3500	26.1	39.45	0.02523	109.30	2541.8	2432.5
4000	28.7	34.88	0.02867	120.23	2546.8	2426.6
4500	30.8	33.06	0.03205	129.00	2550.9	2421.9
5000	32.4	28.27	0.03537	135.69	2554.0	2418.3
6000	35.6	23.81	0.04200	149.06	2560.1	2411.0
7000	38.8	20.56	0.04864	162.44	2566.3	2403.8
8000	41.3	18.13	0.05514	172.73	2571.0	2398.2
9000	43.3	16.24	0.06156	181.16	2574.8	2393.6
1×10^4	45.3	14.71	0.06798	189.59	2578.5	2388.9
1.5×10^4	53.3	10.04	0.09956	224.03	2594.0	2370.0
2×10^4	60.1	7.65	0.13068	251.51	2606.4	2354.9
3×10^4	66.5	5.24	0.19093	288.77	2622.4	2333.7
4×10^4	75.0	4.00	0.24975	315.93	2634.4	2312.2
5×10^4	81.2	3.25	0.30799	339.80	2644.3	2304.5
6×10^4	85.6	2.74	0.36514	358.21	2652.1	2293.9

续表

温度 t /℃	压力 p /kPa	蒸汽的比热容 c_p /(m^3/kg)	蒸汽的密度 ρ /(kg/m^3)	焓 I/(kJ/kg)		汽化热 r /(kJ/kg)
				液体	蒸气	
7×10^4	89.9	2.37	0.42229	376.61	2659.8	2283.2
8×10^4	93.2	2.09	0.47807	390.08	2665.3	2275.3
9×10^4	96.4	1.87	0.53384	403.49	2670.8	2267.4
1×10^5	99.6	1.70	0.58961	416.90	2676.3	2259.5
1.2×10^5	104.5	1.43	0.69868	437.51	2684.3	2246.8
1.4×10^5	109.2	1.24	0.80758	457.67	2692.1	2234.4
1.6×10^5	113.0	1.21	0.82981	473.88	2698.1	2224.2
1.8×10^5	116.6	0.988	1.0209	489.32	2703.7	2214.3
2×10^5	120.2	0.887	1.1273	493.71	2709.2	2204.6
2.5×10^5	127.2	0.719	1.3904	534.39	2719.7	2185.4
3×10^5	133.3	0.606	1.6501	560.38	2728.5	2168.1
3.5×10^5	138.8	0.524	1.9074	583.76	2736.1	2152.3
4×10^5	143.4	0.463	2.1618	603.61	2742.1	2138.5
4.5×10^5	147.7	0.414	2.4152	622.42	2747.8	2125.4
5×10^5	151.7	0.375	2.6673	639.59	2752.8	2113.2
6×10^5	158.7	0.316	3.1686	670.22	2761.4	2091.1
7×10^5	164.7	0.273	3.6657	696.27	2767.8	2071.5
8×10^5	170.4	0.240	4.1614	720.96	2737.7	2052.7
9×10^5	175.1	0.215	4.6525	741.82	2778.1	2036.2
10×10^5	179.9	0.194	5.1432	762.68	2782.5	2019.7

附录三 常见气体、液体和固体的重要物理性质

1. 常见气体的重要物理性质（p=0.101MPa）

名称	分子式	密度(标态) /(kg/m^3)	定压比热容(标态) /[kJ/(kg·K)]	黏度(标态)/ (10^{-5} Pa·s)	沸点 /℃	汽化潜热 /(kJ/kg)	热导率(标态) /[W/(m·K)]
空气	—	1.293	1.009	1.73	−195	197	0.0244
氧气	O_2	1.429	0.653	2.03	−132.98	213	0.0240
氮气	N_2	1.251	0.745	1.70	−195.78	199.2	0.0228
氢气	H_2	0.0899	10.13	0.842	−252.75	454.2	0.163
氦气	He	0.1785	3.18	1.88	−268.95	19.5	0.144
氩气	Ar	1.7820	0.322	2.09	−185.87	163	0.0173
氯气	Cl_2	3.217	0.355	1.29	−33.8	305	0.0072
氨气	NH_3	0.711	0.67	0.918	−33.4	1373	0.0215
一氧化碳	CO	1.250	0.754	1.66	−191.48	211	0.0226
二氧化碳	CO_2	1.976	0.653	1.37	−78.2	574	0.0137
二氧化硫	SO_2	2.927	0.502	1.17	−10.8	394	0.0077
二氧化氮	NO_2	—	0.615	—	21.2	712	0.0400

续表

名称	分子式	密度(标态)/(kg/m^3)	定压比热容(标态)/[kJ/(kg·K)]	黏度(标态)/(10^{-5} Pa·s)	沸点/℃	汽化潜热/(kJ/kg)	热导率(标态)/[W/(m·K)]
硫化氢	H_2S	1.539	0.804	1.166	−60.2	548	0.0131
甲烷	CH_4	0.717	1.70	1.03	−161.58	511	0.0300
乙烷	C_2H_6	1.357	1.44	0.850	−88.50	486	0.0180
丙烷	C_3H_8	2.020	1.65	0.795	−42.1	427	0.0148
正丁烷	C_4H_{10}	2.673	1.73	0.810	−0.5	386	0.0135
正戊烷	C_5H_{12}	—	1.57	0.874	−36.08	151	0.0128
乙烯	C_2H_4	1.261	1.222	0.935	−103.9	481	0.0164
丙烯	C_3H_6	1.914	1.436	0.835	−47.7	440	—
乙炔	C_2H_2	1.171	1.352	0.935	−83.66	829	0.0184
一氯甲烷	CH_3Cl	2.308	0.582	0.989	−24.1	406	0.0085
苯	C_6H_6	—	1.139	0.72	80.2	394	0.0088

2. 某些液体的重要物理性质（p=0.101MPa）

名称	分子式	密度/(kg/m^3)	沸点/℃	汽化潜热/(kJ/kg)	定压比热容/[kJ/(kg·K)]	黏度/(10^{-3} Pa·s)	热导率数/[W/(m·K)]	体积膨胀系数/(10^{-4}/℃)	表面张力/(mN/m)
水	H_2O	998.3	100	2258	4.184	1.005	0.599	1.82	72.8
25%的氯化钠溶液	—	1186（25℃）	107	—	3.39	2.3	0.57（30℃）	(4.4)	—
25%的氯化钙溶液	—	1228	107	—	2.89	2.5	0.57	(3.4)	—
硫酸	H_2SO_4	1834	340（分解）	—	1.47	23	0.38	5.7	—
硝酸	HNO_3	1512	86	481.1	—	1.17（10℃）	—	12.4	—
盐酸	HCl	1149	—	—	2.55	2（31.5 %）	0.42	—	—
乙醇	C_2H_5OH	789.2	78.37	846	2.47	1.17	0.1844	11.0	22.27
甲醇	CH_3OH	791.3	64.65	1109	2.50	0.5945	0.2108	11.9	22.70
氯仿	$CHCl_3$	1490	61.2	253.7	0.992	0.58	0.138（30℃）	12.8	28.5（10℃）
四氯化碳	CCl_4	1594	76.8	195	0.850	1.0	0.12	12.2	26.8
1,2-二氯乙烷	$C_2H_4Cl_2$	1253	83.6	324	1.260	0.83	0.14（50℃）	—	30.8
苯	C_7H_8	879	80.20	393.9	1.704	0.737	0.148	12.4	28.6
甲苯	C_6H_6	866	110.63	363	1.70	0.675	0.138	10.8	27.9

3. 常用固体材料的物理性质（常态）

类别	名称	密度/(kg/ m^3)	热导率/[W/(m· K)]	比热容/[kJ/(kg·K)]
金属	钢	7850	45.3	0.46
	不锈钢	7900	17.0	0.50
	铸铁	7220	62.8	0.50
	铜	8800	383.8	0.41
	青铜	8000	64.6	0.38
	黄铜	8600	85.5	0.38
	铝	2670	203.5	0.92
	镍	9000	58.2	0.46
	铅	11400	34.9	0.13
	钛	4540	15.24	0.527(25℃)
塑料	酚醛	1250～1300	0.13～0.26	1.3～1.7
	脲醛	1400～1500	0.30	1.3～1.7
	聚氯乙稀	1380～1400	0.16	1.8
	聚苯乙烯	1050～1070	0.08	1.3
	低压聚乙烯	940	0.29	2.6
	高压聚乙烯	920	0.26	2.2
	有机玻璃	1180～1190	0.14～0.20	—
建筑、绝热、耐酸材料等	干砂	1500～1700	0.45～0.58	0.8
	黏土	1600～1800	0.47～0.54	—
	锅炉炉渣	700～1100	0.19～0.30	—
	黏土砖	1600～1900	0.47～0.68	0.92
	耐火砖	1840	1.05	0.96～1.0
	多孔绝热砖	600～1400	0.16～0.37	—
	混凝土	2000～2400	1.3～1.55	0.84
	松木	500～600	0.07～0.11	2.72
	软木	100～300	0.041～0.064	0.96
	石棉板	700	0.11	0.816
	石棉水泥板	1600～1900	0.35	—
	玻璃	2500	0.74	0.67
	耐酸陶瓷制品	2200～2300	0.93～2.0	0.75～0.80
	耐酸搪瓷	2300～2700	0.99～1.04	0.84～1.26
	橡胶	1200	0.16	1.38
	冰	900	2.3	2.11
	—	—	—	—

附录四 一些气体溶于水的亨利系数

气体	温度/℃															
	0	5	10	15	20	25	30	35	40	45	50	60	70	80	90	100
	$E\times10^{-6}$/kPa															
H_2	5.87	6.16	6.44	6.70	6.92	7.16	7.39	7.52	7.61	7.70	7.75	7.75	7.71	7.65	7.61	7.55
N_2	5.35	6.05	6.77	7.48	8.15	8.76	9.36	9.98	10.5	11.0	11.4	12.2	12.7	12.8	12.8	12.8
空气	4.38	4.94	5.56	6.15	6.73	7.30	7.81	8.34	8.82	9.23	9.59	10.2	10.6	10.8	10.9	10.8
CO	3.57	4.01	4.48	4.95	5.43	5.88	6.28	6.68	7.05	7.39	7.71	8.82	8.57	8.57	8.57	8.57
O_2	2.58	2.95	3.31	3.69	4.06	4.44	4.81	5.14	5.42	5.70	5.96	6.37	6.72	6.96	7.08	7.10
CH_4	2.27	2.62	3.01	3.41	3.81	4.18	4.55	4.92	5.27	5.58	5.85	6.34	6.75	6.91	7.01	7.10
NO	1.71	1.96	2.21	2.45	2.67	2.91	3.14	3.35	3.57	3.77	3.95	4.24	4.44	4.54	4.58	4.60
C_2H_6	1.28	1.57	1.92	2.90	2.66	3.06	3.47	3.88	4.29	5.07	5.07	5.72	6.31	6.70	6.96	7.01

续表

气体	温度/℃															
	0	5	10	15	20	25	30	35	40	45	50	60	70	80	90	100
	$E\times10^{-5}$/kPa															
C_2H_4	5.59	6.62	7.78	9.07	10.3	11.6	12.9	—	—	—	—	—	—	—	—	—
N_2O	—	1.19	1.43	1.68	2.01	2.28	2.62	3.06	—	—	—	—	—	—	—	—
CO_2	0.738	0.888	1.05	1.24	1.44	1.66	1.88	2.12	2.36	2.60	2.87	3.46	—	—	—	—
C_2H_2	0.73	0.85	0.97	1.09	1.23	1.35	1.48	—	—	—	—	—	—	—	—	—
Cl_2	0.272	0.334	0.399	0.461	0.537	0.604	0.669	0.74	0.80	0.86	0.90	0.97	0.99	0.97	0.96	—
H_2S	0.272	0.319	0.372	0.418	0.489	0.552	0.617	0.686	0.755	0.825	0.689	1.04	1.21	1.37	1.46	1.50
	$E\times10^{-4}$/kPa															
SO_2	0.167	0.203	0.245	0.294	0.355	0.413	0.485	0.567	0.661	0.763	0.871	1.11	1.39	1.70	2.01	—

附录五 某些二元物系的汽液平衡组成

1. 乙醇-水（p=0.101MPa）

乙醇在液相中的组成/%		乙醇在气相中的组成/%		沸点/℃	乙醇在液相中的组成/%		乙醇在气相中的组成/%		沸点/℃
质量分数	摩尔分数	质量分数	摩尔分数		质量分数	摩尔分数	质量分数	摩尔分数	
0	0.00	0	0.00	100.0	50	28.12	77.0	56.71	81.9
2	0.79	19.7	8.76	97.65	52	29.80	77.5	57.41	81.7
4	1.61	33.3	16.34	95.8	54	31.47	78.0	58.11	81.5
6	2.34	41.0	21.45	94.15	56	33.24	78.5	58.78	81.3
8	3.29	47.6	26.21	92.60	58	35.09	79.0	59.55	81.2
10	4.16	52.2	29.92	91.30	60	36.98	79.5	60.29	81.0
12	5.07	55.8	33.06	90.50	62	38.95	80.0	61.02	80.85
14	5.98	58.8	35.83	89.20	64	41.02	80.5	61.61	80.65
16	6.86	61.1	38.06	88.30	66	43.17	81.0	62.52	80.50
18	7.95	63.2	40.18	87.70	68	45.41	81.6	63.43	80.40
20	8.92	65.0	42.09	87.00	70	47.74	82.1	64.21	80.20
22	9.93	66.6	43.82	86.40	72	50.16	82.8	65.34	80.00
24	11.00	68.0	45.41	85.95	74	52.68	83.4	66.28	79.85
26	12.08	69.3	46.90	85.40	76	55.34	84.1	67.42	79.72
28	13.19	70.3	48.08	85.00	78	58.11	84.9	68.76	79.65
30	14.35	71.3	49.30	84.70	80	61.02	85.8	70.29	79.50
32	15.55	72.1	50.27	84.30	82	64.05	86.7	71.86	79.30
34	16.77	72.9	51.27	83.85	84	67.27	87.7	73.61	79.10
36	18.03	73.5	52.04	83.70	86	70.63	88.9	75.82	78.85
38	19.34	74.0	52.68	83.40	88	74.15	90.1	78.00	78.65
40	20.68	74.6	53.46	83.10	90	77.88	91.3	80.42	78.50
42	22.07	75.1	54.12	82.65	92	81.83	92.7	83.26	78.30
44	23.51	75.6	54.80	82.50	94	85.97	94.2	86.40	78.20
46	25.00	76.1	55.48	82.35	95.57	89.41	95.57	89.41	78.15
48	26.53	76.5	56.03	82.15					

2. 苯-甲苯（p=0.101MPa）

苯摩尔分数/%		温度/℃	苯摩尔分数/%		温度/℃
液相中	气相中		液相中	气相中	
0.0	0.0	110.6	59.2	78.9	89.4
8.8	21.2	106.1	70.0	85.3	86.8
20.0	37.0	102.2	80.3	91.4	84.4
30.0	50.0	98.6	90.3	95.7	82.3
39.7	61.8	95.2	95.0	97.9	81.2
48.9	71.0	92.1	100.0	100.0	80.2

3. 氯仿-苯（p=0.101MPa）

氯仿质量分数/%		温度/℃	氯仿质量分数/%		温度/℃
液相中	气相中		液相中	气相中	
10	13.6	79.9	60	75.0	74.6
20	27.2	79.0	70	83.0	72.8
30	40.6	78.1	80	90.0	70.5
40	53.0	77.2	90	96.1	67.0
50	65.0	76.0			

4. 水-醋酸（p=0.101MPa）

水摩尔分数/%		温度/℃	水摩尔分数/%		温度/℃
液相中	气相中		液相中	气相中	
0.0	0.0	118.2	83.3	88.6	101.3
27.0	39.4	108.2	88.6	91.9	100.9
45.5	56.5	105.3	93.0	95.0	100.5
58.8	70.7	103.8	96.8	97.7	100.2
69.0	79.0	102.8	100.0	100.0	100.0
76.9	84.5	101.9			

5. 甲醇-水（p=0.101MPa）

甲醇摩尔分数/%		温度/℃	甲醇摩尔分数/%		温度/℃
液相中	气相中		液相中	气相中	
5.31	28.34	92.9	29.09	68.01	77.8
7.67	40.01	90.3	33.33	69.18	76.7
9.26	43.53	88.9	35.13	73.47	76.2
12.57	48.31	86.6	46.20	77.56	73.8
13.15	54.55	85.0	52.92	79.71	72.7
16.74	55.85	83.2	59.37	81.83	71.3
18.18	57.75	82.3	68.49	84.92	70.0
20.83	62.73	81.6	77.01	89.62	68.0
23.19	64.85	80.2	87.41	91.94	66.9
28.18	67.75	78.0			

附录六 乙醇溶液的物理常数（摘录，0.101MPa）

温度(15℃)		相对密度(15℃)	沸点/℃	定压比热容 c_p /[kJ/(kg·K)]		焓/(kJ/kg)		
体积分数/%	质量分数/%			α	β	饱和液体焓	干饱和蒸气焓	汽化潜热
10	8.05	0.9876	92.63	4.430	833	446.1	2571.9	2135.9
12	9.69	0.9845	91.59	4.451	842	447.1	2556.5	2113.4
14	11.33	0.9822	90.67	4.460	846	439.1	2529.9	2091.5
16	12.97	0.9802	89.83	4.468	850	435.6	2503.9	2064.9
18	14.62	0.9782	89.07	4.472	854	432.1	2477.7	2045.6
20	16.28	0.9763	88.39	4.463	858	427.8	2450.9	2023.2
22	17.95	0.9742	87.75	4.455	863	424.0	2424.2	1991.1
24	19.62	0.9721	87.16	4.447	871	420.6	2396.6	1977.2
26	21.30	0.9700	86.67	4.438	884	417.5	2371.9	1954.4
28	24.99	0.9679	86.10	4.430	900	414.7	2345.7	1930.9
30	24.69	0.9657	85.66	4.417	917	412.0	2319.7	1907.7
32	26.40	0.9633	85.27	4.401	942	409.4	2292.6	1884.1
34	28.13	0.9608	84.92	4.384	963	406.9	2267.2	1860.9
38	31.62	0.9558	84.32	4.346	1013	402.4	2215.1	1812.7
40	33.39	0.9523	84.08	4.283	1040	400.0	2188.4	1788.4

注：定压比热容 $c_p=\alpha+\beta(t_1+t_2)/2$kJ/(kg·K)，$\alpha$、$\beta$ 系数从表中查出，t_1、t_2 为乙醇溶液的升温范围，乙醇在78.3℃的汽化潜热为855.24kJ/(kg·K)。

附录七 IS型离心泵规格（摘录）

型号	流量/(m³/h)	扬程/m	转速/(r/min)	功率/kW		效率/%	汽蚀余量/m
				轴功率	电机功率		
IS50-32-125	7.5	22	2900	0.96	2.2	47	2
	12.5	20		1.13		60	2
	15	18.5		1.26		60	2.5
IS50-32-125A	11.2	16	2900	0.84	1.1	58	2
IS50-32-160	7.5	34.3	2900	1.59	3	44	2
	12.5	32		2.02		54	2
	15	9.6		2.16		56	2.5
IS50-32-160A	11.7	28	2900	1.71	2.2	53	2
IS50-32-160B	10.8	24	2900	1.41	2.2	50	2
IS50-32-200	7.5	52.5	2900	2.82	5.5	38	2
	12.5	50		3.54		48	2
	15	48		3.95		51	2.5

续表

型号	流量/(m³/h)	扬程/m	转速/(r/min)	功率/kW		效率/%	汽蚀余量/m
				轴功率	电机功率		
IS50-32-200A	11.7	44	2900	3.16	4	45	2
IS50-32-200B	10.8	38	2900	2.6	3	43	2
IS50-32-250	7.5	82	2900	5.87	11	28.5	2
	12.5	80		7.16		38	2
	15	78.5		7.83		41	2.5
IS50-32-250A	11.7	70	2900	6.47	7.5	35	2
IS50-32-250B	10.8	60	2900	5.51	7.5	32	2
IS65-50-125	15	21.8	2900	1.54	3	58	2
	25	20		1.97		69	2.5
	30	18.5		2.22		68	3
IS65-50-125A	22.4	16	2900	1.47	2.2	66	2
IS65-50-160	15	35	2900	2.65	5.5	54	2
	25	32		3.35		65	2
	30	30		3.71		66	2.5
IS65-50-160A	23.4	28	2900	2.83	4	63	2
IS65-50-160B	21.7	24	2900	2.35	4	60	2
IS65-40-200	15	53	2900	4.42	7.5	49	2
			2900				
	25	50	2900	5.67		60	2
	30	47	2900	6.29		61	2.5
IS65-40-200A	23.4	44	2900	4.92	5.5	57	2
IS65-40-200B	21.8	38	2900	4.13	5.5	55	2
IS65-40-250	15	82	2900	9.05	15	37	2
			2900				
	25	80	2900	10.89		50	2
	30	78	2900	12.02		53	2.5
IS65-40-250A	23.4	70	2900	9.1	11	49	2
IS65-40-250B	21.7	60	2900	7.51	11	47	2
IS65-40-315	15	127	2900	18.5	30	28	2.5
			2900				
	25	125	2900	21.3		40	2.5
	30	123	2900	22.8		44	3
IS65-40-315A	23.9	114	2900	19.41	22	38	2.5
IS65-40-315B	22.7	103	2900	17.19	22	37	2.5

附录八 固定管板换热器规格（摘录）

公称直径DN/mm	公称压力PN/MPa	管程数N	管子根数n	中心排管数	管程流通面积/m²	计算换热面积/m²					
						1500mm	2000mm	3000mm	4500mm	6000mm	9000mm
159	1.6 2.5 4 6.4	1	15	5	0.0027	1.3	1.7	2.6			
219			33	7	0.0058	2.8	3.7	5.7			
273		1	65	9	0.0115	5.4	7.4	11.3	17.1	22.9	
		2	56	8	0.0049	4.7	6.4	9.7	14.7	19.7	
325		1	99	11	0.0175	8.3	11.2	17.1	26	34.9	
		2	88	10	0.0078	7.4	10	15.2	23.1	31	
		4	68	11	0.0030	5.7	7.7	11.8	17.9	23.9	
400	0.6 1 1.6 2.5 4	1	174	14	0.0307	14.5	19.7	30.1	45.7	61.3	
		2	164	15	0.0145	13.7	18.6	28.4	43.1	57.8	
		4	146	14	0.0065	12.2	16.6	25.3	38.3	51.4	
450		1	237	17	0.0419	19.8	26.9	41	62.2	83.5	
		2	220	16	0.0194	18.4	25	38.1	57.8	77.5	
		4	200	16	0.0088	16.7	22.7	34.6	52.5	70.4	
500		1	275	19	0.0486		31.2	47.6	72.2	96.8	
		2	256	18	0.0226		29	44.3	67.2	90.2	
		4	222	18	0.0098		25.2	38.4	58.3	78.2	
600		1	430	22	0.0760		48.8	74.4	112.9	151.4	
		2	416	23	0.0368		47.2	72	109.3	146.5	
		4	370	22	0.0163		42	64	97.2	130.3	
		6	360	20	0.0106		40.8	62.3	94.5	126.8	
700		1	607	27	0.1073			105.1	159.4	213.8	
		2	574	27	0.0507			99.4	150.8	202.1	
		4	542	27	0.0239			93.8	142.3	190.9	
		6	518	24	0.0153			89.7	163	182.4	
800	0.6 1	1	797	31	0.1408			138	209.3	280.7	
		2	776	31	0.0686			134.3	203.8	273.3	
		4	722	31	0.0319			125	189.8	254.3	
		6	710	30	0.0209			122.9	186.5	250	
900		1	1009	35	0.1783			174.7	265	355.3	536
		2	988	35	0.0873			171	259.5	347.9	524.9
		4	938	35	0.0414			162.4	246.4	330.3	498.3
		6	914	34	0.0269			158.2	240	321.9	485.6

续表

公称直径 DN/mm	公称压力 PN/MPa	管程数 N	管子根数 n	中心排管数	管程流通面积/m^2	计算换热面积/m^2					
						1500mm	2000mm	3000mm	4500mm	6000mm	9000mm
1000	1.6 2.5 4	1	1267	39	0.2239			219.3	332.8	446.2	673.1
		2	1234	39	0.1090			213.6	324.1	434.6	655.6
		4	1186	39	0.0524			205.3	311.5	417.7	630.1
		6	1148	38	0.0338			198.7	301.5	404.3	609.9
1200		1	1837	47	0.3246				482.5	646.9	975.9
		2	1816	47	0.1605				476.9	639.5	964.7
		4	1732	47	0.0765				454.9	610	920.1
		6	1716	46	0.0505				450.7	604.3	911.6

资料来源：JB/T 4715—92。

参 考 文 献

[1] 陆美娟，张浩勤．化工原理（上册）．3 版．北京：化学工业出版社，2012．

[2] 张浩勤，陆美娟．化工原理（下册）．3 版．北京：化学工业出版社，2012．

[3] 薛雪，吕利霞．化工单元操作与设备．北京：化学工业出版社，2009．

[4] 陈敏恒，丛德滋，方图南，等．化工原理．3 版．北京：化学工业出版社，2009．

[5] 夏清，陈常贵．化工原理．天津：天津大学出版社，2005．